Nicola Fohrer (Hrsg.),
Helge Bormann, Konrad Miegel,
Markus Casper, Axel Bronstert,
Markus Weiler

Hydrologie

Mit Beiträgen von:
Helge Bormann, Axel Bronstert, Björn Guse, Markus Casper,
Peter Chifflard, Markus Disse, Mariele Evers, Nicola Fohrer,
Andreas Grohmann, Björn Grüneberg, Uwe Haberlandt,
Stefan Harnischmacher, Georg Hörmann, Martin Jekel, Jens Lange,
Lucas Menzel, Bruno Merz, Konrad Miegel, Brigitte Nixdorf,
Natascha Oppelt, Martin Reiss, Britta Schmalz, Andreas Schumann,
Niels Schütze, Kerstin Stahl, Markus Weiler und Gerd Wessolek

2. Auflage

Haupt Verlag

2. Auflage 2026
1. Auflage 2016

Bibliografische Informationen der Deutschen Nationalbibliothek: Die Deutsche Nationalbibliothek verzeichnet diese Publikation in der Deutschen Nationalbibliografie; detaillierte bibliografische Daten sind im Internet über http:(//dnb.dnb.de abrufbar.

Die Realisierung dieses Buches wurde unterstützt durch die Deutsche Hydrologische Gesellschaft (DHG)

Umschlagsgestaltung: Atelier Reichert. D-Stuttgart
Umschlagsbild: © Oliver Sved/shutterstock.com
Satz: Die Werkstatt Medien-Produktion GmbH, D-Göttingen

Gedruckt in Deutschland

UTB Band-Nr.: 4513
ISBN: 978-3-8252-6477-2

Haupt Verlag AG
Falkenplatz 14
3012 Bern
SCHWEIZ
herstellung@haupt.ch

Verantwortlich in der EU (GPSR):
UTB GmbH
Industriestr. 2
70565 Stuttgart
DEUTSCHLAND
hallo-utb@utb.de

utb 4513

Eine Arbeitsgemeinschaft der Verlage

Brill | Schöningh – Fink · Paderborn –
Vandenhoeck & Ruprecht · Göttingen – Böhlau · Wien · Köln
Verlag Barbara Budrich · Opladen · Toronto
facultas · Wien
Walter de Gruyter · Berlin · Boston
Haupt Verlag · Bern
Verlag Julius Klinkhardt · Bad Heilbrunn
Mohr Siebeck · Tübingen
Narr Francke Attempto Verlag – expert verlag · Tübingen
Psychiatrie Verlag · Köln
Psychosozial-Verlag · Gießen
Ernst Reinhardt Verlag · München
transcript Verlag · Bielefeld
Verlag Eugen Ulmer · Stuttgart
UVK Verlag · München
Waxmann · Münster · New York
wbv Publikation · Bielefeld
Wochenschau Verlag · Frankfurt am Main

basics

Inhaltsverzeichnis

Vorwort 10

Allgemeine Hydrologie

1 **Geschichte der Hydrologie** *(Georg Hörmann)* 13
1.1 Naturmythologie 13
1.2 Naturphilosophie 13
1.3 Hydrologie im Zeitalter der Naturwissenschaften 14
1.4 Wasserwirtschaft 15

2 **Wasser als Stoff** *(Martin Jekel, Andreas Grohmann)* 17
2.1 Molekularer Aufbau 17
2.2 Wasser als polares Molekül – Wasserstoffbrückenbindungen 18
2.3 Physikalische Eigenschaften 21

3 **Globaler und regionaler Wasserkreislauf** *(Markus Weiler, Konrad Miegel)* 29
3.1 Wasservorkommen und Wasserkreislauf der Erde 29
3.2 Strahlung als Hauptantrieb des Wasserkreislaufs 34
3.3 Globale Unterschiede des Wasserhaushalts 38

4 **Niederschlag** *(Uwe Haberlandt)* 47
4.1 Bildung und Charakterisierung des Niederschlags 47
4.2 Niederschlagsmessung 53
4.3 Gebietsniederschlag 58
4.4 Bemessungsniederschlag 62
4.5 Schneeniederschlag 65

5 **Bodenwasserhaushalt** *(Gerd Wessolek)* 69
5.1 Hydraulische Bodeneigenschaften und Kennwerte 69
5.2 Potenzialkonzept, Wasserspannung und Wassergehaltsmessungen 78
5.3 Wasserbewegung im Boden 84
5.4 Infiltration 87

6	**Grundwasser** *(Martin Reiss, Stefan Harnischmacher)*	91
6.1	Grundwasser im hydrologischen System	91
6.2	Messung und Kennzeichnung	96
6.3	Grundwasserdynamik	98
6.4	Grundwassernutzung	103
7	**Verdunstung** *(Konrad Miegel)*	109
7.1	Die Verdunstung als physikalischer Prozess	109
7.2	Die Verdunstung als hydrologischer Prozess	111
7.3	Experimentell gestützte Erfassung der Verdunstung	116
7.4	Berechnungsverfahren der Verdunstung	121
8	**Abfluss im Gewässersystem** *(Markus Casper, Helge Bormann)*	127
8.1	Der Abflussprozess	127
8.2	Messmethoden	134
8.3	Statistische Auswertungen und Berechnungsverfahren	139
9	**Abflussbildung in der Landschaft** *(Axel Bronstert)*	143
9.1	Einführung	143
9.2	Abflussbildung als Teil des Wasserkreislaufs	145
9.3	Oberirdische Abflussprozesse	147
9.4	Unterirdische Abflussprozesse	154
9.5	Abflussbildung infolge von Schnee- und Eisschmelze	160
9.6	Abfluss von Siedlungsflächen	163
10	**Seen** *(Brigitte Nixdorf, Björn Grüneberg)*	167
10.1	Natürliche Seen	167
10.2	Anthropogene Seen	173
10.3	Limnologische Probenahme- und Messmethoden	176

Spezielle Bereiche der Hydrologie

11	**Einfluss von Landnutzung und Land- bedeckung auf den Wasserkreislauf** *(Markus Weiler)*	179
11.1	Einführung	179
11.2	Forst	181
11.3	Landwirtschaft	185
11.4	Stadthydrologie	186

12 Einfluss des Klimas und des Klima- wandels auf den Wasserkreislauf *(Helge Bormann, Markus Casper)* 191
12.1 Einführung 191
12.2 Quantifizierung der Wirkung des Klimas auf den Wasserkreislauf 194
12.3 Hydrologische Signale des Klimawandels 198
12.4 Berechnung des Einflusses des Klimas auf den Wasserkreislauf 199

13 Ökohydrologie *(Nicola Fohrer)* 203
13.1 Einführung 203
13.2 Ökohydrologie der Landoberfläche: Die Interaktion zwischen Pflanze, Boden und Atmosphäre 204
13.3 Einzugsgebietsökohydrologie: Flüsse und ihre dynamischen Auensysteme 205
13.4 Ökohydrologie von Seen, Ästuarien und Küstenzonen 207

14 Hydrologische Extreme *(Andreas Schumann, Lucas Menzel)* . 211
14.1 Hochwasser 212
14.2 Merkmale eines Hochwasserereignisses 218
14.3 Niedrigwasser 222
14.4 Dürren 223

Hydrologische Verfahren und Methoden

15 Hydrologische Modelle *(Georg Hörmann, Björn Guse)* 231
15.1 Komponenten und Eingangsdaten von hydrologischen Modellen 231
15.2 Modelltypen 232
15.3 Workflow der Modellierung 234
15.4 Überprüfung der Modellgüte 235
15.5 Probleme und Fehlerquellen bei der Modellierung 236
15.6 Beispiele für hydrologische Modelle 237

16 Tracer in der Hydrologie *(Jens Lange)* 239
16.1 Künstliche Tracer 239
16.2 Natürliche Tracer 241
16.3 Tracer für hydrologische Systeme 243

17 Fernerkundung in der Hydrologie *(Natascha Oppelt)* 251
17.1 Was ist Fernerkundung? 251
17.2 Der Einsatz der Fernerkundung in der Hydrologie 256
17.3 Fernerkundung und hydrologische Modellierung 261
17.4 Qualitätsmanagement von Fernerkundungsprodukten 262

Regionale Hydrologie

18 Tieflandhydrologie *(Britta Schmalz)* 265
18.1 Einführung in das Tiefland als naturräumliche Großregion 265
18.2 Charakteristika hydrologischer Steuergrößen 266
18.3 Hydrologische Prozesse in Tieflandgebieten. 269
18.4 Messungen in und Modellierung von Tieflandgebieten . . . 274

19 Hydrologie der Mittelgebirge *(Peter Chifflard)* 277
19.1 Einführung in den Naturraum Mittelgebirge 277
19.2 Charakteristika hydrologischer Steuergrößen. 280
19.3 Hydrologische Prozesse der Mittelgebirge 285

20 Hydrologie der Hochgebirge *(Kerstin Stahl)* 289
20.1 Einführung in den Naturraum Hochgebirge 290
20.2 Charakteristika hydrologischer Steuergrößen 290
20.3 Hydrologische Prozesse im Hochgebirge 292
20.4 Besonderheiten der Hydrologie vergletscherter Gebiete . . . 296

21 Hydrologie von Trockenregionen
(Axel Bronstert, Jens Lange) 301
21.1 Bedeutung der Hydrologie in Trockenregionen 302
21.2 Räumliche Abgrenzung 304
21.3 Niederschlag 305
21.4 Verdunstung. 306
21.5 Infiltration und Abflussbildung 307
21.6 Abflussereignisse und -verluste 309
21.7 Grundwasser und Grundwasserneubildung 312

Anwendungen der Hydrologie

22 **Bewässerung** *(Niels Schütze)* 315
22.1 Grundlagen der Bewässerung. 315
22.2 Der Betrieb von Bewässerungsanlagen. 320

23 **Hydrologische Bemessung und hydrologisches Risiko** *(Bruno Merz)* 327
23.1 Einführung. 327
23.2 Hydrologische Bemessung 330
23.3 Risikomanagement. 335

24 **Integriertes Wasserressourcenmanagement** *(Markus Disse)* . . 339
24.1 Geschichte und Ziele des Integrierten Wasserressourcenmanagements (IWRM) 339
24.2 Die EG-Wasserrahmenrichtlinie als Referenz für erfolgreiches IWRM 342
24.3 Beschreibung der Komponenten wasserwirtschaftlicher Systeme 344
24.4 Optimierung und Beurteilung von integrierten wasserwirtschaftlichen Maßnahmen 345
24.5 Multikriterielle Entscheidungsanalyse 346

25 **Partizipation im Wassermanagement** *(Mariele Evers)* 349
25.1 Einführung 349
25.2 Definitionen und Differenzierung des Begriffs «Partizipation». 351
25.3 Partizipation im Wassermanagement 354
25.4 Methoden und Forschungsansätze 356

Anhang

Symbolliste 363
Literatur 369
Die Herausgeber und Autoren. 388
Die Deutsche Hydrologische Gesellschaft (DHG e.V.). 392
Register. 393

Vorwort

Hydrologie ist die Wissenschaft des Wassers und seines Kreislaufs. Ihr Verständnis ist die Grundvoraussetzung für den nachhaltigen Umgang mit der Ressource Wasser besonders im Licht des globalen Wandels. In Deutschland ist sie als Fachdisziplin oft in Umwelt- oder Ingenieurstudiengängen angesiedelt. Auch in der Geographie oder den Agrar- oder Forstwissenschaften ist sie Bestandteil des Studiums. Der UTB-Basics-Band «Hydrologie» richtet sich an Studierende aller Bereiche ohne hydrologisches Vorwissen. Im ersten Teil des Buches werden grundlegende hydrologische Zusammenhänge erläutert, die als Voraussetzung für die darauffolgenden Kapitel gedacht sind. Der Wasserkreislauf und seine Komponenten werden dort ausführlich beschrieben. Im Teil «Spezielle Bereiche der Hydrologie» werden aktuelle Arbeitsrichtungen der Fachdisziplin aufgegriffen. Der Einfluss von Klima und Landnutzung auf den Wasserhaushalt wird dargestellt. Die Ökohydrologie und hydrologische Extreme wie Hoch- und Niedrigwasser gehören ebenfalls in diesen Teil. Im Teil «Hydrologische Verfahren und Methoden» werden Werkzeuge der modernen Hydrologie wie hydrologische Modelle, Tracerstudien und Fernerkundungsverfahren vorgestellt. Da der Wasserkreislauf sehr stark von Landschaftsraum und Klima beeinflusst wird, ist seine regionale Ausprägung Gegenstand von Teil 4. Die Besonderheiten des Wasserhaushalts im Tiefland, Mittel- und Hochgebirge sowie von Trockenregionen werden dort anhand von Beispielen vorgestellt. Der letzte Teil des Buchs zeigt Anwendungen von hydrologischem Wissen im Bereich des nachhaltigen Wassermanagements. Bewässerung, hydrologische Bemessung, Risiko- sowie Flussgebietsmanagement und letztlich das Einbeziehen der Akteure spannen den Bogen von der reinen Natur- und Ingenieurwissenschaft bis hin zur Soziohydrologie.

An der Entstehung dieses Buches haben 27 Kolleginnen und Kollegen aus der Deutschen Hydrologischen Gesellschaft und befreundeter Gesellschaften mitgewirkt. Ich möchte mich für die großartige Zusammenarbeit und die Bereitschaft, an diesem Buch mitzuarbeiten, herzlich bedanken. Die Diskussionen um die Struktur und Inhalte der einzelnen Kapitel waren sehr bereichernd und haben meiner Ansicht nach den Dialog über die universitäre Lehre in unserem Fach ein großes Stück vorwärtsgebracht. Ein Dankeschön für die kritische Durchsicht der Kapitel und die konstruktiven Hinweise geht an meine Miteditoren

Helge Bormann, Konrad Miegel, Markus Casper, Axel Bronstert und Markus Weiler. Gerade diese Vielfalt an Koeditoren aus unterschiedlichsten Fachbereichen mit ihren verschiedenen Blickwinkeln und Erfahrungen war die ideale Mischung!

Ohne den großartigen Support von Jannik Petersen gäbe es das Buch in der 1. und auch der 2. Auflage nicht. Er hat mich in diesem Unterfangen mit unglaublichem Engagement unterstützt und die ganze Unternehmung auch in turbulenten Phasen umsichtig auf Kurs gehalten. Er hat die gesamte Kommunikation mit den Autoren und die freundlichen Erinnerungen an unseren Zeitplan geschultert und das Manuskript akribisch von der ersten bis zur letzten Seite nun auch ein zweites Mal Korrektur gelesen. Zusätzlich war er unser studentisches «Versuchskaninchen», was die Verständlichkeit des Texts für Hydrologieneulinge anbelangt, und hat sich der Löwenaufgabe gestellt, unsere zentralen Symbol- und Literaturverzeichnisse und das Register zu erstellen. Danke für diesen unglaublichen Einsatz! Für die 2. Auflage danke ich ebenso Hanna Kape herzlich für ihre umfangreiche, zuverlässige und sehr hilfreiche Unterstützung.

Herrn Dr. Martin Lind, dem Lektor des Haupt Verlags, danke ich sehr für den folgenschweren Anruf, mit dem er dieses Buchprojekt ins Leben gerufen hat und der nun zu einer 2. Auflage geführt hat. Danke, dass Sie unser Projekt so umsichtig und geduldig über die gesamte Entstehungsphase und Neuauflage begleitet haben.

Danke an meine Studierenden und meine Arbeitsgruppe, die mir die Motivation für dieses Buch gegeben haben. Mein größter Dank gebührt meiner Familie, die alle meine Projekte und Ideen und die damit verbundenen Arbeitsspitzen bisher gelassen ertragen hat und immer an meiner Seite ist. Danke!

Kiel, im Februar 2026
Nicola Fohrer

Allgemeine Hydrologie

Geschichte der Hydrologie

1

Georg Hörmann

Inhalt

1.1 Naturmythologie

1.2 Naturphilosophie

1.3 Hydrologie im Zeitalter der Naturwissenschaften

1.4 Wasserwirtschaft

Die Geschichte der Hydrologie kann in drei Phasen eingeteilt werden: die Naturmythologie, Naturphilosophie und Naturwissenschaft. Die Hydrologie als exakte Naturwissenschaft wurde in der Renaissance begründet. Das Schicksal vieler Hochkulturen ist eng mit der Beherrschung der hydrologischen Rahmenbedingungen, z.B. durch Bewässerung und Hochwasserschutz, verknüpft.

1.1 Naturmythologie

In allen Kulturen diente zunächst die Mythologie der Erklärung der Welt. Die Zuständigkeiten der **Götter** waren klar geregelt, auch im Bereich der Hydrologie. Hydrologische Extreme wie Dürren und Hochwasser waren keine logisch erklärbaren Phänomene, sondern wurden durch die Götter in Abhängigkeit vom Wohlverhalten und von den Opfern der Menschen gesteuert. So lag z.B. die Verantwortung für die Wasserwirtschaft im alten Ägypten und in Mesopotamien in den Händen der **Priester**.

1.2 Naturphilosophie

Die Anfänge der empirischen Naturwissenschaften wurden im abendländischen Kulturraum im alten Griechenland gelegt. Dort beschäftigten sich verschiedene philosophische Schulen mit der **Naturbeobachtung**. Thales (ca. 624–546 v. Chr.) glaubte, dass das Wasser

Abb. 1-1

Darstellung des Wasserkreislaufs von Kircher (1665)

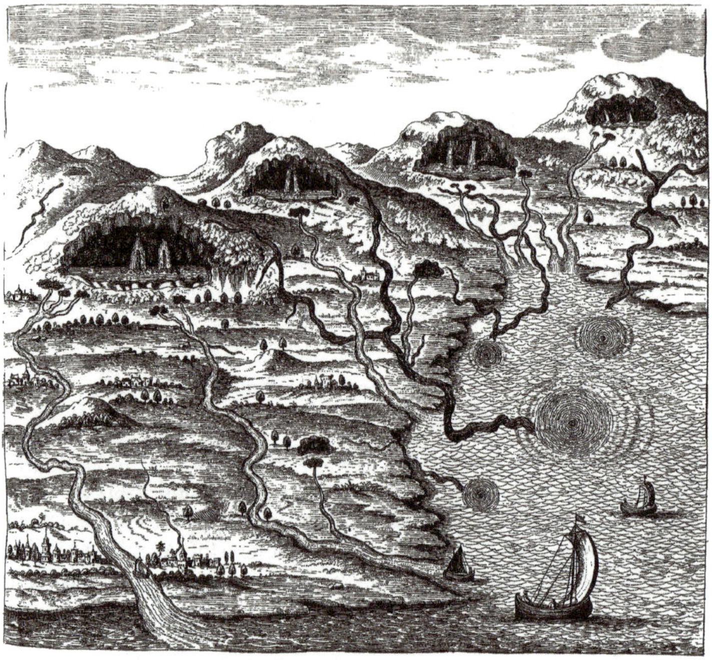

aus den unterirdischen Vorräten wie in einem Schwamm nach oben in die Quellen gesogen wird. Hippokrates von Kos (460–380 v. Chr.) stellte erste Versuche zur Verdunstung an, durchschaute aber zentrale Prozesse des Wasserkreislaufs noch nicht. Selbst Kircher ging in seinem Buch über die «Unterirdischen Welten» von 1665 noch von den falschen Ansichten Thales' aus (Abb. 1-1). Erst Perrault (1611–1680) beschrieb die Verdunstung als Teil des Wasserkreislaufs und berechnete erste Wasserbilanzen.

1.3 Hydrologie im Zeitalter der Naturwissenschaften

Merksatz: Die Entwicklung der Hydrologie als exakte Naturwissenschaft begann in der Renaissance.

Mit der Renaissance ab Mitte des 14. Jahrhunderts begann der Aufstieg der Naturwissenschaften allgemein und damit auch der Hydrologie. Die religiösen Dogmen der Kirche wurden durch Beobachtungen ersetzt, es entstand «Wissenschaft», wie man sie heute kennt. Wichtig für die Hydrologie sind zum einen die Schaffung der **mathematisch-theoretischen Grundlagen** und zum anderen der **Aufbau von Messnetzen** für meteorologische Größen wie Temperatur oder Niederschlag und hydrologische Kennzahlen wie Wasserstand und Abfluss. Messungen begannen an einzelnen Orten um 1800, ab ca. 1900 gab es im deutschen Sprachraum verlässliche Messungen in größeren Netzwerken. Viele Grundlagen der theoretischen Hydrologie wurden ebenfalls im ausgehenden 19. Jahrhundert gelegt. Henry Darcy (1803–1858) beschrieb den Zusammenhang zwischen Wasserhöhe, Durchlässigkeit und durchflossener Fläche in porösen Medien wie Böden. Der Abfluss im Gewässer war ebenfalls Gegenstand vieler Untersuchungen. Jakob Bernoulli veröffentlichte 1738 seine Untersuchungen zum Zusammenhang zwischen Geschwindigkeit und Druck. Der Mathematiker Leonhard Euler stellte die allgemeinen Bewegungsgleichungen für ideale Flüssigkeiten auf. Die erste empirische Gleichung zur Berechnung der Verdunstung als Funktion von Windgeschwindigkeit und Sättigungsdefizit geht auf John Dalton (1766–1844, publiziert 1801) zurück. Die quantitative Beziehung zwischen Niederschlag und Abfluss wurde bereits von Claude Perrault und Edme Mariotte im 17. Jahrhundert untersucht, aber erst 1932 stellte Leroy K. Sherman mit dem Einheitsganglinienverfahren eine empirische Beziehung zwischen den beiden Zeitreihen her.

Wasserwirtschaft | 1.4

Unabhängig vom theoretischen Verständnis des Wasserkreislaufs haben viele Hochkulturen Methoden zur Steuerung des Wasserhaushalts entwickelt. Zwei Bereiche der Wasserwirtschaft sind dabei oft verbunden mit Aufstieg und Niedergang von Hochkulturen: **Bewässerung und Hochwasserschutz**. Bewässerung schuf in vielen Kulturen die Voraussetzung für höhere landwirtschaftliche Erträge und ermöglichte deshalb die Entwicklung von Städten. Hochwasserschutz war oft verbunden mit technischen Hochleistungen wie Deichbau und erforderte eine hoch entwickelte Verwaltung zur Koordination der komplexen Baumaßnahmen. Auch der Bereich der Wasserver- und -entsorgung ist hier zu erwähnen: Die von den Römern gebauten **Aquädukte** und die Abwasserleitungen sind heute noch zu sehen (Abb. 1-2).

Vor allem in ariden Regionen sind der Aufstieg und der Niedergang von Kulturen oft direkt mit der Produktivität der Landwirtschaft, und damit mit der Bewässerung (→ Kap. 22) verbunden. Typische Beispiele dafür sind Mesopotamien im heutigen Irak und Iran sowie der Jemen. In Mesopotamien wurde Wasser in unterirdischen Kanälen, den sogenannten **Qanaten**, über viele Kilometer aus den Bergen in die Wüstenregionen transportiert.

Abb. 1-2

Der Pont du Gard in Südfrankreich, ein von den Römern erbautes Aquädukt (Foto: Wikicommons).

Ein Beispiel der Verknüpfung von Wasserbau und nationalem Wohlstand ist der **Ma'rib-Damm** im Jemen, dessen Überreste heute noch zu besichtigen sind. Mit dem Bau des Erddamms wurde ca. 1700 v. Chr. begonnen. Zur Zeit der Königin von Saba wurden mit dem Wasser des 14 m hohen Damms 100 km² bewässert. Der erste größere Bruch des Damms ca. 145 n. Chr. führte zu einer verheerenden Flut. In der Folge wurde der Damm immer wieder repariert. Der endgültige Zusammenbruch erfolgte um 500 n. Chr. und führte zum Niedergang der Bewässerungslandwirtschaft und damit des ganzen Reichs.

Weiterführende Literatur

Biswas, A. K. (1970): History of Hydrology. Amsterdam/New York.

Deutsche Wasserhistorische Gesellschaft. URL: http://www.dwhg-ev.com/ (Stand: 29.06.2015).

Garbrecht, G. (1996): Geschichte der Hydrologie. In: Baumgartner, A. und H.-J. Liebscher (Hrsg.): Lehrbuch der Hydrologie. 1. Band. Allgemeine Hydrologie. Quantitative Hydrologie. Stuttgart, S. 11–70.

Wasser als Stoff

2

Martin Jekel, Andreas Grohmann

Inhalt

2.1 Molekularer Aufbau

2.2 Wasser als polares Molekül – Wasserstoffbrückenbindungen

2.3 Physikalische Eigenschaften

Wasser besitzt einzigartige Eigenschaften und ist für alle biologischen und ökologischen Vorgänge unverzichtbar. Sein molekularer Aufbau mit gewinkelten Bindungen zwischen Sauerstoff- und Wasserstoffatomen ist von zentraler Bedeutung für die Ausbildung von Wasserstoffbrückenbindungen. Alle physikalischen und chemischen Prozesse mit Wassermolekülen beruhen darauf und sind ungewöhnlich im Vergleich mit ähnlichen Molekülen.

Molekularer Aufbau

2.1

Wasser (H_2O) ist die bei Weitem wichtigste binäre, aus Atomen zweier Elemente bestehende Verbindung. Sie entsteht aus der Vereinigung der Elemente **Wasserstoff** (Elementsymbol H, gr.-lat. hydrogenium, «Wasserbildner») und **Sauerstoff** (Elementsymbol O, gr.-lat. oxygenium, «Säurebildner»). Der Grundzustand der Elemente ist jeweils das zweiatomige Molekül, H_2 bzw. O_2. Namen im Rahmen der wissenschaftlichen Nomenklatur sind **Dihydrogenoxid** und **Oxidan.**

Wasser besitzt einzigartige physikalische und chemische Eigenschaften und ist für alle biologischen und ökologischen Vorgänge unverzichtbar. Diese Eigenschaften bedingen seine Rolle als Träger des Lebens und machen Wasser zum Ausgangspunkt einer Vielzahl von Wechselbeziehungen, die unseren blauen Planeten prägen. Die besonderen Eigenschaften des Wassers gründen in der Struktur des Wassermoleküls und in der Art der in ihm zwischen Sauerstoff- und Wasserstoffatomen geknüpften **kovalenten Bindungen**.

Das Element Wasserstoff findet sich in der 1. Hauptgruppe des Periodensystems (bzw. der 1. Gruppe) und der 1. Periode, mit der Ord-

Abb. 2-1 | Zwei Darstellungen der räumlichen Anordnung der Atome und freien Elektronenpaare im H_2O-Molekül. Der angegebene Bindungswinkel ist der für die Gasphase bestimmte Wert (nach Grohmann et al. 2011).

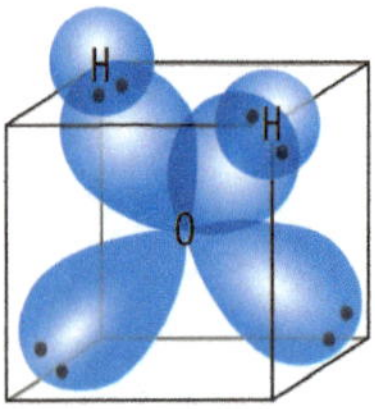

einsame Elektronenpaare

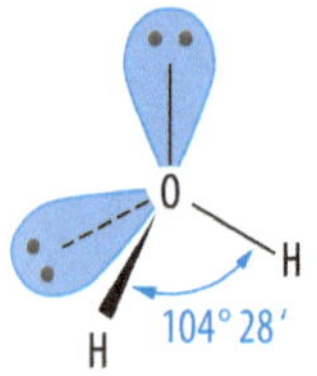

nungszahl 1, das Element Sauerstoff in der 6. Hauptgruppe (bzw. der 16. Gruppe) und der 2. Periode, mit der Ordnungszahl 8. Ein Wasserstoffatom mit dem Symbol H weist ein Elektron in seiner Elektronenhülle auf und ein Sauerstoffatom O acht Elektronen, davon sind sechs an Bindungen beteiligt. Die **Elektronenkonfiguration** des Wasserstoffatoms im Grundzustand wird als $1s^1$ notiert, diejenige des Sauerstoffatoms als $1s^2\ 2s^2\ 2p^4$. Die führenden Ziffern in dieser Notation sind die Hauptquantenzahlen der Elektronenhülle, die Kleinbuchstaben sind aus der Spektroskopie abgeleitete Bezeichnungen der besetzten Atomorbitale, und die Exponenten geben die Elektronenanzahl in den jeweiligen Atomorbitalen an. Die in diesen Orbitalen befindlichen Elektronen werden als **Valenzelektronen** bezeichnet.

Die Verknüpfung von Atomen zu Verbindungen, wie z.B. die Bildung von Wasser (H_2O) aus einem Atom Sauerstoff und zwei Atomen Wasserstoff, befriedigt in der Regel das Bestreben der Atome, besonders stabile **Elektronenkonfigurationen** zu erlangen. Aus diesen Betrachtungen ergibt sich, warum die **Summenformel** für das Wassermolekül H_2O lautet, sich also bei der Bildung von Wasser aus den Elementen genau zwei Wasserstoffatome mit einem Sauerstoffatom unter Ausbildung zweier kovalenter Bindungen verknüpfen. Im Zuge der Reaktion steuern zwei Wasserstoffatome je ein Valenzelektron und das Sauerstoffatom sechs Valenzelektronen bei.

Das Wassermolekül ist gewinkelt. Seine Elektronendomäne hat die Form eines Tetraeders.

Von zentraler Bedeutung für die Eigenschaften des Wassers ist der gewinkelte Bau des H_2O-Moleküls, d.h., die Anordnung der Atome HOH ist nicht linear. Der von den beiden Verbindungslinien O–H eingeschlossene Winkel beträgt 105 ± 0,5°. Dieser Wert variiert leicht, je nachdem, ob das Wassermolekül isoliert oder von anderen Wassermolekülen umgeben betrachtet wird. Projiziert man das Wassermolekül so in einen **Tetraeder**, dass das Sauerstoffatom im Schwerpunkt liegt, zeigen die beiden O–H-Bindungen in zwei Ecken des Tetraeders, und die beiden freien Elektronenpaare weisen in Richtung der beiden verbleibenden Ecken. In einem regelmäßigen Tetraeder beträgt der von je zwei Verbindungslinien eingeschlossene Winkel 109° 28‘. Im Wassermolekül in der Gasphase ist der Winkel HOH auf 104° 28‘ verkleinert (Abb. 2-1).

2.2 | Wasser als polares Molekül – Wasserstoffbrückenbindungen

Im Wassermolekül sind die bindenden Elektronen nicht gleichmäßig zwischen dem O-Atom und den H-Atomen verteilt. Die Fähigkeit von Atomen, in kovalenten Bindungen die Bindungselektronen zu sich zu ziehen, wird als **Elektronegativität** (EN) bezeichnet. Sauerstoff besitzt eine im Vergleich zu Wasserstoff erheblich größere Elektronegativität. Am Sauerstoffatom befindet sich eine negative **Partialladung** (2 δ–) und an jedem Wasserstoffatom eine jeweils halb so große positive Partialladung (δ+). Wegen des gewinkelten Baus des Wassermoleküls fallen die Ladungsschwerpunkte nicht zusammen. Das Molekül ist folglich ein elektrischer Dipol (Abb. 2-2).

Wasser ist ein elektrischer Dipol. Dies beeinflusst maßgeblich seine Eigenschaften.

Wegen des stark polaren Charakters der O–H-Bindungen kann aus dem Wassermolekül relativ leicht ein Proton (H^+) abgespalten werden, das sich an ein anderes Wassermolekül anlagert, wodurch ein Hydroxid-Anion (OH^-) zurückbleibt. Dies ist von grundlegender Bedeutung für **Säure-Base-Reaktionen** in wässriger Lösung. Diese Eigendissoziation des Wassers ist daher wie folgt zu beschreiben:

$$2H_2O \rightleftharpoons H_3O^+ + OH^-$$

Die Gleichgewichtskonstante ist hierbei sehr klein: $K_w = 10^{-14}$ mol²/l². Bei 25 °C liegt das Gleichgewicht weit auf der linken Seite. Im reinen Wasser findet man daher nur sehr geringe Konzentrationen der beiden Produkt-Ionen von jeweils 10^{-7} mol/l.

Polare Atombindungen sind unter Ionenbildung spaltbar, woraus die **Oxidationszahl** abgeleitet werden kann. Sie ist wichtig für Oxidations- und Reduktionsvorgänge, an denen Wasser beteiligt ist. Um die Oxidationszahl der Elemente bzw. Atome zu ermitteln, die zu einer Verbindung zusammengefügt sind, wird die Verbindung formell in Ionen aufgeteilt. Für das H_2O-Molekül ergibt das Verfahren 2 H^+-Ionen (Protonen) und ein O^{2-}-Ion, das auch als Oxid-Ion bezeichnet wird. Die Oxidationszahl der Wasserstoffatome im H_2O-Molekül ist folglich +1, die des Sauerstoffatoms –2.

Abb. 2-2
Exakte (oben) und schematische Darstellung (unten) der Dipoleigenschaft des Wassermoleküls (nach Grohmann et al. 2011).

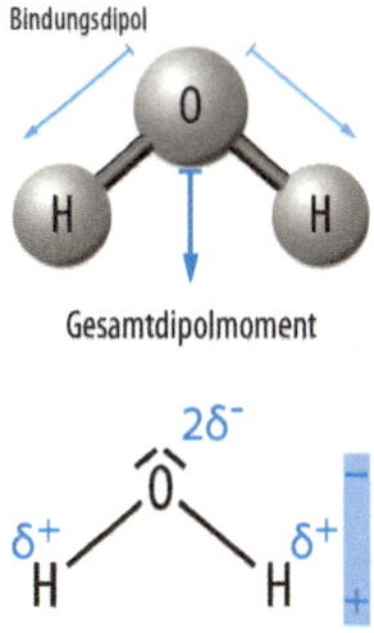

Die im gewinkelt gebauten Wassermolekül auftretenden Partialladungen bewirken das **permanente Dipolmoment** und induzieren, dass mehrere nebeneinander vorliegende Wassermoleküle nach den Grundsätzen der Elektrostatik aufeinander einwirken. Dies führt dazu, dass Wassermoleküle je nach Aggregatzustand unterschiedlich stark miteinander in Wechselwirkung treten und sich auf diese Weise dreidimensional geordnete Strukturen ergeben. In jedem Falle richten sich die stark positiv polarisierten H-Atome eines Wassermoleküls auf die freien Elektronenpaare der stark negativ polarisierten O-Atome benachbarter Wassermoleküle aus. Diese Art der elektrostatischen Wechselwirkung wird **Wasserstoffbrückenbindung** oder **H-Brücke** genannt. Sie ist für Wasser in Abb. 2-3 illustriert.

Die besonderen physikalischen Eigenschaften des Wassers, wie z.B. sein hoher Siedepunkt, haben im Wesentlichen folgende Ursachen:

Abb. 2-3 Als punktierte Linie dargestellte Wasserstoffbrückenbindung (H-Brücke) zwischen zwei benachbarten Wassermolekülen (nach Grohmann et al. 2011).

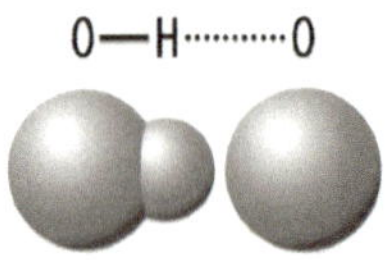

- Seine H-Brücken sind als Konsequenz der hohen Elektronegativitätsdifferenz zwischen O und H besonders stark.
- Das Wassermolekül ist von seiner Struktur her optimal für die Anordnung in einem durch H-Brücken geknüpften Netzwerk geeignet: Es besitzt zwei stark positiv polarisierte H-Atome und zwei freie Elektronenpaare, kann also gleich viele H-Brücken ausbilden, wie es von anderen Wassermolekülen empfängt (2 + 2).
- Die Bindungsenergie einer H-Brücke in Wasser beträgt etwa 23 kJ/mol.

Unter Zimmertemperatur und Atmosphärendruck lösen sich Substanzen umso schlechter in Wasser, je unpolarer sie sind. Unpolare Substanzen sind wasserabweisend bzw. **hydrophob**, wie z.B. polyaromatische Kohlenwasserstoffe und Mineralöle. Umgekehrt lösen sich Stoffe umso besser in Wasser, je polarer sie sind. Derartige Stoffe sind wasseranziehend, also **hydrophil**. Beispiele hierfür sind Kochsalz, Zucker, Pflanzennährstoffe oder Essigsäure. Viele Salze sind gut wasserlöslich, wodurch die Wasservorkommen eingeteilt werden: Süßwasser hat unter 1000 mg/l an gelösten Salzen, Brackwasser weist ca. 1000–10 000 mg/l auf, während Meerwasser ca. 35 000 mg/l enthält, gemessen als Abdampfrückstand einer Wasserprobe.

Schließlich soll eine wichtige Konsequenz, die sich für das Wasser aus dem Vorliegen starker H-Brücken ergibt, betrachtet werden. Flüssiges Wasser lässt sich über einen großen Temperaturbereich erhitzen, wobei es erst am Siedepunkt bei fortgesetzter Zufuhr von Energie in den gasförmigen Zustand übergeht. Wasser kann daher insbesondere im flüssigen Zustand als Wärmespeicher fungieren. Die Wärmespeicher-Funktion des Wassers ist essenziell für Wetter, Klima und den Wasserkreislauf der Erde (→ Kap. 3 und 7). Diese Beobachtungen führen zum Begriff der **spezifischen Wärmekapazität**. Die spezifische Wärme eines Stoffes ist die Wärmemenge, die nötig ist, um 1 Gramm des Stoffes um 1 °C zu erwärmen. Im Falle von Wasser beträgt die Wärmekapazität bei 17 °C unter Atmosphärendruck 4,184 J/(g · K).

Isotope des Wassers

Bisher wurde Wasser (H_2O) als die Verbindung des gängigsten Isotops des Wasserstoffs (^1H, Protium) und Sauerstoff diskutiert, also als das, was man auch «leichtes» Wasser nennt. **Isotope** sind Atome desselben Elements, die sich in ihrer Neutronenzahl unterscheiden. Wasser aus natürlichen Quellen enthält alle denkbaren Kombinationen der Isotope $_1^1H$ (Anteil: 99,9855 %), $_1^2H$ (0,0145 %), «Deuterium» genannt, $_1^3H$ (10^{-15} %), «Tritium» genannt, ^{16}O (99,762 %), ^{17}O (0,038 %) und ^{18}O

(0,200 %) in einer durch die jeweilige Isotopenhäufigkeit bestimmten Wahrscheinlichkeit.

Der Ersatz von ^1H durch ^2D (Deuterium) oder durch das radioaktive ^3T (Tritium) hat für die entsprechenden Wasser-Isotopomere besonders markante Eigenschaftsänderungen zur Folge, da die Atommasse erheblich zunimmt. Dies wird als **Isotopeneffekt** bezeichnet. Als isotopomere Formen des Wassers sind zu unterscheiden:

- HDO, halbschweres Wasser,
- D_2O, schweres Wasser,
- T_2O, superschweres Wasser.

Isotopomere Formen des Wassers werden auch als natürliche Tracer in der Umwelt eingesetzt (→ Kap. 16).

Physikalische Eigenschaften

2.3

Wasser ist die einzige Verbindung in der Natur, die unter Atmosphärenbedingungen in den **drei Zustandsformen**, nämlich fest, flüssig und gasförmig nebeneinander vorliegt: als Eis, als flüssiges Wasser und als Wasserdampf. Dies ist eine Folge der starken H-Brücken.

Strukturen – Dichteanomalie – Aggregatzustände – Phasendiagramm

Im **Eis** sind Wassermoleküle über Distanzen, die die molekularen Dimensionen um viele Größenordnungen überschreiten, dreidimensional periodisch in einem **Molekülgitter** angeordnet. In der regulären Struktur des Eises (Eis-I) hat ein Wassermolekül vier tetraedrisch angeordnete nächste Nachbarn. Wird der Festkörper durch Energiezufuhr erwärmt, werden die Wassermoleküle auf ihren Gitterplätzen thermisch angeregt. Die Anregung führt im Molekül zu Schwingungen der Atome gegeneinander und im Festkörper zu Schwingungen der Moleküle um ihre Gitterplätze. Bei fortgesetzter Energiezufuhr verliert der Festkörper seine Fernordnung. Etwa 15 % der H-Brücken brechen, und das Eis **schmilzt**. Indem die reguläre Anordnung kollabiert, werden die Hohlräume der Struktur gefüllt. Es entsteht eine weniger einheitliche, aber dichtere Packung der Moleküle. Dies erklärt die höhere Dichte der Flüssigkeit am Schmelzpunkt (0 °C) gegenüber der des Festkörpers.

Der Vorgang der Verdichtung setzt sich noch bis ca. 4 °C (exakt: 3,98 °C) fort. Bei dieser Temperatur ist das **Dichtemaximum des Wassers** von 1,00 g/cm³ erreicht. Danach überwiegt dann die Volumenzunahme infolge der Erhöhung der Molekülbewegungen. Alles Wasser unterhalb

Wasser hat bei 4 °C seine größte Dichte.

und oberhalb von 4 °C ist also weniger dicht bzw. beansprucht mehr Raum als Wasser bei 4 °C. So beträgt die Dichte bei 0 °C 0,9999 g/cm³, bei 10 °C 0,9997 g/cm³.

Box 2.1

Die Dichteanomalie des Wassers

Die Dichteanomalie des Wassers ist für die Natur von zentraler Bedeutung. Zum einen ist sie die Ursache für geologische Verwitterung. Wasser verursacht die Spaltung von Gestein während Frostperioden infolge des Gefrierens des in Risse eingedrungenen Wassers. Zum anderen ermöglicht sie aquatischen Organismen in Seen das Überleben im Winter. Bei Abkühlung sinkt Wasser von 4 °C auf den Boden des Sees (→ Kap. 10). Die einsetzende Konvektion befördert wärmeres und damit leichteres Wasser in die oberen Schichten, wo es dann gleichfalls abkühlt. Bei andauerndem Frost wird zunächst das exponierte Oberflächenwasser weiter abkühlen, infolge seiner geringeren Dichte aber nicht absinken. Die Eisbildung setzt auf der Seeoberfläche ein und bringt die Konvektion zum Erliegen. Wegen der isolierenden Wirkung des Eises kann die Kälte nun nur mehr langsam vordringen. Folglich werden – hinreichende Wassertiefe vorausgesetzt – Seen nicht bis zum Grund durchfrieren, sodass Lebewesen dort den Winter überdauern können.

Wasser ist integraler Bestandteil biologischer Systeme.

Biomoleküle liegen naturgemäß in wässriger Lösung vor. Ihre Funktion wird durch das wässrige Milieu erheblich beeinflusst oder überhaupt erst ermöglicht. Wasser ist nicht nur Lösemittel, sondern **integraler Bestandteil biologischer Systeme**.

Verdunsten – Verdampfen – Kondensieren

Führt man Wasser in einem Gefäß, das gegen die Atmosphäre offen ist, von außen Energie zu, erhöht sich seine Temperatur und damit die mittlere kinetische Energie der Wassermoleküle. Die Bewegung der Moleküle gegeneinander wird so lange verstärkt, bis sie am **Siedepunkt** 100 °C so viel Energie haben, dass ihre gegenseitige Anziehung nicht mehr ausreicht, um sie zusammenzuhalten. Dabei bleibt die Siedetemperatur konstant, denn die zugeführte Energie dient ausschließlich der Trennung der Wassermoleküle voneinander sowie der Leistung von Volumenarbeit gegen die Atmosphäre. Die Wärmemenge, die für die Verdampfung von 1 mol Wasser an seinem normalen **Siedepunkt** (100 °C) bei einem Druck p = 1013 hPa = 1013 mbar (= 1 atm) aufgewendet werden muss, ist die **molare Verdampfungsenthalpie** ΔH_v (100 °C). Sie beträgt 40,7 kJ/mol.

Verdunstung von Wasser (→ Kap. 7) tritt dann auf, wenn der temperaturabhängige Sättigungsdampfdruck größer ist als der über der Wasserphase herrschende Partialdruck. Verdunstung ist also nur möglich, wenn in der Gasphase stofffremde Gase vorhanden sind, wie Stickstoff oder Sauerstoff. Während der Verdunstung wird Verdunstungswärme der flüssigen Phase entzogen, sodass sie sich abkühlt. Dieser Vorgang wird als Verdunstungskälte bezeichnet. **Kondensation** ist der umgekehrte Prozess zur Verdunstung und findet statt, wenn der Sättigungsdampfdruck unter dem Partialdruck liegt. Ein bekanntes Beispiel ist die Taubildung aus feuchter Luft bei nächtlicher Abkühlung, bei der Kondensationswärme frei wird.

Gefrieren – Schmelzen

Indem flüssiges Wasser abkühlt, sinkt die mittlere kinetische Energie der Wassermoleküle. Bei einer bestimmten Temperatur, dem **Gefrierpunkt**, der bei 0 °C beim Druck p = 1013,25 hPa liegt, sind einige der Moleküle so energiearm, dass sie von den starken zwischenmolekularen Kräften zu einem regelmäßigen Festkörper, einem Eiskristall, zusammengefügt werden können. Betrachtet man 1 mol Wasser, so ist die vom Einsetzen der Kristallisation bis zum vollständigen Gefrieren zu entziehende Wärmemenge die **molare Kristallisationsenthalpie**. Die für die Umkehrung des Gefrierens anzusetzende **molare Schmelzenthalpie** ist dem Betrag nach gleich, doch hat sie ein umgekehrtes Vorzeichen. Sie beträgt bei 0 °C und p = 1013,25 hPa 6,02 kJ/mol und ist damit wesentlich kleiner als die Verdampfungsenthalpie, da die Moleküle beim Schmelzen nicht gegen die zwischenmolekularen Kräfte voneinander entfernt werden müssen.

Auch über vollständig als Eis vorliegendem Wasser ist ein Dampfdruck messbar. Der Dampfdruck von Eis nimmt, wie bei jedem Feststoff, mit zunehmender Temperatur zu. Am Schmelzpunkt ist der Dampfdruck von Eis gleich dem Dampfdruck des flüssigen Wassers. Die Verdampfung eines Festkörpers ohne Durchlaufen einer flüssigen Phase wird **Sublimation** genannt. Dieser Effekt lässt sich im Winter beobachten, wenn Eis und Schnee auch bei lang anhaltender Kälte mit Temperaturen unter 0 °C ohne aufzutauen langsam verschwinden.

Phasendiagramm des Wassers

Ein Phasendiagramm definiert die Bereiche von Druck und Temperatur, in denen die verschiedenen Phasen thermodynamisch stabil sind. Entlang der Trennlinien dieser Bereiche, den Phasengrenzen, stehen zwei Phasen im thermodynamischen Gleichgewicht miteinander. Im Folgenden wird das Phasendiagramm des Wassers für das Einkomponenten-System vorgestellt (Abb. 2-4). Der normale Schmelzpunkt, exakt 0 °C, und der Siedepunkt des Wassers, exakt 100 °C, die als Fixpunkte für

Abb. 2-4

Phasendiagramm des Wassers mit Sublimationskurve, Schmelzdruckkurve und Dampfdruckkurve (nach Sontheimer et al. 1980).

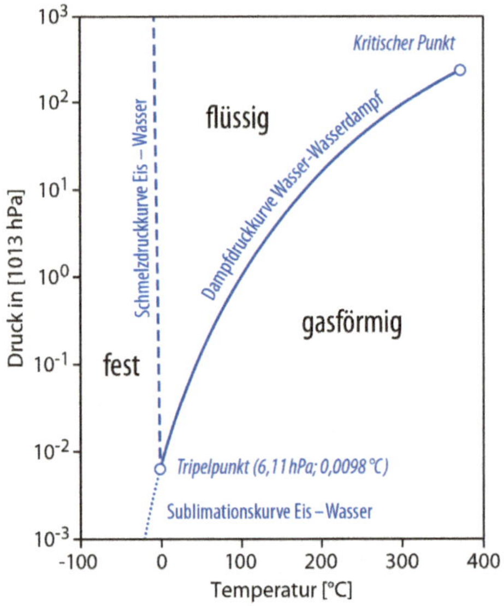

die Definition der Celsius-Skala dienen, sind in der Gegenwart von Luft ermittelt: p = 1013,25 hPa.

Der in der Gasphase herrschende Druck heißt Dampfdruck des Wassers bei der gegebenen Temperatur. Die Kurve T-K im Phasendiagramm (Abb. 2-4) heißt folglich die **Dampfdruckkurve des flüssigen Wassers.**

Eine analoge Überlegung gilt für die Phasengrenze fest/gasförmig: Diese markiert die **Dampfdruckkurve von Eis**. Der Dampfdruck des Wassers nimmt unabhängig vom Aggregatzustand, wie der jeder anderen Substanz, mit steigender Temperatur zu. Entlang der **Schmelzdruckkurve** stehen Eis und flüssiges Wasser miteinander im Gleichgewicht. Die Dampfdruckkurven von Eis und flüssigem Wasser und die Schmelzdruckkurve schneiden sich im **Tripelpunkt** TP des Wassers. Nur unter den (p, T)-Bedingungen dieses Punktes, der bei 6,11 hPa und 0,01 °C liegt, stehen die drei Aggregatzustände Eis, Wasser und Dampf miteinander im thermodynamischen Gleichgewicht.

Am Tripelpunkt stehen die Aggregatzustände Eis, Wasserdampf und Wasser im thermodynamischen Gleichgewicht.

Ein weiteres markantes Detail ist die Tatsache, dass die Dampfdruckkurve des flüssigen Wassers an einem definierten Punkt endet. Dies ist der **kritische Punkt** K. Erhitzt man das im geschlossenen Gefäß konstanten Volumens befindliche Wasser kontinuierlich, kann das Wasser nicht sieden. Stattdessen nehmen der Dampfdruck und die Dichte des Wasserdampfes kontinuierlich zu und infolge der thermischen Ausdehnung nimmt die Dichte der Flüssigkeit kontinuierlich ab, bis die Dichte des Dampfs und der verbliebenen Flüssigkeit gleich werden und die Grenzfläche zwischen den beiden Phasen verschwindet. Die Temperatur dazu heißt **kritische Temperatur** und der entsprechende Dampfdruck **kritischer Druck** des Wassers. Die kritische Temperatur des Wassers beträgt 374,15 °C und der dann herrschende kritische Druck 221 192 hPa. Überkritisches Wasser ist im Vergleich zu Wasser unterhalb des kritischen Punkts wesentlich weniger polar. Es kann daher hydrophobe, ansonsten wasserunlösliche Substanzen lösen.

Oberflächenspannung des Wassers – Kapillarwirkung

Im Inneren einer Ansammlung flüssigen Wassers erfahren die Wassermoleküle von allen Seiten gleiche Kräfte. Auf die an der Wasseroberfläche befindlichen Wassermoleküle wirkt jedoch eine in das Wasserinnere gerichtete Kraft (Abb. 2-5). Dies hat die Minimierung der Oberfläche zur Folge, weshalb der Tropfen nach der Kugelform strebt, da eine Kugel der Körper mit dem kleinsten Verhältnis von Oberfläche zu Volumen ist. Um die Oberfläche einer Flüssigkeit um eine Flächeneinheit zu vergrößern, muss Arbeit geleistet werden. Sie wird als **Oberflächenspannung** bezeichnet. Im Falle des Wassers bedingt die Oberflächenspannung eine gewisse Belastbarkeit der Oberfläche, ohne dass die Struktur des flüssigen Wassers «reißt». So können sich etwa Insekten, z.B. Wasserläufer, auf der Wasseroberfläche fortbewegen.

Eine Konsequenz der Oberflächenspannung ist die Neigung des Wassers, in einer engen Röhre infolge der **Kapillarwirkung** gegenüber dem umgebenden Wasserspiegel aufzusteigen. Die Wandung der Kapillare muss allerdings benetzbar sein. Dies ist z.B. im Falle einer Glaskapillare, eines Löschblatts oder in Silikaten gegeben, die an der Oberfläche Hydroxylgruppen bzw. andere polare Gruppen aufweisen. Die sich in einer Glaskapillare ausbildende konkave Oberfläche der Wassersäule wird als **Meniskus** bezeichnet.

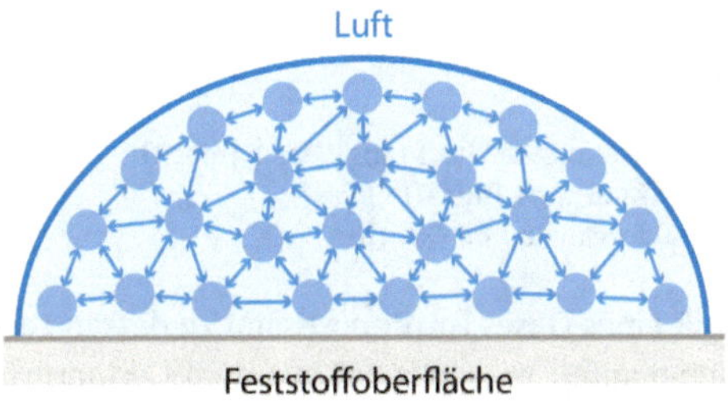

Abb. 2-5
Effekt der Oberflächenspannung bei der Ausbildung eines Wassertropfens auf einer benetzbaren Feststoffoberfläche

Viskosität

Die physikalische Größe **Viskosität** beschreibt die Zähigkeit von Fluiden infolge innerer Reibung. So wird z.B. der gegenseitigen Verschiebung zweier benachbarter, nicht verwirbelter Schichten im Fluid ein Widerstand entgegengesetzt. Dies ist die Grundlage für die Definition der **dynamischen Viskosität** η_d, deren physikalischer Sinn z.B. für Wasser aus folgender Beziehung ersichtlich wird:

$$F = \eta_d \cdot A \cdot \frac{dv}{dx} \tag{2.1}$$

mit F = erforderliche Kraft [N]
η_d = dynamische Viskosität [$N \cdot s/m^2$ oder $kg/(m \cdot s)$]
A = Berührungsfläche [m^2]
$G = \frac{dv}{dx}$ = Gradient der Geschwindigkeit [1/s]

Hierbei ist F die erforderliche Kraft, die benötigt wird, um zwischen zwei Flüssigkeitsschichten mit der Berührungsfläche A den Gradienten der Geschwindigkeit $G = \frac{dv}{dx}$, senkrecht zur Strömungsrichtung, aufrechtzuerhalten. Für praktische Berechnungen wird die dynamische Viskosität auf die Dichte des Wassers bezogen und **kinematische Viskosität** η_k genannt. Sie ist Bezugsgröße der dimensionslosen Reynolds-Zahl Re:

$$\eta_k = \frac{\eta_d}{\rho_w} \text{ und } Re = d \cdot \frac{\bar{v}}{\eta_k} \tag{2.2}$$

mit η_k = kinematische Viskosität [m^2/s]
ρ_w = Dichte des Wassers [g/cm^3]
Re = Reynolds-Zahl [-]
d = Rohrdurchmesser [cm]
$\bar{v}$ = mittlere Fließgeschwindigkeit des Wassers [m/s]

Löslichkeit von Gasen

Die Löslichkeit eines Gases i wird mit dem **Henry-Dalton-Gesetz** beschrieben:

$$c_{i,w} = K_{H,i} \cdot p_i \tag{2.3}$$

mit $c_{i,w}$ = Konzentration von Stoff i im Wasser [mol/l]
$K_{H,i}$ = Henry-Konstante [$mol/(l \cdot hPa)$]
p_i = Partialdruck von i im Gas [hPa]

Die Löslichkeit eines Gases ist proportional zu dessen Partialdruck, also seinem Volumenanteil multipliziert mit dem Gesamtdruck. Berechnet für Luft bei 10 °C, ergeben sich folgende Massenkonzentrationen:

p_{O2} = 210 hPa c_{O2} = 11,27 mg/l
p_{N2} = 780 hPa c_{N2} = 17,63 mg/l
p_{CO2} = 0,3 hPa c_{CO2} = 0,70 mg/l

Die Temperaturabhängigkeit der Henry-Konstanten für Sauerstoff bedingt eine fallende Sättigungskonzentration mit steigender Temperatur:

20°C: c_{O2} = 9,08 mg/l
30°C: c_{O2} = 7,53 mg/l

Die wichtigsten Gase in natürlichen Wässern sind:

- O_2: herausragende Bedeutung für Redoxprozesse und biologische Prozesse,
- CO_2: in der Luft nur ca. 0,6 mg/l,
- CH_4: Gas aus anaeroben Abbauprozessen organischer Stoffe,
- H_2S: aus Faulprozessen, also anaerob, durch Reduktion von Sulfationen,
- N_2: geringe Bedeutung, entsteht beim Nitratabbau.

Merksatz:
Die Viskosität des Wassers sinkt mit steigender Temperatur, wie auch die Dichte über 4 °C, wodurch das Fließverhalten in allen Kompartimenten des Wasserkreislaufs deutlich beeinflusst wird.

Suspension und Emulsion

Unter einer **Suspension** versteht man die Feinverteilung von Feststoffteilchen im Wasser. Die Feststoffe sind dabei als Partikel in einem weiten Größenbereich zu finden. Suspendierte Stoffe sind dabei größer als ca. 1 µm im Durchmesser. Nanopartikel, also Kolloide, liegen zwischen 0,01 µm und 1 µm. Im Bereich unter 0,01 µm bzw. 10 nm finden sich die gelösten Moleküle. Suspendierte und kolloidale Stoffe erzeugen eine Lichtstreuung und führen daher zur Trübung des Wassers, ein wichtiger Qualitätsparameter.

Emulsionen entstehen durch eine Feinverteilung von flüssigen, nicht mit Wasser mischbaren Flüssigkeiten wie Ölen, wodurch sich Tröpfchen mit Durchmessern ab ca. 20 nm bis in den Bereich von 0,1 mm bilden. Bekanntestes Beispiel ist Milch als Fett-Wasser-Emulsion.

Weiterführende Literatur

Grohmann, A. N., Jekel, M., Grohmann, A., Szewzyk, U. und R. Szewzyk (2011): Wasser. Chemie, Mikrobiologie und nachhaltige Nutzung. Berlin.
Nießner, R., Höll, K. (Hrsg.) (2010): Wasser. Nutzung im Kreislauf. Hygiene, Analyse und Bewertung. 9. Auflage. Berlin/New York.
Sigg, L. und W. Stumm (2011): Aquatische Chemie. Zürich.
Worch, E. (2000): Wasser und Wasserinhaltsstoffe. Stuttgart.

Globaler und regionaler Wasserkreislauf

3

Markus Weiler, Konrad Miegel

Inhalt

3.1 Wasservorkommen und Wasserkreislauf der Erde

3.2 Strahlung als Hauptantrieb des Wasserkreislaufs

3.3 Globale Unterschiede des Wasserhaushalts

Die globalen Wasservorkommen sind auf der Erde sehr unterschiedlich verteilt. Nur ein geringer Anteil davon ist Süßwasser. Durch die Sonnenstrahlung und die Gravitation wird der Wasserkreislauf angetrieben. Wasser verdunstet von den Ozeanen und Kontinenten und fällt als Niederschlag zurück auf die Erde. Dort fließt das Wasser oberirdisch in den Flüssen oder im Grundwasser den Ozeanen zu. Die Verweilzeiten in den verschiedenen Systemen sind sehr unterschiedlich. Die Sonnenstrahlung und die daraus resultierende Strahlungsbilanz treibt die Umverteilung von Wasser auf der Erde an, wodurch sich charakteristische Klimazonen ausbilden. Dies führt zu den immensen globalen Unterschieden des Wasserhaushalts, insbesondere Niederschlag, Verdunstung und Abfluss betreffend.

Wasservorkommen und Wasserkreislauf der Erde

3.1

Globale Wasservorkommen

Die Hydrosphäre umfasst alle ober- und unterirdischen Wasservorkommen.

Die **Hydrosphäre** ist der Teil der Erde, der die ober- und unterirdischen Wasservorkommen umfasst. Dazu gehören die Meere, die oberirdischen Wasservorkommen des Festlands wie Flüsse, Seen, Moore, Feuchtgebiete, Gletschereis und Schnee, Boden- und Grundwasser und nicht zuletzt das Wasser der Atmosphäre. Die oft verwendete Bezeichnung «Wasserhülle der Erde» ist jedoch eher irreführend, weil es sich – abgesehen von der Atmosphäre – nicht um eine in sich geschlossene homogene Sphäre handelt. Wasser ist räumlich sehr unterschiedlich verteilt, was v.a. an der Land-Meer-Verteilung oder der Verteilung von Eis und Schnee deutlich wird. Das Wasser der Atmosphäre ist hauptsächlich Gegenstand der Meteorologie. Es findet ein ständiger Wasseraustausch zwischen der **Atmosphäre** einerseits sowie den Meeren und Landmassen andererseits durch die Prozesse **Niederschlag** (→ Kap. 4) und **Verdunstung** (→ Kap. 7) statt.

Die mengenmäßige Abschätzung der globalen Wasservorkommen ist schwierig. Dies liegt nicht nur an ihrer räumlich und zeitlich unterschiedlichen Verteilung, sondern auch daran, dass ein Teil davon durch den Wasserkreislauf in ständiger Bewegung ist. Zusätzlich ist weder eine klare Abgrenzung des **Grundwassers** (→ Kap. 6) nach unten noch die genaue Quantifizierung der **Bodenwasser**- und Grundwasservorkommen möglich. Aus diesen Gründen sind ungenaue Angaben unvermeidbar, auch wenn moderne Verfahren wie die Satellitenfernerkundung (→ Kap. 17) eine genauere Sondierung der Landoberfläche und hydrologische Modelle (→ Kap. 15) die Abschätzung dieser schwer messbaren Größen ermöglichen.

Tab. 3-1 | Die Wasserspeicher auf der Erde, Anteile von Süßwasser und die mittlere Verweilzeit in den Speicherräumen (nach Korzun 1978). Die Wasserhöhe bezieht sich auf die jeweilige Fläche.

Teil der Hydrosphäre	Areal (10^6 km²)	Volumen (10^3 km³)	Wasserhöhe (m)	Anteil am Gesamtvorrat (%)	Anteil am Süßwasser (%)	Mittlere Verweilzeit
Weltmeer	361,30	1338000	3703,29	96,54	-	2500 a
Grundwasser	134,80	23400	173,59	1,69	-	
davon Süßwasser	134,80	10530	78,12	0,76	30,06	1400 a
Bodenfeuchte	82,00	16,5	0,20	0,001	0,05	1 a
Schnee und Eis	37,23	24364	654,37	1,76	69,55	
Arktis, Antarktis und Grönland	16,01	24024	1500,62	1,73	68,58	9700 a
Gebirgsgebiete	0,22	41	181,25	0,003	0,12	1600 a
Permafrost	21,00	300	14,29	0,022	0,86	10 000 a
Oberflächengewässer	12,083	105	8,66	0,008	0,30	
Flüsse	0,867	2,1	2,45	0,000	0,01	16 d
Süßwasserseen	3,030	91	30,03	0,007	0,26	17 d
Sumpfgebiete	8,186	11,5	1,40	0,001	0,03	5 d
Organismen	510,00	1,1	0,002	0,000	0,01	< 1 d
Atmosphäre	510,00	12,9	0,025	0,001	0,04	10 d
Gesamtvorrat	510,00	1385899	2717,45	100	-	
davon Süßwasser	148,80	35029	235,41	2,52	100	

a = Jahr, d = Tag

Tab. 3-1 macht deutlich, dass der Hauptteil der Wasservorkommen in den Weltmeeren zu finden ist. Gemessen an der Gesamtwassermenge, liegen 98,23 % in flüssiger, 1,76 % in fester und 0,001 % in dampfförmiger Phase vor. Nur ein sehr kleiner Teil, d.h. etwa 2,5 %, ist Süßwasser. Davon ist wiederum weniger als ein Drittel für den Menschen als Grundwasser, Wasser in **Seen** und in **Flüssen** direkt nutzbar, der größere Teil ist in den polaren Eiskappen gebunden. Noch überraschender ist der extrem kleine Anteil der Süßwasserseen (→ Kap. 10), der trotz der vielen großen Seen in Nordamerika, Afrika und Asien nur 0,007 % der Gesamtwassermenge ausmacht. Im Grundwasser ist über 250-mal mehr Wasser gespeichert als in allen Seen der Welt zusammen.

Die globalen Wasservorkommen sind sehr unterschiedlich auf der Erde verteilt.

In der Hydrologie ist es üblich, Wassermengen als **Höhe einer Wasserschicht** anzugeben und diese auf ein definiertes Gebiet zu beziehen. Dies führt bei Wasserbilanzen zu Angaben in Millimetern, wobei 1 mm einem Liter pro Quadratmeter (Volumen/Fläche) entspricht. Unter dieser Voraussetzung können die globalen Grundwasservorräte einer Wasserschicht gleichgesetzt werden, die im Mittel 170 m mächtig ist. Die Eispanzer Grönlands und der Antarktis wären im Mittel 1500 m und das Wasser der Permafrostböden 14 m mächtig. Das Wasser in der Atmosphäre würde hingegen die gesamte Erdoberfläche mit einer nur 25 mm dicken Wasserschicht bedecken.

Grundzüge des globalen Wasserkreislaufs

Gravitation und Sonnenstrahlung treiben den Wasserkreislauf an.

Die kleinen prozentualen Anteile des nutzbaren Süßwassers machen deutlich, dass diese sehr schnell erschöpft wären, wenn sie sich nicht ständig durch den Wasserkreislauf der Erde erneuern würden. Die wichtigsten Prozesse des globalen Wasserkreislaufs sind die **Verdunstung**, der **atmosphärische Wassertransport**, der **Niederschlag** sowie der oberirdische und unterirdische **Abfluss** (Abb. 3-1). Die treibenden Kräfte für dieses Transportsystem sind einerseits die **Sonnenstrahlung** für die Verdunstung und die **Gravitation** für den Niederschlag und Abfluss. Bei der Verdunstung von Meerwasser bleiben die gelösten Inhaltsstoffe im Meer zurück. Das verdunstende Wasser wird dadurch salzfrei. Der resultierenden Erhöhung der Salzkonzentration in den Weltmeeren wirkt der Zustrom von Süßwasser über die Flüsse entgegen.

In Abb. 3-1 sind die wichtigsten Prozesse und die mittleren jährlichen Flüsse des globalen Wasserkreislaufs dargestellt und in Millimetern pro Jahr angegeben. Global betrachtet ist die Verdunstung gleich dem Niederschlag.

Die Verdunstung über dem Meer ist größer als der Niederschlag, während diese Verhältnisse auf dem Festland genau umgekehrt sind. Dies ist darauf zurückzuführen, dass ein entsprechender atmosphäri-

Abb. 3-1 | Der Wasserkreislauf der Erde schematisch; alle Angaben der Flüsse in mm/Jahr (nach Korzun 1978 und Oki et al. 2005).

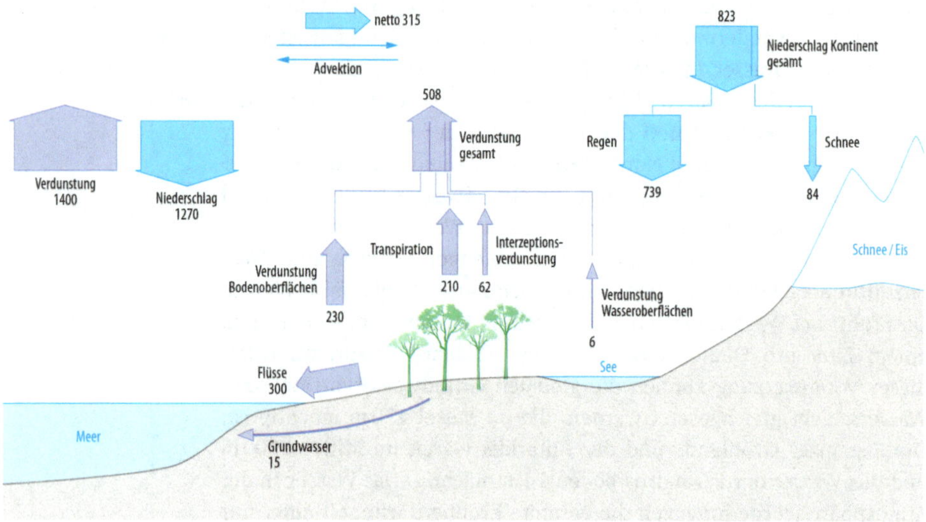

scher Wasserdampftransport vom Meer zum Land stattfindet, wobei bei den Zahlenangaben zu beachten ist, dass die Meeresoberfläche ca. das 2,46-fache der Landoberfläche beträgt. Der Wasserüberschuss des Festlands wird durch den ober- und unterirdischen Abfluss wieder ausgeglichen.

Der Unterschied der Verdunstung über Meer und Festland ist damit zu erklären, dass über dem Meer permanent Wasser verfügbar ist, während die Verdunstung über dem Festland v.a. von einem zeitlich und räumlich stark schwankenden Bodenwasservorrat abhängt (→ Kap. 7). Die Verdunstung von den Wasseroberflächen des Festlands beträgt wegen des geringen Anteils der Wasserflächen nur etwa 1 % der Gesamtverdunstung. Für das Festland maßgeblicher ist die Verdunstung über belebten und unbelebten Oberflächen, wobei drei verschiedene Komponenten unterschieden werden (Abb. 3-1):

- Die **Transpiration** der Pflanzen entspricht global betrachtet mit ca. 40 % in etwa der **Evaporation** unbelebter Oberflächen, zu denen an erster Stelle unbewachsene Boden- und Schneeoberflächen sowie bebaute Oberflächen gehören.
- Die **Interzeption** ist die Verdunstung von Niederschlagswasser, das durch Benetzung bzw. Ablagerung von Schnee an Pflanzenoberflächen zurückgehalten worden ist.

Die Aufteilung der Verdunstung in diese verschiedenen Prozesse ist räumlich und zeitlich sehr variabel und wird stark durch die Wasserverfügbarkeit, die Vegetation, die Bodeneigenschaften und das Klima bestimmt (→ Kap. 7).

Charakteristische Verweilzeiten des Wassers

Das Wasser ist prinzipiell zwei Grundvorgängen unterworfen, in die sich alle hydrologischen Prozesse einteilen lassen, nämlich dem Transport und der Speicherung. Langfristig gesehen ist alles Wasser, das am Wasserkreislauf beteiligt ist, in Bewegung. Zwischenzeitlich wird ein Teil davon über eine mehr oder weniger lange Zeit in den einzelnen Speichersystemen festgehalten. So ist z.B. Bodenwasser kurzfristig gespeichertes Wasser, das über kurz oder lang durch Verdunstung, lateralen Abstrom oder Tiefenversickerung wieder am Wasserkreislauf teilnimmt. Auch Grundwasser, das über Jahrzehnte oder sogar Jahrhunderte im tiefen Untergrund verweilt, wird irgendwann wieder in den aktiven Wasserkreislauf einbezogen. Die Dauer des Aufenthalts in einem Speichersystem, die als **Verweilzeit** bezeichnet wird, ist ein wichtiges Charakteristikum von Speichervorgängen.

Die Verweilzeit charakterisiert die Aufenthaltsdauer von Wasser in einem Speicher.

Sind das Wasservolumen in einem hydrologischen Speicher und seine Zuflüsse oder Ausflüsse, d.h. der Wasserdurchsatz durch den Speicher bekannt, so kann die mittlere Verweilzeit berechnet werden:

$$\bar{t} = \frac{V_s}{Q} \qquad (3.1)$$

mit τ = mittlere Verweilzeit [d]
V_s = Speichervolumen [m^3]
Q = Abfluss [m^3/d]

In der letzten Spalte von Tab. 3-1 sind die mittleren Verweilzeiten der hydrologischen Speicher der Erde angegeben. Ist der Durchfluss groß im Vergleich zum Speichervolumen, wie es z.B. bei Fließgewässern der Fall ist, ist die Verweilzeit gering. In diesen Systemen wird sich eine **Verschmutzung** oder eine Änderung im Zufluss sehr schnell bemerkbar machen. Deshalb besitzen diese Systeme eine hohe **Vulnerabilität**. Andererseits regenerieren sich solche Systeme auch rasch wieder, was z.B. nach den starken Verschmutzungen der Flüsse in den Industrienationen zu beobachten war, die sich durch den Bau von Kläranlagen und andere Maßnahmen in den letzten Jahrzehnten relativ schnell wieder erholt haben. Hat ein System jedoch eine hohe Verweilzeit, wie z.B. das Grundwasser, reagiert es sehr träge. Wird Grundwasser über längere Zeit übernutzt und somit nicht **nachhaltig bewirtschaftet**, weil die Entnahme größer ist als der Zufluss und dadurch die Speicherung spürbar zurückgeht, wird es längere Zeit dauern, bis sich die alten Füllstände wieder einstellen. Ähnliches gilt für Verschmutzungen, da die jährliche Grundwasserneubildung meist klein im Vergleich zum Grundwasservorrat ist. Aus diesem Grund macht sich kontaminiertes Sickerwasser nur langsam durch eine Konzentrationserhöhung im Grundwasserleiter bemerkbar.

Merksatz:
Die Verweilzeiten der hydrologischen Speicher beeinflussen direkt die Vulnerabilität der Systeme.

Die angegebenen Verweilzeiten sind Mittelwerte, die je nach Region und Charakteristik des lokalen Systems sehr stark variieren. So wird die mittlere Verweilzeit des Wassers in Alpengletschern auf etwa 200 Jahre geschätzt, während sie im zentralen Teil des antarktischen Inlandeises bis zu 200 000 Jahre beträgt. Bei der Interpretation einer mittleren Verweilzeit muss beachtet werden, dass ein Teil des Wassers den Speicher sehr schnell passieren kann und ein anderer Teil sehr viel länger im System verbleibt, was durch die Verweilzeitenverteilung beschrieben wird (→ Kap. 16).

3.2 | Strahlung als Hauptantrieb des Wasserkreislaufs

Um die regionalen Unterschiede des globalen Wasserkreislaufs verstehen zu können, ist ein Blick auf die meteorologischen Ursachen und die räumlich differenzierte Ausprägung des Klimas unverzichtbar. Dabei ist die vom Breitengrad abhängige Verfügbarkeit an Energie ebenso maßgeblich wie die Verteilung von Land und Meer, der Einfluss warmer und kalter Meeresströmungen, die Verteilung von Tiefländern und Gebirgen sowie der großräumige Transport von Lufteigenschaften im Zirkulationssystem der Atmosphäre.

Strahlungskomponenten an der Erdoberfläche

Die Sonnenstrahlung liefert die Energie für den Wasserkreislauf auf der Erde, wobei die mittlere **solare Einstrahlung** am oberen Rand der Atmosphäre 342 W/m^2 beträgt. Etwas mehr als 40 % davon werden in der Atmosphäre reflektiert oder adsorbiert, sodass knapp 60 % als Globalstrahlung die Erdoberfläche erreichen. Diese Schwächung beim Durchgang durch ein durchlässiges Medium, die auch als **Extinktion** bezeichnet wird, wird durch das **Bouguer-Lambert-Beer-Gesetz** beschrieben. Die Globalstrahlung setzt sich aus der **direkten Sonnenstrahlung**, die unbeeinflusst bis zur Erdoberfläche gelangt, und der **diffusen Himmelsstrahlung** zusammen, die an den Luftmolekülen in Richtung Erdoberfläche gestreut wird. Ca. 50 % der Globalstrahlung wird an der Landoberfläche absorbiert und 10 % wird reflektiert. Der **adsorbierte Teil** wird in Wärme umgewandelt.

Die Globalstrahlung ist eine von mehreren Komponenten des Strahlungshaushalts der Erdoberfläche. Für das Verständnis weiterer Komponenten ist essenziell, dass alle Körper, auch Flüssigkeiten und Gase, Energie durch körpereigene Strahlung abgeben. Diese wird auch als **Wärmestrahlung** bezeichnet, wobei die Energieabgabe von der vierten Potenz der Temperatur, d.h. von T^4 abhängt **(Stefan-Boltzmann-Gesetz)**. Mit der Erwärmung eines Körpers wird die Wellenlänge, in deren Bereich die Energieabgabe am größten ist, immer kleiner **(Wien'sches Verschiebungsgesetz)**. Die Wärmestrahlung der ca. 6000 K heißen Sonne ist deshalb **kurzwellig**. Sie erfolgt hauptsächlich im sichtbaren Bereich des Strahlungsspektrums, d.h. im Wellenlängenbereich des Lichts (0,38 µm bis 0,78 µm). Die Wärmestrahlung irdischer Körper wie der Erdoberfläche, von Gebäuden, Luftschichten oder Wolken ist aufgrund der geringen Temperaturen von im Mittel ca. 288 K bzw. 15 °C überwiegend **langwellig** mit einer Wellenlänge im Bereich von 10 µm.

Aufgrund dieser Gesetzmäßigkeiten gewinnt die Erdoberfläche nicht nur Energie durch die Globalstrahlung, sondern auch durch die langwellige **Gegenstrahlung** der Atmosphäre, die bei dichter Bewölkung besonders groß ist und wie die Globalstrahlung nur zu einem geringen Anteil reflektiert wird. Daneben geht Energie durch die körpereigene Wärmestrahlung der Erdoberfläche, die als **Ausstrahlung** bezeichnet wird, verloren. Die Ausstrahlung wird ihrerseits durch die Atmosphäre absorbiert, und zwar bei unbewölktem Himmel teilweise, bei dichter Bewölkung sogar fast vollständig. Diese abschirmende Wirkung der Atmosphäre gegen den Energieverlust durch Ausstrahlung wird als **Treibhauseffekt** bezeichnet. Die gegenwärtig stattfindende globale Erwärmung ist auf seine Verstärkung durch die anthropogen verursachte Zunahme des Ausstoßes von Treibhausgasen zurückzuführen.

Merksatz: Mit der Strahlungsbilanz kann ermittelt werden, wie viel Energie an der Erdoberfläche durch Strahlung zur Verfügung steht.

Um letzten Endes die an der Erdoberfläche durch Strahlung zur Verfügung stehende Energie zu bestimmen, sind die zur Erdoberfläche hingerichteten Strahlungskomponenten mit positivem Vorzeichen und die von ihr weg gerichteten mit negativem Vorzeichen wie folgt durch die **Strahlungsbilanz** zusammenzufassen:

$$R_n = R_S + R_H - R_{kw} - R_A + R_{Gg} - R_{lw} \qquad (3.2)$$

mit R_n = Nettostrahlung oder Strahlungsbilanz [W/m²]
R_S = direkte kurzwellige Sonnenstrahlung [W/m²]
R_H = diffuse kurzwellige Himmelsstrahlung [W/m²]
R_G = $R_S + R_H$ = Globalstrahlung [W/m²]
R_{kw} = kurzwelliger, reflektierter Anteil der Globalstrahlung [W/m²]
R_A = langwellige Ausstrahlung der Erdoberfläche [W/m²]
R_{Gg} = langwellige atmosphärische Gegenstrahlung [W/m²]
R_{lw} = langwelliger reflektierter Anteil der Gegenstrahlung [W/m²]

Ursachen für globale Unterschiede der Strahlungsbilanz

Aufgrund des unterschiedlichen **Einfallswinkels der Strahlung** ist global betrachtet der Energiegewinn in Abhängigkeit vom Breitengrad sehr unterschiedlich. Je stärker der Einfallswinkel α von 90° abweicht, desto größer ist die Fläche, die ein Strahlenbündel im Vergleich zum senkrechten Einfall überstreicht. Die Energiestromdichte verringert sich um den Faktor sin α **(Lambert'sches Gesetz)**. Daneben ist die Neigung der Erdachse um 23,5° zu beachten, durch die α auch jahreszeitlich variiert. Im Sommer sind dadurch die nördlichen Breiten begünstigt, im Winter die südlichen. Berechnet man daraus den Jahresverlauf der solaren Einstrahlung für verschiedene geographische Breiten, ohne den Einfluss der Atmosphäre zu berücksichtigen, ergibt sich eine ungleiche Verteilung der solaren Einstrahlung (Abb. 3-2).

Diese Unterschiede des Energiegewinns durch die Globalstrahlung müssen sich zwangsläufig auch auf die globale Verteilung der Strahlungsbilanz auswirken. Berechnet man die Nettostrahlung für die gesamte Erde, fällt zuerst auf, dass die Strahlungsbilanz in den hohen Breiten in der Nähe der Pole negativ ist und in den niederen Breiten positiv, sodass es zu **Ausgleichsströmungen** von den niederen zu den

Abb. 3-2 | Reale Nettostrahlung und Bewölkungsgrad im Januar (links) und Juli (rechts) 2014 (NASA).

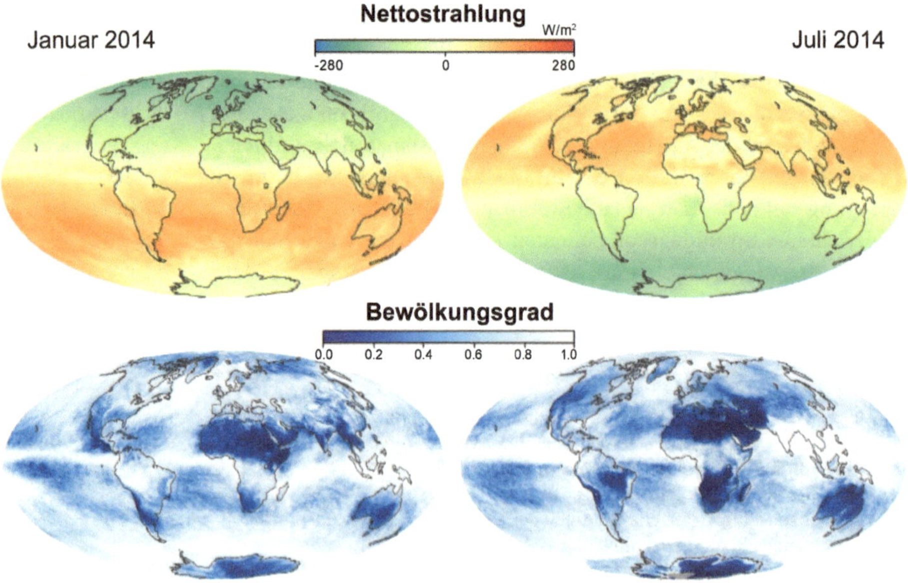

höheren Breiten kommt. Im Detail ist die Variation der Nettostrahlung über der Erde für die Monate Januar und Juli in Abb. 3-2 dargestellt. Es zeigen sich einerseits die schon beschriebenen Unterschiede aufgrund der Kugelform der Erde und ihres Umlaufs um die Sonne in Verbindung mit der Neigung der Erdachse (Ekliptik). Andererseits resultieren globale Unterschiede des Strahlungshaushalts aus den sehr unterschiedlichen Bewölkungsverhältnissen, z.B. im Vergleich von Subtropen und gemäßigten Breiten.

Ein weiterer Faktor für die räumliche Differenzierung des Strahlungshaushalts ist das Reflexionsvermögen von Oberflächen, das je nach Wellenlänge unterschiedlich sein kann. Von größerer Bedeutung ist das kurzwellige Reflexionsvermögen, das als **Albedo** bezeichnet wird und mit Zahlenwerten zwischen 0 und 1 angibt, welcher Anteil der Globalstrahlung reflektiert wird. Ist sie groß, ist der Energiegewinn durch Strahlungsabsorption klein. Das Reflexionsvermögen unterschiedlicher Landoberflächen sorgt für eine starke Differenzierung des regionalen Strahlungshaushalts. Wälder besitzen z.B. ein eher geringes Reflexionsvermögen (0,05–0,2), Böden ein recht variables (0,05–0,4) und Schnee ein sehr hohes (0,5–0,95). Im langwelligen Bereich ist Schnee hingegen ein guter Absorber. Entsprechend den Gesetzen der Thermodynamik werden Differenzen im Strahlungshaushalt ausgeglichen. Sie erzwingen horizontale Massen- und Energieflüsse, die die großräumigen Unterschiede, die saisonal variieren, ausgleichen. Damit sind sie der maßgebliche Antrieb der **atmosphärischen Zirkulation**, worunter die Grundmuster globaler Strömungsvorgänge in der Atmosphäre verstanden werden.

Strahlungsbedingte Klimazonen

Es gibt eine Vielzahl von Klassifikationen des globalen Klimas, die sich an fachspezifischen Kriterien orientieren. So bilden in der hydrologisch orientierten Klimaklassifikation von Penck (1910) die durchschnittlichen Niederschlagsverhältnisse wie Niederschlagshöhe, innerjährliche Verteilung, Auftreten in Form von Regen und/oder Schnee den Ausgangspunkt (z.B. Schönwiese 2013).

Eine sehr grobe Unterteilung erfolgt durch die Gliederung in physische Klimazonen, die den Einfluss der Sonneneinstrahlung betont. Da von dieser aber auch die atmosphärische Zirkulation abhängt, können Ursachen für hydrologische Unterschiede grundsätzlich anhand der physischen Klimazonen deutlich gemacht werden. Dabei ist zu beachten, dass die atmosphärische Zirkulation aus **horizontalen Luftmassentransporten** und **vertikalen Kreisläufen**, z.B. mit Luftaufstieg über den Tropen und Luftabstieg über den Subtropen, besteht.

Die **Tropen**, die sich zwischen den Wendekreisen um dem Äquator befinden, zeichnen sich durch eine Zone mit Luftaufstieg aus, da hier Nordost- und Südostpassat aufeinandertreffen und einen Massenstau am Boden erzeugen. Sie sind entsprechend niederschlagsreich. Die Zone des Luftaufstiegs wandert dem Sonnenhöchststand folgend zwischen dem 21. Juni eines Jahres und dem 21. Juni des Folgejahres vom nördlichen zum südlichen Wendekreis und wieder zurück. Dies hat im Bereich der Wendekreise eine Trockenzeit und dazwischen zwei Regenzeiten zur Folge, mit einer entsprechenden Saisonalität des Abflussgeschehens. Als Ausgleich bildet sich ein Kreislauf mit einer Höhenströmung vom Äquator zu den Subtropen, über denen sich durch Luftabstieg der Kreislauf schließt. Die **Subtropen** sind deshalb in ihrem Kern besonders niederschlagsarm. Hier tritt Niederschlag nur episodisch auf, sodass viele Flüsse nur sporadisch Wasser führen. Eine gewisse Saisonalität mit Winterniederschlägen ist dort charakteristisch.

Die **gemäßigte Zone** wird vom Polarkreis und dem 40. Breitengrad begrenzt. Hier liegen sich subtropische Warmluft und subpolare Kaltluft auf relativ engem Raum gegenüber. Für solche Luftmassengrenzen ist die Ausbildung kräftiger Tiefdrucksysteme typisch, in deren Kern und an deren Fronten Hebungsvorgänge stattfinden, die zusammen mit anderen Ursachen (z.B. Hebung an Gebirgen, Aufstieg von Warmluft in Gewittern u.a.) zur Entstehung von Niederschlägen führen (→ Kap. 4). Da diese ganzjährig mit einer schwachen Saisonalität fallen, zeichnen sich die meisten Flüsse durch eine saisonal geprägte, aber permanente Wasserführung aus. Es schließen sich die energiearmen **Subpolargebiete** mit langen trockenen Wintern und Sommern an, die nur wenig Niederschlag erhalten. Ebenso wenig Niederschlag fällt auch in den **Polargebieten**.

Auf der Luvseite von Gebirgen fallen hohe Niederschlagsmengen. Auf der Leeseite herrscht Niederschlagsarmut.

Daneben sind einige regionale Besonderheiten zu beachten. Dazu gehören z.B. der **Monsun** mit seiner stärksten Ausprägung über dem Indischen Ozean und intensive Hebungsvorgänge an der Luvseite von Gebirgen, Küstenlinien oder Inseln, die dadurch verstärkt Niederschlag erhalten. Regenarmut herrscht dagegen auf der Leeseite von Gebirgen, d.h. in ihrem Regenschatten und z.T. im Inneren der Kontinente vor.

3.3 Globale Unterschiede des Wasserhaushalts

Grundsätzliche Aspekte zur Bilanzierung des Wasserhaushalts

Die allgemeine **Wasserhaushaltsgleichung oder Wasserbilanz** bildet die Grundlage für alle hydrologischen Bilanzierungen. Sie wird immer auf einen definierten Zeitabschnitt und einen Betrachtungsraum oder ein Kontrollvolumen wie z.B. einen Kontinent, ein Einzugsgebiet, einen See oder eine Bodenschicht bezogen. Dabei führt die Summe aller Zuflüsse und Abflüsse zu einer Speicheränderung im betrachteten System, die positiv oder negativ sein kann:

$$N + Q_{in} = ET + Q_{out} + \Delta S \qquad (3.3)$$

mit N = Niederschlag [mm]
Q_{in} = Zufluss (ober- und unterirdisch) [mm]
ET = Evapotranspiration [mm]
Q_{out} = Abfluss (ober- und unterirdisch) [mm]
ΔS = Speicheränderung [mm]

Abb. 3-1 enthält globale Angaben. Bei langjährigen Mittelwerten kann die Speicheränderung vernachlässigt werden. Die Unterscheidung von Kontinenten und Weltmeeren stellt eine grobe räumliche Unterteilung dar. Erst mit zunehmender räumlicher und zeitlicher Auflösung wird es erforderlich, feiner zu bilanzieren. Durch die Verdunstung ist der Wasserhaushalt von Landschaften eng mit ihrem Energiehaushalt verknüpft. Die Verdunstung ist damit sowohl Element der Wasser- als auch der Wärmebilanz (→ Kap. 7). Da Wärmebilanzen immer auf Oberflächen bezogen werden, entfällt bei ihnen das Speicherglied. Insofern muss die Summe aller Wärmeströme, die zur Oberfläche entweder hin oder von ihr weg gerichtet sind, null ergeben. Dabei wird der durch die Strahlungsbilanz im globalen Mittel erzielte Energiegewinn überwiegend, d.h. zu fast 80 %, durch Verdunstung verbraucht, sodass nur ein deutlich kleinerer Anteil der Lufterwärmung zugutekommt. Der Wärmeaustausch mit dem Boden beträgt im Mittel null.

Die Wasserhaushaltsgleichung ist die zentrale Gleichung für alle Wasserbilanzbetrachtungen.

Globale Unterschiede von Niederschlag, Verdunstung und Abfluss

Die großräumige Niederschlagsvariabilität ist eine Folge der Ausbildung physischer Klimazonen und der atmosphärischen Zirkulation. Abb. 3-3 zeigt die globale mittlere jährliche Niederschlagsverteilung. Diese lässt sich in vier Zonen einteilen:

1. den äquatorialen Bereich (**Tropengürtel** 0°–23°) mit den höchsten Niederschlägen von 1500–6000 mm/Jahr,
2. an diesen schließen sich **Trockengebiete** in den Subtropen (23°–40°) mit Niederschlägen unter 100 mm/Jahr an,
3. dann folgen wieder feuchtere Gebiete der **mittleren und höheren Breiten** (40°–60°) mit Niederschlägen von 300–2000 mm/Jahr
4. und schließlich die relativ niederschlagsarmen **Polargebiete**.

Da für die Verdunstung nicht nur Wasser, sondern in erheblichem Maße auch Energie erforderlich ist (→ Kap. 7), folgt die globale Verteilung der Verdunstung sowohl der Niederschlagsverteilung als auch den räumlichen Mustern der Strahlungsbilanz (Abb. 3-4). Insofern sind es niederschlagsarme Regionen wie die Subtropen, in denen auch die jährliche aktuelle Verdunstung klein ist, während in den Tropen die jährliche Verdunstung überwiegend weit über 1000 mm/Jahr liegt. Diese Regionen stellen somit neben den Weltmeeren die terrestrischen Wasserquellen für den Wasserdampf in der Atmosphäre dar. In der gemäßigten Zone schwankt die mittlere jährliche Verdunstung zwischen 400 mm/Jahr und 800 mm/Jahr.

Die globale Verteilung des **Abflusses** folgt dem Wechsel von Niederschlag und Verdunstung, jedoch mit größeren räumlichen Schwankungen, zu denen die räumliche Variabilität von Geologie, Physiographie sowie Boden- und Pflanzeneigenschaften wesentlich beiträgt (Abb. 3-5). Er variiert zwischen keinem Abfluss und Abfluss weit über 1000 mm/Jahr. In den Trockengebieten der Erde ist der mittlere Abfluss mit < 10 mm/Jahr sehr gering, jedoch ist die saisonale Variation und die Variation von Jahr zu Jahr sehr hoch. Einen besonders hohen jährlichen Abfluss zeigen die Tropen und die **Gebirgsregionen**. Gebirge werden deshalb auch als Wasserschlösser der Erde bezeichnet (→ Kap. 20).

Die generellen Zusammenhänge zwischen Niederschlag, Verdunstung und Abfluss werden durch Arbeiten von Lvovich (1976) in Abb. 3-6 (linker Teil) dargestellt. Werden die mittleren jährlichen Abflussdaten und Verdunstungsdaten gegen den Niederschlag aufgetragen, liegen sie generell entlang der beiden Linien Q und ETa (tatsächliche Ver-

Abb. 3-3 | Globale Verteilung der mittleren Jahresniederschläge in mm/Jahr für die Periode 1961–1990 (nach New et al. 1999).

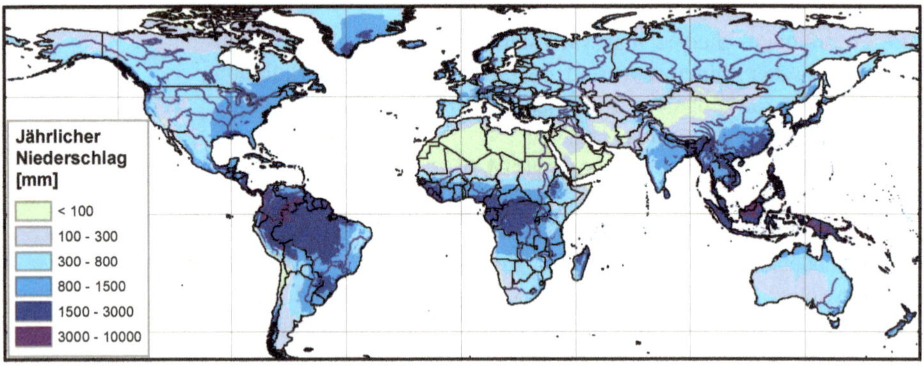

Globale Verteilung der mittleren jährlichen aktuellen Verdunstung für die Periode 1950–1999 (nach Willmott und Matsuura 2001). Abb. 3-4

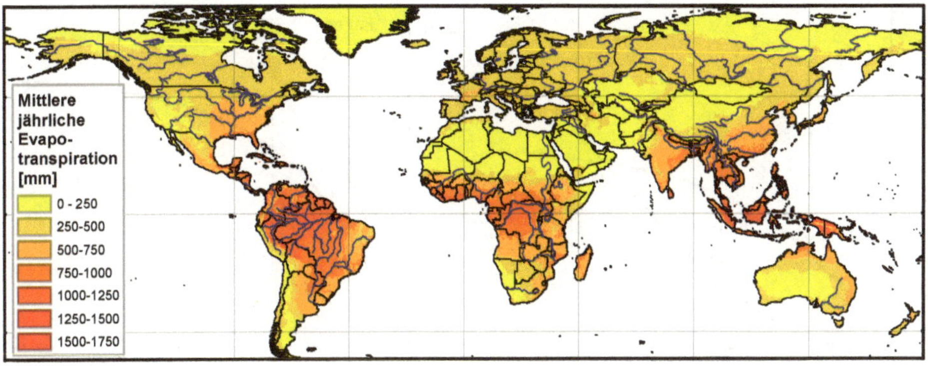

Globale Verteilung des mittleren jährlichen Abflusses (nach Feteke et al. 2000). Abb. 3-5

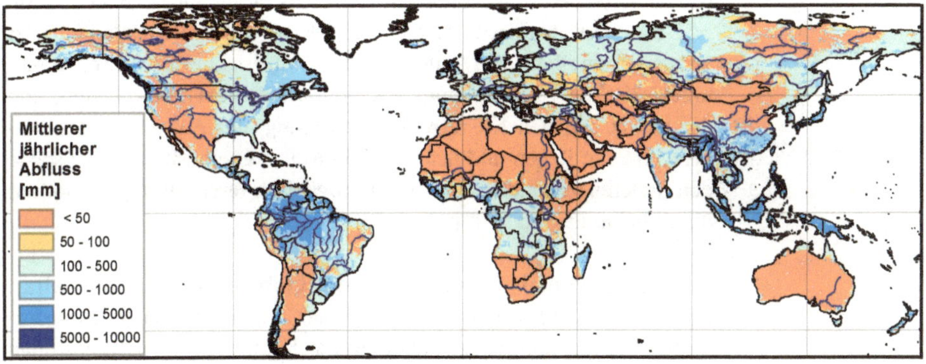

dunstung). Das Bild macht eindrucksvoll deutlich, dass die Verdunstung weder größer sein kann als die Verfügbarkeit von Wasser noch größer als die Verfügbarkeit an Energie. Die Verfügbarkeit von Wasser entspricht im Mittel dem Niederschlag. Die Verfügbarkeit von Energie wird durch die potenzielle Verdunstung ETp, d.h. die energetisch maximal mögliche Verdunstung, ausgedrückt (→ Kap. 7). Mit zunehmendem Niederschlag nähert sich ETa dem Wert ETp an. Erst wenn der Jahresniederschlag größer wird als ETp, erreicht auch der Abfluss zunehmend größere Beträge.

Budyko (1974) hat die aktuelle Verdunstung und die klimatisch mögliche potenzielle Verdunstung mit der Niederschlagshöhe normiert

Abb. 3-6 Zusammenhänge zwischen Niederschlag, Abfluss (Q), potenzieller und realer Verdunstung ETp und ETa (nach Lvovich 1976 (linke Grafik) und Budyko 1974 (rechte Grafik)).

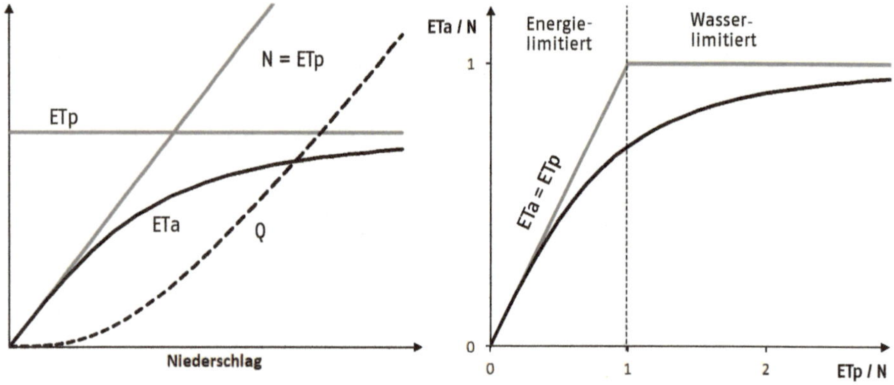

(ETp/N bzw. ETa/N) und die sogenannte **Budyko-Kurve** entwickelt (Abb. 3-6, rechter Teil). Dabei ist ETp/N ein Klimaindex, wobei Werte > 1 ein **wasserlimitiertes System** und Werte < 1 ein **energielimitiertes System** beschreiben. Die Aufteilung des Abflusses in oberirdischen und unterirdischen Abfluss hängt v.a. vom Niederschlagsgeschehen, von der innerjährlichen Niederschlagsverteilung, der Aufteilung des Niederschlags in Regen und Schnee, dem Auftreten von Bodenfrost sowie den Bodeneigenschaften und einer möglichen Versiegelung des Bodens durch Bebauung ab (→ Kap. 6 und 9).

Einzugsgebiete als Mosaiksteine des globalen Wasserhaushalts

Die Bewältigung wasserwirtschaftlicher Aufgaben macht es erforderlich, große räumliche Einheiten wie Kontinente oder Klimazonen räumlich feiner zu strukturieren, d. h. relevante **Raumeinheiten** zu bilden, die als **hydrologische Systeme** bezeichnet werden. Eine der wichtigsten hydrologischen Raumeinheiten ist das **Einzugsgebiet**, wobei u. a. zwischen den Einzugsgebieten von Flüssen, Seen oder Grundwasserleitern unterschieden werden kann.

Einzugsgebiete sind gut geeignet, um hydrologische Prozesse zu studieren. Bei hydrologischen Prozessanalysen in kleinen Einzugsgebieten wird zwischen verschiedenen Speichervorgängen an der Landoberfläche, im Boden und im Grundwasser, zwischen verschiedenen Abflusskomponenten wie Oberflächenabfluss, bodeninnerem Abfluss und Grundwasserabfluss oder verschiedenen Verdunstungskomponenten unterschieden (→ Kap. 9).

Box 3.1

Definition und Bestimmung des oberirdischen Einzugsgebiets

Ein Einzugsgebiet, das auch als Wasserzustrombereich bezeichnet wird, zeichnet sich dadurch aus, dass jedes Wasserteilchen, das hier zum Abfluss wird, dieses Gebiet durch den zugehörigen Flussquerschnitt verlässt. Das Einzugsgebiet wird durch seine **Wasserscheide** allseitig begrenzt. Die **oberirdische Wasserscheide** kann anhand der **Höhenlinien** bzw. Isohypsen mittels topographischer Karten konstruiert werden (Abb. 3-7). Dabei wird am Flussquerschnitt begonnen und beidseitig senkrecht zu den Höhenlinien bergaufgegangen, bis jeweils der Geländehochpunkt erreicht wird. In diesem kehrt sich das Geländegefälle um, d.h. es vollzieht sich der Übergang in das Nachbareinzugsgebiet. Von den beiden links- und rechtsseitigen Hochpunkten aus verläuft die Wasserscheide weiter über die Höhensättel und Berggipfel, die das Einzugsgebiet umsäumen, bis sich der links- und rechtsseitige Verlauf vereinen. Im Bereich der Höhensättel ist die Fließrichtung beidseitig der Wasserscheide genau entgegengesetzt, d.h. im Inneren in das Gebiet hineingerichtet, und außerhalb von diesem weg.

Zum Einzugsgebiet gehört nicht nur die Landoberfläche, sondern auch der gesamte Boden- und Gesteinskörper, der aus dem Wasser unterirdisch zum Flussquerschnitt fließt. Dabei ist zu beachten, dass das **oberirdische Einzugsgebiet** und das **unterirdische Einzugsgebiet** voneinander abweichen können, da die Richtung der unterirdischen Wasserbewegungen weniger von der Geländeoberfläche, sondern mehr von der Geologie abhängt. Im Gebirge ist die Struktur der Gesteinsformationen mit ihren bevorzugten Fließbahnen, im Lockergestein des Norddeutschen Tieflandes die Ausprägung der Grundwasseroberfläche, ähnlich wie die Geländeoberfläche bezüglich oberirdischer Abflussvorgänge, entscheidend.

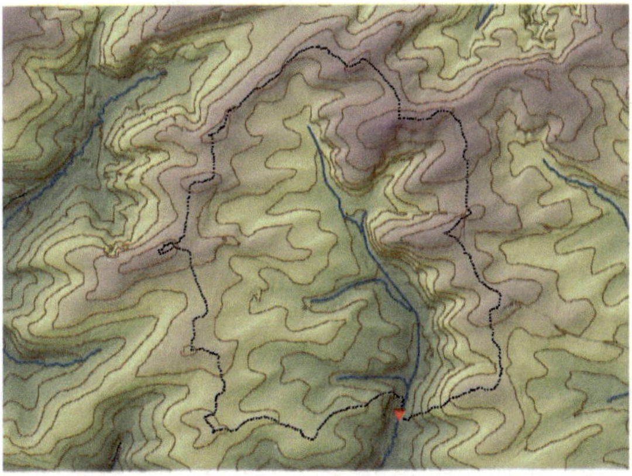

Abb. 3-7 | Bestimmung von oberirdischen Einzugsgebieten (schwarze Linie) entlang der Wasserscheide ausgehend von einem Punkt (rotes Dreieck) entlang des Fließgewässers (blaue Linie).

Box 3.2

Woher stammt der Niederschlag und was passiert mit dem Wasser, das verdunstet?

Stammt der Niederschlag aus der Verdunstung vom Meer oder von den Kontinenten? Was passiert mit dem Wasser, das verdunstet, wo fällt es wieder als Regen auf die Erdoberfläche?

Diese Fragen wurden in den letzten Jahrzenten mithilfe von globalen Datensätzen berechnet, wobei festgestellt wurde, dass im Mittel 40 % des kontinentalen Niederschlags aus der terrestrischen Verdunstung stammen und dass 57 % der terrestrischen Verdunstung wieder über den Kontinenten abregnen (van der Ent

Abb. 3-8 Schematische Darstellung eines «Evaporationshed» (a) und eines «Precipitationshed» (b) und die reale Situation für das Gebiet von Italien (mittlere jährliche Flusse von Zanzi 2025) für das Verdunstungseinflussgebiet (c) und das Niederschlagsherkunftsgebiet (d).

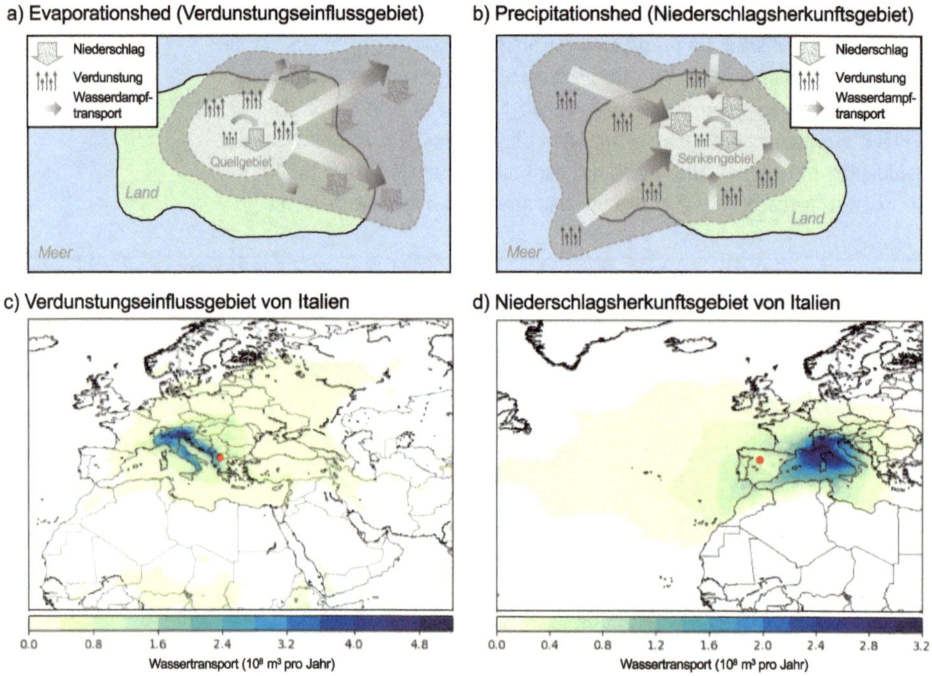

et al. 2010). Dabei wurde das Konzept der **atmosphärischen Wasserscheiden** entwickelt. Je nach Betrachtungsrichtung kann entweder ein **„Evaporationshed" (Verdunstungseinflussgebiet)** bestimmt werden, das ein Gebiet definiert, wohin das verdunstete Wasser eines bestimmten Quellgebiets verfrachtet wird und dort als Niederschlag wieder ausregnet (Abb. 3.8), oder ein **„Precipitationshed" (Niederschlagsherkunftsgebiet)**, das ein Gebiet definiert, wo der Niederschlag eines gewählten Standorts ursprünglich verdunstete und zum Standort transportiert wurde (van der Ent 2014). In Abb 3.8 sind außerdem beispielhaft die realen Gebiete (Evaporationshed und Precipitationshed), bzw. deren Flussgrößen in m^3 pro Jahr, jeweils für die Fläche von Italien dargestellt (Zanzi 2025).

Kontinentaler Verdunstungs-Recycling-Anteil (oben) und kontinentaler Niederschlags-Recycling-Anteil (unten) (nach van der Ent et al. 2010 und van der Ent und Savenije 2013). **Abb. 3-9**

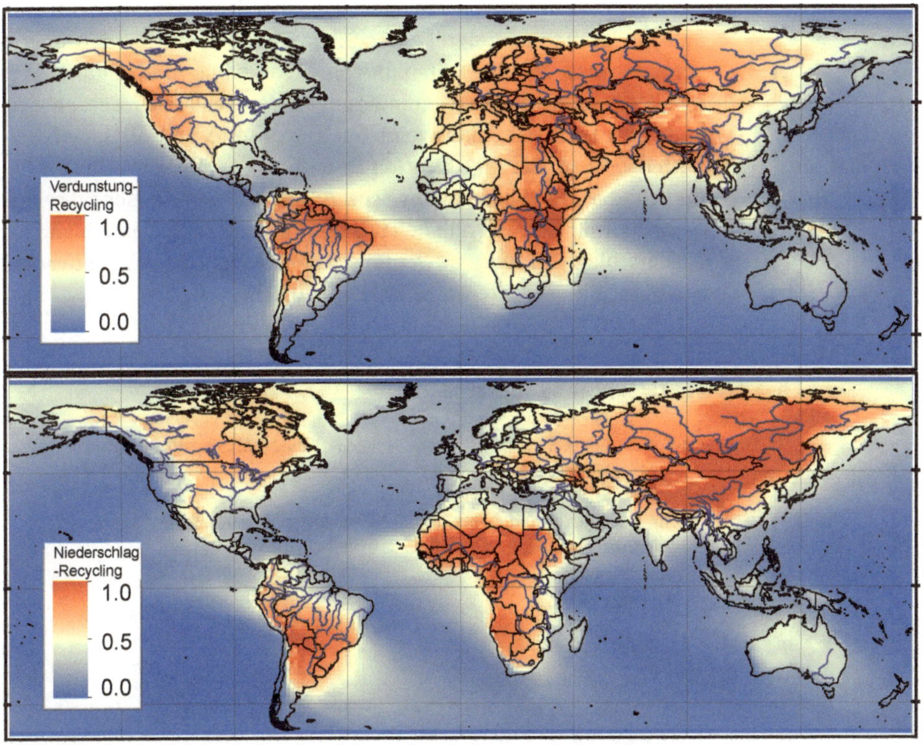

Wasserbilanzen werden oft für Einzugsgebiete aufgestellt, in denen der Abfluss Q im Fließgewässer durch Pegelmessungen zur Verfügung steht (→ Kap. 8). Da ein Einzugsgebiet bei Übereinstimmung von ober- und unterirdischem Einzugsgebiet per Definition keine lateralen Zu- oder Abflüsse hat, vereinfacht sich die Wasserbilanz zu:

$$N = ET + Q + \Delta S \quad (3.4)$$

Generell werden auch hier alle Größen in Millimeter pro Bezugszeitraum angegeben. Dazu müssen die Punktmessungen des Niederschlags und der Verdunstung auf das ganze Gebiet extrapoliert werden (vgl. → Kap. 4 & 8). Der Abfluss wird von einem Volumen in eine Abflusshöhe in Bezug zur Einzugsgebietsfläche umgerechnet. Im Vergleich zur lokalen Wasserbilanz einer Bodenschicht oder eines Sees ist die Speicheränderung ΔS des gesamten Einzugsgebiets schwierig zu bestimmen.

In der Bilanzierung in Einzugsgebieten stellt neben den Speicheränderungen die Gebietsverdunstung das Hauptproblem dar. Sie lässt sich ohne sehr aufwendige Messungen nur modellgestützt ermitteln, weshalb sie häufig die Zielgröße der Bilanzierung ist. Ihre Ermittlung ist vereinfachend aus der Differenz von Niederschlag und Abfluss dann möglich, wenn die Speicheränderungen vernachlässigt werden können. Dies trifft näherungsweise für Jahreswerte und für langjährige Mittelwerte zu. Bei Jahreswerten ist dafür eine Jahreseinteilung erforderlich, die vom Kalender abweicht. Ausgehend von Angaben der Bundesanstalt für Gewässerkunde (BfG 2025) betragen in Deutschland der Niederschlag 783 mm, die Verdunstung 489 mm und der Abfluss 294 mm (langjährige Mittelwerte 1991 bis 2020).

Merksatz:
Das Einzugsgebiet ist die wichtigste räumliche Einheit in der Hydrologie.

Weiterführende Literatur

Glawion, R., Glaser, R., Saurer, H., Gaede, M. und M. Weiler (2012): Physische Geographie. 2. Auflage. Braunschweig.

Schönwiese, C. (2013): Klimatologie. 4. Auflage. Stuttgart.

Zmarsly, E., Kuttler, W. und H. Pethe (2002): Meteorologisch-klimatologisches Grundwissen. Stuttgart.

Niederschlag

4

Uwe Haberlandt

Inhalt

4.1 Bildung und Charakterisierung des Niederschlags
4.2 Niederschlagsmessung
4.3 Gebietsniederschlag
4.4 Bemessungsniederschlag
4.5 Schneeniederschlag

Der Niederschlag ist die wichtigste Eingangsgröße für alle hydrologischen Berechnungen. In diesem Kapitel werden die komplexe Niederschlagsbildung, verschiedene Niederschlagstypen sowie die räumliche und zeitliche Variabilität des Niederschlags diskutiert. Von hoher praktischer Bedeutung sind die verschiedenen Messmethoden, die Bestimmung des Gebietsniederschlags sowie die Ermittlung von Bemessungsniederschlägen.

Bildung und Charakterisierung des Niederschlags

4.1

Begriff des Niederschlags

Unter dem Begriff «Niederschlag» versteht man einerseits einen Prozess, d.h. «aus der Lufthülle in flüssiger oder fester Form ausgeschiedenes Wasser» (DIN 4049-1 1992), wobei das Ausscheiden an der Erdoberfläche erfolgt. Andererseits ist Niederschlag eine Wassermenge und damit Element der Wasserbilanz (Dyck und Peschke 1995).

Bei der Klassifizierung der Niederschläge werden im Wesentlichen fallende, abgesetzte und abgelagerte Niederschläge unterschieden:

- fallende Niederschläge: Regen, Schnee, Graupel und Hagel,
- abgesetzte Niederschläge: Tau, Reif und Nebel,
- abgelagerte Niederschläge: Schneedecke.

Merksatz:
Für die Bildung des Niederschlags in der Atmosphäre müssen folgende Voraussetzungen erfüllt sein:
1. ausreichender Feuchtegehalt der Luft,
2. Abkühlung der Luftmasse unter den Taupunkt (Temperatur, bei der Wasserdampfsättigung auftritt) und
3. Vorhandensein von Kondensations- bzw. Gefrierkernen.

Niederschlagsbildung

Da das maximale Aufnahmevermögen der Luft an Wasserdampf mit der Temperatur abnimmt (→ Kap. 7), wird durch Abkühlung unter die vorherrschende Taupunkttemperatur Übersättigung erreicht. Der überschüssige Wasserdampf lagert sich durch Kondensation bzw. Resublimation an winzigen Partikeln, die als Kondensations- bzw. Gefrierkerne bezeichnet werden, an. Resultat sind überwiegend Tropfen, die zunächst sehr klein sind (im µm-Bereich). Diese sind zu leicht, um aus der Wolke auszufallen. Sie müssen erst zu einer Mindestgröße heranwachsen. Dabei ist zu beachten, dass die Existenz sehr kleiner Tropfen auch bei negativen Temperaturen, so wie sie in den gemäßigten Breiten ab einer bestimmten Höhe typisch sind, möglich ist. Daraus resultiert in hochreichenden Wolken ein Nebeneinander von Tropfen und Eiskristallen. Alle Ausscheidungen von atmosphärischem Wasserdampf werden als **Hydrometeore** bezeichnet.
Es sind verschiedene Wachstumsprozesse von Hydrometeoren zu unterscheiden. Größere Tropfen wachsen auf Kosten kleinerer, und Eiskristalle wachsen zulasten von Tropfen. Durch die Bewegungen in der Wolke kommt es zur Vereinigung von Hydrometeoren. Dies geschieht durch Zusammenfließen, also durch **Koaleszenz** und **Kollision** von Tropfen, sowie durch **Kollision** und **Anhaften** von Tropfen an Eiskristallen bzw. von Eiskristallen untereinander. Beim Anhaften von Tropfen an Eiskristallen spricht man von **Vergraupelung**. Die Gesamtheit dieser Prozesse wird als **Koagulation** bezeichnet.

Niederschlagstypen

Die für die Kondensation des Wasserdampfs erforderliche Abkühlung der Luftmasse geschieht durch deren Aufsteigen in größere Höhen. Der Luftaufstieg kann auf drei verschiedene Arten hervorgerufen werden. Dementsprechend lassen sich verschiedene Niederschlagstypen definieren:

Konvektive Niederschläge sind maßgebend für Hochwässer in kleinen Einzugsgebieten.

Konvektive Niederschläge entstehen vor allem dann, wenn Luft, die sich an höher temperierten Erdoberflächen erwärmt hat, aufsteigt (Abb. 4-1). Typisch ist dies z.B. für die Erhitzung der Bodenoberfläche durch intensive Sonneneinstrahlung im Hochsommer. Die so entstehenden Starkniederschläge haben häufig sehr hohe Intensitäten, verbunden mit einer kurzen Dauer und einer geringen Flächenausdehnung bei hoher räumlicher Variabilität.

Orographische Niederschläge sind die Ursache für höhere Niederschlagssummen im Bergland.

Orographische Niederschläge entstehen, wenn an Gebirgen feuchte Luftmassen aufsteigen (Abb. 4-1). Dies führt zu Stauniederschlägen mit unterschiedlichen Dauern und Intensitäten. Sie treten vorrangig an der dem Wind zugewandten Seite (Luv) der Gebirge auf, während es an der windabgewandten Seite (Lee) deutlich weniger regnet. Stauniederschläge sind auch an den Küsten zu beobachten, sogar bei geringem Höhenunterschied zwischen Festland und Meer.

Zyklonale Niederschläge sind an Wetterfronten gebunden (Abb. 4-2). In Warmfronten wird Warmluft an kälterer Luft gehoben. In Kaltfronten schiebt sich kältere Luft unter Warmluft. Im Kern von Tiefdruckgebieten sind Warm- und Kaltfront quasi vereint. Die Folge ist hier ein sogenannter Aufgleitschirm. Für diesen und für Warmfronten sind Niederschlagsfelder mit großer Flächenausdehnung und Dauer des Niederschlags typisch, während die Niederschläge im Bereich von

Zyklonale Niederschläge sind maßgeblich für Hochwässer in größeren Flussgebieten.

Konvektive Niederschläge (links) und orographische Niederschläge (rechts). | Abb. 4-1

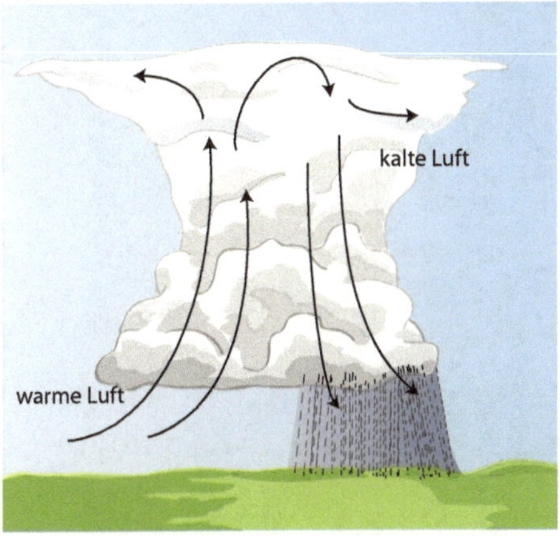

Zyklonale Niederschläge, links: Kaltfront, rechts: Warmfront. | Abb. 4-2

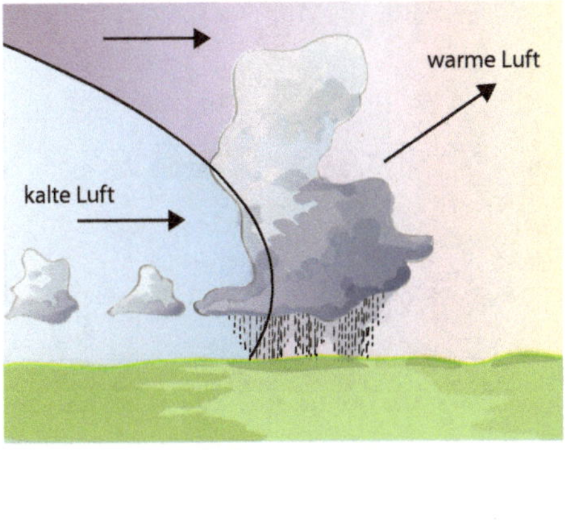

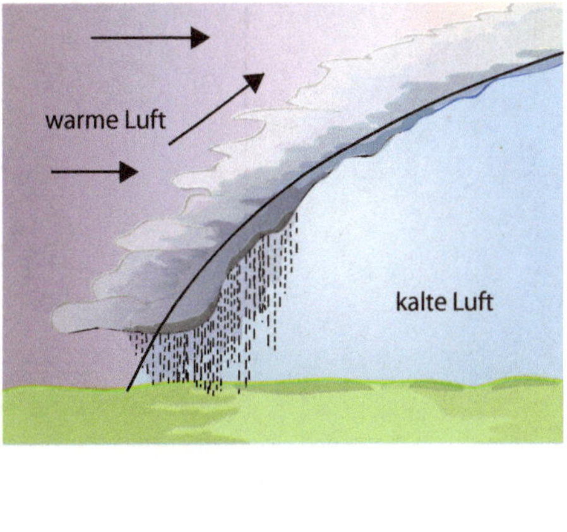

Kaltfronten eher den konvektiven Niederschlägen ähneln. In den gemäßigten Breiten haben zyklonale Niederschläge den höchsten Anteil am Gesamtniederschlag.

Räumliche und zeitliche Variabilität

In Abb. 4-3 ist die räumliche Verteilung des mittleren Jahresniederschlags für Deutschland dargestellt. Deutlich zu erkennen sind die Gebirge mit hohen Niederschlägen sowie eine Zweiteilung in tendenziell feuchte Regionen im Westen und eher trockenere Gebiete im Osten.

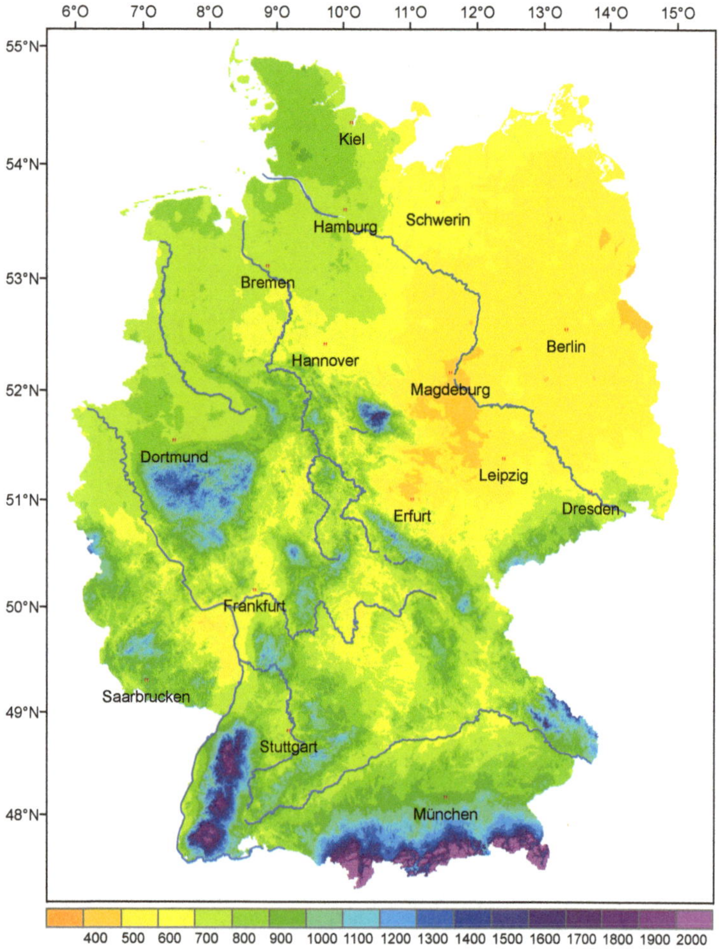

Abb. 4-3 | Verteilung der mittleren Jahresniederschlagshöhe in mm/a für Deutschland, Periode 1961–1990, erstellt mit Rasterdaten des DWD (nach Müller-Westermeier et al. 2005) (URL: http://imk-tornado.physik.uni-karlsruhe.de/~muehr/Karten/regen 6190 jahr.png (Stand: 04.07.2015)).

Größte beobachtete Niederschlagshöhen (Daten: DWD 2002; Dyck 1980; NOAA 2015; WMO 2009).

Abb. 4-4

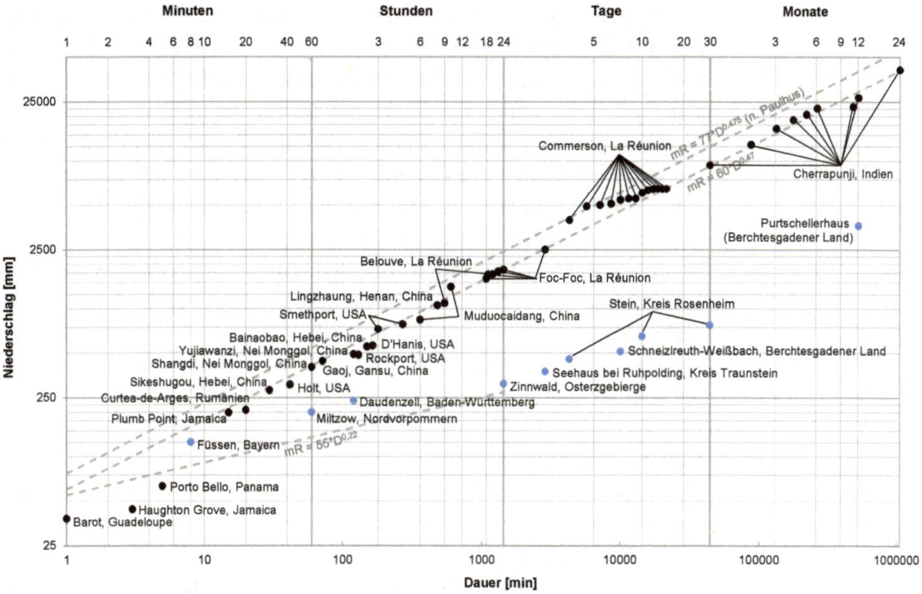

Abb. 4-5

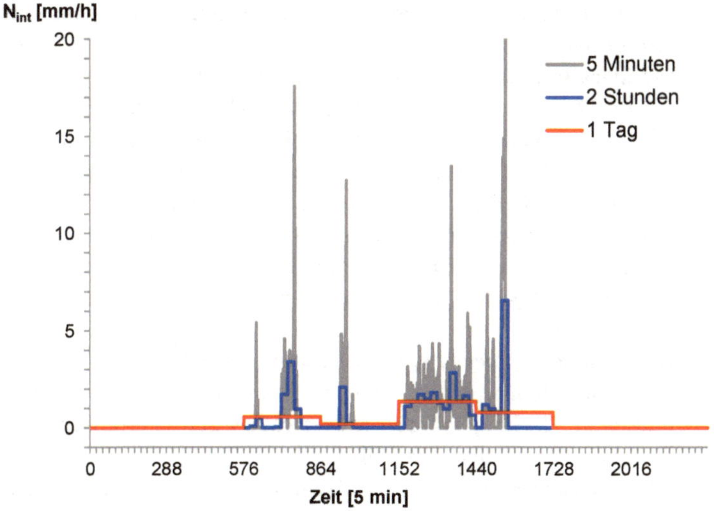

Zeitreihen des Niederschlags für unterschiedliche zeitliche Diskretisierungen.

Abb. 4-4 zeigt die größten bisher beobachteten Niederschläge weltweit für verschiedene Dauern. Solche Informationen können für Plausibilitätsprüfungen von Starkniederschlagsdaten verwendet werden. Der Rekordwert Deutschlands für die Dauer 24 h wurde am 12.08.2002 mit einer Niederschlagshöhe von 312 mm/d (7:00–7:00 MEZ) gemessen.

Abb. 4-5 zeigt die hohe zeitliche Variabilität des Niederschlags für ein einzelnes Ereignis. Es ist gut zu erkennen, dass der Niederschlag zeitlich stark variiert und ein intermittierender Vorgang mit Regenphasen und Regenpausen ist. Die Darstellung des Zeitverlaufs von Niederschlägen erfolgt durch Diskretisierung, d.h. Zerlegung des Zeitkontinuums in Intervalle mit konstanter Regenintensität. Eine geringe Diskretisierung bzw. große Zeitintervalle führen zu Informationsverlusten hinsichtlich Intensitätsverlauf und Niederschlagsunterbrechungen, der sog. **Intermittenz**.

Niederschlagsvariablen

Die folgenden Niederschlagsvariablen werden für die Quantifizierung des Niederschlagsgeschehens verwendet:

- Die **Niederschlagshöhe N_j [mm/Δt]** ist das Wasserdargebot aus atmosphärischen Niederschlägen pro Zeitraum **Δt (Tages-, Monats- oder Jahreszeiträume)** an einem Ort, ausgedrückt als Wasserhöhe über einer horizontalen Fläche. Da die Fläche zum Ermitteln des Niederschlagvolumens und für die Bilanzierung benötigt wird, ist sie mit anzugeben.
- Die **Niederschlagsintensität N_{int} [mm/Δt]** ist die Niederschlagsmenge, die pro Zeit an einem bestimmten Ort fällt. Der Begriff Niederschlagshöhe wird in der Praxis meist für längere Δt mit z.B. $\Delta t = 1$ d und $\Delta t = 1$ a verwendet, um z.B. Wasserbilanzen zu erstellen. Mit dem Begriff Niederschlagsintensität wird dagegen die Dynamik des Niederschlagsverhaltens zum Ausdruck gebracht, weshalb hier Angaben für kleine Zeitintervalle mit z.B. $\Delta t = 1$ h üblich sind.
- Die **Niederschlagsdauer N_D [Δt]** ist die Zeitspanne, in welcher der Niederschlag fällt.
- Die **Niederschlagsspende r_N [l/(s·ha)] oder [l/(s·km²)]** ist der Quotient aus dem Volumen des in einer bestimmten Zeitspanne auf eine bestimmte Fläche gefallenen Niederschlags und dem Produkt aus dieser Zeitspanne und dieser Fläche.
- Ein **Niederschlagsereignis** ist ein Zeitabschnitt, in dem Niederschlag aufgetreten ist. Es wird durch seine Niederschlagshöhe, Dauer, seinen zeitlichen Verlauf und seine räumliche Verteilung charakterisiert.

Niederschlagsmessung

4.2

Niederschlagsmessungen bilden die Basis für die Erfassung der räumlichen und zeitlichen Verteilung der Niederschlagsmengen. Grundsätzlich lassen sich die Messmethoden in punktuelle und nicht punktuelle Messungen unterscheiden.

Punktuelle Messmethoden

Punktmessungen werden mit unterschiedlichen Messgeräten durchgeführt. Im Allgemeinen bestehen diese aus einem Auffanggefäß mit einer definierten Öffnungsgröße. Verschieden sind jedoch die Methoden der Messwerterfassung. Man unterscheidet zwischen nicht registrierenden Geräten, sog. Niederschlagssammlern, und registrierenden Geräten wie Niederschlagsschreibern oder digitaler Messwertspeicherung.

Niederschlagsmesser nach Hellmann: Mit dieser einfachen Methode, die in Deutschland seit Langem Standard ist, werden Niederschlagssummen mittels eines Niederschlagssammlers gemessen (Abb. 4-6). Der Niederschlag gelangt über die Auffangfläche, die 200 cm² groß ist und sich in 1 m Höhe über dem Boden befindet, und einen Trichter in eine Sammelkanne im Inneren des Gerätes. Das aufgefangene Wasservolumen wird am Ende des Messzeitraums, der gewöhnlich von 07:30 Uhr

Abb. 4-6

Niederschlagsmesser nach Hellmann (links) und Niederschlagsschreiber (rechts; A: Auffanggefäß, S: Sammelkanne, T: Schreibtrommel, G: Schwimmergefäß mit Heber) (nach Dyck und Peschke 1995).

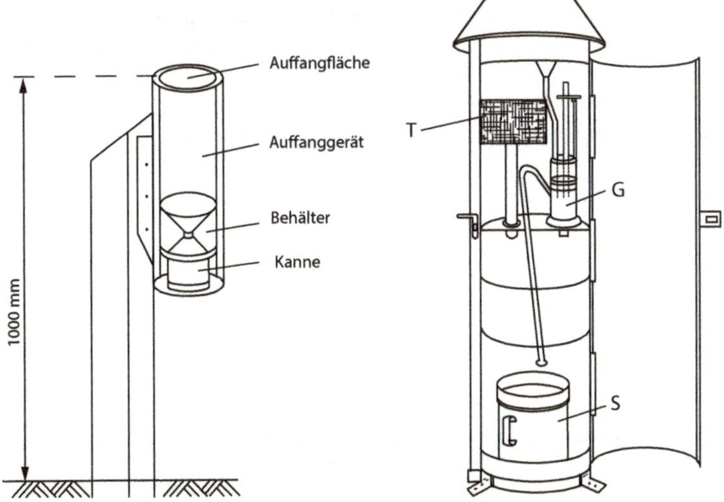

bis 07:30 Uhr dauert ($\Delta t = 1$ d), manuell gemessen, indem das Wasser aus der Sammelkanne in ein spezielles Messglas umgefüllt wird. Das Volumen der Sammelkanne entspricht 60 mm. Das Gerät besitzt keine Heizung, sodass feste Niederschläge überwiegend nicht bis in das Gefäß gelangen, d.h. über dem Trichter festgehalten werden.

Niederschlagsschreiber (Abb. 4-6) ermöglichen bei gleicher Größe und Höhe der Auffangfläche wie beim Sammler eine kontinuierliche Aufzeichnung des Niederschlags. Hierbei wird der Niederschlag jedoch in einen speziellen Metallzylinder geleitet. In diesem befindet sich ein Schwimmkörper. Auf dem Schwimmer sitzt ein Gestänge mit Schreibarm und Schreibfeder, wodurch der Wasserstand im Schwimmerbehälter auf einer umlaufenden Registriertrommel kontinuierlich als Schrieb festgehalten werden kann. Erreicht der Füllstand im Schwimmerbehälter sein Maximum (entspricht einer Niederschlagshöhe von 10 mm), dann erfolgt seine Entleerung über ein Heberrohr in ein Sammelgefäß, sodass der Füllvorgang von Neuem beginnen kann. Das Sammelgefäß fasst 400 mm, was 40 Füllungen entspricht. Das Gerät ist beheizbar, sodass feste Niederschläge schmelzen und somit gleichfalls kontinuierlich erfasst werden können.

Der Schrieb zeigt das Messergebnis des Niederschlagsschreibers in Form einer Niederschlagssummenlinie an (Abb. 4-7). Mehrere Füll- und Entleerungsvorgänge des Zylinders ergeben einen sägezahnförmigen Schrieb mit mehr oder weniger steilen Anstiegen und vertikalen Rückgängen bis zur Null-Linie. Die Steigung der Summenlinie entspricht der Niederschlagsintensität N_{int}. Aus dem Anstieg des Schriebs je Zeiteinheit Δt lassen sich Niederschlagshöhen je Δt ermitteln, wobei eine zeitliche Auflösung bis zu $\Delta t = 5$ min möglich ist. Für die elektronische Datenverarbeitung der Messungen müssen die Summenlinien erst digi-

Abb. 4-7 | Niederschlagssummenlinie eines Niederschlagsschreibers mit Umlauf 1 Tag.

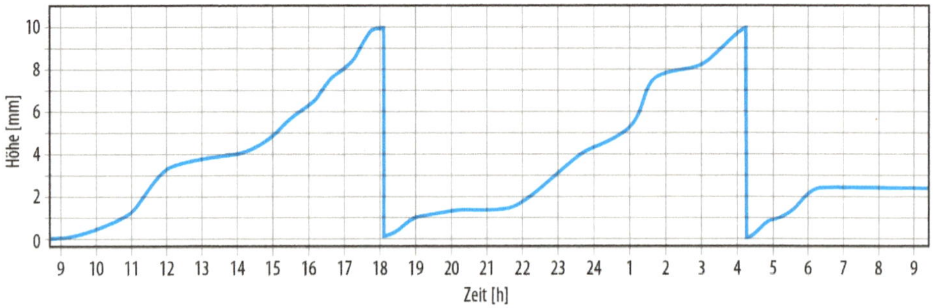

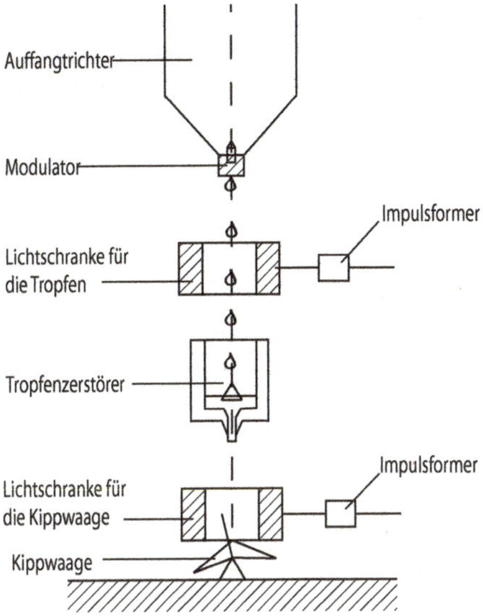

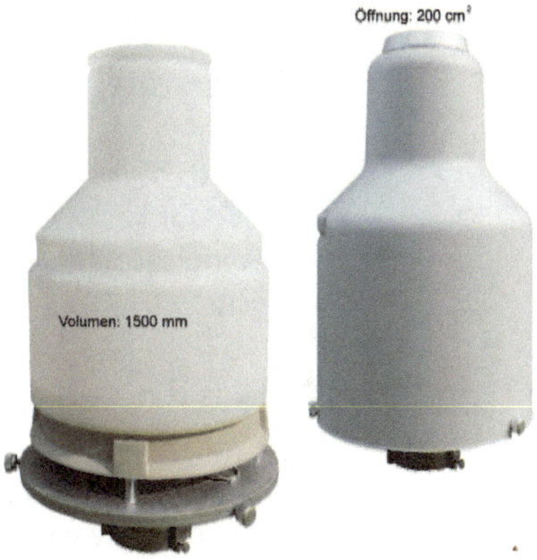

Abb. 4-8

Niederschlagsmessung mit Tropfenzähler und Wippe (links) und Gerät mit Wägeprinzip (rechts, Ott Pluvio).

talisiert werden. Diese sollten mit maximal möglicher zeitlicher Auflösung als Wertepaare «Zeit» und «Niederschlagssumme» abgespeichert werden und können später nach Bedarf in äquidistante Niederschlagsintensitäten größerer Dauer umgerechnet werden.

Digital aufzeichnende Geräte: Diese registrieren den Niederschlag elektronisch. Dadurch entfällt das aufwendige manuelle Digitalisieren. Daneben ist eine direkte Fernübertragung, z.B. für die Hochwasservorhersage, möglich. Es kommen verschiedene Messprinzipien zur Anwendung. In Abb. 4-8 sind Messgeräte mit Tropfenzähler und Wippe und ein Gerät mit Wägeprinzip dargestellt. Letzteres wird in Deutschland im Messnetz des DWD (Deutscher Wetterdienst) verwendet. Auffangfläche und Aufstellhöhe dieser Geräte betragen gleichfalls 200 cm² bzw. 1 m über Bodenniveau. Es werden zeitliche Auflösungen von bis zu $\Delta t = 1$ min in einem Messzeitraum von einem Monat erreicht. Längere Messzeiträume sind aufgrund möglicher Störungen und Datenverluste nicht zu empfehlen, da diese häufig erst beim Auslesen der Daten erkannt werden.

Messfehler in der Punktmessung: Die Ursachen für die Unterschätzung der tatsächlich gefallenen Niederschlagsmenge sind Verluste durch Windeinfluss sowie Verdunstung von Benetzungswasser und Wasser aus der Sammelkanne. Dabei ist der Anteil des Windeinflusses am Gesamtfehler meist am größten. Die Ursache ist eine Windfelddefor-

Merksatz:
In der punktuellen Niederschlagsmessung tritt ein systematischer Fehler auf. Der tatsächliche Niederschlag wird grundsätzlich unterschätzt.

mation, die über dem Windhindernis Niederschlagsmesser zu höheren Windgeschwindigkeiten führt. Durch diesen Düseneffekt kommt es zur Verwehung von Niederschlagsteilchen über der Auffangfläche. Der Messfehler liegt für Regen bei ungefähr 10% und für Schnee bei ungefähr 25%.

Box 4.1

Niederschlagskorrektur nach Richter (1995)

Richter (1995) hat für Deutschland neben mittleren monatlichen Korrekturfaktoren, die je nach Region und Windexposition der Station unterschiedlich ausfallen, ein Verfahren zur Korrektur von Tageswerten entwickelt, das auf folgender Gleichung basiert:

$$N_{korr} = N + b \cdot N^{\varepsilon} \tag{4.1}$$

mit N_{korr} = korrigierter Niederschlag [mm]
N = gemessener Niederschlag [mm]
b, ε = Parameter [-]

Der Parameter b hängt von der Horizontabschirmung durch die Stationsumgebung und von der Niederschlagsart ab, der Parameter ε nur von der Niederschlagsart. Es wird zwischen den Niederschlagsarten «Regen-Sommer», «Regen-Winter», «Mischniederschlag» und «Schnee» unterschieden. Es ist zu erkennen, dass weder die tägliche Windgeschwindigkeit noch Parameter miteingehen, die für die täglichen Verdunstungsverluste bestimmend sind. Aus diesem Grund bleibt die Korrektur von Tageswerten unsicher. Erst bei ihrer Zusammenfassung zu Monats- und Jahreswerten, z.B. für die Erstellung von Bilanzen, gleichen sich die täglichen Schwankungen dieser Einflussgrößen so weit aus, dass von einer deutlichen Verbesserung der Daten gesprochen werden kann.

Nicht punktuelle Messmethoden

Radarmessung: In der Radarmessung werden Impulse im Mikrowellenbereich bei Wellenlängen von 1–10 cm und Frequenzen von 3–30 GHz ausgesendet. Die Impulse werden von den Tropfen teilweise reflektiert und am Radarstandort wieder empfangen (Abb. 4-9). Aus der Stärke des Empfangssignals kann auf die Niederschlagsmenge und aus der Laufzeit auf die Entfernung geschlossen werden.

Wesentlicher Vorteil der Radarmessung ist die hohe räumliche und zeitliche Auflösung der Niederschlagserfassung mit 1°· 1 km und 5 min, die mit Punktmessungen nicht erreichbar ist. Nachteile sind relativ hohe Ungenauigkeiten in der Messung der Reflektivitäten sowie bei

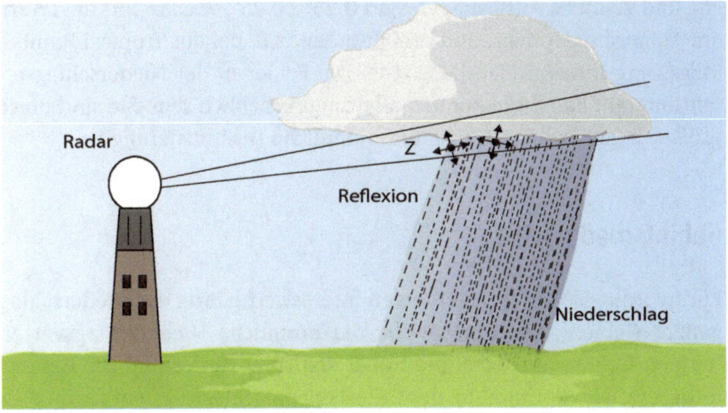

Abb. 4-9

Niederschlagsmessung mit Radar (DWD 2002).

deren Umrechnung in Niederschlagsintensitäten. Gewöhnlich ist eine «Aneichung» der Radarinformationen an Bodenmessungen erforderlich. Über die sogenannte **N-Z-Beziehung** kann man die Niederschlagsintensität aus der Reflektivität errechnen:

$$N_{int} = a \cdot Z^b \qquad (4.2)$$

mit N_{int} = Niederschlagsintensität [mm/h]
Z = Radarreflektivität [mm^6/m^3]
a, b = Parameter

Das Hauptproblem ist die Bestimmung der Parameter a und b, welche räumlich und zeitlich stark variabel sein können. Diese als «Aneichung» bezeichnete Prozedur kann mit Daten von registrierenden Niederschlagsmessgeräten oder Tropfenspektrographen am besten dynamisch geschehen. Ist dies nicht möglich, ist die Aneichung mit Mittelwerten für a und b durchzuführen. Der DWD verwendet die Standardwerte a = 0,02 und b = 0,70, die mittlere Verhältnisse repräsentieren sollen.

Satellitenmessung: Die Satellitenmessung ist insbesondere dort von Nutzen, wo die konventionellen Niederschlagsmessnetze eine geringe Stationsdichte aufweisen und es keine Bodenradarmessung gibt. Verschiedene Satellitensensoren werden für die Niederschlagsermittlung verwendet: Infrarot, sichtbare Strahlung, passive und aktive Mikrowellen. Es gibt eine große Anzahl unterschiedlicher Niederschlagsprodukte auf Basis von Daten eines einzelnen Sensors, aus der Kombination von Daten mehrerer Sensoren und aus der Kombination von Satellitendaten mit Bodenmessungen. Ein guter Überblick ist in Huffman (2005) zu finden. Die räumliche und zeitliche Auflösung ist gewöhnlich schwächer als die von Bodenradardaten. Typische räumliche und zeitliche Auflösungen sind 0,25° · 0,25°, was ca. 25 km · 25 km am Äquator entspricht, und drei Stunden, z.B. bei der Tropical Rainfall Measuring Mission (TRMM 2014). Die Fehler in der Niederschlagsermittlung mit Satelliten können allerdings erheblich sein. Sie sind umso größer, je höher die zeitliche und räumliche Diskretisierung ist.

4.3 Gebietsniederschlag

Merksatz: Die DIN 4049 (DIN 4049-1 1992) definiert den Gebietsniederschlag als «die Niederschlagshöhe gemittelt über einem bestimmten Gebiet».

Für hydrologische Fragestellungen interessiert häufig der Niederschlag ganzer Gebiete beziehungsweise die räumliche Niederschlagsverteilung im Gebiet, möglichst mit hoher zeitlicher Auflösung. Die Herausforderung der Bestimmung des Gebietsniederschlags besteht darin, dass mit Ausnahme der Fernerkundungsmethoden (→ Kap. 17) Niederschlag nur an ausgewählten Punkten des Gebiets gemessen wird. Dies erfordert Verfahren der Übertragung von Punktwerten in die Fläche. Dabei ist zu beachten, dass die räumliche Ausdehnung, Lage und Bewegungsrichtung von Niederschlagsfeldern mehr oder weniger variiert, ebenso wie ihre räumliche und zeitliche Niederschlagsverteilung.

Die Ermittlung des Gebietsniederschlags aus Punktmessungen geschieht gewöhnlich mithilfe von Interpolationsverfahren oder Verfahren der Gebietsmittelbildung. Bei ersteren erfolgt eine Interpolation auf ein regelmäßiges Raster mit anschließender Mittelung aller Rasterwerte des Gebiets. In der Gebietsmittelbildung wird der Flächenniederschlag direkt aus den Stationswerten bestimmt. Meist handelt es sich dabei um eine gewichtete Mittelwertbildung.

Thiessen-Polygon-Methode

Die Thiessen-Polygon-Methode hat auch den Namen «Nächster Nachbar», da prinzipiell jedem Punkt des Gebiets der Niederschlagswert der nächstgelegenen Station zugewiesen wird.

Bei dieser Methode wird jeder Niederschlagsstation geometrisch eine Einflussfläche, ein Thiessen-Polygon, zugewiesen (Abb. 4-10). Für die Konstruktion dieser Polygone werden zuerst alle benachbarten Stationen miteinander verbunden, sodass ein Dreiecksnetz entsteht. Anschließend werden die Mittelsenkrechten der Verbindungslinien benachbarter Messstationen gebildet. Die Schnittpunkte dieser Mittelsenkrechten bilden die Eckpunkte des Polygons, durch das die jeweils betrachtete Niederschlagsstation umschlossen wird.

Unter der Annahme, dass der Niederschlagswert an der Station i einheitlich dem gesamten Polygon als flächenkonstant zugewiesen werden kann, lässt sich der Gebietsniederschlag N_{Geb} als flächengewichtetes Mittel über alle Niederschläge N_i an allen betrachteten Messstationen i = 1, …, n bestimmen:

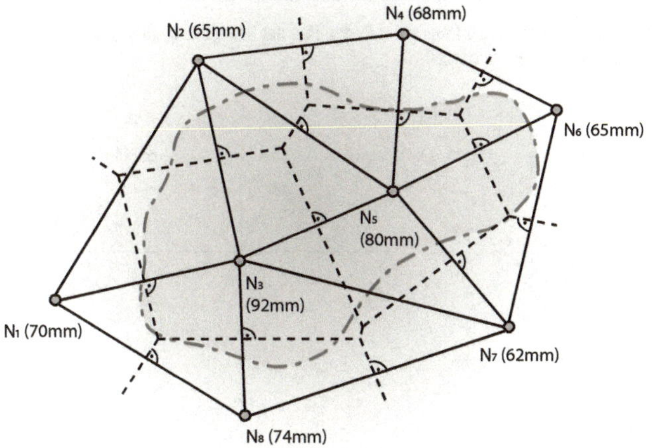

Abb. 4-10

Konstruktion von Thiessen-Polygonen; durchgezogene Linien = Verbindungslinien zwischen den Niederschlagsstationen; gestrichelte Linien = Mittelsenkrechten; Strichpunktlinien = Einzugsgebietsgrenzen.

$$N_{Geb} = \sum_{i-1}^{n} w_i \cdot N_i \tag{4.3}$$

Die Gewichte w_i werden aus den Flächenanteilen A_i der einzelnen Polygone an der Gesamtgebietsfläche gebildet:

$$w_i = \frac{A_i}{\sum_{i-1}^{n} A_i} \tag{4.4}$$

Die Summe der Gewichte muss 1 ergeben. Diskretisiert man das Gebiet in ein regelmäßiges Raster, lässt sich die Methode sehr einfach rechentechnisch umsetzen. Nachteil dieses Ansatzes sind die teils großflächig konstanten Niederschläge mit unnatürlichen Sprüngen an den Polygongrenzen. Vorteil ist jedoch die Bewahrung der beobachteten Varianz und damit der Extremwerte des Niederschlags, da mit diesem Vorgehen keine Glättung erfolgt.

Inverse-Distanz-Verfahren

Im Inverse-Distanz-Verfahren wird ein orthogonales Raster über die Gebietsfläche gelegt (Abb. 4-11) und anschließend für jeden Rasterpunkt ein Niederschlagswert aus den umliegenden Stationen ermittelt. Am häufigsten findet hierbei die **Quadrantenmethode** Anwendung. Dabei werden nacheinander für jeden Rasterpunkt innerhalb des Gebiets Koordinatengrundlinien mit einer Nord-Süd- und Ost-West-Orientierung eingetragen – so, als ob man ein Fadenkreuz über einen Zielpunkt legt.

Abb. 4-11 | Inverse-Distanz-Verfahren: Orthogonales Raster über der Bezugsfläche (links), Quadrantendarstellung für einen Rasterpunkt (rechts).

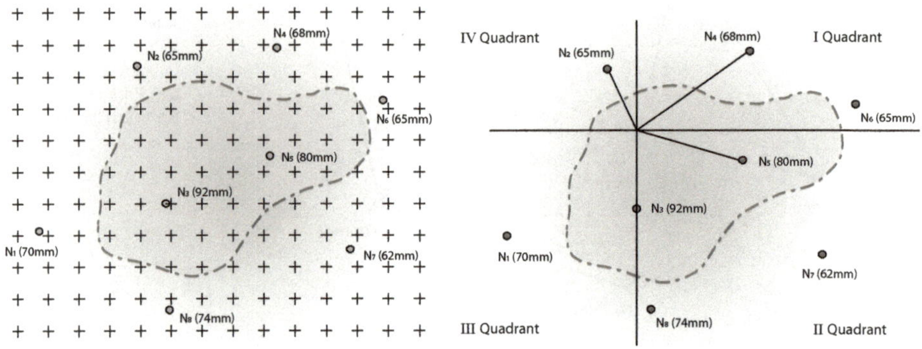

Jetzt wird die Niederschlagshöhe N_j des Rasterpunkts j aus dem gewichteten Mittel der Messwerte an den vier Niederschlagsstationen N_i berechnet, die dem Bezugspunkt in jedem der vier Quadranten jeweils am nächsten liegen:

$$N_j = \sum_{j-1}^{4} w_{i,j} \cdot N_i \tag{4.5}$$

Die Gewichtung der Niederschlagsstationen $w_{i,j}$ erfolgt dabei mit dem Reziproken der quadrierten Abstände $d_{i,j}$ der Station i zum Rasterpunkt j, wodurch nahe Stationen überproportional großes Gewicht erhalten:

$$w_i = \frac{\frac{1}{d^2_{i,j}}}{\sum_{i-1}^{4} \frac{1}{d^2_{i,j}}} \tag{4.6}$$

Schließlich kann der Gebietsniederschlag N_{Geb} über das arithmetische Mittel aller Rasterpunkt-Niederschlagswerte N_j im Gebiet $j = 1 ,\ldots, n_R$ berechnet werden:

$$N_{Geb} = \frac{1}{n_R} \sum_{j-1}^{4} N_j \tag{4.7}$$

Die Methode ist ebenfalls rechentechnisch einfach umsetzbar. Es ergibt sich eine räumlich geglättete Niederschlagsverteilung, wodurch sich die Varianz des Niederschlags im Vergleich zu den Beobachtungswerten verringert.

Geostatistische Verfahren

Geostatistische Interpolationsverfahren basieren auf der Theorie der Zufallsfunktion (vgl. z.B. Goovaerts 1997). Die Interpolation für einen unbekannten Punkt erfolgt, wie in den deterministischen Verfahren, als gewichtete Summe der umliegenden bekannten Punkte. Der Unterschied besteht in der Bestimmung der Gewichte, in der die Erhaltungsneigung der zu interpolierenden Variablen im Raum berücksichtigt wird. Diese wird im Allgemeinen durch ein Variogramm beschrieben. Mittels Geostatistik kann neben der interpolierten Variablen auch der Schätzfehler der Interpolation ermittelt werden. Dieser ist z.B. für die Abschätzung von Unsicherheiten in hydrologischen Anwendungen wichtig.

Es gibt viele unterschiedliche geostatistische Methoden. Basisverfahren ist das Ordinary Kriging, welches einen konstanten Erwartungswert der Zielvariablen im Raum voraussetzt und in das keine Zusatzinformationen eingehen. Es liefert eine erwartungstreue, aber häufig stark geglättete Schätzung. Mit fortgeschrittenen Verfahren, wie z.B.

Räumliche Niederschlagsverteilung in mm/h für den 12.08.2002 von 6–7 Uhr über den Einzugsgebieten von Oberer Elbe, Mulde und Weißer Elster; Zusatzinformationen im External Drift Kriging sind Radar, geodätische Höhe und Niederschlagssumme des Ereignisses.

Abb. 4-12

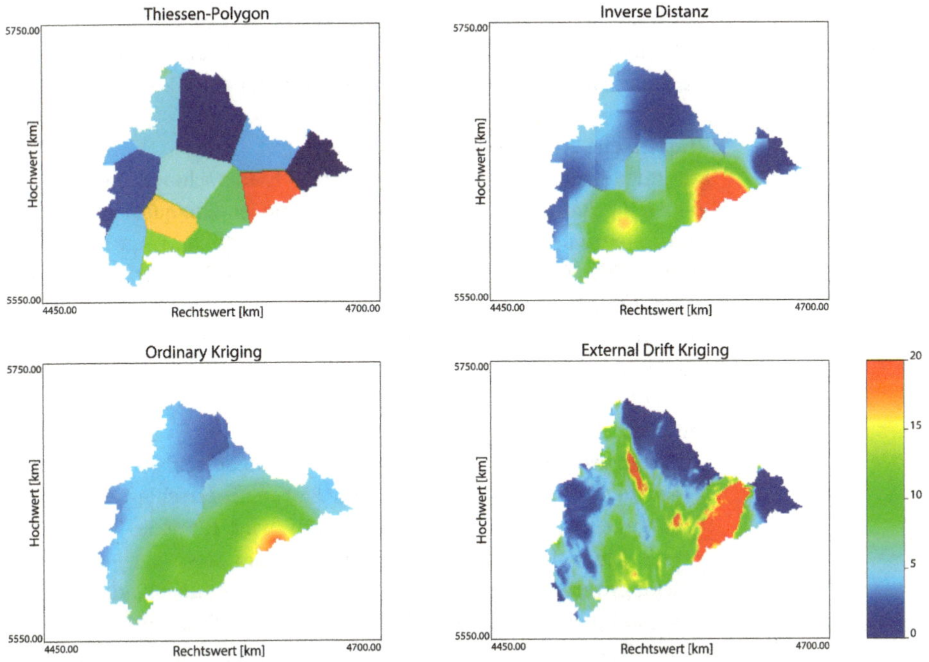

dem External Drift Kriging, lassen sich einzelne oder mehrere Zusatzinformationen wie die geodätische Höhe, klimatologische Mittelwerte oder der Radarniederschlag berücksichtigen. Es werden detaillierte Strukturen besser abgebildet, auch die Varianz des Niederschlags wird dadurch besser bewahrt (Abb. 4-12).

4.4 Bemessungsniederschlag

Allgemeines

Kenntnisse über Starkniederschlagsereignisse werden in der Hydrologie für die Planung wasserwirtschaftlicher und anderer Maßnahmen benötigt. Als **Bemessungsniederschlag** im engeren Sinne bezeichnet man einen Starkniederschlag definierter Höhe, Dauer und Wahrscheinlichkeit (bzw. Wiederkehrintervall), der für die Dimensionierung von Bauwerken benutzt werden kann. Er wird dann mithilfe von hydrologischen und/oder hydraulischen Modellen (→ Kap. 15) in die benötigte Zielgröße, wie z.B. Abfluss, Wasserstand oder Abflussvolumen transformiert, bevor eine Bemessung, z.B. die Ermittlung des Volumens von Speichern, die Bestimmung der Höhe von Deichen oder die Festlegung des Querschnitts von Kanälen in der Siedlungswasserwirtschaft, erfolgen kann. Im weiteren Sinne können neben solchen Einzelwerten auch kontinuierlich beobachtete oder synthetische Niederschlagsreihen für die Bemessung verwendet werden (Haberlandt et al. 2011).

Statistische Analyse von Starkregen

Starkniederschläge werden durch ihre Niederschlagshöhe N_j und -dauer N_D charakterisiert. Aus diesem Grund ist eine quasi zweidimensionale Extremwertstatistik mit den Zufallsvariablen Menge und Dauer erforderlich. Zur Vereinfachung wird die Statistik unter Vorgabe der Dauer für die Variable «Menge» durchgeführt. Man führt in diesem Fall eine extremwertstatistische Analyse für Niederschlagshöhen vorgegebener Dauerstufen von 5 min bis zu 72 Stunden durch und ermittelt dann die statistischen Verteilungsfunktionen bzw. die Über- oder Unterschreitungswahrscheinlichkeiten:

1. Zuerst werden die quasikontinuierlichen Niederschlagsaufzeichnungen genutzt, um Stichproben von Extremniederschlagsereignissen vorgegebener Dauer zu bilden. Dafür wird für jede Dauerklasse (z.B. 5 min, 15 min, 30 min, 1 h etc.) in einer Messreihe von Niederschlagswerten mit möglichst hoher zeitlicher Auflösung das Ereignis mit der jeweils größten Teilsumme über diese Dauer pro Jahr ermittelt («jährliche Serie»). Alternativ kann man für die sogenannte

«Schwellenwertstatistik» alle Ereignisse mit einer Niederschlagssumme, die für die betrachtete Dauerstufe über einem Schwellenwert liegt, auswählen («partielle Serie»).

2. Für die ausgewählten Niederschlagswerte der jeweiligen Dauerklasse N_D wird eine Häufigkeitsverteilung aufgestellt und eine statistische Verteilungsfunktion angepasst, mit der die Unterschreitungswahrscheinlichkeit eines Niederschlagswerts bestimmter Größe und Dauer N_D berechnet werden kann. Üblicherweise wählt man dabei den gleichen Typ der Verteilungsfunktion für alle Dauerklassen.
3. Mithilfe der angepassten Verteilungsfunktionen F(x) lassen sich dann Niederschlagsbemessungswerte x ermitteln, die mit bestimmten Wahrscheinlichkeiten unterschritten oder erreicht bzw. überschritten werden. Gewöhnlich werden die Wahrscheinlichkeiten als statistisches Wiederkehrintervall T_n angegeben.

Das statistische Wiederkehrintervall T_n gibt die Zeitspanne an, die im statistischen Mittel zwischen zwei Überschreitungen des jeweils betrachteten Niederschlagswerts vergeht. Unter der Voraussetzung, dass die Stichprobe der Extremniederschläge aus quasiäquidistanten Jahreshöchstwerten – d.h., die jährlichen Höchstwerte haben theoretisch einen zeitlichen Abstand von einem Jahr – gebildet werden, lässt sich das Wiederkehrintervall aus der Überschreitungswahrscheinlichkeit $P_ü(x) = 1 - F(x)$ oder der Unterschreitungswahrscheinlichkeit $P_u(x) = F(x)$ wie folgt bestimmen:

$$T_n(x) = \frac{1}{P_ü(x)} = \frac{1}{1-P_u(x)} \tag{4.8}$$

Die Wahl des Bemessungsregens erfolgt problembezogen. So verwendet z.B. die Siedlungswasserwirtschaft häufig die Niederschlagsmenge einer Dauer von 15 min, die statistisch einmal im Jahr überschritten wird. Für hydrologische Bemessungen wählt man eine Dauerstufe, die jeweils ca. der größten Fließzeit des Oberflächenabflusses in einem Einzugsgebiet, d.h. der Konzentrationszeit entspricht, und u.a. von der Gebietsgröße abhängt. In dieser Dauer sind die größten Spitzenabflüsse zu erwarten, weshalb man hierbei auch von der Maximierung des resultierenden Abflussscheitels spricht.

Zu beachten ist, dass die wie oben beschrieben ermittelten Starkregen von einer konstanten Niederschlagsintensität über die gesamte Dauer ausgehen. Für Regen mit längeren Dauerstufen ist dies nicht realistisch. Daher schätzt man in diesem Fall den zeitlichen Niederschlagsverlauf mithilfe einfacher geometrischer, statistischer oder empirischer Modellvorstellungen (DWA 2006).

Schließlich ist zu berücksichtigen, dass die Extremwertstatistik anhand von punktuellen Beobachtungen vorgenommen wurde. Da die Niederschlagsgebiete räumlich beschränkt auftreten, werden flächenbezogene Bemessungsregen für größere Gebiete durch eine Abminderung der extremen Punktniederschläge abgeschätzt (Verworn 2008).

Regionalisierung von Starkregen

Die Extremwertstatistik kann nur für Orte aufgestellt werden, an denen es lange Beobachtungsreihen gibt. Bemessungsniederschläge

Abb. 4-13 | Räumliche Verteilung der Starkniederschläge in Deutschland in mm/N_D für ausgewählte Dauerstufen N_D und Wiederkehrintervalle Tn (aus Haberlandt et al. 2023).

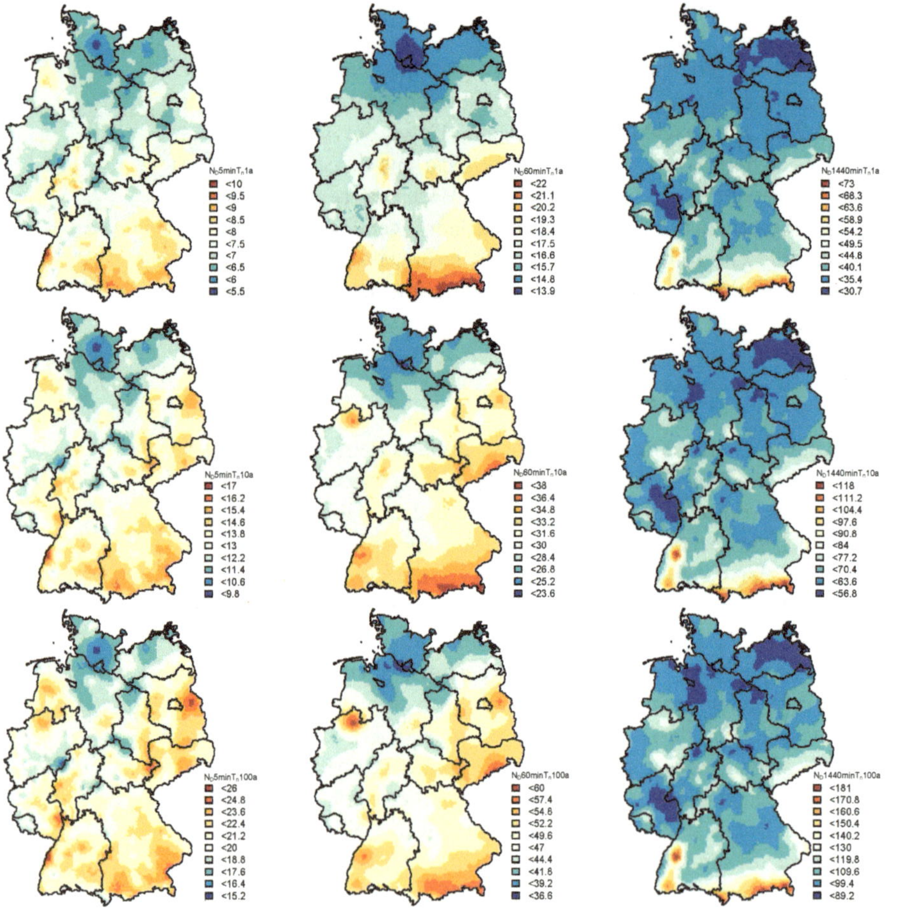

werden jedoch für beliebige Punkte benötigt. Für die Übertragung der Bemessungsniederschläge von beobachteten zu unbeobachteten Orten sind Regionalisierungsmethoden erforderlich. In Deutschland stehen mit KOSTRA-DWD-2020 regionalisierte Bemessungsniederschläge zur Verfügung (Haberlandt et al. 2023). Als Datenbasis wurden registrierende Niederschlagsstationen für den Zeitraum von 1951–2020 verwendet. Es wurden statistisch abgeleitete extreme Punktniederschläge mit geostatistischen Verfahren auf ein Raster mit 5 x 5 km Auflösung interpoliert. Im Ergebnis stehen Daten mit statistischen Starkniederschlägen für Dauerstufen von 5 min bis 7 Tagen und Wiederkehrintervallen von einem bis 100 Jahren zur Verfügung. In Abb. 4-13 sind beispielhaft die Bemessungsniederschläge für Dauerstufen von 5, 60 und 1440 Minuten für Wiederkehrintervalle von einem Jahr, 10 Jahren und 100 Jahren dargestellt.

Schneeniederschlag | 4.5

Allgemeines

Schnee als feste Form des Niederschlags hat eine besondere hydrologische und wasserwirtschaftliche Bedeutung. Er beeinflusst den Wasserhaushalt des Einzugsgebiets durch **Wasserspeicherung**, welche zu verzögerter Abflussbildung führt. Die Kenntnis des in der Schneedecke gespeicherten Wasservolumens ist von großer Bedeutung für die Hochwasservorhersage und den Hochwasserschutz. Insbesondere wenn Regen und Schneeschmelze gleichzeitig auftreten, können extreme Hochwasser entstehen (→ Kap. 14). Andererseits füllt die im Frühjahr schmelzende Schneedecke die Grundwasserspeicher auf, wodurch sich die Wasserverfügbarkeit in den Sommermonaten erhöht.

Die Schneedecke kann durch folgende Parameter charakterisiert werden:

- Die **Schneehöhe SH [cm]** ist die lotrechte Höhe der Schneedecke über dem Boden.
- Die **Schneedichte ρ_s [g/cm³]** ist die Masse des Schnees je Volumeneinheit bei natürlicher Lagerung.
- Das **Schneewasseräquivalent SWE [mm]** ist die Wassermenge, die in der Schneedecke als Eis oder Wasser gespeichert ist. Dies ist der wichtigste hydrologische Parameter.
- Das **spezifische Schneewasseräquivalent SWE_s [mm/cm]** ist das Schneewasseräquivalent bezogen auf die Schneehöhe.
- Die **Schneedeckendauer t_s [d]** ist die Anzahl der Tage mit einer kontinuierlichen Schneedecke.

Messung des Schneeniederschlags

Für die Messung des Schneeniederschlags können beheizbare Niederschlagsmessgeräte verwendet werden. Die Schneehöhe SH in Zentimetern wird mit einem Schneepegel gemessen. Dies ist eine Latte oder ein Stab, der eine Zentimetereinteilung besitzt. Zur Ermittlung des Schneewasseräquivalents SWE wird mit einem Schneeausstecher Schnee entnommen. Durch Wiegen oder Schmelzen der ausgestochenen Schneedecke erhält man den Wassergehalt und kann mit der Schneehöhe und den Zylindermaßen des Schneeausstechers auf das Schneewasseräquivalent in Millimetern und die Schneedichte in g/cm^3 schließen.

Berechnung der Schneeschmelze

Die Berechnung der Schneeschmelze kann mittels des Energiebilanzverfahrens (→ Kap. 9) erfolgen. Vereinfacht lässt sich die Schneeschmelze mit empirischen Verfahren allein unter Verwendung der Lufttemperatur ermitteln. Ein solches Verfahren ist z.B. das Gradtagverfahren bzw. Temperatur-Index-Verfahren (→ Kap. 9). Die tägliche Schneeschmelze SM wird dabei wie folgt berechnet:

$$SM = \alpha_d \, (T - T_B) \tag{4.9}$$

mit SM = Schneeschmelze [mm/d]
α_d = Gradtagfaktor [mm/(d · °C)]
T = Lufttemperatur (tägl. Mittelwert für Zeiten T > 0) [°C]
T_B = Basislufttemperatur, ab welcher Schneeschmelze eintritt (zwischen 0 °C und 2 °C)

Aus Terminablesungen berechnet sich T wie folgt:

$$T = \frac{1}{4} \cdot (T_7 + T_{14} + 2T_{21}) \tag{4.10}$$

Die Indizes stellen dabei die Zeit für die Terminablesung der Temperatur dar. Interessiert die Berechnung der Schneeschmelze in einer höheren zeitlichen Auflösung als einem Tag, sollte die Strahlung zusätzlich berücksichtigt werden. Die so berechnete Schneeschmelze stellt eine potenzielle Größe dar und entspricht gewöhnlich nicht der Wasserabgabe aus der Schneedecke. Die Ursache ist das hohe Speichervermögen des Schnees. Erst wenn das Vermögen der Schneedecke, Schmelzwasser zurückzuhalten, erschöpft ist, wird es an den Boden abgegeben. Abb. 4-14 zeigt eine schematische Darstellung dieser Vorgänge. In der Akkumulationsphase wächst die nur aus Schneekristallen bestehende Schneedecke an. In der Verdichtungsphase erfolgt Schneeschmelze und

Phasen der Schneedeckendynamik.

Abb. 4-14

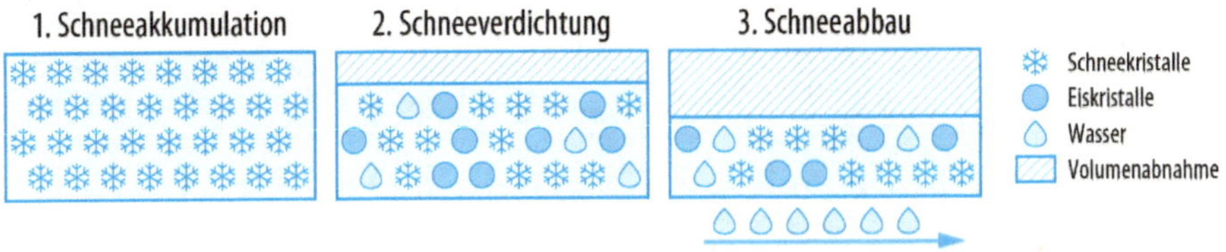

Setzung, wobei eine Verdichtung auch ohne Schmelze stattfindet. Die Schneedecke besteht nun aus Schneekristallen, Eis, Luft und Wasser. Erst in der Abbauphase erfolgt eine Wasserabgabe aus der Schneedecke.

Weiterführende Literatur

Haan, C. T. (1977): Statistical Methods in Hydrology. Ames, IA.

Haberlandt, U. (2011): Interpolation of precipitation for flood modelling. In: Schumann, A. (Hrsg.): Flood Risk Assessment and Management. Berlin, S. 35–52.

Häckel, H. (2008): Meteorologie. 8. Auflage. Stuttgart.

Smith, J. A. (1993): Precipitation. In: Maidment, D. R. (Hrsg.): Handbook of Hydrology. New York, S. 3.1–3.47.

Teegavarapu, R. S. V. (2012): Floods in a changing climate. Extreme Precipitation. New York.

Bodenwasserhaushalt

5

Gerd Wessolek

Inhalt

5.1 Hydraulische Bodeneigenschaften und Kennwerte

5.2 Potenzialkonzept, Wasserspannung und Wassergehaltsmessungen

5.3 Wasserbewegung im Boden

5.4 Infiltration

Der Boden stellt ein wichtiges Bindeglied zwischen Atmosphäre, Biosphäre und Grundwasser dar. Für Pflanzen ist Boden Wuchsstandort und Wasserspeicher; für das Grundwasser wirkt er als Sickerwasserspender und Filterkörper und ist eine Hauptquelle für die Grundwasserneubildung. Der Bodenwasserhaushalt ist von Klima, Boden, Nutzung und Grundwasserstand abhängig und weist innerjährlich eine große Dynamik auf. Der Bodenwasserspeicher wird mit der nutzbaren Feldkapazität im effektiven Wurzelraum beschrieben. Die Infiltration von Niederschlagswasser in den Boden und der Weitertransport sind abhängig von der Wasserleitfähigkeit. Bodenwasser kann versickern oder aus dem Grundwasser bei Austrocknung des Oberbodens kapillar aufsteigen. Die Richtung des Wasserflusses wird mithilfe des Potenzialkonzepts charakterisiert. Mithilfe von numerischen Modellen lassen sich Wassergehalte, Wasserbewegung und Bodenwasserhaushaltskomponenten berechnen.

5.1 Hydraulische Bodeneigenschaften und Kennwerte

Das Bodenvolumen setzt sich aus dem Volumen der Festphase und des Porenraums zusammen.

Die physikalischen Bodeneigenschaften werden maßgeblich über den Porenraum, d.h. durch das Gesamtporenvolumen, die Porengrößenverteilung und durch die Kontinuität der Poren bestimmt.

Der Boden besteht aus einer Festphase mit mineralischen und organischen Bestandteilen und aus dem **Porenraum**. Entsprechend lässt sich das Volumen eines Bodenkörpers beschreiben durch:

$$V_g = V_f + V_P \tag{5.1}$$

mit V_g = Gesamtvolumen des Bodens [Vol.-%]
V_f = Volumen der Festphase (mineralische und organische Bestandteile) [Vol.-%]
V_p = Volumen des Porenraums [Vol.-%]

Der Porenraum ist mit Wasser und/oder mit Gas gefüllt; die prozentualen Volumenanteile schwanken stark je nach Jahreszeit und Witterung:

$$V_p = V_w + V_l \tag{5.2}$$

mit V_w = wassergefüllter Porenraum [Vol.-%]
V_l = luftgefüllter Porenraum [Vol.-%]

Die Größe und Verteilung der Poren hängt ab von:

- der Bodenart, also den Anteilen von Sand, Schluff und Ton,
- dem Bodengefüge und
- der Anordnung bzw. Lagerung der Bodenpartikel.

Letztere wird beschrieben durch die **Trockenrohdichte** des Bodens (ρ_{TD}):

$$\rho_{TD} = \frac{m}{V} \tag{5.3}$$

mit ρ_{TD} = Trockenrohdichte [g/cm³]
m = Masse [g]
V = Volumen [cm³]

Ein Boden mit einer ρ_{TD} von 1,2–1,4 wird als locker gelagert bezeichnet, ein Boden mit einer ρ_{TD} von > 1,7 dagegen als dicht. Die Einteilung, ob ein Boden als dicht oder noch als locker anzusehen ist, ist vor allem von seinen gefügeprägenden Ton- und Schluffgehalten abhängig (Renger et al. 2014).

Tab. 5-1 | Einteilung der Porengrößenbereiche, -durchmesser, Funktion und Wasserspannung (nach AG Boden 2005).

Porengrößenbereich	Porendurchmesser [µm]	Hydrologische Funktion	Wasserspannung [hPa]	[pF Stufe]
Grobporen, weit	> 50	Schnell dränende Poren, daher luftführend	< 60	< 1,8
Grobporen, eng	50–10	Langsam dränende Poren, wasser- und luftführend, pflanzenverfügbares Wasser	60–300	1,8–2,5
Mittelporen	10–0,2	Pflanzenverfügbares Wasser	300–15 000	2,5–4,2
Feinporen	< 0,2	Totwasser (nicht pflanzenverfügbar)	> 15 000	> 4,2

Die Poren werden in **Grob-, Mittel- und Feinporen** unterteilt. Wie aus Tab. 5-1 ersichtlich wird, werden die Porengrößenbereiche einem bestimmten Porendurchmesser, einer hydrologischen Funktion sowie einer definierten Wasserspannung zugeordnet.

Der Durchmesser bestimmt die Funktion einer Pore.

Je kleiner die Poren sind, desto stärker wird das Wasser in diesen gebunden. Dieser Zusammenhang wird durch die **Steighöhengleichung** beschrieben, wobei h_k als Maß für die Bindungsstärke dem Wasseraufstieg in einer Kapillaren mit dem Radius r entspricht:

$$h_k = \frac{(2\sigma \cdot \cos\alpha)}{\rho g r} \tag{5.4}$$

mit h_k = Steighöhe [m]
σ = Oberflächenspannung [kg/s², N/m]
α = Kontaktwinkel [°]
ρ = Dichte der Flüssigkeit [kg/m³]
g = Erdbeschleunigung [m/s²]
r = Radius der Röhre [μm]

Da bis auf r alle anderen Größen als konstant angesehen werden können, vereinfacht sich die Gleichung zu:

$$r = \frac{0{,}15}{h_k} \tag{5.5}$$

Porengrößenverteilung im Boden

Die hydraulischen Bodeneigenschaften lassen sich mit zwei Funktionen beschreiben: der **Wasserretentionskurve (pF-Kurve)** und der **Wasserleitfähigkeit** in Abhängigkeit von der Wasserspannung. Erstere wird auch als pF-Kurve oder Bodenwassercharakteristik bezeichnet. Sie beschreibt die Beziehung zwischen der Wasserspannung in hPa oder als logarithmierter Wert log hPa = pF-Stufe und dem Wassergehalt [Vol.-%]. Ihr Verlauf ist für jede Bodenart und Trockenrohdichte charakteristisch und ein wichtiges Merkmal für Berechnungen zum Wasserhaushalt. In Abb. 5-1 sind exemplarisch vier typische pF-Kurven für Ton, Schluff, Lehm und Sand dargestellt. Die Abszisse ist in **logarithmischem Maßstab** eingeteilt, um den gesamten Bereich der Wasserspannungen (pF-Werte) sichtbar zu machen. In Renger et al. (2008) sind für alle Bodenarten und Trockenrohdichten sowie für unterschiedliche geologische Ausgangssubstrate pF-Kurven beschrieben.

Der stark unterschiedliche Verlauf der drei Kurven wird durch die unterschiedlichen Anteile an Grob-, Mittel- und Feinporen verursacht. Der Tonboden hat überwiegend Feinporen und verfügt über wenig Mittel- und Grobporen. Der Schluff dagegen hat sehr viele Mittelporen, deutlich weniger Feinporen und moderate Anteile an Grobporen. Der

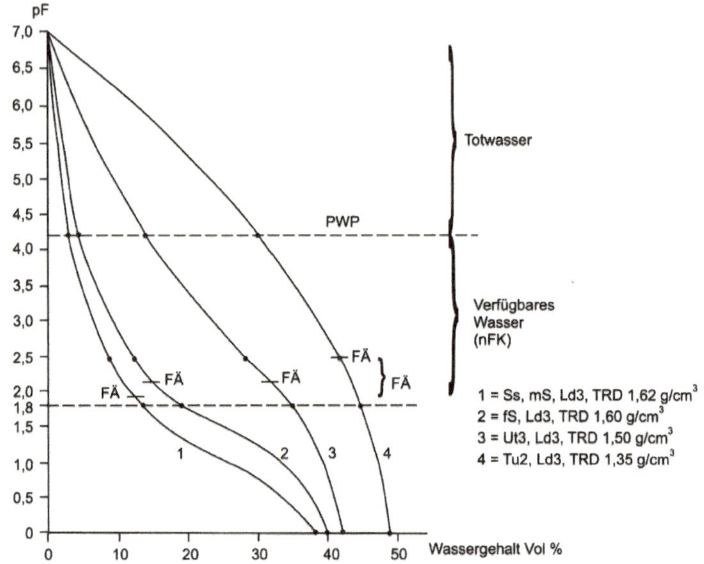

Abb. 5-1 | Laborbeziehungen von Wassergehalten (Vol.%) und Wasserspannungen (pF) im Porenraum von vier Beispielböden: Mittelsand (1), Feinsand (2), toniger Schluff (3) und schwach schluffiger Ton (4). FÄ sind die am Ende des Winterhalbjahres (Ende März) real gemessene Bodenfeuchtegehalte (= Feuchteäquivalente), die tendenziell geringer ausfallen als die Laborwerte bei pF 1.8 (nach Wessolek et al. 2009).

Sand schließlich hat überwiegend Grob- und Mittelporen und nur sehr wenig Feinporen.

Die Wassergehalte im Ton nehmen erst bei sehr hohen Wasserspannungen ab, und selbst bei einem pF-Wert von > 4,2 ist der Wassergehalt im Boden noch sehr hoch. Anders bei Schluff: Hier nimmt der Wassergehalt kontinuierlich bei steigenden Wasserspannungen ab. Im Sand schließlich tritt schon bei Erreichen niedriger Wasserspannungen ein schneller Abfall der Wassergehalte ein, und bei hohen pF-Werten befindet sich nur noch sehr wenig Wasser in den Poren. Der Lehm nimmt im Verlauf der pF-Kurve eine mittlere Stellung zwischen Sand und Ton ein. Aus Abb. 5-1 ist auch ersichtlich, dass bei gleichem Wassergehalt die Bindungsstärke, als Matrixpotenzial bezeichnet, in der Reihenfolge Sandboden < Lehm < Tonboden zunimmt, also mit steigendem Tongehalt. Dies erklärt, warum sich im Falle eines Wassergehalts von 20 % ein Sandboden nass, ein Schluffboden feucht und ein Tonboden trocken anfühlt. Die zunehmende Bindungsstärke des Wassers bei kleiner werdenden Bodenpartikeln beruht auf einer Zunahme der adsorbierenden Oberfläche. Ein Boden, der entwässert wird, hat bei gleicher pF-Stufe höhere Wassergehalte als bei Bewässerung. Dieser Effekt wird als **Hysterese** bezeichnet. Ursache sind diskontinuierliche Porenradien, die sich unterschiedlich auswirken.

Kennwerte der pF-Kurve

Gesamtporenvolumen (GPV): Das **Gesamtporenvolumen** stellt die Summe aller Hohlräume dar und entspricht dem Wassergehalt bei Sättigung, d.h., die Wasserspannung ist gleich null. Das GPV variiert zwischen ca. 48–50 Vol.-% in Tonböden, 40–45 Vol.-% in Schluffen und 38–42 Vol.-% in Sanden.

Feldkapazität (FK): Feldkapazität herrscht dann vor, wenn die Grobporen eines Bodens durch die Wirkung der Schwerkraft entwässert sind, d.h., nur noch Wasser in den Mittel- und Feinporen gegen die Schwerkraft im Boden gehalten wird. In Abhängigkeit von den Klimabedingungen entspricht der Wassergehalt zumeist im Winter FK, wenn das Wasserdefizit des Sommers (Verdunstung > Niederschlag, im Winter umgekehrt) wieder aufgefüllt ist. Die FK nimmt pF-Werte < 2,5 ein und liegt zumeist im Bereich von pF = 1,8 bis pF = 2,5.

Nutzbare Feldkapazität (nFK): Den Porenanteil der Mittelporen, der das pflanzenverfügbare Wasser enthält, bezeichnet man als **nutzbare Feldkapazität** (nFK): Sie ist die Wassermenge zwischen Feldkapazität und permanentem Welkepunkt und als Porenraum zwischen pF = 1,8 (pF = 2,0) und pF = 4,2 definiert.

Luftkapazität (LK): Der Porenanteil zwischen dem Gesamtporenvolumen und der Feldkapazität wird als **Luftkapazität** (< pF = 1,8) bezeichnet. Er umfasst den Anteil der weiten Grobporen. Diese Poren enthalten aufgrund der Wirkung der Schwerkraft nur dann kurzzeitig Wasser, wenn infiltrierendes Niederschlagswasser zu einem zwischenzeitlichen Wasserüberschuss oder sogar zu Bodensättigung führt. Ein Boden sollte mindestens 7–8 Vol.-% Luftkapazität haben, damit eine ausreichende Durchlüftung gewährleistet ist.

Permanenter Welkepunkt (PWP): Beim **permanenten Welkepunkt** sind die Grob- und Mittelporen entwässert. Der verbleibende Restwasseranteil befindet sich in den Feinporen, in denen er mit einer Wasserspannung von pF > 4,2 (entspricht > 15 000 hPa) fest gebunden ist. Ab diesem Punkt beginnen Pflanzen irreversibel zu welken, weil die Wurzeln nicht in der Lage sind, diesen Poren das Wasser zu entziehen. Dieses restliche, aber nicht mehr pflanzenverfügbare Wasser bezeichnet man als **Totwasser**. Tab. 5-2 gibt einen Überblick über die Größenordnungen der o.g. Parameter sowie eine Bewertung durch fünf Stufen. Aus den oben dargelegten Zusammenhängen ergeben sich folgende einfache Beziehungen:

Merksatz: Die Kennwerte Gesamtporenvolumen, Luftkapazität, Feldkapazität und nutzbare Feldkapazität beschreiben den Porenraum im Boden.

$$GPV = LK + FK \quad (5.6)$$

$$LK = GPV - FK \quad (5.7)$$

$$nFK = FK - PWP \quad (5.8)$$

Tab. 5-2 | Einstufung bodenphysikalischer Kennwerte der Wasserbindung in Vol.-% (nach AG Boden 2005).

Bezeichnung	Stufe	Gesamtporenvolumen	Luftkapazität	Feldkapazität	nutzbare Feldkapazität	Totwasser
sehr gering	1	< 30	< 2	< 21	< 6	< 4
gering	2	30 bis < 38	2 bis < 5	21 bis < 30	6 bis < 14	4 bis < 10
mittel	3	38 bis < 46	5 bis < 13	30 bis < 39	14 bis < 22	10 bis < 22
hoch	4	46 bis < 54	13 bis < 26	39 bis < 48	22 bis < 30	22 bis < 34
sehr hoch	5	≥ 54	≥ 26	≥ 48	≥ 30	≥ 34

Box 5.1

Bestimmung der pF-Kurve

Die Bestimmung der pF-Kurve erfolgt häufig nach DIN/ISO 11274. Für den Bereich pF < 2,0 werden wassergesättigte Bodenproben schrittweise mittels Unterdruck entwässert. Dabei setzt man einen mit Boden gefüllten Stechzylinder auf eine keramische Platte oder Membran und entwässert die Probe bei einer bestimmten Druckstufe, bis sich der Wassergehalt nicht mehr ändert. Dann wird über eine Wägung der verbleibende Wassergehalt im Boden bestimmt. Danach wird die Entwässerung bis zur nächsten Druckstufe weitergeführt etc. In höheren pF-Stufen werden die Proben in einen speziellen Drucktopf (vgl. Abb. 5-2) eingebracht und mit Überdruck entwässert.

Abb. 5-2 | Drucktopfapparatur (Foto: Gerd Wessolek).

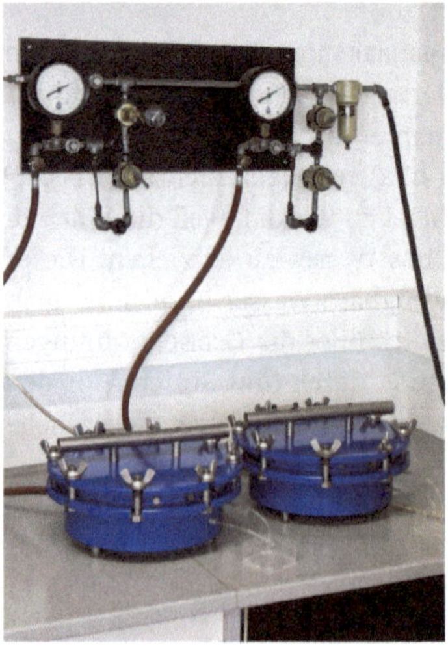

Abb. 5-3 | HYPROP© Verdunstungsverfahren (Foto: Gerd Wessolek; HYPROP© UMS GmbH München).

Eine weitere Methode ist das HYPROP© Verdunstungsverfahren (vgl. Abb. 5-3) zur Bestimmung der pF-Kurve und der ungesättigten Leitfähigkeit. In einen 250-ml-Stechzylinder werden dazu zwei Tensiometerzellen in unterschiedlichen Höhen eingebaut und während der Verdunstungsphase sowohl die Gewichtsveränderungen als auch die Wasserspannungen kontinuierlich aufgezeichnet. Somit können in verschiedenen Tiefen gleichzeitig die pF-Kurve und die ungesättigte Wasserleitfähigkeit ermittelt werden.

Die Bestimmung der pF-Kurve ist aufwendig, kostspielig und erfordert entsprechende Apparaturen. Daher wurden sogenannte Pedotransferfunktionen entwickelt. Dabei handelt es sich um Rechenansätze bzw. Gleichungen, die eine Abschätzung bodenhydraulischer Kennwerte aus einfach zu bestimmenden oder routinemäßig vorliegenden Daten ermitteln. So werden für die Berechnung der pF-Kurve Angaben wie Textur und Lagerungsdichte genutzt.

Nutzbare Feldkapazität im effektiven Wurzelraum

Um für Pflanzen den effektiv nutzbaren Bodenwasserspeicher zu beschreiben, werden neben Angaben zur nutzbaren Feldkapazität (nFK) zusätzliche Informationen zur Durchwurzelung des betreffenden Standorts benötigt. Zur Beschreibung der effektiv wirksamen Wasseraufnahme durch Wurzeln hat sich das Konzept des **effektiven Wurzelraums** (We) bewährt. Es erlaubt eine einfache geometrische Festlegung, bis in welche Tiefe die jeweiligen Pflanzenbestände den Wasservorrat des Bodens vollständig ausschöpfen können. Aus Geländeuntersuchungen zur Durchwurzelung und Wasserentnahme ist bekannt, dass der effektive Wurzelraum ungefähr aus der **Tiefe des Hauptwurzelraums** (H_W) und des maximalen Wurzeltiefgangs (W_{max}) abgeschätzt werden kann. Diese Schätzung ist möglich durch:

$$We = \frac{(H_W + W_{max})}{2} \qquad (5.9)$$

mit We = effektiver Wurzelraum [dm]
H_W = Hauptwurzelraum (Untergrenze des Horizonts mit 6–10 Feinwurzeln/dm²) [dm]
W_{max} = maximaler Wurzeltiefgang [dm]

Abb. 5-4 verdeutlicht, wie sich der effektive Wurzelraum konzeptionell anhand von Wassergehaltsmessungen am Ende einer trockenen Vegetationsperiode bestimmen lässt. Es sind abhängig von der Bodentiefe links der permanente Welkepunkt (PWP) und rechts die Feldkapazität (FK) eingetragen sowie der tatsächliche Wassergehalt am Ende einer trockenen Vegetationsperiode, dargestellt durch die gestrichelte Linie.

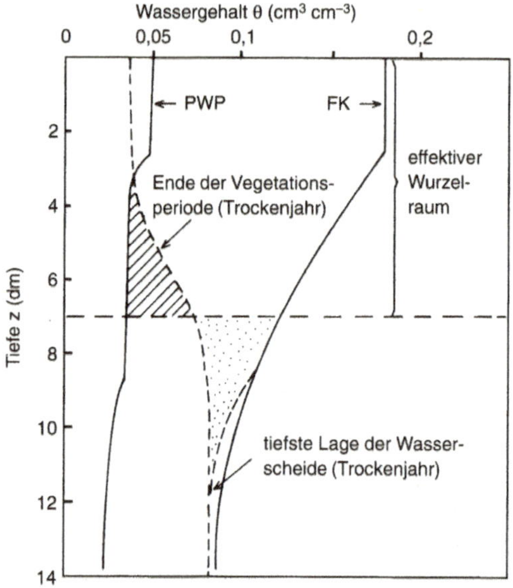

Abb. 5-4 Bestimmung des effektiven Wurzelraums am Ende der Vegetationsperiode eines Trockenjahres durch Wassergehaltsmessungen unter Berücksichtigung der bodenphysikalischen Kennwerte «Feldkapazität» und «permanenter Welkepunkt» (nach Renger und Strebel 1982).

Der Verlauf der aktuellen Bodenfeuchte zeigt, dass im Oberboden der Wassergehalt beim permanenten Welkepunkt (PWP) liegt. Dies liegt u.a. daran, dass Bodenwasser bei starker Erwärmung des Oberbodens auch als Wasserdampf den Boden verlassen kann, also nicht allein durch Wurzelentzug. Ab einer Tiefe von 3,5 dm steigt dann die Bodenfeuchte infolge abnehmender Durchwurzelung kontinuierlich bis zu einer Tiefe von 12 dm an (= tiefster Punkt der Wasseraufnahme durch Wurzeln) und nähert sich langsam dem Wassergehalt bei Feldkapazität. Die horizontale Linie gibt nun die Tiefenlage der effektiven Durchwurzelungstiefe wieder. Unterhalb dieser Linie entspricht die gepunktete Fläche dem bereits aus dem Boden aufgenommenen Wasser. Diese Menge entspricht genau der gestrichelten Fläche des noch verbliebenen Bodenwassers oberhalb der Grenzlinie. Diese einfache geometrische Analyse ermöglicht es, für jeden Boden die für die Pflanzen pro Quadratmeter zur Verfügung stehende Wassermenge, also die nutzbare Feldkapazität im effektiven Wurzelraum, nach Gl. 5.10 zu berechnen:

Der effektive Wurzelraum ist die entscheidende Bezugstiefe zur Beschreibung der Wasserspeicherung im Boden.

$$nFK_{We} = nFK \cdot We \qquad (5.10)$$

mit nFK = nutzbare Feldkapazität [mm]
We = effektiver Wurzelraum [dm]

In Tab. 5-3 sind Angaben zum effektiven Wurzelraum für unterschiedliche Böden und Kulturpflanzen zusammengestellt, in Tab. 5-4 für Forststandorte.

Eine erste ökologische Bewertung der nFK_{We}, ob an einem Standort eher trockene oder eher feuchte Bedingungen zu erwarten sind, kann anhand der Tab. 5-5 erfolgen. Bei regionalen Betrachtungen und Bewertungen muss zusätzlich nach Klimaregion und Grundwassereinfluss unterschieden werden. Dies erfolgt nach dem Konzept der ökologischen Feuchtestufe und ist ausführlich in der Bodenkundlichen Kartieranleitung beschrieben (AG Boden 2005). Das Konzept der ökologischen Feuchtestufe ermöglicht es, einzuschätzen, welche natürlich vorkommenden Pflanzengesellschaften zu erwarten sind.

Tab. 5-3

Effektiver Wurzelraum We [dm] während der Hauptwachstumsphase in Abhängigkeit von der Bodenart und Nutzungsform bei mittlerer Lagerungsdichte (Renger und Wessolek 1996).

Bodenart	Acker	Garten	Weide, Wiese	Rasen
Mittelsand	6	4	5	3
Feinsand	7	5	5–6	3–4
Lehm	9	6	7	4–5
Schluff	11	7	8–9	5–6

Tab. 5-4

Effektiver Wurzelraum We [dm] von Forstbeständen für mittlere Gesamtbestandsbedingungen (Renger und Wessolek 1996).

Boden (Baumarten)	Aufforstung (0–15 Jahre)	Mittlere Bestände (15–45 Jahre)	Altbestände (> 45 Jahre)
Böden aus Lockergestein, Tiefwurzler (Kiefer, Buche, Eiche)	3–10	10–20	20–25
Boden über Festgestein, Flachwurzler (Birke, Fichte)	3–7*	7–12*	> 12*

* maximal bis zur Tiefe des anstehenden Festgesteins

Tab. 5-5

Bewertung und Bodenfeuchte der nutzbaren Feldkapazität im effektiven Wurzelraum (nFK_{We}) und Zuordnung der ökologischen Bodenfeuchte (Renger und Wessolek 1996).

nFK_{We} [mm]	Bewertung	Ökologische Bodenfeuchte
< 60	sehr gering	sehr trocken
60–140	gering	trocken
140–220	mittel	frisch
220–300	hoch	mäßig feucht
> 300	sehr hoch	feucht

5.2 Potenzialkonzept, Wasserspannung und Wassergehaltsmessungen

Das Bodenwasser unterliegt im Porenraum folgenden drei Kräften:

- der Erdanziehung bzw. der Gravitation,
- Adsorptions- und Kapillarkräften an den Bodenteilchen und
- der hygroskopischen Anziehungskraft durch im Boden befindliche Salze.

Gravitationspotenzial (Ψ_z): Das **Gravitationspotenzial** richtet sich nach der **Lage im Raum**. Jeder Bodentiefe kann ein Gravitationspotenzial aus der Ortshöhe h in Zentimetern zugeordnet werden. Als Bezugsniveau wird entweder die Bodenoberfläche oder die Grundwasseroberfläche verwendet. Definiert man die Grundwasseroberfläche als Bezugspunkt, so ist dort das Gravitationspotenzial (Ψ_z) gleich null und steigt nach oben hin an. Wird dagegen die Bodenoberfläche als Bezugsniveau mit $\Psi_z = 0$ gewählt, so nimmt das Gravitationspotenzial mit der Tiefe ab.

Matrixpotenzial (Ψ_m): Das **Matrixpotenzial** beschreibt, mit welcher **Wasserspannung** das Bodenwasser durch Kapillarkräfte im Porenraum gebunden wird. Je weniger Wasser im Boden ist, desto stärker halten es die Adsorptions- und Kapillarkräfte in den Feinporen fest und desto schwerer ist es, diesen Poren Wasser zu entziehen. Das Matrixpotenzial wirkt der Gravitation entgegen und hat daher stets ein negatives Vorzeichen. Mit abnehmendem Wassergehalt sinkt das Matrixpotenzial, d.h., der Wert des Matrixpotenzials wird kleiner. Im deutschsprachigen Raum wird auch der Begriff «Wasserspannung» verwendet, darunter versteht man den Betrag des Matrixpotenzials in cm Wassersäule [cmWS] oder als Druck in hPa.

Osmotisches Potenzial (Ψ_o): Das **osmotische Potenzial** ist nur für salzhaltige Böden relevant, da Salze Wasser anziehen und binden. Unter mitteleuropäischen Bedingungen kann das osmotische Potenzial zumeist vernachlässigt werden, da Salze durch Sickerwasser ausgewaschen werden.

Gesamtpotenzial (Ψ_H): Das **Gesamtpotenzial** ergibt sich aus der Summe der einzelnen Potenziale.

$$\Psi_H = \Psi_m + \Psi_z + \Psi_o \qquad (5.11)$$

Für mitteleuropäische Verhältnisse kann daher das Gesamtpotenzial Ψ_H beschrieben werden durch:

$$\Psi_H = \Psi_m + \Psi_z \qquad (5.12)$$

Box 5.2

Verteilung des Gravitations- und Matrixpotenzials

Stellt man eine Säule mit trockenem Boden in ein Wasserbad, so steigt Wasser von unten in die Bodensäule auf, bis sich ein Gleichgewicht eingestellt hat. Dies ist dann der Fall, wenn das Gesamtpotenzial in der Bodensäule an allen Punkten gleich groß ist. Ein Wasserfluss tritt nur dann auf, wenn Potenzialunterschiede entstehen. Dann fließt das Wasser stets vom Ort höheren zum Ort niedrigeren Potenzials, also von der feuchten zur trockenen Zone. In der Natur werden Veränderungen des Potenzials im Boden durch infiltrierende Niederschläge sowie durch Wasserentnahme von Pflanzenwurzeln erzeugt (Abb. 5-5).

Potenzialverteilung in einer Bodensäule, in der sich das Bodenwasser im Gleichgewicht befindet (nach Ehlers 1996) mit z = Tiefe [cm]; θ = Wassergehalt [Vol.-%]; Ψ_m = Matrixpotenzial [hPa]; Ψ_H = Gesamtpotenzial [hPa] und Ψ_Z = Gravitationspotenzial [hPa]. **Abb. 5-5**

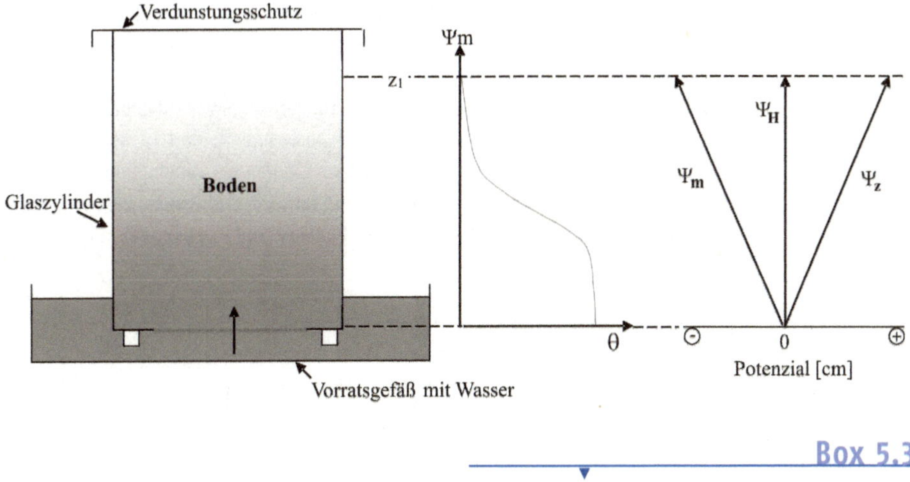

Box 5.3

Messung des Matrixpotenzials

Zur **Bestimmung des Matrixpotenzials** werden **pF-Meter**, häufiger jedoch **Tensiometer** in den Boden eingesetzt. Bei den **pF-Metern** handelt es sich um ein thermisches Messverfahren, mit dem ein über eine Keramiksonde erfasster Wärmeimpuls einer Wasserspannung zugeordnet werden kann. Die Wasserspannung wird im Bereich von pF = 0–7 erfasst.

Ein **Tensiometer** besteht zumeist aus einer **porösen keramischen Kerze**, die mit einem Druckaufnehmer verbunden ist. Die keramische Zelle bzw. das Tensiometer ist mit Wasser gefüllt. Die Zelle gibt über ihre Poren so lange Wasser in den unmittelbar umgebenden Boden ab, bis sich ein Gleichgewicht zwischen dem Matrixpotenzial am Boden und dem Unterdruck im Tensiometer eingestellt hat. Dieser Unterdruck wird mittels des **Druckaufnehmers** gemessen. Als Einheit des Drucks werden hPa oder cm Wassersäule verwendet. Je nach Länge des Rohrs können Tensiometer in unterschiedlichen Tiefen eingebaut werden. Zum Einbringen der Tensiometer werden zunächst Bohrungen bis in die vorgesehene Tiefe durchgeführt, dann werden die Tensiometer in das Bohrloch vorsichtig nachgeschoben. Damit der Niederschlag ungestört auf die Bodenoberfläche fallen kann, hat es sich bewährt, die Tensiometer schräg in den Boden einzubauen. Das Matrixpotenzial errechnet sich wie folgt:

- Matrixpotenzial [cm] = gemessener Druck [cm] + Wassersäule im Tensiometer [cm]
- Der Messbereich der Tensiometer mit Keramikspitzen ist auf ein Matrixpotenzial bis −900 cm bzw. hPa begrenzt.

Auswertung von Tensiometermessungen

Die Auswertung basiert auf der Berechnung des hydraulischen Potenzials unter Einbeziehung einer Bezugshöhe, also entweder der Bodenoberfläche oder des Grundwasserstands. Das Vorzeichen des hydraulischen Potenzials zeigt die Fließrichtung des Wassers an, während die Zahl selbst Ausdruck der treibenden Kraft ist. Das Beispiel in Abb. 5-6 zeigt, wie Tensiometermessungen ausgewertet werden können.

Als Bezugshöhe wird die Bodenoberfläche bestimmt; dort ist $\Psi_z = 0$. Messpunkte unterhalb der Geländeoberfläche haben daher ein abnehmendes Gravitationspotenzial. Die Werte in Abb. 5-6 stehen in Tab. 5-6 und wurden zur Berechnung des Gesamtpotenzials nach Gl. 5.12 für die Punkte A und B verwendet.

Abb. 5-6

Messungen von Wasserspannungen im Boden zur Berechnung des Gesamtpotenzials und des hydraulischen Gradienten.

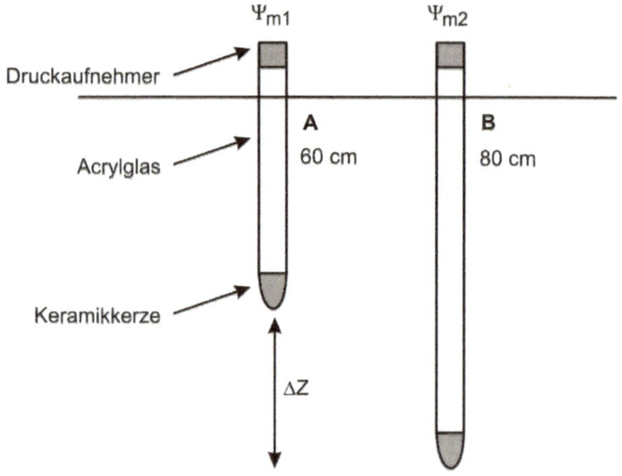

	Gesamtpotenzial				hydraulischer Gradient $\left[\frac{d\Psi}{dz}\right]$		
Punkt	Tiefe [cm]	Ψ_m [cm WS]	Ψ_z [cm]	$\Psi_H = \Psi_m + \Psi_z$	Δz	$\Delta\Psi_m$	$\frac{d\Psi}{dz} = (\Delta\Psi_m / \Delta z) + 1$
A	60	−200	−60	−260	20	−148	$= (-148 / 20) + 1$
B	80	−52	−80	−132			$= -7{,}4 + 1 = -6{,}4$

Tab. 5-6

Beispiel zur Berechnung des Gesamtpotenzials und des hydraulischen Gradienten.

Der **hydraulische Gradient** ($\frac{d\Psi}{dz}$) beschreibt die antreibende Kraft der Wasserbewegung zwischen zwei Punkten und wird anhand der Teilpotenzialdifferenzen wie folgt berechnet:

$$\frac{d\Psi}{dz} = \frac{\Delta\Psi_m + \Delta z}{\Delta z} \text{ bzw. } \frac{d\Psi}{dz} = \left(\frac{\Delta\Psi_m}{\Delta z}\right) + 1 \quad (5.13)$$

Ist an einem Punkt $\frac{d\Psi}{dz} = 0$, dann findet keine Wasserbewegung statt. Da die Wasserbewegung bzw. der Fluss stets vom höheren zum niedrigeren Potenzial verläuft, ist in unserem Beispiel der Fluss des Bodenwassers nach oben gerichtet (= kapillarer Aufstieg), d.h., der Fluss verläuft von Punkt B zu Punkt A, denn −260 cm ist kleiner als −132 cm. Eine Abwärtsbewegung, also Versickerung, würde auftreten, wenn das Gesamtpotenzial (Ψ_H) von A größer als das von B wäre.

Merksatz: Das hydraulische Potenzial beschreibt die Richtung und Kraft der Wasserbewegung im Boden.

Box 5.4

Messung der Bodenfeuchte

Die **Bestimmung der Bodenfeuchte**, auch «volumetrischer Wassergehalt» genannt, kann mit dem **FDR** (Frequency-Domain Reflectometry) und/oder dem **TDR**-Verfahren (Time-Domain Reflectometry) erfolgen. Mit der TDR-Sonde wird die Laufzeit der elektromagnetischen Welle im Boden gemessen. Die Geschwindigkeit der Welle ist von der **Dielektrizitätskonstante** (ε_0) des Bodens abhängig. Da die Dielektrizitätskonstante von Wasser ($\varepsilon_0 = \sim 81$) deutlich größer ist als die von mineralischen Partikeln ($\varepsilon_0 = 2–5$) und Luft ($\varepsilon_0 = 1$), steigt ε_0 des Bodens mit zunehmendem Wassergehalt. Dieses zerstörungsfreie Verfahren hat vor 20 Jahren die früher eingesetzten radioaktiven Methoden wie Neutronensondetechnik oder Gammadoppelsonden weitestgehend abgelöst.

TDR-Messgeräte können aus einem Handmessgerät und einer Messsonde bestehen. Im Messgerät wird eine elektromagnetische Welle erzeugt und über ein Kabel an die Sonde übertragen. Die Welle läuft entlang der zwei Elektroden durch den Boden und wird am Ende der Sonde reflektiert; das Messgerät zeichnet das

Abb. 5-7 | Links: Beispiel für ein TDR-Handmessgerät (Easytest, Lublin, Polen), rechts: Reflexionsmuster der Welle während einer TDR-Messung in einem Torfboden (ε_0 = 34,2; Wassergehalt 46,4 Vol.-%).

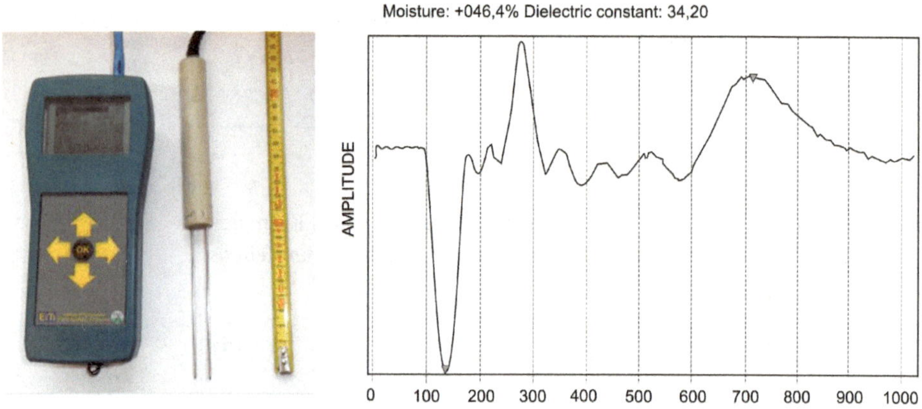

Reflexionsmuster auf (Abb. 5-7). Dieses wird ausgewertet und die Dielektrizitätskonstante sowie der Wassergehalt berechnet. Durch die TDR-Technik ist es heute auch möglich, den Wassergehaltsverlauf im Boden mittels Logger kontinuierlich in hoher zeitlicher und räumlicher Auflösung aufzuzeichnen. Dadurch können erstmals ereignisabhängige Prozessstudien unter Feldbedingungen zerstörungsfrei durchgeführt werden. Ein weiteres Verfahren ist die von Zreda et al. (2008) eingeführte Methode zur Messung der kosmischen Neutronendichtestrahlung, mit der es möglich ist, die Bodenfeuchte auf größeren Flächen kontaktlos zu erfassen. Der Vorteil dieses Verfahrens ist, dass keine punktuellen Messungen im Boden mehr erforderlich sind und der Arbeitsaufwand somit deutlich geringer ausfällt.

▲

Wasserspannungs- und Wassergehaltsmessungen können genutzt werden, um die reale Evapotranspiration aus der Wurzelzone und/oder die Versickerung unterhalb des Wurzelraums quantitativ zu ermitteln. Für diesen Zweck müssen die Wassergehalte und die Wasserspannungen des Bodens als Funktion der Tiefe und Zeit vorliegen. Die Wasserspannungen dienen dabei zur Berechnung der Richtung und Größe des hydraulischen Gradienten. In Vegetationszeiten ist häufig in einer bestimmten Bodentiefe der hydraulische Gradient gleich null. Oberhalb dieser Zone ist der Wasserfluss nach oben gerichtet, unterhalb findet ein abwärts gerichteter Wasserfluss statt. Die Grenze selbst stellt daher eine **Wasserscheide in der ungesättigten Bodenzone** dar.

Ein Beispiel für eine solche Situation und für die **Berechnung von hydraulischen Gradienten** geht aus Abb. 5-8 hervor. Oberhalb von 90 cm treten negative hydraulische Gradienten auf, d.h., es findet eine aufwärtsgerichtete Wasserbewegung statt. Unterhalb von 90 cm ist die Wasserbewegung abwärtsgerichtet, es findet also Versickerung statt. Abb. 5-9 zeigt ein Beispiel für die Berechnung der realen Evapotranspiration und Versickerung für einen bestimmten Zeitraum.

Für Messperioden ohne Wasserscheide unterhalb des Wurzelraums kann die Versickerung Q_{seep} in [mm] nach der Gl. 5.14 berechnet werden:

Merksatz: Mit Messungen zur Bodenfeuchte und Wasserspannung lassen sich reale Verdunstung und Versickerung messen.

$$Q_{seep} = N - \left[ET + \sum_{Z_1}^{Z_0} \frac{\Delta\theta}{\Delta t} \Delta z\right] \quad (5.14)$$

mit Qseep = Versickerung
N = Niederschlag [mm]
ET = Evapotranspiration [mm]
$\Delta\theta$ = Wassergehaltsänderung [mm]
z_1 = Bodenoberfläche [mm]
z_0 = Grundwasseroberfläche [mm]

Im Winterhalbjahr kann man in unseren Breitengraden die reale Evapotranspiration aus der potenziellen Evapotranspiration (→ Kap. 7) multipliziert mit 0,9 einsetzen, da infolge der niedrigen Wasserspannungswerte nur geringe Differenzen zwischen realer und potenzieller Evapotranspiration auftreten.

Berechnung von hydraulischen Gradienten und hydraulischer Wasserscheide aus Tensiometermessungen; mit Ψ_m = Matrixpotenzial bzw. Wasserspannung [cm WS bzw. hPa]; Ψ_z = Gravitationspotenzial [cm WS bzw. hPa]; z = Tiefe [cm].

Abb. 5-8

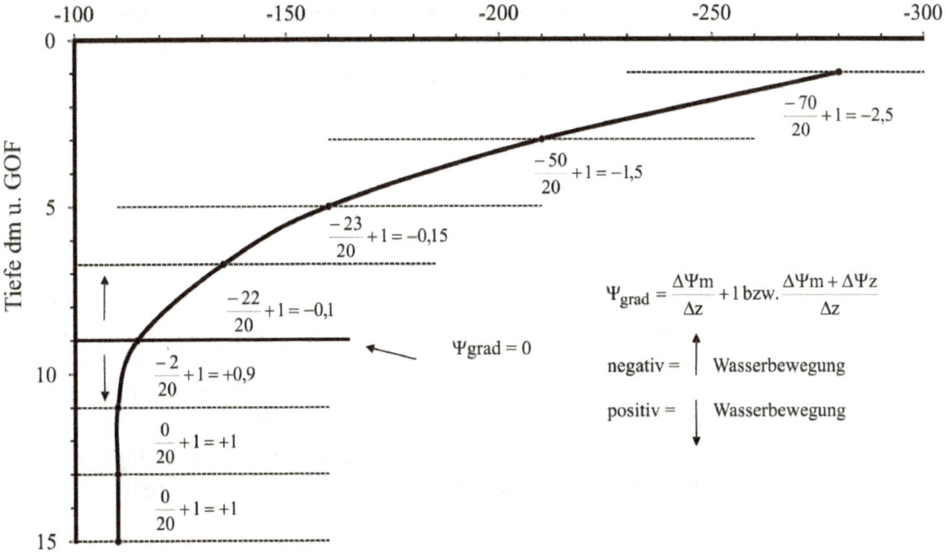

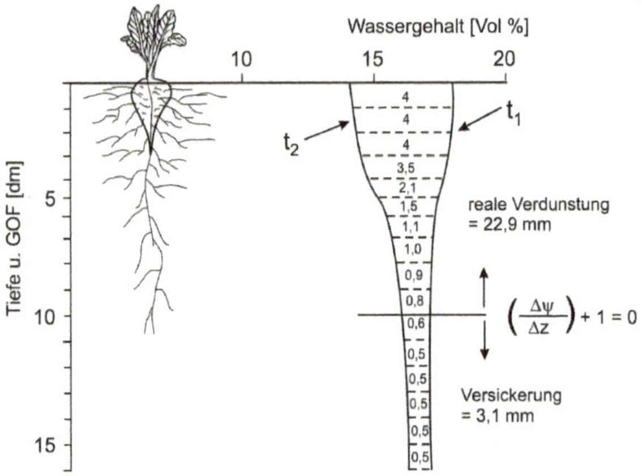

Abb. 5-9 Beispiel für die Berechnung der realen Evapotranspiration (ETa) und der Versickerung (Q_{seep}) in 1,5 m Tiefe aus Wassergehaltsmessungen im Boden.

5.3 Wasserbewegung im Boden

Das Wasser im Boden ist aufgrund von Einflussgrößen wie Evaporation und Niederschlag selten in einem statischen Gleichgewicht, sondern bewegt sich stets in Richtung des niedrigeren Potenzials. Es herrschen also zumeist nicht stationäre (= transiente) Fließbedingungen vor. Stationäre Wassergehaltsänderungen sind selten anzutreffen und besagen, dass Wasserflüsse stattfinden, ohne dass sich dabei der Wassergehalt ändert. Dies kann z.B. in grundwasserbeeinflussten Böden der Fall sein, wenn im Kapillarsaum oberhalb des Grundwassers Wasser aufsteigt.

Mit der Darcy-Gleichung lässt sich der Wasserfluss im Boden beschreiben.

Die Intensität der Wasserbewegung wird durch das antreibende Potenzialgefälle und die Wasserleitfähigkeit bestimmt. Dieser Zusammenhang wurde erstmals von dem französischen Ingenieur Henry Darcy (1803–1859) mathematisch beschrieben:

$$q = k \cdot \frac{d\Psi}{dz} \qquad (5.15)$$

mit q = Volumenfluss [m^3/s]
k_Ψ = hydraulische Wasserleitfähigkeit [m/s]
$\frac{d\Psi}{dz}$ = hydraulischer Gradient [-]

In der Bodenphysik wird zwischen der **gesättigten** (k_f) und **ungesättigten Wasserleitfähigkeit** (k_u) unterschieden. Bei der gesättigten Wasserleitfähigkeit sind alle Poren mit Wasser gefüllt, während bei der ungesättigten nur Teile des Porenraums am Fließgeschehen teilnehmen. Mit zunehmender Austrocknung des Bodens sinkt der am Wassertransport beteiligte Porenanteil, und die hydraulische Wasserleitfähigkeit nimmt ab. Um dies auszudrücken, wird k in Gl. 5.15 umgeschrieben zu:

$$q = -k(\Psi_m) \cdot \frac{d\Psi}{dz} \tag{5.16}$$

Bei der Betrachtung von Wasserflüssen im Boden gilt allgemein formuliert der Satz von der Erhaltung der Masse; dieser wird durch die **Kontinuitätsgleichung** ausgedrückt. Sie besagt, dass ein Wasserfluss zu einer adäquaten Änderung des Wassergehalts im Boden führt:

$$\frac{dq}{dz} = \frac{-d\theta}{dt} \tag{5.17}$$

mit q = Volumenfluss [m^3/s]
z = Tiefe [cm]
θ = Wassergehalt [Vol.-%]
t = Zeit [d]

Wird die Kontinuitätsgleichung mit der Darcy-Gleichung kombiniert, erhält man die **Richards-Gleichung**, mit der die Wasserbewegung im Boden beschrieben werden kann:

$$\frac{d\theta}{dt} = \frac{d}{dz} \cdot \left(k(\Psi_m) \cdot \frac{d\Psi_m}{dt}\right) \tag{5.18}$$

mit θ = Wassergehalt [Vol.-%]
t = Zeit [d]
z = Tiefe [cm]
$k(\Psi_m)$ = hydraulische Wasserleitfähigkeit, abhängig vom Matrixpotenzial [cm/d]

Die Gl. 5.18 ist eine **partielle Differenzialgleichung**, die mithilfe numerischer Verfahren gelöst wird. Sie wird in vielen Computerprogrammen genutzt, um die Wasserbewegung und -bilanz zeitlich und räumlich hoch aufgelöst zu berechnen.

Die **gesättigte** und die **ungesättigte Wasserleitfähigkeit** eines Bodens werden von der Anzahl, Größe und Form der Poren beeinflusst, durch die das Wasser fließt. Im Falle von gesättigtem Fließen sind es vor allem die Grobporen, die den Wasserfluss im Boden bestimmen. Dieser Zusammenhang wird durch das **Hagen-Poiseuille'sche Gesetz** beschrieben, das für laminares, also schichtförmiges, nicht turbulentes Fließen gilt:

$$q_W = \frac{\pi \cdot r^4 \, \Delta\Psi_H}{8 \cdot \eta \cdot l} \tag{5.19}$$

mit q_W = Wassermenge, die je Zeiteinheit durch den Fließquerschnitt der Pore strömt [m^3/s]
r = Radius der Pore [m]
$\Delta\Psi_H$ = hydraulische Potenzialdifferenz [Pa]
η = Viskosität [Pa*s]
l = Fließstrecke [m]

Tab. 5-7 | Klassifizierung der gesättigten Wasserleitfähigkeit k_f (nach AG Boden 2005).

Bezeichnung	gesättigte Wasserleitfähigkeit [cm/d]
sehr gering	< 1
gering	1 bis < 10
mittel	10 bis < 40
hoch	40 bis < 100
sehr hoch	100 bis < 300
extrem hoch	> 300

Die Bewertung der gesättigten Wasserleitfähigkeit erfolgt nach Tab. 5-7.

Beginnt ein Boden auszutrocknen, so nimmt die Menge der am Wassertransport beteiligten Poren ab, und man spricht von **ungesättigtem Fließen**. Die ungesättigte Wasserleitfähigkeit ist also eine Funktion der Wasserspannung im Boden und kann sehr kleine Werte annehmen, wie Abb. 5-10 für vier Böden unterschiedlicher Textur zeigt.

Zwischenabfluss

Einige Standorte neigen zur Bildung von Stauwasser. Diese Böden nennt man Pseudogleye. Sie bestehen zumeist aus einem gut wasserdurchlässigen Oberboden über einem **wasserstauenden Unterboden**. Verantwortlich dafür sind entweder Tonverlagerungsvorgänge, die Poren des Unterbodens zugesetzt haben, oder geologische Entstehungsprozesse, aus denen ein **Substratwechsel** innerhalb eines Bodenprofils resultiert, wie z.B. Sand über Lehm. In beiden Fällen ist die Folge, dass aufgestautes Sickerwasser im Untergrund zu Zwischenabfluss (engl. «interflow») führen kann. Welchen Anteil der Zwischenabfluss am Gesamtabfluss einnimmt, hängt stark davon ab, wie dicht der

Abb. 5-10 | Beziehung zwischen ungesättigter Wasserleitfähigkeit k_u und Wasserspannung für verschiedene Bodenarten (Peters 2013).

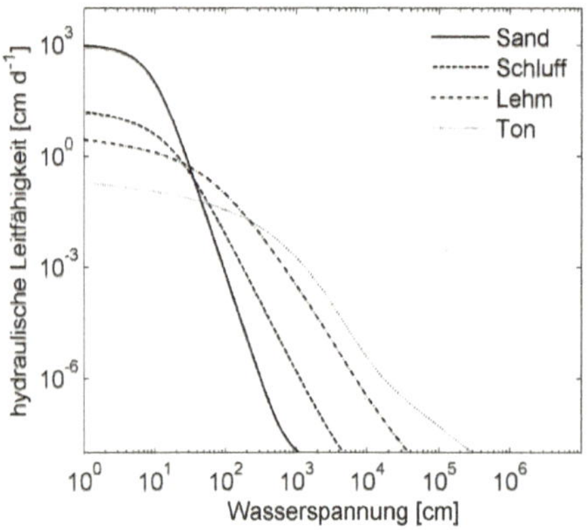

Abb. 5-11 | Zwischenabflussanteil [%] am Gesamtabfluss bei Stauwasserböden als Funktion des k_f-Wertes im Unterboden (Wessolek et al. 1994).

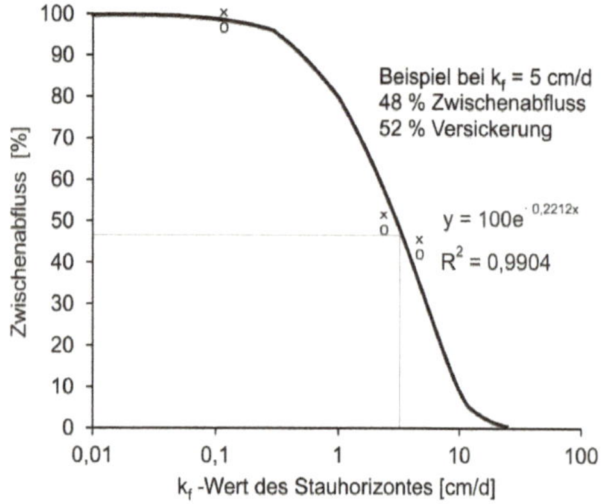

wasserstauende Horizont im Unterboden ist und ob er einem lateralen Gefälle unterliegt. Abb. 5-11 zeigt, dass bei einem k_f-Wert des Unterbodens von 5 cm/d der Zwischenabflussanteil ca. 48 % des gesamten Wasserflusses beträgt, während die langsam stattfindende Versickerung durch das Bodenprofil einen Anteil von ca. 52 % hat.

Infiltration | 5.4

Infiltration beschreibt den Fließvorgang von Wasser, das von oben in den Boden eindringt. Wie viel Wasser pro Zeiteinheit in den Boden infiltrieren kann, hängt von der Wasserleitfähigkeit im Porenraum, vor allem von der **Anzahl der Makroporen** sowie vom **Anfangswassergehalt** im Boden ab. Dabei werden Makroporen als durch das Gefüge beeinflusste oder biogene Grobporen größer als 50 µm definiert. Als Infiltrationsrate (Inf) wird die pro Zeiteinheit (t) in den Boden aufgenommene Wassermenge verstanden.

Merksatz: Infiltration beschreibt die Fließgeschwindigkeit von Wasser beim Eintritt in den Boden.

In Infiltrationsversuchen ist die Infiltrationsrate maximal, wenn der Boden trocken und die Sorptivität wirksam ist, also zu Beginn des Experiments. Die Endinfiltrationsrate, die nach einer gewissen Versuchsdauer erreicht wird, entspricht in etwa der gesättigten Wasserleitfähigkeit (k_f) im Boden. Abweichungen hängen davon ab, wie repräsentativ das Probenvolumen in Hinblick auf die Makroporenverteilung und -menge ist und ob die Messung von k_f an Stechzylindern erfolgt, die vertikal oder horizontal entnommen worden sind. Zu Beginn von Regenereignissen, d.h. vor dem Einsetzen von Sättigung der Bodenoberfläche, ist die Regenintensität meist kleiner als die Infiltrationskapazität. Mit dieser wird die unterschiedliche Fähigkeit von Böden ausgedrückt, in Abhängigkeit ihres Feuchtegehalts Wasser aufzunehmen.

Zur Bestimmung der Infiltration können Messgeräte wie das **Hauben-** oder das **Doppelringinfiltrometer** genutzt werden. Für die Messung mit dem Haubeninfiltrometer wird die auf dem Boden aufgesetzte Haube (Abb. 5-12) mit Wasser gefüllt und der Wasserstand über ein Mariott'sches System konstant gehalten. Die

Haubeninfiltrometer. | Abb. 5-12

Abb. 5-13 | Einsatz eines Doppelringinfiltrometers im Gelände.

Druckhöhe kann mittels U-Rohrmanometer eingestellt und somit je nach Bodenverhältnissen angepasst werden. Es ist darauf zu achten, dass das Wasser nicht seitlich aus der Haube abfließt.

Das Doppelringinfiltrometer besteht aus einem größeren und einem kleineren stabilen Metallring, die ineinander einige Zentimeter in den Boden eingedrückt werden. Bei der Messung wird vorsichtig Wasser in beide Ringe eingestaut, ohne dass dabei die Bodenoberfläche verschlämmt. Der Wasserstand beider Ringe muss auf gleichem Niveau bleiben. Im Anschluss wird im inneren Ring mit einem Schwimmer oder Zollstock zu mehreren Zeitpunkten der abfallende Wasserspiegel in Millimetern gemessen. Der äußere Ring dient dabei zur Stabilisierung des Wasserstands im Innenring, damit eindimensionales Fließen sichergestellt ist (Abb. 5-13). Während des Versuchs stellt sich im Boden ein **charakteristisches Feuchteprofil** ein, das durch eine Sättigungszone, Durchfeuchtungsfront und Benetzungszone gekennzeichnet ist.

Der **Verlauf der Infiltrationsrate** ist zu Beginn des Versuchs stark abhängig vom Wassergehalt im Boden: Ist der Boden trocken, kann die Anfangsinfiltrationsrate zunächst sehr hoch sein und fällt dann auf einen konstanten Wert kontinuierlich ab. Grund dafür ist die stark

Abb. 5-14 | Schematische Darstellung eines Infiltrationsverlaufs in einem ursprünglich trockenen und ursprünglich feuchten Boden (nach Bohne 2005).

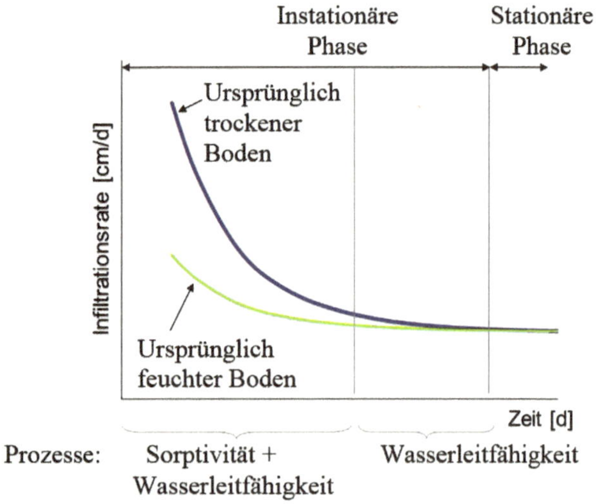

herabgesetzte Wasserspannung (= Matrixpotenzial), die zu Beginn der Infiltration das zugegebene Wasser in die Poren hineinzieht; im weiteren Verlauf verliert diese Wasserspannung durch Aufsättigung des Bodens an Bedeutung, und zum Schluss ist nur die Schwerkraft die antreibende Kraft für den Wassertransport (Abb. 5-14).

Die Infiltrationsrate wird vom Anfangswassergehalt im Boden beeinflusst.

Hydrophobie

Hydrophobe, d.h. **wasserabweisende Böden** befinden sich in unseren Breiten häufig unter Nadelwaldbeständen mit ausgeprägten Rohhumusauflagen oder unter Grasvegetation auf sandigen Böden. Die Anhäufung von schlecht abbaubaren Humusfraktionen in Verbindung mit ausgeprägten Trockenphasen kann dazu führen, dass der Oberboden zunehmend **hydrophobe Oberflächen** aufweist (Abb. 5-15). In den USA und Australien werden diese Effekte auch durch Waldbrände verursacht. Als Folge wird die **Benetzbarkeit** der Bodenteilchen stark herabgesetzt. Für die **Benetzungshemmung** ist der Benetzungswinkel an den Bodenpartikeln die entscheidende Größe; sie bestimmt die Interaktion zwischen Wasser- und Bodenoberfläche. In hydrophoben Böden treten erhöhte **Oberflächenabflüsse**, **präferenzielle Fließwege** und eine Verminderung der Wasserspeicherfähigkeit des Bodens auf. Die Bestimmung der **Hydrophobizität** eines Bodens kann z.B. mit dem **Water Drop Penetration Time (WDPT)-Test** erfolgen. Mit einer Pipette werden drei Wassertropfen auf die Bodenoberfläche aufgebracht und mittels Stoppuhr die Eindringzeit der Tropfen gemessen.

Abb. 5-15

Tröpfchenbildung auf hydrophobem Boden.

Tab. 5-8

Kriterien zur Beurteilung von Hydrophobie (Decker und Jungerius 1990).

Stufe	0	1	2	3	4	5	6
WDPT (Zeit)	< 5 s	5–60 s	1–10 min	10–60 min	1–3 h	3–6 h	> 6 h
Hydrophobie	benetzbar	schwach	mittel	stark	extrem		
		wasserabweisend					

Die Verweilzeit der Tropfen bestimmt den Grad der Hydrophobie. Die Ausprägung der Hydrophobie wird nach Decker und Jungerius (1990) in **sieben Abstufungen** von benetzbar (< 5 s) bis extrem wasserabweisend (> 6 h) klassifiziert (Tab. 5-8).

Verschlämmung

Einige Böden, wie z.B. Lössböden ohne bedeckende Vegetation, neigen dazu, nach Niederschlagsereignissen an der Oberfläche zu verschlämmen. Dabei kann sich eine bis zu 1,5 cm starke **Kruste** ausbilden. Diese Kruste versiegelt die Bodenoberfläche und kann die Wasserleitfähigkeit des Bodens um 1–2 Zehnerpotenzen vermindern. Als Folge tritt **Oberflächenabfluss** auf, der in Hanglagen oft vermehrt zu Stoffverlusten und Erosion führt (→ Kap. 9).

Verdichtung

Hydrophobie, Verschlämmung und Verdichtung behindern die Infiltration.

Eine Verdichtung des Oberbodens, z.B. verursacht durch Befahren mit schwerem Arbeitsgerät, kann zu einer verminderten Infiltration bzw. zu Oberflächenabfluss führen. Auch oberflächennahe, geogene Verdichtungen oder Verdichtungen anthropogenen Ursprungs wie z.B. die Pflugsohlenverdichtung können die Infiltration stark vermindern. In dichten Unterbodenhorizonten oder Verdichtungen im Unterboden begrenzt die geringe Wasserleitfähigkeit des Unterbodens die Infiltration im Oberboden durch rückstauendes Wasser.

Weiterführende Literatur

Bohne, K. (2005): An Introduction into Applied Soil Hydrology. Reiskirchen.
Hillel, D. (2004): Introduction to Environmental Soil Physics. Amsterdam.
Kutílek, M. und D. R. Nielsen (1994): Soil Hydrology. Reiskirchen.

Grundwasser

6

Martin Reiss, Stefan Harnischmacher

Inhalt

6.1 Grundwasser im hydrologischen System

6.2 Messung und Kennzeichnung

6.3 Grundwasserdynamik

6.4 Grundwassernutzung

Grundwasser umfasst das unterirdische Wasser der gesättigten Zone, einen Bereich im hydrologischen System, in dem die Gesteinshohlräume vollständig mit Wasser gefüllt sind. Die Menge und Verfügbarkeit an Wasser in einem Grundwasserleiter hängt entscheidend von seiner strukturellen Beschaffenheit ab. Seine Speisung erfolgt durch Grundwasserneubildung. Diese entspricht hauptsächlich dem Anteil des Niederschlags, der die ungesättigte Bodenzone passiert und dem Grundwasserleiter zufließt. Grundwasser stellt eine wichtige Trinkwasserressource dar, die nicht überbeansprucht werden darf und vor Verschmutzung zu schützen ist. Eine nachhaltige Nutzung des Grundwassers erfordert seine Überwachung. Dazu gehören die Messung von Grundwasserständen und das Erstellen geohydraulischer Modelle, um das Fließverhalten von Grundwasser zu beurteilen.

6.1 Grundwasser im hydrologischen System

Grundwasser ist unterirdisches Wasser, das die Hohlräume der Erdrinde zusammenhängend ausfüllt und dessen Bewegungsmöglichkeit ausschließlich durch die Schwerkraft bestimmt wird. Der Bereich des Grundwassers wird auch als **gesättigte** oder **phreatische Zone** (gr. phréar = «Brunnen») bezeichnet. Über Porengrundwasserleitern kann es durch Kapillaraufstieg zur Ausbildung eines Kapillarsaums kommen, in dem gesättigte Bedingungen durch Haftwasser vorherrschen können. Aufgrund der zusätzlichen Wirkung von Kapillarkräften wird der Bereich des Kapillarsaums nicht dem Grundwasser zugerechnet.

Grundwasser ist unterirdisches Wasser in der gesättigten Zone, das lediglich der Schwerkraft unterliegt.

Abb. 6-1 | Grundwasser als Kompartiment im hydrologischen System.

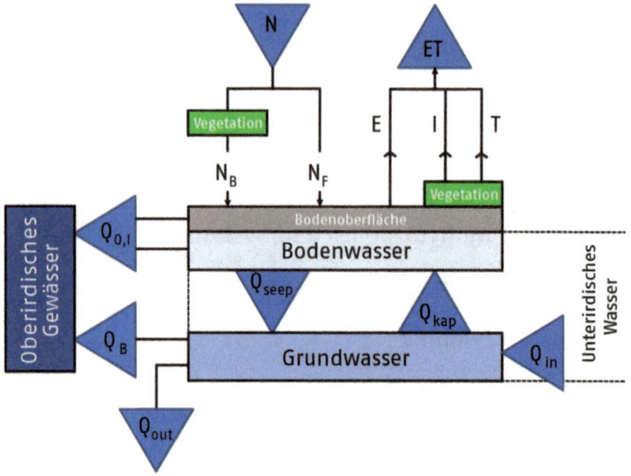

Grundwasser ist ein Kompartiment im Wasserkreislauf (→ Kap. 3) und als offenes hydrologisches Teilsystem durch die Wasserhaushaltskomponenten Niederschlag, Abfluss und Verdunstung mit anderen Kompartimenten vernetzt (Abb. 6-1). Der Teil des Niederschlagswassers, der in den Boden infiltriert und nicht gegen die Wirkung der Schwerkraft in der durchwurzelten Bodenzone zurückgehalten wird, perkoliert durch eine mehr oder weniger mächtige ungesättigte Zone, bis er das Grundwasser erreicht (→ Kap. 5). Dieser Vorgang der Versickerung (Q_{seep}) ist der wichtigste Mechanismus der **Grundwasserneubildung GW_{neu}**. Neu gebildetes Grundwasser wird nach einer bestimmten Verweilzeit im Grundwasserleiter zu Grundwasserabfluss Q_{Gw} und stellt somit eine Form der Abflussbildung dar (→ Kap. 9).

Es kann über die Grenzen von Einzugsgebieten hinweg zum unterirdischen **Ausfluss** Q_{out} oder **Zufluss** Q_{in} **von Grundwasser** kommen, sodass

Abb. 6-2 | Grundwasserverweildauer in unterschiedlichen Grundwasserleitern.

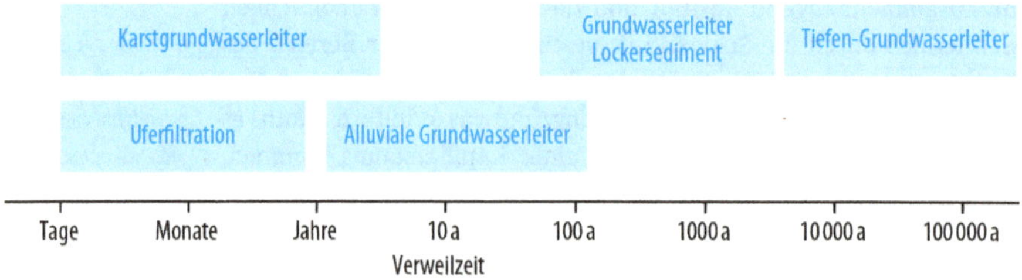

die bodenbürtige Grundwasserneubildung mengenmäßig nicht mit dem Grundwasserabfluss des Einzugsgebiets übereinstimmt (→ Kap. 3). Der **Basisabfluss** Q_B, der sich aus dem grundwasserbürtigen Abfluss Q_{Gw} und dem langsamen Interflow Q_I zusammensetzt, wird zu oberirdischem Abfluss, wenn er in Form von Quellen an der Oberfläche austritt und so zum Beginn eines Fließgewässers wird, oder, indem er durch die Gewässersohle in ein Gewässer eintritt. Der schmale Übergangsbereich an der Sohle wird als hyporheische Zone bezeichnet (→ Kap. 9). Die **Verweildauer** (→ Kap. 3) des Grundwassers im Grundwasserleiter, d.h. die Zeitspanne zwischen Eintritt und Austritt, ist je nach Typ des Grundwasserleiters sehr unterschiedlich (Abb. 6-2).

Formen der Speicherung von Grundwasser in Gesteinen

Damit Grundwasser in Gesteinen gespeichert und transportiert werden kann, müssen diese in ausreichender Anzahl und/oder Größe Hohlräume aufweisen, die in Verbindung miteinander stehen. Es sind folglich bestimmte gesteinsabhängige Eigenschaften, die einen Grundwasserleiter auszeichnen. Dabei werden drei Arten von Hohlräumen unterschieden:

Man unterscheidet Poren-, Kluft- und Karstgrundwasserleiter.

a) **Porenhohlräume** (Abb. 6-3, links) sind Hohlräume in Form kleiner Poren zwischen Gesteinskörnern. Sie sind typisch für Lockergesteine, die meist durch Sedimentation entstanden sind. Lockergesteine sind, wie Böden, Gemische aus Körnern und Poren unterschiedlicher Größe, sodass sich viele Aspekte, wie sie in Kap. 5 zu Böden besprochen sind, auf Lockergesteine übertragen lassen. Einen hohen Anteil frei beweglichen Wassers weisen vorrangig grobkörnige Lockergesteine wie Sande auf. In diesem Sinne tritt Grundwasser auch in den Porenhohlräumen mancher Festgesteine wie Sandstein auf, wenn diese weniger verfestigt sind und ausreichend Wasser leiten.
b) **Klufthohlräume** (Abb. 6-3, Mitte) sind typisch für nicht verkarstete Festgesteine. Es handelt sich dabei um Fugen bzw. Trennflächen, die v.a. aufgrund tektonischer Beanspruchung durch Zerreißung des Gesteins in seinem oberen Bereich entstanden sind. Sie bilden maximal bis in eine Tiefe von ca. 50 m nennenswerte Speicherräume aus. Die Transportrichtung des Wassers hängt u.a. von der Streichrichtung der Klüfte ab.
c) **Karsthohlräume** (Abb. 6-3, rechts) entstehen in wasserlöslichen Gesteinen wie Kalk- und Dolomitgestein sowie Gips und Anhydrit. Hier wird Grundwasser in Lösungshohlräumen gespeichert, die über lange Zeiträume entstehen und in geologisch alten Gebirgen oft als Höhlen in Erscheinung treten.

Abb. 6-3 | Grundwasserleitertypen. Links: Porengrundwasserleiter; Mitte: Kluftgrundwasserleiter; rechts: Karstgrundwasserleiter.

Eine weitere Bedingung für die vollständige Wassersättigung im Lockergestein und damit die Ausbildung eines Porengrundwasserleiters ist das Vorhandensein einer wasserstauenden Schicht. Es werden **Grundwassernichtleiter** und **Grundwassergeringleiter** unterschieden. Hierbei handelt es sich um nahezu wasserundurchlässige bzw. wenig durchlässige, wasserhemmende Gesteinsschichten. Die Fachbegriffe Aquiclude und Aquitarde sind im Deutschen weniger gebräuchlich. Der Begriff **Aquifer** wird in Deutschland häufig synonym für Grundwasserleiter verwendet (Hölting und Coldewey 2013). Wechseln sich mit der Tiefe Grundwasserleiter und Grundwassernichtleiter bzw. Grundwasserhemmer ab, dann kann es zur Ausbildung mehrerer **Grundwasserstockwerke** kommen (Abb. 6-4).

Der mit Grundwasser gefüllte Gesteinskörper wird durch eine Grundwasserunterfläche an der Sohle sowie eine Grundwasserober-

Abb. 6-4 | Grundwasserstockwerke.

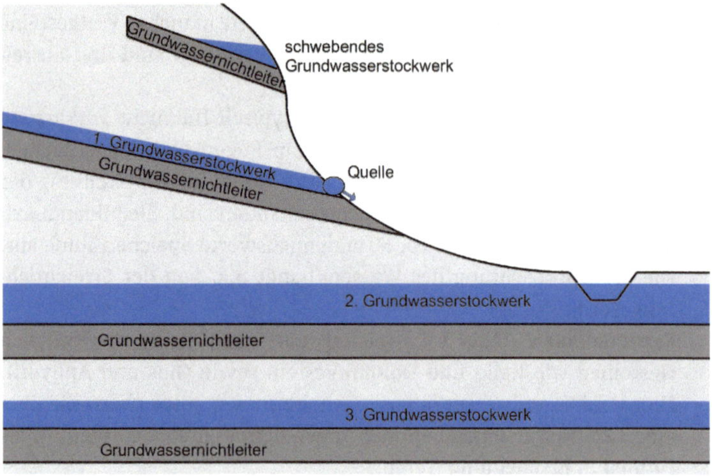

fläche begrenzt. Ihr lotrechter Abstand wird als **Grundwassermächtigkeit** bezeichnet. Der **Grundwasserflurabstand** ist der lotrechte Abstand der Grundwasseroberfläche von der Erdoberfläche. Bei kleinen Grundwasserflurabständen kommt es zu Wechselwirkungen mit der durchwurzelten Bodenzone (→ Kap. 5).

Neben dieser vertikalen Strukturierung nach Gesteinsschichten unterschiedlicher Durchlässigkeit erfolgt eine flächenhafte Differenzierung durch den Begriff des **unterirdischen Grundwassereinzugsgebiets** (→ Kap. 3).

Freies und gespanntes Grundwasser

Ein **freier Grundwasserleiter** zeichnet sich dadurch aus, dass die **Grundwasseroberfläche** nicht nach oben durch einen Grundwasserstauer begrenzt ist. Sie kann dadurch in Abhängigkeit von Grundwasserneubildung und Grundwasserabfluss frei schwanken. Die Grundwasseroberfläche ist nur eine fiktive Grenzfläche, weil auch im darüber befindlichen Kapillarsaum Wassersättigung vorherrscht. Eine reale Grundwasseroberfläche bildet sich nur in Beobachtungsrohren oder -brunnen (→ Kap. 6.2) aus. Hier tritt sie als Grundwasserspiegel in Erscheinung. In ihrem Höhenniveau, das als **Grundwasserdruckfläche** bezeichnet wird, herrscht Luftdruck bzw. ein hydrostatischer Druck gleich null vor. Darunter, im Grundwasserraum, ist der hydrostatische Druck positiv, im Kapillarsaum dagegen negativ. Ein Sonderfall ist **schwebendes Grundwasser**, das räumlich stark begrenzt ist und in manchen Fällen nur zeitweise nachgewiesen werden kann. Es kann, wie in Abb. 6-4 schematisch veranschaulicht, im Mittelgebirge auftreten (→ Kap. 19). Häufiger bildet es sich im Lockergestein über Tonlinsen aus, die innerhalb einer gut durchlässigen Schicht wie ein lokaler Stauer wirken.

Ein **gespannter bzw. halbgespannter Grundwasserleiter** wird nicht nur nach unten durch einen liegenden, sondern auch nach oben durch einen hangenden Grundwasserstauer bzw. Geringleiter begrenzt. An seinem oberen Rand herrscht ein hydrostatischer Überdruck vor. Da sie mit dem oberen Rand des hangenden Stauers übereinstimmt, ist hier die Grundwasseroberfläche keine fiktive, sondern eine tatsächliche Körpergrenzfläche. Der gespannte Grundwasserleiter hat damit eine konstante Mächtigkeit. Bringt man ein Beobachtungsrohr in den gespannten Grundwasserleiter ein, dann kann sich im Rohr die Wassersäule gemäß dem vorherrschenden Überdruck ausdehnen, wodurch der sich einstellende Wasserspiegel auch hier das Höhenniveau der Grundwasserdruckfläche anzeigt. Der Höhenunterschied zwischen Druckfläche und Grundwasseroberfläche ist ein Maß für den Überdruck im gespannten Grundwasserleiter. Befindet sich die Grund-

Merksatz: Grundwasser ist Teil des hydrologischen Systems und als gesättigte Zone des unterirdischen Wassers ein offenes System.

wasserdruckfläche über Gelände, wird sie als **artesisches Grundwasser** bezeichnet, das ein Sonderfall des gespannten Grundwassers ist und nach der Region Artois in Nordfrankreich benannt ist. Räumlich größere und zusammenhängende Grundwasserleiter werden als **Hauptgrundwasserleiter** bezeichnet.

6.2 Messung und Kennzeichnung

Grundlegende Empfehlungen für die einheitliche Erhebung, Auswertung und Darstellung grundwasserbezogener Daten und Richtlinien zur Erstellung hydrogeologischer Karten sind in der hydrogeologischen Kartieranleitung der Ad-hoc-Arbeitsgruppe Hydrogeologie festgelegt (Ad-hoc-AG Hydrogeologie 1997 und 2011).

Die wichtigste Messgröße ist der **Grundwasserstand**, der mithilfe von Beobachtungsrohren, auch als Piezometer bezeichnet, und in Brunnenschächten an einer kontinuierlichen Messstelle als Bestandteil eines landesweiten Messnetzes erfasst wird (Abb. 6-5). Die Unterkante des Piezometers oder Brunnens sollte tiefer verortet sein als der niedrigste zu erwartende Grundwasserstand. Voraussetzung für die Messung ist daneben, wie im Falle von Oberflächengewässern, die Festlegung eines Bezugsniveaus, das als Pegelnull (PN) bezeichnet und auf das der Wasserstand bezogen wird. In einem Messnetz an Beobachtungsrohren ist es zweckmäßig, PN einheitlich festzulegen und nach der tiefsten

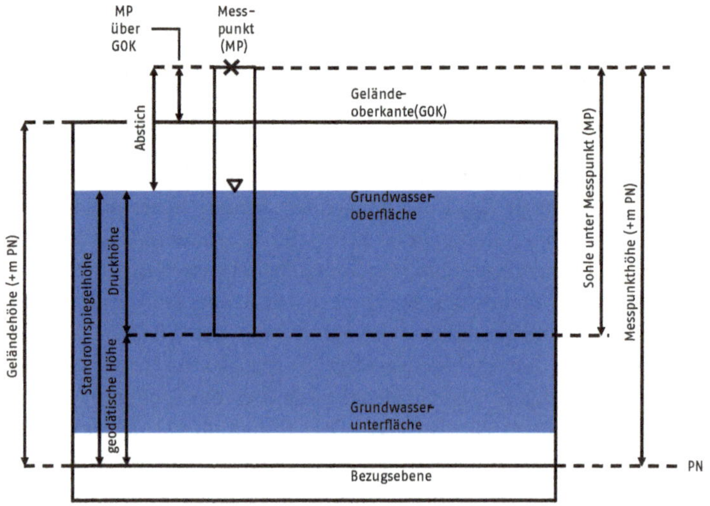

Abb. 6-5 | Bezeichnungen an einer Grundwassermessstelle (nach DIN 4049-3 1994).

Messstelle auszurichten. Ein weiterer wichtiger Bezugspunkt ist die Rohroberkante, die als Messpunkt (MP) fungiert. Aus dieser Konstellation ergeben sich folgende Höhendifferenzen (Abb. 6-5):

1. der Abstand zwischen Rohroberkante bzw. MP und Grundwasseroberfläche im Messrohr, der als **Abstich** bezeichnet wird,
2. die Höhendifferenz zwischen Grundwasseroberfläche und Rohrunterkante, die sog. **Druckhöhe** innerhalb des Messrohrs,
3. die **geodätische Höhe**, also die Höhendifferenz zwischen Rohrunterkante und PN,
4. Druckhöhe und geodätische Höhe, welche die **Standrohrspiegelhöhe** ergeben,
5. Standrohrspiegelhöhe und Abstich, die zusammen als **Messpunkthöhe** bezeichnet werden,
6. der Abstand zwischen Geländeoberkante und PN, also die **Geländehöhe**.

Das Beispiel einer Messstelle in Abb. 6-5 zeigt eine Überflurmessstelle, an der zusätzlich die Höhendifferenz zwischen MP und Geländeoberkante (GOK) als MP über GOK zu erfassen ist. Alle aufgeführten Höhendifferenzen werden benötigt, um an einer Grundwassermessstelle den momentanen Messwert des Grundwasserspiegels auf Normal-Null umrechnen zu können, damit er innerhalb eines Messnetzes vergleichbar ist. Mit den berechneten Grundwasserhöhen lässt sich eine Grundwassergleichenkarte erstellen.

Zur Messung des Grundwasserstands können unterschiedliche Messmethoden zum Einsatz kommen (Tab. 6-1). Für **nicht kontinuierliche Messungen** findet die **Brunnenpfeife** Verwendung. Ein Pfeifton zeigt an, dass die Pfeife beim Herablassen die Wasseroberfläche erreicht hat. Ähnlich arbeiten moderne **Kabellichtlote**, mit denen durch das Wasser ein elektrischer Kontakt geschlossen wird. Dies wird akustisch und optisch durch eine Lampe angezeigt. Da Brunnenpfeife bzw. Kabellichtlot an einem Maßband befestigt sind, kann in diesem Moment der Abstich an der Rohroberkante lotrecht abgelesen werden.

Zahlreiche Messgeräte sind inzwischen in Verbindung mit einer Schreibvorrichtung und/oder einem Datenlogger mit **kontinuierlich registrierenden Messsystemen** ausgestattet. Dabei kommen Messprinzipien, wie im Falle von Oberflächengewässern, zum Einsatz, zu denen Schwimmerschreibpegel, Drucksonden und Druckluftsensoren gehören (→ Kap. 8). Durch Drucksonden wird die Druckhöhe direkt erfasst. Eine Übersicht über verschiedene Grundwassermessprinzipien enthält Tab. 6-1.

Merksatz: Grundwasser ist nur durch künstliche Aufschlüsse wie Brunnen oder durch Bohrungen direkt zu erreichen.

Das **Grundwassermessnetz** in Deutschland umfasst ca. 800 Grundwassermessstellen der geologischen Landesdienste und -umweltäm-

Tab.6-1 | Geräte und Messprinzipien zur Grundwasserbeobachtung.

Aufzeichnung	Gerät	Prinzip
nicht kontinuierlich	Lot	Faden mit Gewicht; Abstich bis 25 m; einfache Geländemethode; ungenau
	Meterstab/-band	Meterstab oder -band mit Schreibkreide (trocken/nass-Unterschied); Abstich bis 2 m; einfache Geländemethode; ungenau
	Patscher	Maßband mit Gewicht als nach unten offener Hohlkörper (Geräusch «Patsch» beim Auftreffen auf die Grundwasseroberfläche); Abstich bis 5 m; ungenau
	Brunnenpfeife	Messing-Hohlkörper, der beim Auftreffen auf die Grundwasseroberfläche einen Pfeifton abgibt; Abstich bis 30 m; genau (10 mm Fehlerbereich)
	Kabellichtlot (elektrisch)	Flachbandkabel auf Trommel (Lichtsignal beim Auftreffen auf die Grundwasseroberfläche); Abstich bis 500 m; genau (> 5 mm Fehlerbereich)
kontinuierlich	Einperlsensor	Pneumatische Messung durch Sonde mit einperlender Druckluft; Abstich bis 30 m; genau (> 5 mm Fehlerbereich)
	Differenzdruckaufnehmer	Druckdifferenz zweier Membranen (Atmosphären- und Wasserdruck); Abstich bis 500 m; genau (> 1 mm Fehlerbereich)
	Pegelschreiber	Schwimmerpegel mit Gewicht und (mechanischer) Schreibrolle; Abstich bis 30 m; genau (1 mm Fehlerbereich)

ter, die im europaweiten Messnetz der Europäischen Umweltagentur (European Environment Agency; EEA) integriert sind. Die einzelnen Bundesländer betreiben darüber hinaus weitere Messstellen innerhalb der zuständigen wasserwirtschaftlichen Landesdienste. Die Bundesanstalt für Geowissenschaften und Rohstoffe (BGR) bietet **hydrogeologische Kartenwerke und Daten** mit räumlichem Bezug zu Deutschland in unterschiedlichen, auch GIS-basierten Dateiformaten im Internet an. Daneben werden für jedes Abflussjahr hydrologische Grundwasserdaten fortlaufend im Deutschen Gewässerkundlichen Jahrbuch veröffentlicht. Grundwassergütemessstellen liefern Angaben zur Wasserqualität des Grundwassers.

6.3 | Grundwasserdynamik

Physikalische Grundlagen

Wasser bewegt sich in einem Grundwasserleiter als Reaktion auf eine ungleiche Verteilung **mechanischer Energie**, die sich an jedem Punkt des Grundwasserströmungsfeldes aus drei Komponenten zusammensetzt:

- potenzielle Energie als Folge der Lage oberhalb eines Bezugsniveaus,
- potenzielle Energie als Folge des hydrostatischen Drucks, abhängig

vom Abstand zur Grundwasserdruckfläche (auch als «Druckenergie» bezeichnet) und
- kinetische Energie als Folge der Bewegung.

Diese Formen mechanischer Energie wurden im Jahr 1738 erstmals durch Daniel Bernoulli quantifiziert und in der fundamentalen **Bernoulli-Gleichung** als Ausdruck für die Gesamtenergie E_{Ges}, auch als **hydraulisches Potenzial** bezeichnet (→ Kap. 5), zusammengefasst. Für eine laminare, d.h. nicht turbulente Strömung gilt:

Die Bernoulli-Gleichung gibt für eine strömende Flüssigkeit den Energieerhaltungssatz wieder.

$$E_{Ges} = p \cdot V + m \cdot g \cdot h + \frac{1}{2} \cdot m \cdot v^2 \qquad (6.1)$$

mit E_{Ges} = Gesamtenergie [J]
p = hydrostatischer Druck [hPa]
V = Volumen [m³]
m = Masse [kg]
g = Erdbeschleunigung [m/s²]
h = Höhe [m]
v = Geschwindigkeit [m/s]

Nach Normierung der Gesamtenergie auf ein Gewicht des Wassers von 1 Newton verbleibt eine Größe mit einer Längeneinheit, die als **Energiehöhe h_E** bezeichnet wird:

$$h_E = \frac{E_{Ges}}{m \cdot g} = \frac{p}{\rho_W \cdot g} + h + \frac{v^2}{2 \cdot g} \qquad (6.2)$$

mit h_E = Energiehöhe [m]
E_{Ges} = Gesamtenergie [J]
ρ_W = Dichte von Wasser [kg/m³]

Die drei Summanden auf der rechten Seite der Gleichung 6.2 werden als **Druckhöhe**, **geodätische Höhe** bzw. **Geschwindigkeitshöhe** bezeichnet. In Piezometern entspricht die Druckhöhe der Differenz aus Sohle unter Messpunkt und Abstich (Abb. 6-5).

Im Vergleich zum Oberflächenwasser sind die Fließgeschwindigkeiten von Grundwasser aufgrund der hohen Reibung am Korngerüst vernachlässigbar gering, sodass sich die Bernoulli-Gleichung für Grundwasserströmungen wie folgt vereinfacht:

$$h_E = \frac{p}{\rho_W \cdot g} + h \qquad (6.3)$$

Die Standrohrspiegelhöhe ist ein Maß für das hydraulische Potenzial eines Punkts im Grundwasserleiter.

Unter dieser Voraussetzung entspricht h_E der **Standrohrspiegelhöhe**, auch als piezometrische Höhe bezeichnet. Sie ist die Summe aus den Messgrößen Druckhöhe und geodätische Höhe h in einer Grundwassermessstelle (Abb. 6-5).

Grundwasserströmung

Grundwasser strömt in einem Grundwasserleiter immer **vom Ort hohen zum Ort geringen hydraulischen Potenzials**, und somit in Richtung des größten Gefälles der gemessenen Standrohrspiegelhöhen. Ist die Messpunkthöhe bekannt, kann an jedem Piezometer nach Messung des Abstichs die Standrohrspiegelhöhe aus der Differenz beider Messwerte berechnet werden.

Das größte Gefälle einer Grundwasserdruckfläche, der sogenannte **hydraulische Gradient**, und damit die **Grundwasserfließrichtung** können erst eindeutig bestimmt werden, wenn für mindestens drei Grundwassermessstellen folgende Angaben vorliegen:

- die geographische Lage,
- die Entfernung zwischen den Grundwassermessstellen und
- die Standrohrspiegelhöhe in jeder Grundwassermessstelle.

Merksatz: Ein Grundwassergleichenplan hilft bei der Identifizierung von Grundwasserscheiden und unterirdischen Einzugsgebieten.

Nun kann der Verlauf einer **Grundwassergleiche** nach dem Prinzip der linearen Interpolation in einem **hydrologischen Dreieck** ermittelt werden. Eine Grundwassergleiche ist eine Linie gleichen hydraulischen Potenzials auf der Grundwasserdruckfläche. Mit ihrer Hilfe lassen sich Grundwasserfließrichtung und hydraulischer Gradient bestimmen. Dabei gilt: **Grundwasser strömt immer dem hydraulischen Gradienten folgend, also senkrecht zu den Grundwassergleichen.**

Abb. 6-6

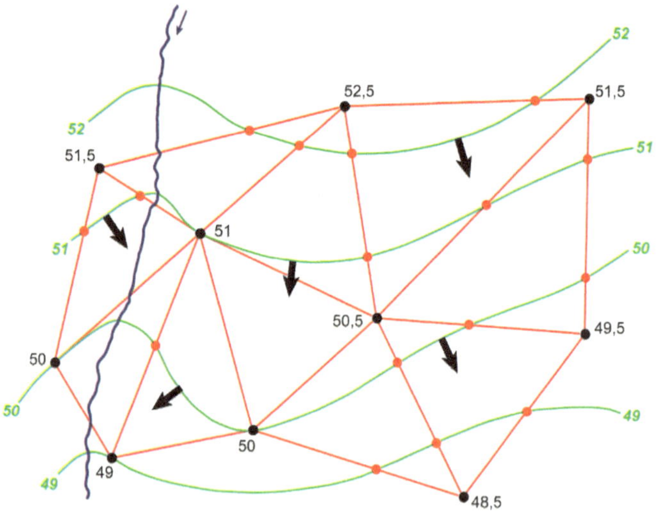

Vereinfachte Darstellung eines Grundwassergleichenplans (blau: Fließgewässer, schwarz: Grundwassermessstellen mit gemessenen Standrohrspiegelhöhen, rot: hydrologische Dreiecke, grün: Grundwassergleichen, schwarze Pfeile: Grundwasserfließrichtung).

Stehen mehr als drei Grundwassermessstellen zur Verfügung, kann nach dem gleichen Prinzip für einen größeren Raumausschnitt ein **Grundwassergleichenplan** erstellt werden. Die Karte in Abb. 6-6 zeigt das Beispiel eines einfachen Grundwassergleichenplans für einen Raumausschnitt im Umfeld eines Fließgewässers bei **effluenten Verhältnissen**.

Box 6.1

Konstruktion einer Grundwassergleiche und Bestimmung des hydraulischen Gradienten

Im Kartenbeispiel von Abb. 6-7 ist die Grundwassergleiche konstruiert, deren Wert der gemessenen Standrohrspiegelhöhe 32,55 m im Standrohr 1 entspricht. Ihre genaue Position auf der Verbindungslinie zwischen Standrohr 2 und 3 lässt sich nach linearer Interpolation wie folgt bestimmen:

$$\frac{(32{,}66\ \text{m} - 32{,}55\ \text{m})}{x} = \frac{(32{,}66\ \text{m} - 32{,}41\ \text{m})}{233{,}24\ \text{m}} \leftrightarrow x = 102{,}63\ \text{m} \qquad (6.4)$$

Die Grundwasserfließrichtung kann nun durch einen Pfeil sichtbar gemacht werden, der senkrecht zur Grundwassergleiche in Richtung des Brunnens mit der kleinsten Standrohrspiegelhöhe weist und als Falllinie bezeichnet wird.

Der hydraulische Gradient entspricht dem Quotienten aus dem Höhenunterschied und der Horizontalentfernung zweier Punkte auf der Grundwasserdruckfläche, gemessen in Fließrichtung. Nach Ausmessung der kürzesten Entfernung zwischen der Grundwassergleiche mit der Höhe 32,55 m und Standrohr 2 kann der hydraulische Gradient schließlich wie folgt berechnet werden:

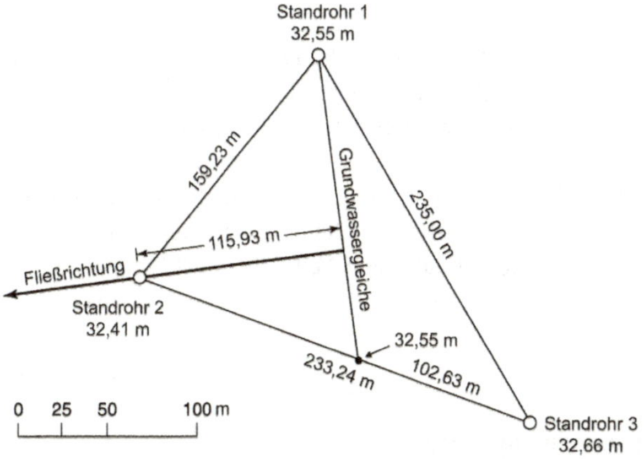

Abb. 6-7

Kartenbeispiel zur Konstruktion einer Grundwassergleiche in einem hydrologischen Dreieck. Die Grundwassergleiche erlaubt die Bestimmung der Grundwasserfließrichtung und des hydraulischen Gradienten der Grundwasserdruckfläche (nach Todd und Mays 2005).

$$\frac{dh_E}{dz} = \frac{(32{,}55\ m - 32{,}41\ m)}{115{,}93\ m} = 1{,}21 \cdot 10^{-3} \quad (6.5)$$

Das Grundwasser strömt somit dem hydraulischen Gradienten folgend in west-süd-westliche Richtung.

In einem Grundwasserleiter ist die gesättigte hydraulische Leitfähigkeit k_f ein Maß für dessen Fähigkeit Grundwasser zu leiten.

Grundwasserabfluss und hydraulische Leitfähigkeit

Bei Fragen zum Grundwasserhaushalt ist das pro Zeiteinheit den Grundwasserleiter durchströmende Grundwasservolumen, der sogenannte **Grundwasserabfluss** Q_{Gw}, von besonderem Interesse. Unter stationären Bedingungen lässt er sich auf Grundlage des Darcy-Gesetzes wie folgt berechnen:

$$Q_{Gw} = v_f \cdot A = k_f \cdot \frac{dh_E}{dz} \cdot A \quad (6.6)$$

mit Q_{GW} = Grundwasserabfluss
v_f = Filtergeschwindigkeit [m/s]
A = durchströmter Querschnitt [m²]
k_f = gesättigte hydraulische Leitfähigkeit [m/s]
$\frac{dh_E}{dz}$ = hydraulischer Gradient [-]

Tab. 6-2 | Hydraulische Leitfähigkeit (k_f) von Lockersedimenten (nach Hölting und Coldewey 2013).

Lockersediment	k_f-Werte
reiner Kies	10^{-1}–10^{-2} m/s
grobkörniger Sand	um 10^{-3} m/s
mittelkörniger Sand	10^{-3}–10^{-4} m/s
feinkörniger Sand	10^{-4}–10^{-5} m/s
schluffiger Sand	10^{-5}–10^{-6} m/s
toniger Schluff	10^{-6}–10^{-9} m/s
Ton	< 10^{-9} m/s

Typische Größenordnungen von k_f-Werten verschiedener Lockersedimente sind in Tab. 6-2 zusammengestellt. Bei k_f-Werten von mehr als 10^{-2} m/s gilt ein Grundwasserleiter als sehr stark durchlässig. Unterhalb von 10^{-5} m/s spricht man von einem Grundwassergeringleiter, unterhalb von 10^{-8} m/s von einem Grundwasserstauer.

Zur Beschreibung der Grundwasserbewegung in Kluftgrundwasserleitern unterscheidet man zwischen der **Gesteinsdurchlässigkeit** (= Leitfähigkeit der trennfugenfreien Gesteinsmatrix) und der für die Wasserbewegung weitaus bedeutenderen **Trennfugendurchlässigkeit**. Beide zusammen kennzeichnen die **Gebirgsdurchlässigkeit**. Einen Überblick zur Gebirgsdurchlässigkeit verschiedener Festgesteine zeigt Abb. 6-8.

Grundwasserneubildung

Die **Grundwasserneubildung** GW_{neu} ist ein Maß für die natürliche Regene-

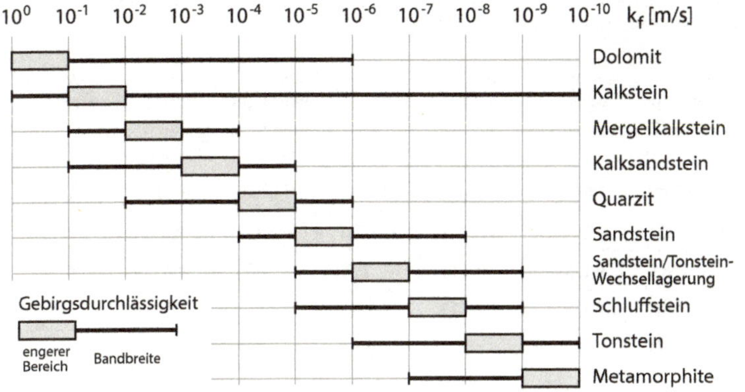

Abb. 6-8

Einteilung der Gebirgsdurchlässigkeit (Coldewey und Krahn 1991).

rationsfähigkeit der Grundwasserressourcen in einem Bilanzgebiet. Sie entspricht im langjährigen Mittel dem überwiegend aus dem Grundwasserspeicher stammenden **Basisabfluss Q_B**. Dieser berechnet sich aus der Summe des grundwasserbürtigen Abflusses Q_{Gw} und des langsamen Zwischenabflusses (→ Kap. 9). Bei Betrachtung langer Bilanzzeiträume kennzeichnet die Differenz der beiden Wasserhaushaltskomponenten **Niederschlag N** und **Verdunstung ET** das für den **Gesamtabfluss Q** zur Verfügung stehende Wasser in einem Einzugsgebiet. Die schnellen Abflusskomponenten Oberflächenabfluss und schneller Zwischenabfluss, die nicht zum Basisabfluss beitragen, bilden den sogenannten **Direktabfluss Q_D** (→ Kap. 9). Die Grundwasserneubildung GW_{neu} kann somit auf Grundlage der Wasserhaushaltsgleichung für beliebige Bilanzgebiete wie folgt abgeschätzt werden:

$$GW_{neu} = Q_B = Q - Q_D = N - ET - Q_D \tag{6.7}$$

mit GW_{neu} = Grundwasserneubildung [mm]
Q_B = Basisabfluss [mm]
Q = Gesamtabfluss [mm]
Q_D = Direktabfluss [mm]

6.4 Grundwassernutzung

Deutschland hat ein geschätztes potenzielles Wasserdargebot aus Grund- und Oberflächenwasser von jährlich 188 Mrd. m³, was einer Wassermenge von 2276 m³ pro Einwohner entspricht (Statistisches Bundesamt 2006). Der überwiegende Anteil von 83 % bleibt jedoch

Tab. 6-3 | Öffentliche Wasserversorgung in Deutschland im Jahr 2010 nach Bundesländern und Herkunft des Wassers (Daten: Statistisches Bundesamt).

Regionaler Bezug	Wassergewinnung insgesamt	Grundwasser	Quellwasser	Uferfiltrat	Angereichertes Grundwasser	See- und Talsperrenwasser	Flusswasser
	1000 m³	1000 m³	1000 m³	1000 m³	1000 m³	1000 m³	1000 m³
Deutschland	5 080 663	3 103 917	430 937	394 987	468 419	631 153	51 250
Baden-Württemberg	651 963	340 840	132 198	2325	1874	144 561	30 165
Bayern	842 983	600 541	156 473	60 022	3071	22 876	-
Berlin	207 070	62 183	-	112 722	32 165	-	-
Brandenburg	126 268	120 415	13	2971	2869	-	-
Bremen	12 775	12 775	-	-	-	-	-
Hamburg	111 148	111 148	-	-	-	-	-
Hessen	342 021	258 352	45 168	71	38 430	-	-
Mecklenburg-Vorpommern	93 698	79 975	2	1785	-	-	11 936
Niedersachsen	537 515	461 991	9703	221	2293	63 001	306
Nordrhein-Westfalen	1 185 033	475 737	20 290	121 059	368 080	193 861	6006
Rheinland-Pfalz	246 741	176 840	32 513	27 055	-	10 333	-
Saarland	63 841	61 891	1950	-	-	-	-
Sachsen	271 672	60 381	12 599	62 994	7402	125 686	2610
Sachsen-Anhalt	73 792	53 057	2025	3762	12 235	2638	75
Schleswig-Holstein	178 788	178 642	-	-	-	146	-
Thüringen	135 355	49 149	18 003	-	-	68 051	152

Grund- und Quellwasser sind die wichtigsten Trinkwasserressourcen in Deutschland.

ungenutzt. Zu den Verbrauchern der verbleibenden 17 % gehören Wärmekraftwerke mit 10,4 %, Bergbau und verarbeitendes Gewerbe mit 3,8 %, die öffentliche Wasserversorgung mit 2,7 % sowie die Landwirtschaft mit 0,1 %. Dabei ist Grundwasser die bedeutendste Trinkwasserressource in Deutschland, da es den größten Mengenanteil an der öffentlichen Wassergewinnung ausmacht (Tab. 6-3).

Bundesweit werden fast 70 % des geförderten Grund- und Quellwassers als Trinkwasser genutzt, auch wenn die räumliche Verteilung der Ressourcennutzung in den Bundesländern unterschiedlich ist. In Ländern wie Österreich oder der Schweiz ist der Anteil von Grundwasser mit mehr als 75 % an der öffentlichen Wasserversorgung noch weitaus höher (Balke und Griebler 2003). Insgesamt sind jedoch die Wasser-

Öffentliche Wassergewinnung in Deutschland 1991 bis 2010. Sie beinhaltet die folgenden Kategorien: See- und Talsperrenwasser (→ Kap. 10), Flusswasser sowie angereichertes Grundwasser. Werte wurden gerundet. Die Werte für die Jahre vor 2004 entstammen den Vorjahrespublikationen (Daten: Statistisches Bundesamt).

Abb. 6-9

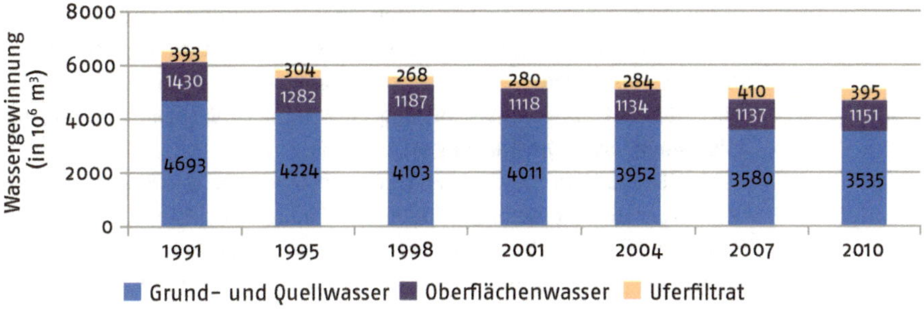

menge der öffentlichen Wassergewinnung sowie die geförderte Menge an Grundwasser in Deutschland seit 1991 zurückgegangen (Abb. 6-9).

Grundwasser wird meist durch technische Bauwerke wie Brunnen zur Trink- oder Brauchwassernutzung entnommen und zu einer Fassungsanlage oder als unbehandeltes **Rohwasser** direkt zum Wasserwerk befördert (Karger et al. 2008). Hierbei werden je nach der Beschaffenheit des Untergrunds und den hydrogeologischen Verhältnissen verschiedene Entnahmebauwerke unterschieden. Zur privaten Hauswas-

Brunnenarten zur Grundwassererschließung.

Abb. 6-10

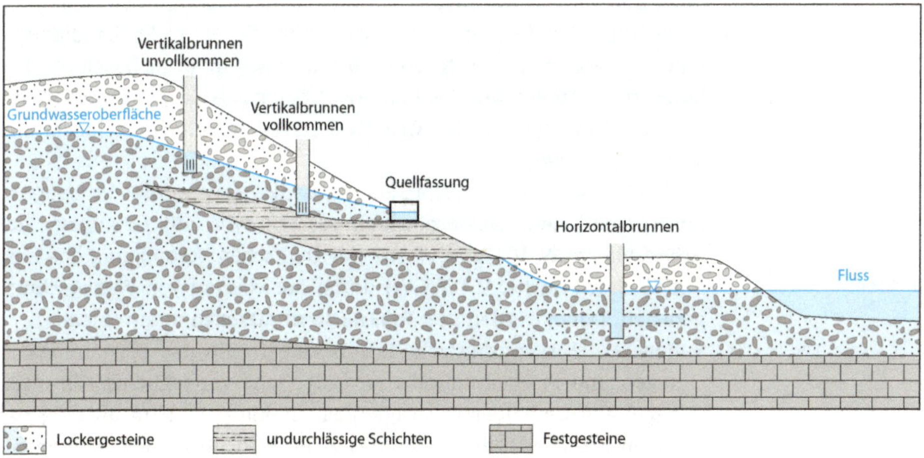

serversorgung erschließen **Schachtbrunnen** durch einfaches Ausheben eines vertikal verlaufenden Schachts das oberflächennahe anstehende Grundwasser. Die Beförderung des Wassers erfolgt manuell durch Schöpfbehälter oder Pumpen. Eine historische Form der Grundwassererschließung sind bergmännisch horizontal angelegte **Stollen**, zumeist in das Anstehende eines Berghangs hinein. Sie sind v.a. in den Trockengebieten dieser Erde mit einer Sonderform weit verbreitet und werden dort u.a. als **Qanate** bezeichnet (Beaumont et al. 1989; → Kap. 1). Die öffentliche Trinkwasserversorgung nutzt zumeist **Vertikal-** und **Horizontalbrunnen** sowie **Quellfassungen** (Abb. 6-10).

Vertikalbrunnen werden senkrecht erbohrt und mit Stand- und Filterrohren sowie einer Filterkiesschicht ausgebaut. Ein vollkommener Brunnen fußt auf der Sohle der undurchlässigen Schicht, ein unvollkommener Brunnen nicht. Das im Grundwasser befindliche Filterrohr kann ein Sperrrohr enthalten, sodass bei Bedarf ein Einströmen des Grundwassers durch Schlitze oder Löcher im Filterrohr durch Verschließen verhindert werden kann. Der **Horizontalbrunnen** wird ebenfalls senkrecht durch einen Brunnenschacht erschlossen, jedoch führen horizontal verlaufende Filterrohre in das Grundwasser mit geringerer Mächtigkeit, um es zu fördern. Natürliche Grundwasseraustritte an die Erdoberfläche werden für die Wassergewinnung als **Quellfassung** in Form unterirdischer Quellstuben bautechnisch ausgelegt, in denen das Wasser in einen Sammelschacht eingeleitet wird (LAWA 1995).

Grundwasserschutz und nachhaltige Nutzung

Eine **nachhaltige Nutzung** des Grundwassers bedeutet, dass keine größere Wassermenge gewonnen wird, als bei der Grundwasserneubildung neu gebildet werden kann. Dabei sind zusätzlich der ökologisch notwendige Mindestabfluss und die Abhängigkeit vieler Landökosysteme von einem ausreichenden Grundwasserstand zu beachten. Die langfristige Absenkung des Grundwasserspiegels ist ein Indikator für eine Übernutzung lokaler Grundwasserressourcen (Kinzelbach und Kunstmann 1998).

Der Schutz des Grundwassers als Trinkwasser erfolgt in Deutschland gemäß dem Wasserhaushaltsgesetz sowie auf Grundlage der Arbeitsblätter W 101 und W 102 der Deutschen Vereinigung des Gas- und Wasserfaches e. V. (DVGW) durch Ausweisung von Wasserschutzgebieten. Dabei werden drei **Trinkwasserschutzzonen** unterschieden:

- **Zone I** – Fassungsbereich: Schutz der Trinkwassergewinnungsanlagen und ihrer unmittelbaren Umgebung vor jeglichen Verunreinigungen und Beeinträchtigungen, mindestens 10 m allseitig um einen Brunnen bzw. mindestens 20 m in Richtung des ankommenden Grundwassers bei Quellen oder mindestens 30 m bei Karstgrundwasserleitern.

- **Zone II** – engere Schutzzone: Schutz vor Verunreinigungen durch krankheitserregende Mikroorganismen wie Bakterien oder Viren, die wegen zu geringer Fließstrecke und damit Fließdauer den Transport zur Fassung überleben und dadurch die Trinkwassergewinnung gefährden können. Diese Zone reicht bis zu einer Linie, von der aus das genutzte Grundwasser eine Verweildauer von mindestens 50 Tagen bis zum Eintreffen in der Trinkwassergewinnungsanlage hat **(50-Tage-Linie)**.
- **Zone III** – weitere Schutzzone: Schutz vor weitreichenden Beeinträchtigungen, insbesondere vor nicht oder nur schwer abbaubaren chemischen oder radioaktiven Verunreinigungen, d.h. von der Grenze der Zone II bis zur Grenze des unterirdischen Einzugsgebiets der Fassungsanlage.

Weiterführende Literatur

Fitts, C. R. (2013): Groundwater Science. Amsterdam u.a.

Griebler, C. und F. Mösslacher (2003): Grundwasser-Ökologie. Wien.

Hölting, B. und W. G. Coldewey (2013): Hydrogeologie. Einführung in die allgemeine und angewandte Hydrogeologie. Berlin/Heidelberg.

Todd, D. K. und L. W. Mays (2005): Groundwater Hydrology. 3. Auflage. Hoboken, NJ.

Verdunstung

7

Konrad Miegel

Inhalt

7.1 Die Verdunstung als physikalischer Prozess

7.2 Die Verdunstung als hydrologischer Prozess

7.3 Experimentell gestützte Erfassung der Verdunstung

7.4 Berechnungsverfahren der Verdunstung

Die Verdunstung von Landoberflächen ist ein komplexer Vorgang, der nicht ausschließlich nach physikalischen Gesetzmäßigkeiten abläuft, sondern daneben biotischen Einflüssen unterliegt. Er erfordert nicht nur Wasser, sondern auch beträchtliche Mengen an Energie. Zur Komplexität trägt die Vielzahl an Einflussgrößen bei. Vielfältig sind auch die Möglichkeiten ihrer Messung und Berechnung. Bei praktischen Fragestellungen werden meist Tageswerte benötigt, wobei zunächst die atmosphärisch bedingte maximal mögliche Verdunstung ermittelt wird, um diese in Abhängigkeit von der Wasserverfügbarkeit in die tatsächliche Verdunstung umzurechnen.

7.1 Die Verdunstung als physikalischer Prozess

Im Vergleich zum Sieden, das bei 100 °C stattfindet (→ Kap. 2), erfolgt die **Verdunstung** über Landoberflächen aufgrund von Temperaturen deutlich kleiner als 100 °C langsam. Selbst Eis und Schnee verdunsten durch Sublimation, solange die Luft nicht mit Wasserdampf gesättigt ist. Physikalisch betrachtet ist die Verdunstung ein **molekularkinetischer Vorgang.** Bei Temperaturen unterhalb des Siedepunktes besitzen nur relativ wenige Moleküle ausreichend Bewegungsenergie, um den Wasser- oder Eiskörper zu verlassen. Mit steigender Temperatur nimmt ihre Anzahl zu und damit die Verdampfungsenthalpie ab, weshalb die Verdunstung direkt von der Temperatur abhängt (→ Kap. 2). Außerdem ist das Aufnahmevermögen der Luft an Wasserdampf umso größer, je höher ihre Temperatur ist.

Die Temperatur gehört zu den wichtigsten Steuergrößen der Verdunstung. Höhere Temperaturen sind gleichbedeutend mit einer größeren Bewegungsenergie der Wassermoleküle und höheren Aufnahmefähigkeit der Luft an Wasserdampf.

Merksatz:
Die Verdunstung ist nach DIN 4049-3 ein Prozess, bei dem Wasser bei Temperaturen unter dem Siedepunkt vom festen oder flüssigen Aggregatszustand in den gasförmigen übergeht.

Dieser rein **mikroskopische Austausch** beschränkt sich auf eine eng begrenzte Luftschicht über der verdunstenden Oberfläche, die als **laminare Grenzschicht** bezeichnet wird und meist nur einige Millimeter mächtig ist. Bei Windstille erfolgt der diffuse Austausch störungsfrei, sodass es in dieser Schicht zur Anreicherung der Luft mit Wasserdampf kommen kann, wodurch ihr Aufnahmevermögen zurückgeht und die Verdunstung verringert wird. Sie erreicht erst dann größere Beträge, wenn ein **makroskopisches Phänomen** hinzukommt, d.h. die **turbulente Durchmischung der bodennahen Luft mit höheren Luftschichten,** wobei mit der Luft auch Wasserdampf transportiert wird. Dadurch wird aus dem molekularen Transport ein Massentransport. Die Turbulenz ist groß, wenn die Windgeschwindigkeit groß ist.

Für die Verdunstung wird Energie (Verdampfungsenthalpie; → Kap. 2) benötigt, um den Übergang in die gasförmige Phase zu vollziehen. Die aufgenommene **Übergangsenergie** macht sich nicht in einer Zunahme der Temperatur bemerkbar, weshalb sie auch als verborgene bzw. latente Wärme bezeichnet wird. Beim Übergang zurück vom gasförmigen in den flüssigen Aggregatzustand, der Kondensation, bzw. in den festen Zustand, der Resublimation, wird diese Energie wieder freigesetzt. Wie viel Energie für die Verdunstung auf Landoberflächen zur Verfügung steht, hängt maßgeblich von der **Strahlungsbilanz** (Nettostrahlung) der Erdoberfläche ab, wobei als eines ihrer Elemente die Sonnenstrahlung hervorzuheben ist. Nettostrahlung und Verdunstung gehen zusammen in die Bilanz des Bodenwärmehaushalts ein (→ Kap. 3).

Box 7.1

Wasserdampf als Träger latenter Wärme

Für Phasenübergänge des Wassers (→ Kap. 2) gelten folgende Übergangswärmen L*, die von der Temperatur abhängen. Sie betragen bei 0 °C:

- Übergang fest zu flüssig und umgekehrt: L* = 333,6 kJ/kg
- Übergang flüssig zu gasförmig und umgekehrt: L* = 2 500,6 kJ/kg
- Übergang fest zu gasförmig und umgekehrt: L* = 2 834,2 kJ/kg

Um besser einordnen zu können, was diese Zahlen bedeuten, ist ein Vergleich mit der Energie hilfreich, die durch Wasser bei Erwärmung von 0 °C auf 100 °C aufgenommen wird, ohne dass dieses seinen Aggregatzustand ändert. Sie beträgt 418 kJ/kg und ist folglich «nur» ein Sechstel der Energie, die bei gleicher Ausgangstemperatur benötigt wird, um den Phasenübergang durch Verdunstung zu vollziehen.

Die Verdunstung als hydrologischer Prozess | 7.2

Wasserumsatz an Landoberflächen

Verdunstung findet über allen Oberflächen statt, an denen Wasser zur Verfügung steht, also auf unbewachsenen Erdoberflächen, Pflanzenoberflächen, künstlichen Oberflächen wie Dächern und Straßen sowie Wasseroberflächen. In Gewässern, aber auch in Feuchtgebieten und Mooren, ist die Verfügbarkeit an Wasser nahezu unbegrenzt. Über versiegelten bzw. künstlichen Oberflächen entscheidet das Niederschlagsgeschehen über die **Wasserverfügbarkeit** für die Verdunstung. Flüssiger Niederschlag wie Regen und Tau führt dort zur Benetzung, d.h. zur Ausbildung von Wasserfilmen, die sehr schnell abtrocknen, sodass die Verdunstung von Benetzungswasser nur eine episodische Erscheinung ist. Feste Niederschläge wie Schnee und Reif können über längere Zeit an der Oberfläche verbleiben. Aufgrund geringer Temperaturen erfolgt ihre Verdunstung jedoch langsam. Sie erreicht nur bei lang anhaltender Schneebedeckung nennenswerte Beträge.

Im Falle von unbewachsenen Böden ist nicht allein die Benetzung maßgeblich. Hier sind die **Infiltration von Regen- und Schmelzwasser** und ihr Rückhalt im Porensystem des Bodens entscheidend (→ Kap. 5). Trocknet ein unbewachsener Boden an der Oberfläche aus, wird Bodenwasser aus tieferen Schichten nachgeliefert und dadurch die Verdunstung aufrechterhalten. Feinkörnige Böden, die größere Kapillarkräfte entwickeln, sind dazu besser in der Lage als grobkörnige, in denen die Nachlieferung schneller zum Erliegen kommt.

Eine noch effektivere und wesentlich umfangreichere **Ausschöpfung des Bodenwasservorrats** erfolgt **durch Pflanzen**, die das Wasser über ihre Wurzeln aufnehmen, zu den Blättern leiten und zu 90–95 % über ihre Stomata an die Atmosphäre abgeben. Die Wasserabgabe über die Kutikula ist mit 5–10 % vergleichsweise gering. Die Pflanzen sind es, die in Abhängigkeit von der Durchwurzelungstiefe in der Lage sind, dem Boden aus größeren Bodentiefen, d.h. aus einigen Dezimetern bis wenigen Metern Wasser zu entziehen, wodurch sie den Hauptbeitrag zur Verdunstung in den mitteleuropäischen Landschaften leisten. In Kap. 5 ist anhand des Konzepts des effektiven Wurzelraums dargestellt, dass die Ausschöpfungstiefe nicht nur von der Pflanzenart bzw. Nutzungsform, sondern auch von der Bodenart abhängt.

Bodenwasser speist die Verdunstung. Seine Ausschöpfung erfolgt überwiegend durch die Wasseraufnahme über das Wurzelsystem der Pflanzen.

Eine Besonderheit stellt die **Zehrung von oberflächennahem Grundwasser** dar, wobei diese über die Pflanzenwurzeln direkt oder indirekt erfolgen kann. Direkt bedeutet, dass die Wurzeln bis in das Grundwasser reichen, indirekt, dass der Entzug aus dem Kapillarsaum – einem Bereich über der Grundwasseroberfläche – erfolgt (→ Kap. 6). Der

Da die Verdunstung vorrangig aus dem Bodenwasservorrat gespeist wird, haben Bodeneigenschaften eine große Bedeutung. Besonders die nutzbare Feldkapazität (nF_K) ist eine wichtige Kerngröße (vgl. → Kap. 5).

An Standorten mit oberflächennahem Grundwasser ist die Wasserversorgung der Pflanzen optimal, solange die Wasseraufnahme durch die Pflanzen aufgrund unzureichender Durchlüftung des Oberbodens nicht eingeschränkt ist.

Kapillarsaum entsteht durch Kapillaraufstieg von Grundwasser, der vom Grundwasserflurabstand sowie von der Nutzungs- und Bodenart abhängt (→ Kap. 5). Aufgrund ständiger Wasserverfügbarkeit werden unter diesen Bedingungen Maximalwerte der Verdunstung erreicht.

Begriffe der Verdunstung

Es lassen sich mit a) bis c) zunächst drei Komponeneten der Verdunstung unterscheiden (Abb. 7-1):

a) **Evaporation E**: Die Evaporation ist die Verdunstung, die (1) von unbewachsenen Erdoberflächen, (2) von freien Wasserflächen und (3) von künstlichen, d.h. von Menschen geschaffenen Oberflächen, und ausschließlich nach physikalischen Gesetzmäßigkeiten stattfindet.

b) **Transpiration T**: Die Transpiration ist die Verdunstung von Pflanzenoberflächen aufgrund biotischer Prozesse. Sie beinhaltet hauptsächlich die Abgabe von Wasser über die Stomata. Pflanzen sind in der Lage, diese Abgabe durch Schließen und Öffnen der Stomata zu regeln.

c) **Interzeptionsverdunstung I**: Interzeptionsverdunstung ist die Verdunstung von Niederschlag, der auf Pflanzenoberflächen zurückgehalten wird. Es kann sich dabei um die Benetzung durch Regen, die Ablagerung von Schnee oder abgesetzten Niederschlag, d.h. die Bildung von Tau und Reif oder Anlagerung von Nebelniederschlägen handeln. Dieses Wasser wird aber nicht gänzlich zu Interzeptionsverdunstung, weil es teilweise abtropft.

Abb. 7-1 | Komponenten der Verdunstung (Foto: Konrad Miegel).

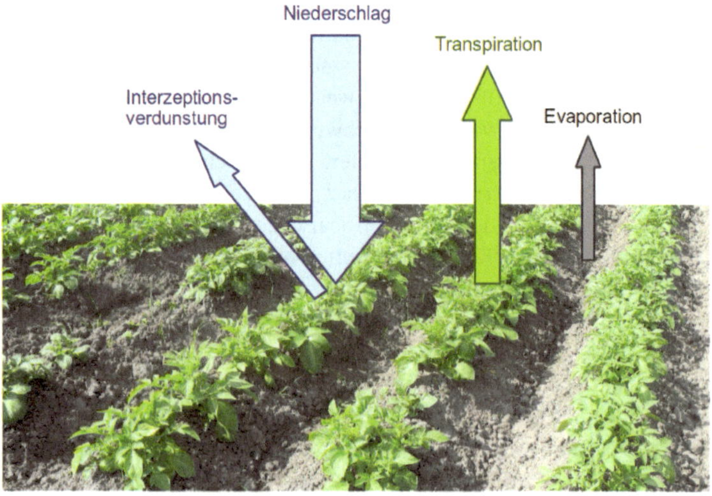

Die Interzeptionsverdunstung läuft als Prozess wie die Evaporation ohne biotische Einflüsse, d.h. ausschließlich nach physikalischen Gesetzmäßigkeiten ab, weshalb sie in DIN 4049-3 als eine Form der Evaporation ausgewiesen ist.

d) Die **Evapotranspiration ET** ist die Summe aus Evaporation, Transpiration und Interzeptionsverdunstung, d.h. die Gesamtverdunstung eines Standorts oder Ausschnitts der Landoberfläche mit Pflanzenbewuchs (→ Abb. 7-1).

e) Die **Gebietsverdunstung** ist die mittlere Verdunstungshöhe eines bestimmten Gebiets, die sich als flächengewichteter Mittelwert der Verdunstung ihrer Teilflächen ermitteln lässt.

f) Die **potenzielle Evapotranspiration ETp** ist die maximal mögliche Evapotranspiration. Sie stellt sich über einer Landfläche unter den gegebenen meteorologischen und Standortbedingungen wie Boden und Bewuchs ein, wenn die Verfügbarkeit an **Wasser nicht limitierend** wirkt. In diesem Fall wird die Verdunstung nur durch die Verfügbarkeit an Energie eingeschränkt.

g) Die **tatsächliche** bzw. **reale Evapotranspiration ETa** hingegen ist die Verdunstung, die sich über einer Landfläche unter den gegebenen meteorologischen und Standortbedingungen und aufgrund der Verfügbarkeit an Wasser tatsächlich einstellt. Da über Wasserflächen die Wasserverfügbarkeit nicht auf den Verdunstungsvorgang limitierend wirkt, stimmen hier ETp und ETa überein.

In mitteleuropäischen Landschaften hat die Transpiration mit ca. 50–70 % den größten Anteil an der Evapotranspiration, gefolgt von der Interzeptionsverdunstung mit ca. 15–40 % und der Evaporation mit ca. 5–25 %.

Kopplung von Bodenwasser- und Bodenwärmehaushalt

Da durch Verdunstung beträchtliche Mengen latenter Energie in die Atmosphäre gelangen, ist sie nicht nur Element des Bodenwasserhaushalts (→ Kap. 5), sondern auch des Wärmehaushalts von Landoberflächen (→ Kap. 3). Wenn vertikale Austauschprozesse dominieren, kann bei der **Bilanzierung des Wasserhaushalts** einer durchwurzelten Bodenschicht von folgender Gleichung ausgegangen werden:

$$N = ET + Q_{seep} + \Delta S \qquad (7.1)$$

mit N = Niederschlag [mm]
ET = Evapotranspiration [mm]
Q_{seep} = Sickerwasser [mm]
ΔS = Speicheränderung [mm]

Bilanzen des Wärmehaushalts bezieht man auf Landoberflächen. Es werden Wärmeströme betrachtet, die auf diese hin oder von ihnen weg gerichtet sind, sodass, wie in der Wasserbilanz nach Gl. 7.1, die vertikalen Austauschprozesse im Mittelpunkt stehen:

$$0 = R_n + B + H + L \tag{7.2}$$

mit R_n = Nettostrahlung [W/m²]
B = Bodenwärmestrom [W/m²]
H = fühlbarer Wärmestrom [W/m²]
L = latenter bzw. verborgener Wärmestrom [W/m²]

Wasser- und Wärmehaushalt sind durch die Verdunstung gekoppelt.

Die **Strahlungsbilanz** ist eine gesonderte Bilanz innerhalb der Wärmebilanz (→ Kap. 3). Durch den Bezug auf Oberflächen entfällt in der Wärmebilanz Gl. 7.2 das Speicherglied. Die Summe aller Wärmeströme muss demnach null ergeben. Neben diesen vertikalen Wärmeströmen kann die Verdunstung bei Wind zusätzlich von benachbarten Flächen energetisch beeinflusst sein. Durch das Symbol L ist kenntlich gemacht, dass es bei der Evapotranspiration um den Umsatz von Energie geht, wobei «L» für «latent» steht. Da die Verdunstung Bestandteil beider Bilanzen ist, kann sie sowohl über Wasser- als auch Energiebilanzen ermittelt werden.

Pflanzliche Regulationsmechanismen

Die Transpiration hat den größten Anteil an der Evapotranspiration. Dies zeigt, wie bedeutsam die Rolle der Pflanzen in Landschaften für den Übergang von Wasser in die Atmosphäre ist. Sie sind an bewachsenen Standorten das Bindeglied zwischen Boden und Atmosphäre. Die Wasseraufnahme verschiedener Pflanzenarten kann sich sowohl entwicklungsspezifisch und jahreszeitlich als auch über die gesamte Vegetationsperiode hinweg erheblich unterscheiden. Infolgedessen tragen Pflanzen neben Klima und Boden maßgeblich zur kleinräumigen Variabilität der Verdunstung und damit des Bodenwasserhaushalts bei, was bei Landnutzungsänderungen beachtetet werden muss (→ Kap. 11).

Zu den größten Unterschieden im Vergleich zu unbelebten Oberflächen gehört die Fähigkeit der Pflanze, regulierend auf die Transpiration einzuwirken (Seidler et al. 2005). Durch Schließen der **Stomata** können Pflanzen hohen Transpirationsverlusten in Phasen des Wassermangels in der durchwurzelten Bodenzone oder an Hitzetagen entgegenwirken. Besonders effektiv sind dazu Wälder in der Lage. Im Übrigen schließen Pflanzen ihre Stomata auch bei Dunkelheit, weshalb die Transpiration in der Nacht auf null zurückgeht. An Fichten konnten Seidler et al. (2005) darüber hinaus die Fähigkeit nachweisen, tägliche Schwankungen der Wassernachlieferung aus dem Boden auszugleichen, indem sie sich bei einsetzender Transpiration zu Tagesbeginn aus ihrem Stammvorrat bedienen, um diesen später wieder aufzufüllen. Die **Stammspeicherung** spielt außerdem bei der Überbrückung von Trockenperioden eine wichtige Rolle. Längerfristigem Wassermangel in der durchwurzelten Bodenzone können Pflanzen daneben durch **Verbesserung der Aufnahme von Bodenwasser** entgegenwirken. Dies erreichen sie durch ein verstärktes Wurzelwachstum, v.a. von Feinwurzeln, und Ausbildung osmotischer Substanzen in den Wurzeln, durch die die Wasseraufnahme intensiviert wird. Ungeachtet dessen werden in längeren Phasen der Zehrung des Bodenwasservorrats Bodenfeuchten erreicht, in denen die Pflanzen beginnen, unter Wassermangel zu leiden, wodurch sie nicht mehr in der Lage sind, optimal, d.h. in Höhe der pflanzenspezifischen potenziellen Verdunstung, zu transpirieren.

Pflanzen sind in der Lage, im Falle von Wassermangel die Aufnahme von Bodenwasser zu verbessern und die Wasserabgabe an die Luft einzuschränken.

Einflussgrößen der Verdunstung

Die hohe Komplexität der Verdunstung kommt nicht nur durch die Vielzahl von Teilprozessen im System Boden-Pflanze-Atmosphäre und in der Kopplung von Wärme- und Wasserhaushalt zum Ausdruck, sondern auch durch die zahlreichen Einflussgrößen, von denen die Prozesse und die einzelnen Elemente beider Haushalte abhängen (Abb. 7-2). Die Einflussgrößen lassen sich drei Kategorien zuordnen:

Atmosphärische Faktoren

Die atmosphärischen Faktoren können näherungsweise als Ausdruck für die verfügbare Energie angesehen werden, was v.a. auf die **Nettostrahlung** zutrifft. Zu den wichtigsten Steuergrößen gehört das **Sättigungsdefizit der Luft**. Dieses drückt aus, wie viel Wasserdampf die Luft bei der vorherrschenden Temperatur noch aufnehmen könnte, um den Zustand der Sättigung zu erreichen. Da das maximale Aufnahmevermögen an Wasserdampf mit der **Lufttemperatur** zunimmt, vergrößert es sich bei Erwärmung. Schließlich ist noch auf die **Windgeschwindigkeit** als Ersatzgröße für den turbulenten Austausch mit höheren Luftschichten zu verweisen.

Strahlung, Temperatur, Luftfeuchte und Windgeschwindigkeit sind maßgebliche meteorologische Steuergrößen der Verdunstung.

Hydrologische Faktoren

Durch die hydrologischen Faktoren wird die Verfügbarkeit an Wasser für den Verdunstungsvorgang erfasst. Langfristig ist das **Niederschlagsdargebot**, kurzfristig der **Bodenwasservorrat** bzw. die Bodenfeuchte entscheidend. Eine optimale Versorgung der Pflanzen mit Wasser ist bei kleinem **Grundwasser-Flurabstand** gegeben. Da Wasser über Gewässern und Feuchtgebieten uneingeschränkt verdunsten kann, ist bei Betrachtung ganzer Landschaften ihr Flächenanteil eine maßgebliche Größe.

Die Vielzahl der Einflussgrößen und biotische Einflüsse machen die Verdunstung zu einem komplexen Phänomen, dessen Berechnung nur durch Vereinfachungen möglich ist.

Standortfaktoren

Zu den wichtigen Standortfaktoren gehören die **Beschaffenheit der Landoberfläche** wie Reflexionsvermögen bzw. Albedo, Neigung und

Abb. 7-2 | Veranschaulichung der wichtigsten verdunstungsrelevanten Prozesse, Systemparameter und Zustandsgrößen (© Konrad Miegel).

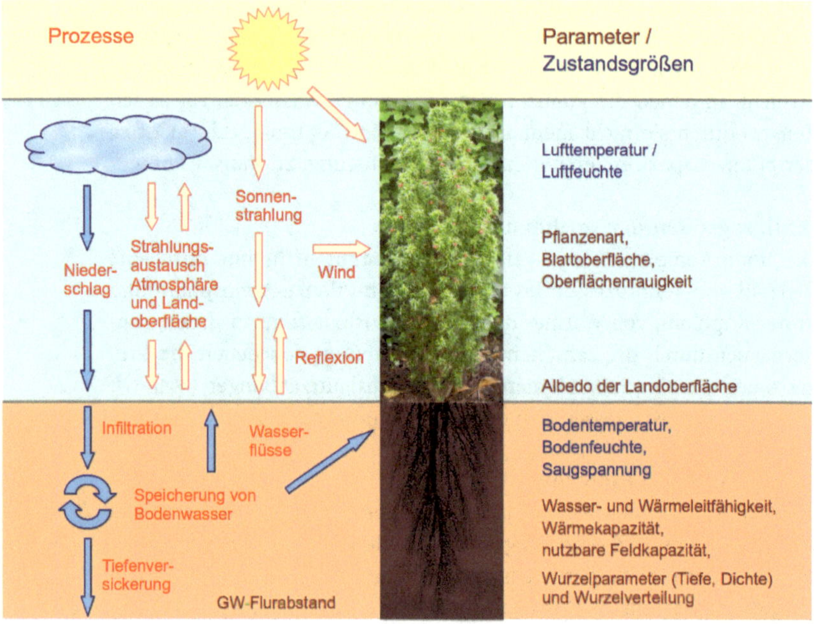

Himmelsausrichtung, **Bodenparameter** wie z.B. thermische Eigenschaften und Kenngrößen der Wasserspeicherung (→ Kap. 5) sowie **Pflanzen- und Bestandsmerkmale** wie z.B. der Bedeckungsgrad (Abb. 7-2). Bei der Vegetation ist zwischen den Einflüssen auf Transpiration und Interzeption zu unterscheiden.

7.3 | Experimentell gestützte Erfassung der Verdunstung

Für die Messung der Verdunstung steht eine Vielzahl an Verfahren zur Verfügung. Im Grunde genommen liefert keines davon die Verdunstung ganz unmittelbar, sodass immer ein mehr oder weniger großer Aufwand in die Verarbeitung der anfallenden Messsignale und/oder die Ableitung der Verdunstung aus Ersatzgrößen investiert werden muss. Aus hydrologischer Sicht haben Wasserbilanzverfahren die größte Bedeutung. Sie sollen hier deshalb etwas ausführlicher vorgestellt werden. Viele andere Verfahren, die eher in der Forschung zum Einsatz kommen, sind aufwendig, teuer und anspruchsvoll.

Wasserbilanzverfahren

Ausgangspunkt sind Bilanzgleichungen, wie in Kap. 3 oder 5 dargestellt, wobei Gl. 7.1 wie folgt nach ET umzustellen ist:

$$ET = N - Q_{seep} \pm \Delta S \quad (7.3)$$

Die Ermittlung der Verdunstung durch Bilanzierung erfolgt demnach bevorzugt für einen Bodenkörper definierter Mächtigkeit oder in Gewässereinzugsgebieten. Sind Abfluss und Verdunstung kleiner als der Niederschlag, kommt es zu positiven Speicheränderungen ΔS, andernfalls zur Zehrung der Wasservorräte im betrachteten System.

Die wichtigste Messeinrichtung zur Bilanzierung der Verdunstung auf der Grundlage von Messungen sind **Lysimeter**. Es handelt sich dabei um zylindrische Gefäße, die möglichst mit einem ungestörten Bodenkörper befüllt und so aufgestellt werden, dass das Höhenniveau ihrer Oberfläche mit der Bodenoberfläche in der Messumgebung übereinstimmt (Abb. 7-3). Wägbare Lysimeter stehen auf Waagen (Abb. 7-4), was besondere bauliche Vorrichtungen erfordert. Dabei handelt es sich traditionell um einen unterirdischen Keller. Veränderungen ihres Gewichts je Zeiteinheit, z.B. $\Delta t = 1$ d, entsprechen den Speicheränderungen ΔS.

Wird die Verdunstung für größere Zeitintervalle, z.B. in Monatswerten, ermittelt, muss zwingend der Niederschlagsmessfehler korrigiert werden (vgl. → Kap. 4.2).

Am unteren Rand des Lysimeters befindet sich ein Auslauf, durch den das **Sickerwasser** aufgefangen und als Abfluss erfasst werden kann. Da zusätzlich der **Niederschlag** gemessen wird, lässt sich die Verdunstung nach Gl. 7.3 bilanzieren, wobei die geforderte Genauigkeit ± 0,1 mm beträgt.

Abb. 7-3

Lysimeteranlage in Groß Lüsewitz (Foto: Konrad Miegel).

Abb. 7-4

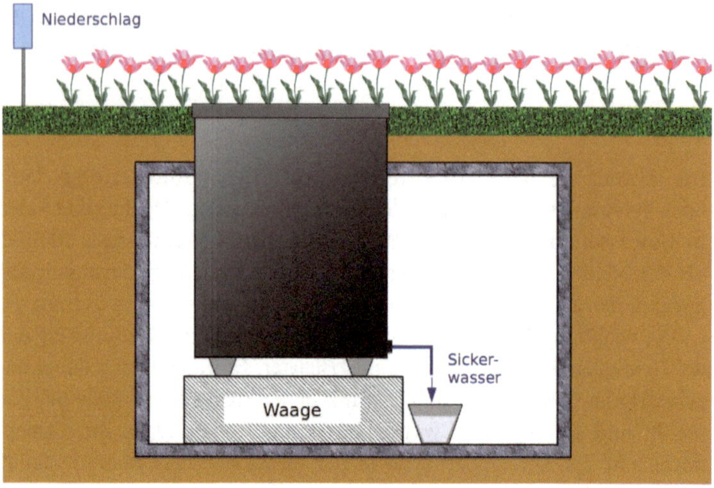

Schematische Veranschaulichung eines Lysimeters.

Bei nicht wägbaren Lysimetern kann die **Speicherinhaltsänderung** nicht ermittelt werden. Aus diesem Grund lassen sich über ihre Eingangs- und Ausgangsgrößen bestenfalls Jahreswerte, generell aber langjährige Mittelwerte (ET) mit ausreichender Genauigkeit ermitteln (→ Kap. 3 und 5). Lysimeter sind die einzigen Messgeräte, die Werte von Verdunstung und Tiefenversickerung bzw. Grundwasser-Neubildung für ein klar definiertes und abgegrenztes Bodenvolumen liefern.

Box 7.2

Dimensionierung, Bewirtschaftung und Bedeutung von Lysimetern

Beim Bau von Lysimetern sind Standards zu beachten, die in DWA (2016) dargestellt sind. Die nähere Umgebung ist möglichst in gleicher Weise zu bewirtschaften wie die Lysimeter selbst, die meist mit landwirtschaftlichen Kulturen bepflanzt werden. Lysimeter liefern wichtige Datengrundlagen, um Ansätze und Modelle zur Berechnung der Verdunstung zu entwickeln und diese in Abhängigkeit von Standortfaktoren zu parametrisieren.

Mit Wasser gefüllte **Verdunstungskessel** dienen der Ermittlung der potenziellen Verdunstung, indem die Abnahme des Wasserstands im Kessel gemessen wird. International verbreitet ist die von der WMO empfohlene Verdunstungspfanne **class-A-pan**, die einen Durchmesser von ca. 1,2 m hat. Solche und weitere, meist deutlich kleinere Messgeräte unterschiedlicher Bauform und Funktionsweise, werden als **Evaporimeter** bezeichnet. Wegen ihrer ganz spezifischen thermischen Bedingungen liefern sie nur Richtwerte der potenziellen Verdunstung. Repräsentativer sind Messergebnisse von Lysimetern, die ausreichend bewässert werden. Aus Kostengründen wird jedoch oft auf Verdunstungskessel zurückgegriffen. **Floßverdunstungskessel** werden daneben schwimmend zur Erfassung der Verdunstung von Gewässern eingesetzt. Ein weiteres Wasserbilanzverfahren zur Ermittlung der Verdunstung aus Bodenkörpern basiert auf der **Erfassung von Wassergehaltsänderungen des Bodens** (→ Kap. 5).

Die Bilanzierung der Verdunstung ganzer Gewässereinzugsgebiete durch die **hydrographische Methode** ist möglich, wenn hierfür Messergebnisse zum Gebietsniederschlag (→ Kap. 4) und Gebietsabfluss (→ Kap. 8) vorliegen sowie Speicheränderungen vernachlässigt werden können. Die hydrographische Methode wird deshalb bevorzugt für die Ermittlung langjähriger Mittelwerte eingesetzt.

Erfassung der Verdunstung als Vertikaltransport in der bodennahen Luft

Vertikale Luftbewegungen gehen mit dem Transport von fühlbarer und latenter Wärme einher. Mikrometeorologische Messverfahren zielen auf die Erfassung dieser turbulenten Massenströme in der bodennahen Atmosphäre. Sie werden entweder als solche direkt gemessen oder aus den vertikalen Gradienten maßgeblicher Parameter wie Lufttemperatur und Dampfdruck abgeleitet. In jedem Fall ist dafür ein hoher technischer Aufwand erforderlich. Ein etabliertes und häufig verwendetes Verfahren zur Erfassung der Verdunstung als vertikalem turbulentem Transport latenter Wärme ist die Eddy-Kovarianz-Methode (DWA 2016).

Bestimmung der Transpiration mit pflanzenphysiologischen Messverfahren

Da die Transpiration, insbesondere in geschlossenen Pflanzenbeständen, die dominierende Komponente der Verdunstung ist, ist es sinnvoll, sie messtechnisch gesondert zu erfassen. Solche Verfahren liefern wichtige Erkenntnisse zum Prozessgeschehen im System Boden-Pflanze-Atmosphäre und Anhaltspunkte für die pflanzenabhängige Parametrisierung von Berechnungsverfahren der Verdunstung. Es kann zwischen zwei Messprinzipien unterschieden werden:

- **Küvettensysteme** und **Porometer** dienen der **Erfassung des Gasstoffwechsels an Blättern**, wofür einzelne Blätter oder Zweige in eine

Abb. 7-5 | Manschette zur Messung des Stammabflusses an einer Buche. Das Wasser wird von der Manschette in ein Zählgerät geleitet (Kasten unterhalb des Trichters), das die Wassermenge pro Zeiteinheit erfasst. Im Hintergrund ist eine Messrinne zur Erfassung des Bestandsniederschlags zu erkennen. Die Aufnahme zeigt die Waldklimastation Freising der Bayerischen Landesanstalt für Wald und Forstwirtschaft (Foto: Lucas Menzel).

Küvette eingeschlossen werden. Die Anreicherung des Wasserdampfgehalts in der Luft durch Transpiration wird mittels Gasanalysator gemessen.

- Durch **Messung des Saftflusses im Xylem**, d.h. im wasserleitenden Gewebe von Stämmen und Stängeln, kann die Wassermenge ganzer Pflanzen ermittelt werden, die von den Wurzeln zu den Blättern transportiert wird. Dabei wird das Xylemwasser erwärmt und die Temperaturentwicklung stammaufwärts beobachtet, die vom Wasserfluss abhängt. Diese Methode ist experimentell das Bindeglied zwischen Küvettensystemen bzw. Porometern und den oben beschriebenen mikrometeorologischen Messverfahren.

Aufgrund der großen Heterogenität des Kronendachs von Wäldern erfordert die Messung des Bestandsniederschlags den Einsatz vieler, im Bestand verteilter Sammelgefäße oder von Sammelrinnen, die mehrere Meter lang sind.

Zu den Herausforderungen solcher Messungen gehört die **Übertragung der Ergebnisse vom Blatt auf die Pflanze bzw. von der Pflanze auf den Bestand.** Dies setzt die Auswahl möglichst repräsentativer Blätter bzw. Einzelpflanzen voraus.

Messung der Interzeptionsverdunstung

Die Messung der Interzeptionsverdunstung ist nur über den Umweg der Niederschlagsmessung möglich. Sie entspricht dem Teil des Niederschlags, der unter Pflanzenbeständen nicht zum Boden gelangt. Es wird parallel der Niederschlag im benachbarten Freiland und unter dem Pflanzenbestand gemessen, wobei die Differenz von **Freiland- und Bestandsniederschlag** der Interzeptionsverdunstung entspricht. Der Bestandsniederschlag N_B (→ Kap. 9) setzt sich aus dem durch- und abtropfenden Anteil sowie dem Stammabfluss (Abb. 7-5) zusammen.

Berechnungsverfahren der Verdunstung

7.4

So komplex der Prozess der Verdunstung ist, so vielfältig sind im Grunde genommen auch die Berechnungsmöglichkeiten. Es kann dabei unterschieden werden zwischen Berechnungsverfahren

- der potenziellen und tatsächlichen Verdunstung,
- von Evaporation, Transpiration und Interzeption bzw.
- für unbewachsene oder teilweise bewachsene Böden,
- von Stunden-, Tages- und/oder Monatswerten, Jahreswerten und langjährigen Mittelwerten,
- für landwirtschaftliche Kulturen, Waldbestände oder Gewässer,
- für Spezialfälle wie die Verdunstung von Eis und Schnee, versiegelten oder stärker geneigten Flächen, Deponien oder Salzwasser.

In vielen praktischen Fragestellungen bilden Tageswerte der Verdunstung von bewachsenen Standorten die Grundlage. Ihre Berechnung basiert auf einer Methodik, die ausreichend prozessnah ist und die wichtigsten Einflüsse berücksichtigt, ohne aber den Nutzer durch zu hohe Ansprüche an die Bereitstellung von Eingangsgrößen zu überfordern.

Merksatz:
Die Berechnung der realen Verdunstung erfolgt in der Regel über die Zwischengröße «potenzielle Verdunstung».

Berechnung der potenziellen bzw. maximal möglichen Verdunstung ETp in mm/d

Ausgehend von der Definition von ETp soll die Berechnung in einem ersten Schritt für unbegrenzte Wasserverfügbarkeit erfolgen. Während solche Bedingungen über bewachsenen Landoberflächen nur episodisch vorherrschen, z.B. im Falle von hoher Bodenfeuchte, sind sie im Vergleich dazu über Wasserflächen stets erfüllt. John Dalton entwickelte 1801 für freie Wasseroberflächen folgenden Ansatz für die potenzielle Evaporation:

$$Ep = f(v) \cdot (e_s - e_a) \tag{7.4}$$

mit Ep = potenzielle Evaporation
f(v) = Funktion der Windgeschwindigkeit
v = Windgeschwindigkeit über der Wasseroberfläche [m/s]
e_s = Sättigungsdampfdruck gemäß Temperatur der Wasseroberfläche [hPa]
e_a = aktueller Wasserdampfdruck der Luft in 2 m Höhe [hPa]
$(e_s - e_a)$ = Sättigungsdefizit der Luft [hPa]

Es handelt sich hierbei um ein **aerodynamisches Verfahren**, in dem die Verdunstung, gesteuert durch das Sättigungsdefizit $(e_s - e_a)$, als Vertikaltransport von Wasserdampf betrachtet wird. Durch Erweiterung um einen Faktor f ist Gl. 7.4 prinzipiell auch für die Berechnung von

ETp bewachsener Oberflächen geeignet, wobei f von der Vegetation abhängt. Diesem Formeltyp entspricht z.B. die HAUDE-Formel, die jedoch f nicht als Abhängige von der Windgeschwindigkeit f(v) verwendet. Insbesondere im Falle von Landoberflächen besteht das Defizit solcher Formeln darin, dass die Verfügbarkeit an Energie für den Verdunstungsvorgang nicht explizit berücksichtigt wird.

Für eine genauere, physikalisch besser begründete Berechnung von Ep bzw. ETp ist neben Sättigungsdefizit und Windeinfluss die Verfügbarkeit an Energie zu berücksichtigen. Dies führt zur Kombination des aerodynamischen Ansatzes mit der Energiebilanz. Der bekannteste Lösungsansatz ist die **Kombinationsgleichung von Penman** (1951), die in der folgenden Schreibweise mit Nettostrahlung R_n und Bodenwärmestrom B, jeweils in W/m², für eine stets befeuchtete, bewachsene Landoberfläche gilt:

$$ETp = \frac{s}{s+\gamma} \cdot \frac{R_n - B}{L^*} + \frac{\gamma}{s+\gamma} \cdot f(v) \cdot (e_s - e_a) \qquad (7.5)$$

mit ETp = potenzielle Evapotranspiration
s = Steigung der Sättigungsdampfdruckkurve [hPa/K]
γ = Psychrometerkonstante = 0,65 [hPa/K]
L* = Übergangswärme für 1 mm Verdunstungshöhe [J/kg]
f(v) = Funktion der Windgeschwindigkeit
R_n = Nettostrahlung [W/m²]
B = Bodenwärmestrom [W/m²]

Daneben stehen eine Reihe weiterer empirischer Gleichungen zur Berechnung von ETp zur Verfügung, die meist mit weniger Eingangsgrößen auskommen und den Einfluss von Energie, Wind und Sättigungsdefizit unterschiedlich berücksichtigen. Sie sind überwiegend regional gültig, was in regional verschiedenen Modellparametern zum Ausdruck kommt. Außerdem gelten sie meist für eine idealisierte Grasdecke.

Durch die Windfunktion f(v) in Gl. 7.5 wird zwar indirekt die Rauigkeit der Landoberfläche und damit die Höhe und Struktur des Bewuchses erfasst, nicht aber der direkte Einfluss der Pflanzen auf den Transpirationsstrom vom Boden bis in die Atmosphäre. Dieses Defizit wird durch die Erweiterung des Penman-Ansatzes zum **Penman-Monteith-Ansatz** (1965) behoben. Er basiert auf einem Widerstandskonzept in Analogie zum elektrischen Strom und geht davon aus, dass der Wasserstrom von den Wurzeln bis in die Atmosphäre verschiedene Widerstände überwinden muss. Berücksichtigt werden der Stomata- bzw. Bestandswiderstand r_c und der aerodynamische Widerstand r_a. Der Bestandeswiderstand hängt von der Strahlung und der Wasserversorgung der Pflanzen ab, r_a von der Windgeschwindigkeit, Höhe und Struktur des Pflanzenbestands. Dieser Ansatz liefert die reale Evapotranspiration ETa direkt, d.h. ohne den Zwischenschritt über die potenzielle Verdunstung:

$$ET_a = \frac{1}{L^*} \cdot \frac{s \cdot (R_n - B) + \frac{\rho_L \cdot c_P}{r_a} \cdot (e_s - e_a)}{s + \gamma \cdot (1 + \frac{r_c}{r_a})} \qquad (7.6)$$

mit ETa = aktuelle Evapotranspiration
ρ_L = Luftdichte [kg/m³]
c_P = spezifische Wärme der Luft [J/(kg K)]
r_c = Bestandeswiderstand (c = crop = Bestand)
r_a = aerodynamischer Widerstand [s/m]

Durch den Begriff Bestandswiderstand wird summarisch der Stomatawiderstand vieler Einzelpflanzen einer Flächeneinheit ausgedrückt. Der Penman-Monteith-Ansatz ist sehr anspruchsvoll, was die erforderlichen Eingangsgrößen und die Festlegung der Widerstände anbetrifft, die von verschiedenen Einflussgrößen abhängen und dadurch zeitlich sehr variabel sind. Dieses Problem wird durch die Einführung der **Grasreferenzverdunstung** ET_0 überwunden, die einen Spezialfall des Penman-Monteith-Ansatzes darstellt. ET_0 gilt wie die Formeln für ETp für den Fall einer nicht limitierend wirkenden Wasserverfügbarkeit und für einen idealisierten Grasbestand mit 12 cm Wuchshöhe und einem Reflexionsvermögen von 23 %. Eine solche Wasserverfügbarkeit wird durch einen minimalen Bestandswiderstand der Größe r_c = 70 s/m für Gras berücksichtigt. Daneben ist der aerodynamische Widerstand aus der Windgeschwindigkeit mit der einfachen Beziehung $r_a = 208/v_{2m}$ zu berechnen. Nach dem Einsetzen von r_s und einer Windfunktion in die Penman-Monteith-Beziehung sowie weiteren Umformungen erhält man:

$$ETp = \frac{s \cdot R_n}{s + \gamma_{mod}} + \frac{90 \cdot \gamma}{s + \gamma_{mod}} \cdot v_{2m} \cdot \frac{e_s}{T + 273} \cdot (1 - \frac{u}{100}) \qquad (7.7)$$

mit R_n = Nettostrahlung, hier als Verdunstungsäquivalent [mm/d]
γ_{mod} = modifizierter Wert von γ mit $\gamma_{mod} = \gamma \cdot (1 + 0{,}34 \cdot v_{2m})$
v_{2m} = Windgeschwindigkeit in 2 m Höhe [m/s]
T = Lufttemperatur [°C]
u = relative Luftfeuchte in %

In der Verdunstungsberechnung werden mit der Bestimmung der potenziellen bzw. maximal möglichen Verdunstung eines Grasbestands zunächst die atmosphärischen Einflüsse erfasst.

Es ergeben sich Angaben in l/m² bzw. mm/Tag. Zur Unterscheidung von anderen Formeln für die Ermittlung von ETp ist hier die maximal mögliche Verdunstung mit ET_0 symbolisiert. Die Grasreferenzverdunstung wird von der Ernährungs- und Landwirtschaftsorganisation der Vereinten Nationen (Food and Agriculture Organization, FAO) empfohlen und ist international zum wichtigsten Ansatz zur Berechnung der maximal möglichen Verdunstung geworden. Für den Fall, dass die immer noch relativ hohen Ansprüche an die meteorologischen Eingangsgrößen nicht befriedigt werden können, schlägt Wendling (1995) eine vereinfachte Formel zur Berechnung der Grasreferenzverdunstung vor:

$$ET_0 = \frac{(R_G + 93 \cdot k) \cdot (T + 22)}{165 \cdot (T + 123)} \cdot \frac{n_M}{1 + 0{,}00019 \cdot h} \qquad (7.8)$$

mit R_G = Globalstrahlung [J/cm ^{2}]
k = Küstenfaktor, zu berücksichtigen bis 50 km Abstand zur Küste mit $k = 1 - (\varphi - 53{,}0 - \frac{\lambda - 8}{6})$
λ, φ = geographische Länge und geographische Breite
T = mittlere Monats- oder Tagestemperatur [°C]
n_M = Anzahl der Monatstage bei Berechnung von Monatswerten, bei Tageswerten gleich 1,
h = Höhenlage der Messstation ü. NN [m] (bei $h > 600$ m gilt $h = 600$),

Es gilt $k = 1$ bei $k > 1$ und $k = 0{,}5$ bei $k < 0$.

Umrechnung von ETp bzw. ET_0 in ETp_C des vorhandenen Bestands

Da diese Formeln für einen definierten Grasbestand gelten, muss in einem nächsten Schritt die Umrechnung in die maximal mögliche Verdunstung ETp_C des betrachteten Bestands – C steht für das englische Wort «crop» – mittels k_C-Faktoren erfolgen:

$$ETp_C = k_C \cdot ETp \quad \text{bzw.} \quad ETp_C = k_C \cdot ET_0 \qquad (7.9)$$

Abb. 7-6

Beispiel für die saisonale Entwicklung des k_C-Faktors bei Winterweizen nach Angaben der Thüringer Landesanstalt für Landwirtschaft (2005).

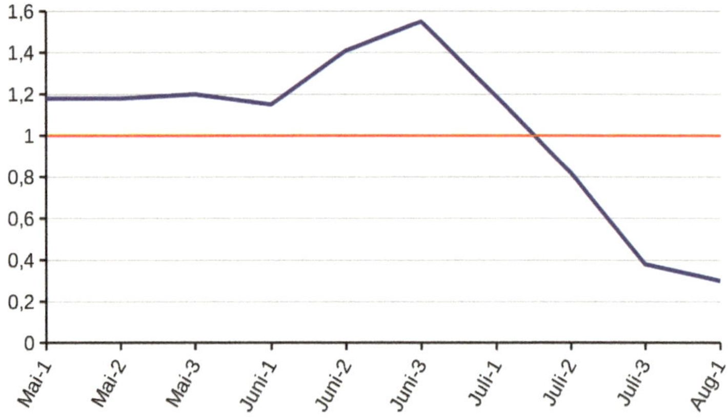

In landwirtschaftlichen Kulturen hängt k_C neben der **Pflanzenart** von der **Entwicklungsphase** ab. Zu Beginn der Wachstumsphase gilt in der Regel $k_C < 1$, auch deshalb, weil der Boden noch nicht vollkommen mit Pflanzen bedeckt ist. $k_C = 1$ wird etwa mit dem Bestandsschluss erreicht. Der Zeitpunkt, zu dem der Bestand seine größte Blattfläche besitzt, entspricht dem Maximum von k_C, das anschließend meist wieder kleiner wird. Dafür ist bei manchen Pflanzen das Welken der Blätter in der Reifephase verantwortlich. Verschiedene Kulturpflanzen unterscheiden sich nicht nur bezüglich der Größe der k_C-Werte, sondern auch der Eckdaten ihrer phänologischen Entwicklung, wie z.B. der zeitlichen Lage und Länge von Entwicklungsphasen. In Abb. 7-6 ist ein Untersuchungsbeispiel für Winterweizen dargestellt, das auf Daten der Lysimeterstation Buttelstedt aus dem Jahr 1992 beruht (Thüringer Landesanstalt für Landwirtschaft 2005). Da der Bestand Anfang Mai geschlossen ist, ist zu diesem Zeitpunkt der k_C-Faktor bereits größer als 1 (ATV-DVWK 2002).

Da andere Pflanzen als Gras unterschiedlich stark in der Lage sind, die verfügbare Energie in Verdunstung umzusetzen, muss die potenzielle Verdunstung in Abhängigkeit von Pflanzenart und Pflanzenentwicklung umgerechnet werden.

Umrechnung von ETp bzw. ET_0 in die reale Verdunstung ETa

Ist der Bodenwassergehalt so klein, dass der Bodenwasservorrat auf die Verdunstung limitierend wirkt, muss die reale Verdunstung im Vergleich zur potenziellen Verdunstung abgemindert werden. Dies erfolgt mit Reduktionsfaktoren bzw. Reduktionsfunktionen mit $f(\theta) < 1$:

$$ETa = f(\theta) \cdot ETp \qquad (7.10)$$

Solange ein bestimmter, meist empirisch ermittelter **Grenzwert des Bodenwassergehalts** θ_0 nicht unterschritten wird, sind die Pflanzen in der Lage, Wasser potenziell zu verdunsten. Dieser Grenzwert ist meist deutlich kleiner als der Wassergehalt des Bodens bei Feldkapazität θ_{FK} (→ Kap. 5). Wird der Wassergehalt des permanenten Welkepunkts θ_{PWP} erreicht, gilt ETa = 0. Ausgehend von $nFK = \theta_{FK} - \theta_{PWP}$ wird der Grenzwert θ_0 meist in Prozent von nFK angegeben. Er schwankt in landwirtschaftlichen Kulturen je nach Pflanzenart und Entwicklungsphase zwischen ca. 25–50 % nFK (van Eimern und Häckel 1984).

Wenn die Berechnung der realen Verdunstung, wie dargestellt, **Angaben zur Bodenfeuchte** erfordert und diese nicht durch Messung bereitgestellt werden können, ist die Anwendung eines Bodenwasserhaushalts- oder SVAT-Modells unabdingbar (→ Kap. 15). SVAT-Modelle (SVAT = **S**oil-**V**egetation-**A**tmosphere-**T**ransfer) dienen der detaillierten Abbildung aller maßgeblichen Prozesse im System Boden-Pflanze-Atmosphäre. Häufig enthalten sie neben einem Bodenmodell ein Pflanzenwachstumsmodell, sodass dem Verdunstungsmodul neben der Bodenfeuchte auch die erforderlichen Pflanzenparameter, z.B. die summarische Blattoberfläche je Quadratmeter, modellgestützt bereitgestellt werden können.

Weiterführende Literatur

ATV-DVWK (Hrsg.) (2002): Verdunstung in Bezug zu Landnutzung, Bewuchs und Boden. Hennef (ATV-DVWK-Merkblatt M 504).

DVWK (Hrsg.) (1996): Ermittlung der Verdunstung von Land- und Wasserflächen. Bonn (DVWK-Merkblätter zur Wasserwirtschaft 238).

DWA (Hrsg.) (2018): Ermittlung der Verdunstung von Land- und Wasserflächen - Teil 1: Grundlagen, experimentelle Bestimmung der Landverdunstung, Gewässerverdunstung. Hennef (DWA-Merkblatt DWA-M 504-1).

Abfluss im Gewässersystem

8

Markus Casper, Helge Bormann

Inhalt

8.1 Der Abflussprozess

8.2 Messmethoden

8.3 Statistische Auswertungen und Berechnungsverfahren

Der Abfluss ist eine zentrale Komponente der Wasserhaushaltsgleichung und stellt eine integrale Antwort von Einzugsgebieten dar. In diesem Kapitel wird erklärt, welche Eigenschaften das Abflussgeschehen hat, wodurch Fließgewässer charakterisiert werden und wie sie sich strukturieren lassen. Es werden Messmethoden für Wasserstand und Abfluss vorgestellt und als statistische Kennwerte für die Abflusshöhe die gewässerkundlichen Hauptwerte eingeführt. Abschließend werden Berechnungsansätze vorgestellt, mit denen der Abflussvorgang in Fließgewässern modellhaft abgebildet werden kann.

Der Abflussprozess

8.1

Abfluss

Nach der DIN 4049-3 (1994) wird unter «Abfluss» das sich unter dem Einfluss der Schwerkraft auf und unter der Erdoberfläche bewegende Wasser verstanden. Dieses beschränkt sich auf die Betrachtung des oberirdischen Abflusses im Gewässersystem. Quantitativ entspricht der **Abfluss** Q dem Wasservolumen V, das in einem **Fließgewässer** in einer Zeiteinheit t die Querschnittsfläche A durchfließt. Diese Gleichung beruht auf dem Prinzip der Massenerhaltung und wird daher auch **Kontinuitätsgleichung** genannt (→ Kap. 5).

$$Q = \frac{V}{t} = \int_A v\,dA \qquad (8.1)$$

mit Q = Abfluss [m^3/s]
V = Wasservolumen [m^3]
t = Zeit [s]
v = Fließgeschwindigkeit [m/s]
A = durchflossene Fläche [m^2]

Ist der Fließquerschnitt bekannt, z.B. an einem Pegel, kann Gl. 8.1 vereinfacht werden zu:

$$Q = \bar{v} \cdot A \tag{8.2}$$

mit $\bar{v}$ = mittlere Fließgeschwindigkeit [m/s]

Ist das gesamte Querprofil vermessen worden, kann die durchflossene Fläche A allein aus dem am Pegel gemessenen **Wasserstand** W [cm] ermittelt werden:

$$A = f(W) \tag{8.3}$$

Der Wasserstand ist der lotrechte Abstand der Wasseroberfläche von einem festgelegten Höhenniveau, der als Pegelnull bezeichnet wird. Ist der Zusammenhang zwischen Wasserstand und durchflossener Fläche bekannt, ist der Abfluss Q aus der mittleren Fließgeschwindigkeit und dem Wasserstand ermittelbar. Um den Abfluss unterschiedlich großer Einzugsgebiete vergleichen zu können, wird die **Abflussspende** *q* ermittelt. Sie wird berechnet, indem der Abfluss durch die Fläche des zugehörigen Einzugsgebiets A_{EZG} geteilt wird:

$$q = \frac{Q}{A_{EZG}} \tag{8.4}$$

mit q = Abflussspende [l/s/km²]
Q = Abfluss [m³/s]
A_{EZG} = Einzugsgebietsfläche [km²]

Die Abflussspende ermöglicht den direkten Vergleich des Abflussgeschehens verschiedener Einzugsgebiete.

Die **Abflusshöhe** h_Q [mm] wird nach DIN 4049 als Quotient aus Abflusssumme (Volumen V) und der Fläche des zugeordneten Einzugsgebiets A_{EZG} festgelegt. Die Abflusssumme bezeichnet ein Wasservolumen, welches in einer bestimmten Zeitspanne abfließt. Daher muss diese Zeitspanne zusätzlich angegeben werden.

Im Gewässersystem werden die einzelnen Abflusskomponenten wie Oberflächenabfluss, Zwischenabfluss und Basisabfluss (→ Kap. 9) gesammelt und, durch die Schwerkraft angetrieben, bis auf Meeresniveau bzw. bis zu einer im Binnenland gelegenen abflusslosen Senke weitertransportiert. Typisch für Gewässernetze ist eine dendritische Struktur, wobei «dendritisch» gleichmäßig verzweigt bzw. verästelt bedeutet. Die Form des Gewässernetzes kann in Abhängigkeit geologischer und geomorphologischer Strukturen von der dendritischen Form abweichen.

Der Abfluss im Fließgewässer entstammt dem gesamten Einzugsgebiet und ist damit eine **integrale Antwort des Einzugsgebiets**. Im Gegensatz zu allen anderen Wasserbilanzgrößen ist damit der Abfluss die einzige Größe, die durch eine Punktmessung am Fließquerschnitt des Gewässers direkt auf die dazugehörige Fläche des Einzugsgebiets zurückgeführt werden kann.

Der Abflussprozess unterliegt einer **zeitlichen Dynamik**. Je nachdem, in welchem Bereich des Einzugsgebiets wie viel Abfluss gebildet wird, verändert sich der Abfluss am **Einzugsgebietsauslass**. Trägt man den Abfluss an einem Ort gegen die Zeit auf, erhält man die **Abflussganglinie** (Abb. 8-1).

Je nach Niederschlagsverlauf und Beitrag der verschiedenen **Abflussbildungsprozesse** (→ Kap. 9) können Niederschläge in Abhängigkeit von den Eigenschaften des Einzugsgebiets unterschiedliche Abflussganglinien generieren. Der Beitrag verschiedener Abflussbildungsprozesse kann über die **Ganglinienseparation** (→ Kap. 16) ermittelt werden.

Die Saisonalität des Abflusses eines Fließgewässers wird durch das **Abflussregime** beschrieben. Die Saisonalität hängt von der dominanten Speisungsart der Gewässer wie z.B. Regen oder Schneeschmelze ab und damit von Klima und Topographie (→ Kap. 12).

Gerinne

Ort des Abflussprozesses ist das **Gerinne**, auch Flussbett oder Bachbett genannt. Dabei handelt es sich um eine natürliche oder auch künstliche Vertiefung in der Landoberfläche, die als Ort des Abflusses für ein Gewässer im Sinne der Hydrologie dient. Nur im Hochwasserfall tritt der Fluss über die

Abb. 8-1

Abflussganglinie am Pegel Müsch/Ahr in unterschiedlicher zeitlicher Auflösung (Landesamt für Umwelt, Wasserwirtschaft und Gewerbeaufsicht Rheinland-Pfalz 2015).

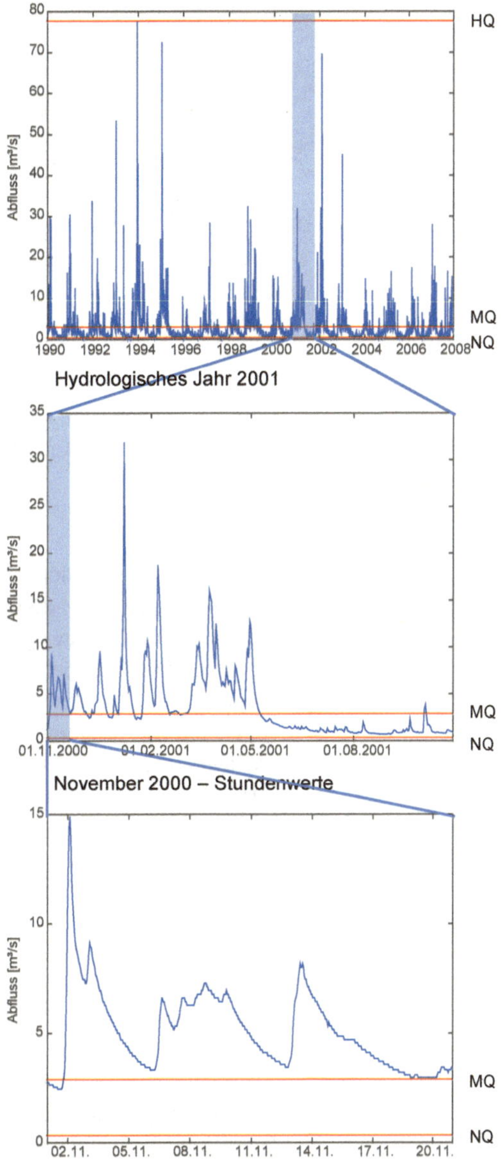

Abb. 8-2 | Links: Das Gerinne, seine Geometrie und die Verteilung der Fließgeschwindigkeit; rechts: Ort des Abflusses im Hochwasserfall: das Überschwemmungsgebiet bzw. die Aue (nach Dyck und Peschke 1995).

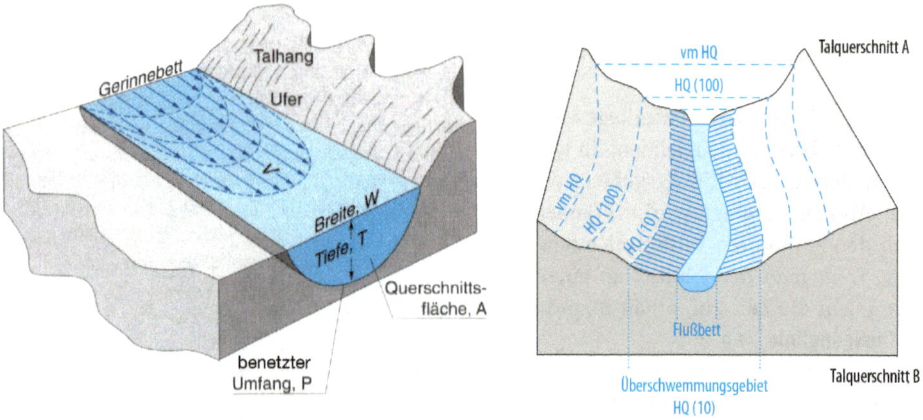

Ufer, sodass sich der Fließprozess auf die **Gewässeraue** ausdehnt. Die Aue bezeichnet den Teil des Talgrunds, der vom Fließgewässer geprägt wird.

Fließprozess

Neben dem Prinzip der Massenerhaltung (→ Gl. 8.1) ist das Prinzip der Energieerhaltung für den Fließprozess essenziell. Das Wasser ändert demnach seinen Bewegungszustand infolge eines Gradienten der mechanischen Energie, bestehend aus potenzieller Energie und kinetischer Energie. Die Aufteilung der mechanischen Energie ist prinzipiell gleich mit den Bedingungen im Grundwasser und wird mit der **Bernoulli-Gleichung** oder **Energiegleichung** (→ Kap. 6) beschrieben. Im Gegensatz zur relativ langsamen Fließgeschwindigkeit im Grundwasser kann beim Fließprozess an der Oberfläche die kinetische Energie des Wassers in der Regel nicht vernachlässigt werden. Die Bernoulli-Gleichung gilt in der vorliegenden Form nur für weitgehend **laminare** Fließprozesse. Fließprozesse in einem Gerinne können jedoch auch **turbulent** sein. Während sich im laminaren Fließprozess die Wassermoleküle auf gleichbleibenden, parallel verlaufenden Fließbahnen bewegen, kommt es im turbulenten Fließprozess zu einem Kreuzen der Fließbahnen und damit zu einer Vermischung des Wassers (Abb. 8-3). Dabei erhöht sich die innere Reibung des Wassers, was zusätzlich kinetische Energie in Wärme umsetzt. Die Kenntnis über den Fließprozess bildet die Grundlage für die Auswahl von geeigneten Messverfahren für den Abfluss.

Rechnerisch lässt sich das laminare Fließen vom turbulenten Fließen über die **Reynolds-Zahl** Re (→ Kap. 2) abgrenzen:

$$Re = \frac{\bar{v} \cdot r_h}{\eta_k} \tag{8.5}$$

mit Re = Reynolds-Zahl
$\bar{v}$ = mittlere Fließgeschwindigkeit [m/s],
r_h = hydraulischer Radius [m],
η_k = kinematische Viskosität [Pa s].

Der hydraulische Radius lässt sich gemäß Gl. 8.6 berechnen:

$$r_h = \frac{\text{durchflossene Fläche}}{\text{benetzter Umfang}} \tag{8.6}$$

Neben der Abgrenzung von laminarem (Re ≤ 500) und turbulentem Fließen (Re > 500) unterscheidet man zusätzlich zwischen langsamem **Strömen** und dem schnellen **Schießen**. Strömendes Wasser fließt langsamer als die Ausbreitungsgeschwindigkeit von Wellen, schießendes Wasser schneller. Das führt dazu, dass sich Störungen im Fließgewässer unter schießenden Abflussverhältnissen nur in Fließrichtung auswirken, während sie sich unter strömenden Abflussverhältnissen auch entgegen der Fließrichtung auswirken. Abgrenzen lassen sich diese Fließzustände über die **Froude-Zahl** (Aigner und Bollrich 2015).

Der Fließprozess im Gewässer bewirkt, dass sich extreme Abflussverhältnisse abschwächen. Neben der reinen Verschiebung des Abflussimpulses, der Translation, in Zeit und Raum erfolgt eine Verformung der Ganglinie. Dieser Vorgang nennt sich **Gerinneretention** und führt z.B. zu einer Absenkung von Hochwasserscheiteln entlang des Fließgewässers (→ Kap. 14). Abb. 8-4 zeigt beispielhaft die Verformung einer Hochwasserwelle entlang eines Gerinneabschnitts. Ursache für die Verformung der Hochwasserwelle ist die im Fließquerschnitt unterschiedliche Fließgeschwindigkeit, die unabhängig von der Art des Fließvorgangs zu einer Absenkung des Scheitelwerts führt. In der Strommitte ist die Fließgeschwindigkeit höher als im Uferbereich, an der Gewässersohle kleiner

Die Gerinneretention bewirkt eine Verzögerung und Dämpfung des Abflusssignals.

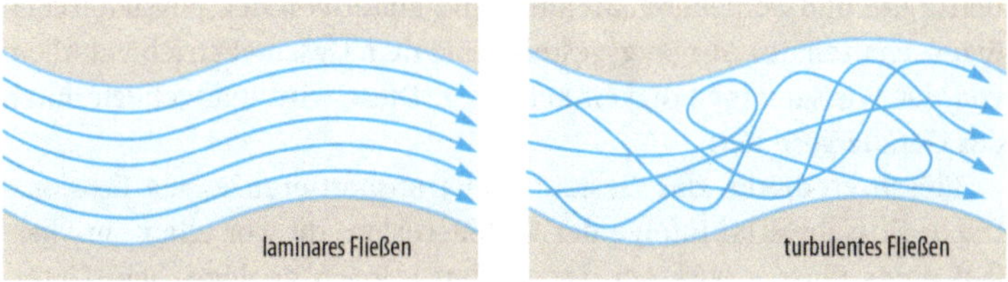

Abb. 8-3

Stromlinien im Falle laminarer und turbulenter Strömungsverhältnisse (Press und Siever 2003).

Abb. 8-4

Verformung der Abflussganglinie als Folge der Gerinneretention (nach Dyck und Peschke 1995). Mit zunehmender Fließstrecke nehmen die Scheitelabflüsse Q_{max} (A) und Q_{max} (C) ab. Die Wellenablaufzeiten wachsen hingegen von t_A auf t_C an.

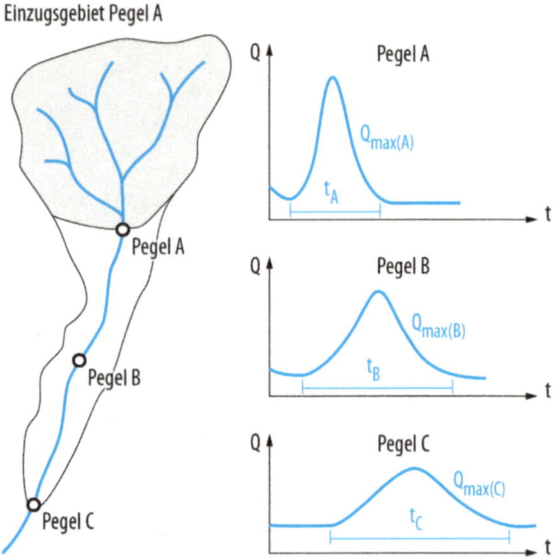

als an der Wasseroberfläche. Von großer Bedeutung ist in diesem Zusammenhang auch die Speicherwirkung, da es mit dem Hochwasser zum Anstieg des Wasserspiegels und damit einer zusätzlichen Wasserspeicherung im betrachteten Flussabschnitt kommt. Erst mit dem Hochwasserrückgang wird dieses Wasser nach unterhalb abgegeben. Dieser Effekt ist im Falle von Ausuferung besonders groß. Umgekehrt verhält es sich im Falle von Niedrigwassern, bei denen der Speicherinhalt abnimmt.

Morphodynamik

Gerinnebetten sind keine statischen Gebilde. Sie unterliegen ständigen Veränderungen durch **Abtragung**, **Transport** und **Ablagerung** von Sediment als Wirkungen des Abflussprozesses. Diese Prozesse können sowohl an der Sohle, z.B. als **Tiefenerosion**, als auch in den Uferbereichen, z.B. als **Seitenerosion**, wirken. Die erodierende und akkumulierende Wirkung des Wassers formt das Gerinnebett. Gewässertiefe, Bettbreite und Sohlebeschaffenheit sind außer von den physikalischen Eigenschaften des Ausgangsgesteins und dem Geschiebetrieb vor allem von der Fließgeschwindigkeit abhängig. Diese wird maßgeblich durch das Gefälle gesteuert.

Flüsse erodieren das Gestein und transportieren es als Erosionsfracht flussabwärts. Infolge der Tiefenerosion, die vor allem im **Oberlauf** eines Flusses wirksam ist, werden je nach geologischem Untergrund und Gefälleverhältnissen **Kerbtäler, Kerbsohlentäler, Kastentäler** oder **Sohlentäler**, aber auch **Canyons** in die Landschaft geschnitten. Nur in Schluchten und engen Kerbtälern füllt das Gewässer den gesamten Talgrund aus. Innerhalb der **Aue** kann das Flussbett unter natürlichen Verhältnissen seinen Verlauf verändern. Dies geschieht v.a. infolge von Hochwasserereignissen. In unserer Kulturlandschaft sind allerdings die meisten Fließgewässer durch Deiche, Sohlschwellen oder auch Ufer- und Sohlbefestigungen künstlich fixiert. Der Grundriss des Gerinnebetts hängt vor allem vom Gefälle und vom Substrat ab: In schwach geneigten Tälern bildet sich bei bindigen Substraten ein **mäandrierendes** Flussbett (Abb. 8-5), in stärker geneigten mit gröberen Substraten ein **breitenverzweigtes** Flussbett aus. In Tälern mit sehr starkem Gefälle ist das Flussbett oft **gestreckt**. Dabei handelt es sich aufgrund der stärkeren Tiefenerosion oftmals um schluchtartige Talformen.

Insbesondere im **Mittellauf** stellt sich im Flussbett ein natürliches Gleichgewicht zwischen Erosion und Sedimentation ein, das abhängig von der Abflussdynamik ist. Sinkt die Fließgeschwindigkeit eines Flusses, vermindert sich seine Transportkraft für mitgeführte Sedimente. Dies tritt regelmäßig bei Verminderung der Wasserführung, z.B. nach einem Hochwasserereignis, ein. Es können **Sand- und Kiesbänke** oder auch Inseln entstehen. Wenn während eines Hochwasserereignisses grobe Sedimente bereits flussnah und feinere Sedimente flussferner in der Aue abgelagert werden, kann es abschnittsweise zur Ausbildung natürlicher Dämme kommen. Man spricht dann von einem **Dammuferfluss.** Im **Unterlauf** der Flüsse sinkt die Transportkraft aufgrund des verminderten Gefälles grundsätzlich stark ab. Dadurch überwiegt hier die Ablagerung, es werden große Mengen an Feinsediment abgelagert.

Merksatz:
Im Oberlauf eines Flusses dominiert Erosion, im Mittellauf der Transport von Sedimenten und im Unterlauf die Ablagerung von Sedimenten.

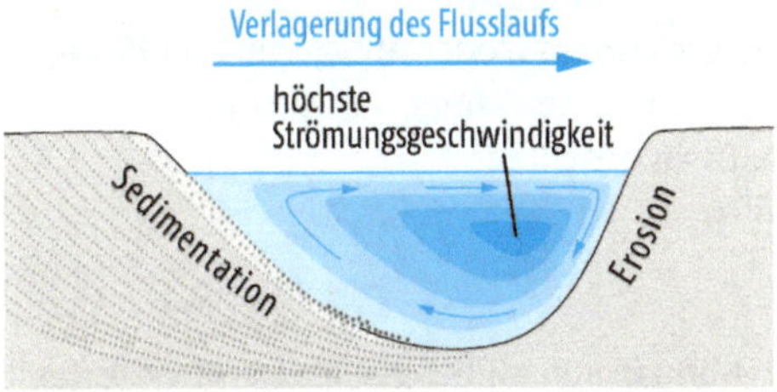

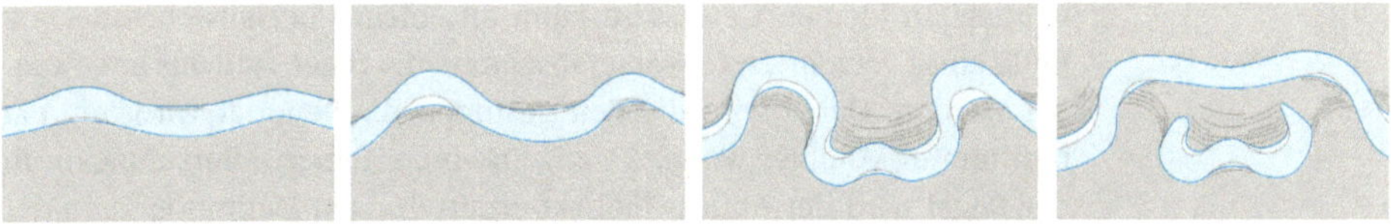

Abb. 8-5

Entwicklungsstadien von Mäanderschlingen. Während am Prallhang Erosion stattfindet, wird am Gleithang Material abgelagert (Press und Siever 2003).

8.2 Messmethoden

Wasserstand

Eine der beiden charakteristischen Größen eines Fließgewässers ist der **Wasserstand**, auch Lage des Wasserspiegels oder Wasserspiegelhöhe genannt, unter dem man den Höhenunterschied zwischen dem Wasserspiegel und dem Bezugsniveau Pegelnull PN versteht. Er ist zu unterscheiden von der Tauchtiefe, die man auf die Gewässersohle bezieht und die sich bei gleichen Wasserständen durch Erosion und Sedimentation ändern kann. PN kann im Grunde genommen frei gewählt werden, sollte aber unterhalb der niedrigsten zu erwartenden Wasserspiegellage liegen, um negative Messwerte zu vermeiden. An Küstenpegeln wird ein einheitliches PN verwendet.

Pegel dienen der Erfassung des Wasserstands von Gewässern.

Die Messung des Wasserstands erfolgt an einem **Pegel**. Pegel werden danach unterschieden, ob sie manuell abgelesen werden müssen, um den Wasserstand zu bestimmen, wie z.B. **Lattenpegel**, oder ob sie den Wasserstand automatisch erfassen, also **registrierende Pegel** sind. Registrierende Pegel haben den Vorteil, dass der Wasserstand kontinuierlich oder in festen Zeitintervallen aufgezeichnet wird. An amtlichen Pegelstationen wird in der Regel sowohl ein Lattenpegel als auch ein registrierender Pegel installiert, um den Wasserstand sowohl direkt ablesen als auch kontinuierlich aufzeichnen zu können.

Pegel werden unterschieden nach der Art und Weise, wie die Erfassung des Wasserstands technisch durchgeführt wird (Tab. 8-1).
Wesentliche **Kriterien** für die Auswahl von **Pegelstandorten** sind:

- Erfassung sämtlicher Wasserstands- und Abflussbereiche;
- Vermeidung von wechselndem Rückstau im Fließgewässer;
- Auswahl einer geraden Gewässerstrecke, um Verwirbelungen zu vermeiden;
- Vermeidung/Entfernung von Verkrautung;
- stabile Flussstrecke ohne Erosion und/oder Ablagerung im Profil;
- günstige Möglichkeiten zur Abflussmessung, z.B. Brücke;
- Möglichkeit, ein Pegelhaus zu errichten;
- und eine günstige Zufahrt.

Abfluss

Nur sehr selten kann der Abfluss eines Fließgewässers **direkt** erfasst werden. In kleinen Gewässern kann an einem Überfallwehr oder am Ende eines verrohrten Gewässerabschnitts die **Eimer-Methode** angewendet werden. Dabei wird die Zeit gestoppt, die benötigt wird, um ein bestimmtes Volumen Wasser – z.B. in einem Eimer – aufzufangen. In der Regel wird der Abfluss **indirekt** ermittelt. Laut Definition kann der

Verschiedene Arten von Pegeln. | **Tab. 8-1**

Lattenpegel; manuelle Ablesung	Mittels eines Lattenpegels kann der Wasserstand mit einer Auflösung von 1–2 cm abgelesen werden. Der Wasserstand bezieht sich auf den Pegelnullpunkt. Der Standort eines Pegels ist so zu wählen, dass der gesamte Schwankungsbereich des Wasserstands, also auch extremes Hochwasser, erfassbar ist. Die Ablesung des Lattenpegels erfolgt in regelmäßigen Abständen, mindestens einmal täglich, durch einen Pegelbeobachter. Lattenpegel sind zur Kontrolle auch bei einem registrierenden Pegel erforderlich.
Schwimmerpegel; registrierend	Registrierende Pegel sind traditionell meist als Schwimmerpegel angelegt. Der Wasserstand wird dabei über einen Schwimmer erfasst, der in einem eigenen Schwimmerschacht angebracht ist. Dieser ist nach dem Prinzip der kommunizierenden Röhren über ein Rohr mit dem Fließgewässer verbunden. Das Schwimmerseil läuft über eine Rolle und ist mit einem Gegengewicht versehen. Die Bewegung wird mechanisch auf einen Schreibarm übertragen und der Wasserstand dann mechanisch auf Registrierpapier oder elektronisch über einen Winkelcodierer mit angeschlossenem Datensammler aufgezeichnet.
Druckluftpegel; registrierend	Die Ermittlung des Wasserstands mittels Druckluftpegel beruht auf dem Widerstand, der der unter Wasser ausperlenden Druckluft entgegengesetzt wird.
Drucksonde; registrierend	Mittels einer Drucksonde wird der Druck der Wassersäule über einer Druckmesszelle auf elektronischem Weg erfasst. Die Messung erfolgt gegen den Umgebungsdruck über eine Kapillare im Verbindungskabel.
Ultraschallpegel und Radarpegel; registrierend	Mittels Ultraschall bzw. Radar kann der Wasserstand berührungsfrei aus der Laufzeit eines an der Wasseroberfläche reflektierenden Schall- oder Radarsignals ermittelt werden (Echolotprinzip). Derzeit werden in Deutschland viele Pegel von den klassischen Schwimmersystemen auf Ultraschall- oder Radarsysteme umgerüstet.

Abfluss Q aus der mittleren **Fließgeschwindigkeit** abgeleitet werden. Für eine genaue Bestimmung muss das **Fließgeschwindigkeitsprofil** detailliert bestimmt werden. Für Teilflächen A_i in Form von Lamellen werden aus Geschwindigkeitsprofilen die mittleren Geschwindigkeiten $\overline{v}_i$ und Teilflächenabflüsse Q_i ermittelt, die schließlich in der Summe den Abfluss für das gesamte Querprofil ergeben (Abb. 8-6).

$$Q = \Sigma Q_i = \Sigma \overline{v}_i \cdot A_i \qquad (8.7)$$

Als Abschätzung kann in gleichförmigen Flussabschnitten mit laminaren Fließbedingungen die mittlere Fließgeschwindigkeit vereinfacht als die Hälfte der Fließgeschwindigkeit angenommen werden, die in der Flussmitte an der Wasseroberfläche vorherrscht. Diese kann mithilfe eines Schwimmkörpers und einer Stoppuhr ermittelt werden.

Der Abfluss wird meist indirekt über die Fließgeschwindigkeit im Fließquerschnitt ermittelt.

Als klassische Messinstrumente werden **mechanische Messflügel** verwendet. Die Rotationsgeschwindigkeit des Messflügels wird dabei in Beziehung zur Fließgeschwindigkeit gesetzt. Alternativ werden **elektromagnetisch-induktive Verfahren** und **Ultraschallverfahren** zur Bestimmung der Fließgeschwindigkeit eingesetzt. Während in elektromagnetischen Verfahren die Fließgeschwindigkeit aus der Spannung ermittelt wird, die das fließende Wasser in einem elektromagnetischen Feld um den

Sensor herum induziert, beruhen Ultraschallverfahren auf dem Doppler-Effekt.

Der induktive Sensor kann wie ein Messflügel eingesetzt werden. Ansonsten kommen solche Sensoren auch fest installiert zum Einsatz, z.B. an Ufermauern, Pfosten oder im Falle des Ultraschallsensors auch auf der Gewässersohle, sodass eine kontinuierliche Messung der Fließgeschwindigkeit möglich ist. Eine Messung des Abflusses ist daneben mit mobilen Abflussmesssystemen möglich. So kann mit einem Ultraschalldopplersensor, der auf einem kleinen Boot montiert ist und schrittweise über die gesamte Gerinnebreite verschoben wird, an jeder Position die Wassertiefe erfasst und das vertikale Fließgeschwindigkeitsprofil bestimmt werden. Aus diesen Daten wird dann manuell oder automatisiert der Gesamtabfluss berechnet. Die Ermittlung des Abflusses über die Fließgeschwindigkeit eignet sich besonders für laminar fließende Gewässer, da im Vergleich zu turbulent fließenden Gewässern die Messdauer der Fließgeschwindigkeit erheblich reduziert werden kann.

Als alternatives Verfahren für die Abflussbestimmung in turbulent fließenden Gewässern, wie z.B. Gebirgsbächen, eignet sich die **Verdünnungsmessung**. In diesem Fall wird ein Markierstoff ins Wasser gegeben, z.B. ein Farbtracer oder Salz, und dessen Verdünnung bestimmt. Je stärker die gemessene Verdünnung im Vergleich zur eingegebenen Konzentration ist, desto größer ist der Abfluss (→ Kap. 16).

Abb. 8-6 | Ermittlung des Abflusses über die Fließgeschwindigkeit. Für die abgebildeten acht Teilflächen werden anhand der Geschwindigkeitsprofile mittlere Fließgeschwindigkeiten berechnet (Dracos 1980).

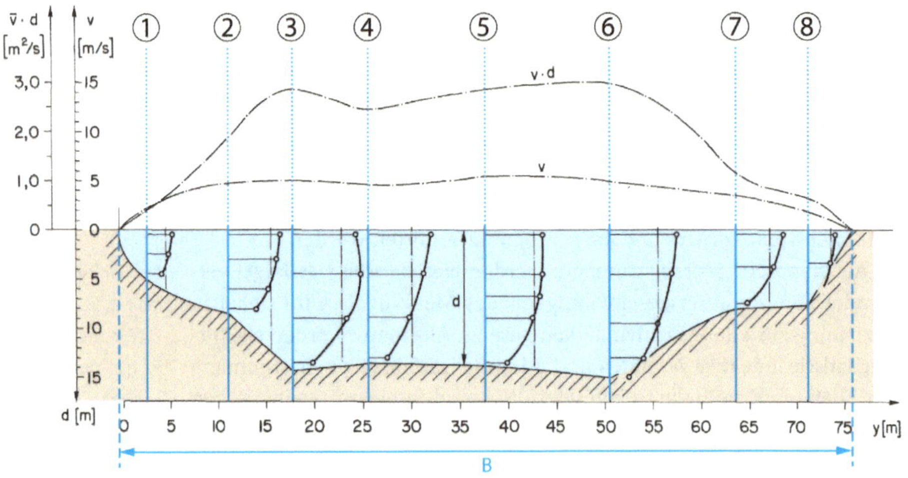

Schließlich eignen sich **Messwehre**, z.B. Überfallwehre in Dreieckform (Abb. 8-7; Thomson-Wehr) oder Rechteckform, und **Messgerinne** wie das Venturi-Gerinne für die Abflussbestimmung. Sie weisen eine definierte Beziehung zwischen Wasserstand und Abfluss auf, stellen aber einen starken Eingriff in das Fließgewässer dar und behindern auch die Durchgängigkeit des Gewässers.

Abb. 8-7

Dreiecks-Messwehr zur Bestimmung des Abflusses (Foto: Markus Casper).

Abflusskurve

Zielgröße der überwiegenden Anzahl hydrologischer Fragestellungen ist der Abfluss. Da die Messung des Abflusses aufwendiger ist als die des Wasserstands und in den seltensten Fällen kontinuierlich erfolgen kann, wird für Pegelstationen eine funktionale Beziehung zwischen Wasserstand und Abfluss aufgestellt, die als **Abflusskurve** bezeichnet wird. Auch die Bezeichnungen Pegelschlüsselkurve oder Wasserstands-Abfluss-Beziehung (engl. stage discharge curve bzw. rating curve) werden in der Praxis verwendet. Die Abflusskurve legt für jeden Wasserstand einen Abfluss fest (Abb. 8-8). Voraussetzungen für die Existenz und die Gültigkeit einer Beziehung zwischen Wasserstand und Abfluss sind (1) die **Gerinnekonstanz**, also die Unveränderlichkeit des Fließquerschnitts, und damit die Vermeidung von Erosion und Akkumulation im Fließquerschnitt, (2) die Vermeidung von **Verkrautung**, d.h., der Fließquerschnitt muss von Wasserpflanzen frei gehalten werden, und (3) das Vermeiden von Rückstau.

Die Abflusskurve wird erstellt, indem über einen längeren Zeitraum an vielen unterschiedlichen Wasserständen Abflussmessungen durchgeführt und aufgezeichnet werden. Daraus resultieren Wertepaare (W, Q), an die durch Regressionsrechnung ein funktionaler Zusammenhang zwischen Abfluss und Wasserstand angepasst werden kann. Dabei ist jeweils zu überprüfen, ob sich dieser Zusammenhang mit der Zeit verändert. Nach einer Veränderung des Fließquerschnitts, z.B. infolge von Extremereignissen, kann die Neuaufstellung der Abflusskurve erforderlich sein.

Merksatz:
Die Abflusskurve ermöglicht die kontinuierliche Erfassung von Abflüssen über die Messung des Wasserstands an einem Pegel.

In der Praxis ist man beim Aufstellen der Abflusskurve zusätzlich mit dem Problem konfrontiert, dass die meisten Abflussmessungen unter

Abb. 8-8 | Pegelschlüsselkurve für den Pegel Hornbach/Schwalb (Rheinland-Pfalz): Abflussmessungen (+), Schlüsselkurve (rote Linie) und hydraulische Berechnung mit Jabron (blaue Linie) (Landesamt für Umwelt, Wasserwirtschaft und Gewerbeaufsicht Rheinland-Pfalz 2015).

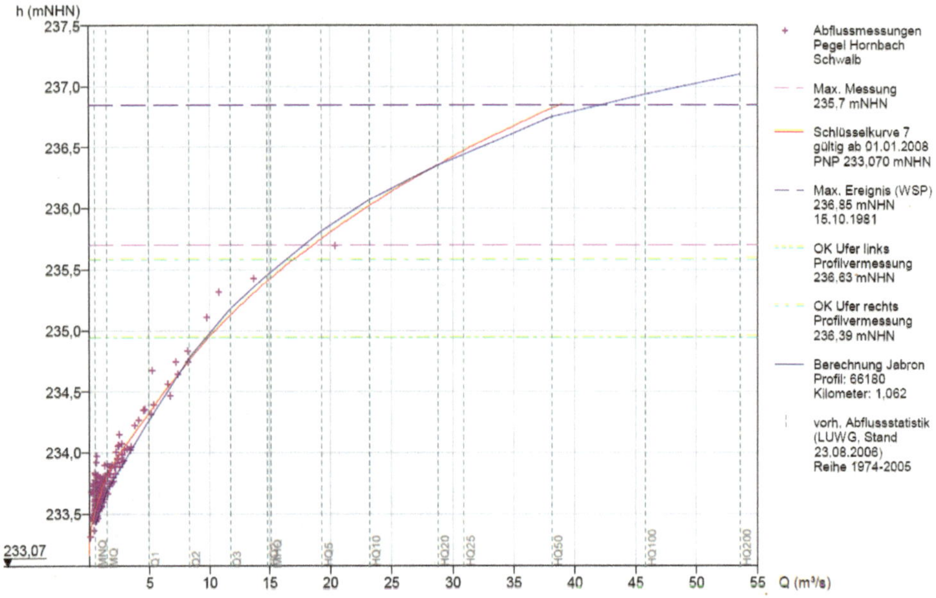

normalen Abflussverhältnissen erfolgen und die extremen Bereiche der **Hoch- und Niedrigwasserabflüsse** schlechter abgedeckt sind, weil sie nur selten beobachtet werden können. Das führt dazu, dass die Abflusskurve in diesen Bereichen schwach oder gar nicht durch Messwerte abgesichert und damit unsicher ist. Werden Wasserstände beobachtet, für die noch keine Abflussmessungen vorliegen, muss die Abflusskurve extrapoliert, d.h., über den durch Wertepaare belegten Bereich hinaus verlängert werden, um das zugehörige Q ermitteln zu können.

Im Falle von überwiegend langsamen Fließgeschwindigkeiten, etwa im norddeutschen Tiefland (→ Kap. 18), ist es nicht immer möglich, den Einfluss von Verkrautung auszuschalten, der bei gleichem Abfluss zu höheren Wasserständen führt. In diesem Fall stehen Korrekturverfahren zur Verfügung, um eine Überschätzung des Abflusses durch Berechnung mittels Abflusskurve zu vermeiden.

Die Bestimmung des Abflusses unter Rückstaubedingungen ist nur durch kontinuierliche Erfassung der Fließgeschwindigkeit mit fest installierten Sensoren möglich. Wenn die gemessene Fließgeschwindigkeit am Sensor nicht exakt mit der mittleren Geschwindigkeit des Fließquerschnitts übereinstimmt, muss, ähnlich wie im Falle der Abflusskurve, auf der Grundlage von Flügelmessungen eine Korrekturfunktion abgeleitet werden.

Statistische Auswertungen und Berechnungsverfahren | 8.3

Gewässerkundliche Hauptwerte

Für gewässerkundliche und wasserwirtschaftliche Fragestellungen werden die erhobenen hydrologischen Daten statistisch ausgewertet und in sogenannten «Gewässerkundlichen Jahrbüchern» zusammengestellt. Dabei wird der Wasserstand mit dem Symbol W gekennzeichnet, der Abfluss mit dem Symbol Q, die Abflussspende, also der Abfluss pro Einzugsgebietsfläche, mit dem Symbol *q*. Hauptwerte werden aus den entsprechenden langjährigen Datenreihen an Pegeln berechnet, wie aus Tab. 8-2 ersichtlich wird.

Gewässerkundliche Hauptwerte sind statistische Kennwerte zur Charakterisierung des Abflusses an einem Pegel.

Neben der Berechnung der «Gewässerkundlichen Hauptwerte» hat die Ermittlung von Häufigkeitsverteilungen eine große Bedeutung in Hydrologie und Wasserwirtschaft. Die **Dauerlinie** ist eine ranggeordnete Häufigkeitsverteilung. Man erhält sie durch die Darstellung der Messwerte Abfluss und Wasserstand in der Reihenfolge ihrer Größe. Die Zeitreihe wird also der Größe nach sortiert. Aus der **Abflussdauerlinie** können **Über-** bzw. **Unterschreitungshäufigkeiten** entnommen werden. Man erhält z.B. eine Antwort auf die Frage, an wie vielen Tagen

Gewässerkundliche Hauptwerte (Daten: Bundesamt für Gewässerkunde). | **Tab. 8-2**

Abkürzung	Bedeutung
HHW / HHQ / HHq	Höchster bekannter Wert
HW / HQ / Hq	Höchster Wert gleichartiger Zeitabschnitte einer Zeitspanne
MHW / MHQ / MHq	Mittelwert der höchsten Werte gleichartiger Zeitabschnitte einer Zeitspanne
MW / MQ / Mq	Mittelwert gleichartiger Zeitabschnitte einer Zeitspanne
MNW / MNQ / MNq	Mittelwert der niedrigsten Werte gleichartiger Zeitabschnitte einer Zeitspanne
NW / NQ / Nq	Niedrigster Wert gleichartiger Zeitabschnitte einer Zeitspanne
NNW / NNQ / NNq	Niedrigster bekannter Wert
NMxW / NMxQ / NMxq	Niedrigstes arithmetisches Mittel von x aufeinanderfolgenden Tageswerten in Niedrigwasserzeitabschnitten
HQ_t	Ingenieurtechnisch ermittelter wahrscheinlich erreichter Hochwasserscheitelabfluss (HQ) innerhalb der Zeitspanne t (z. B. HQ_{100} = 1500 m³/s: Statistisch tritt innerhalb von 100 Jahren wahrscheinlich ein Hochwasserabfluss von 1500 m³/s auf)

Abb. 8-9 | Abflussganglinie (links) und die dazugehörige Abflussdauerlinie (rechts). Daten Pegel Müsch (Ahr) (Landesamt für Umwelt, Wasserwirtschaft und Gewerbeaufsicht Rheinland-Pfalz 2015).

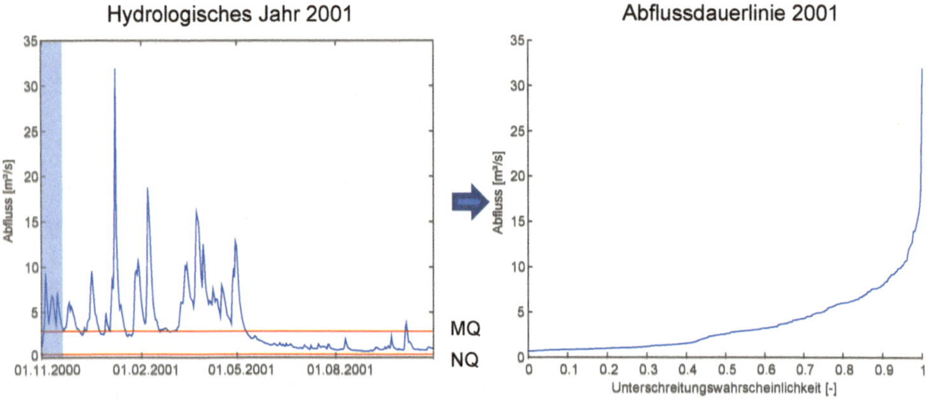

im Jahr ein bestimmter Wasserstand oder Abfluss in einem Gewässer über- oder unterschritten wird (Abb. 8-9). Des Weiteren können statistische Parameter wie Median, also der Wert, der gleich häufig unter- und überschritten wird, Unterschreitungshauptwerte, also Werte, die an x Tagen erreicht oder unterschritten werden, und Modalwert, der häufigste Wert der Dauerlinie, entnommen werden.

Dauerlinien werden in der Gewässerkunde für die Fälle benötigt, in denen bestimmte Wasserstände oder Abflüsse für die Bemessung von Anlagen (→ Kap. 23) oder für die Abschätzung von Betriebsdauern notwendig sind. Mögliche Anwendungen sind die Bemessung von Turbinen in Wasserkraftanlagen oder die Abschätzung von Ausfallzeiten in der Binnenschifffahrt, wenn die Mindestfahrrinnentiefe aufgrund von Niedrigwasser unterschritten oder der maximal für die Schifffahrt freigegebene Wasserstand durch Hochwasser überschritten ist. Dauerlinien können auch als **Proxy**, also als Hilfsvariable, für das hydrologische Verhalten eines Einzugsgebiets dienen, z.B. als Grundlage für eine Einzugsgebietsklassifikation (Ley et al. 2011). Ebenso können sie als Zusatzinformation für die Kalibrierung von hydrologischen Modellen genutzt werden (→ Kap. 15).

Abschätzung der Fließgeschwindigkeit

In der hydrologischen Praxis werden oft Abschätzungen der Fließgeschwindigkeit benötigt, da keine Messungen zur Verfügung stehen. Ein weit verbreiteter empirischer Ansatz zur Berechnung der Fließgeschwindigkeit einer Strömung für hydraulisch raue Verhältnisse ist die

Gleichung nach Manning-Strickler. Mit ihrer Hilfe kann man die mittlere Fließgeschwindigkeit aus dem hydraulischen Radius r_h (→ Gl. 8.6), dem Längsgefälle J und der Rauheit des Gerinnes n ableiten:

Die Gleichung von Manning und Strickler erlaubt eine Abschätzung der mittleren Fließgeschwindigkeit aus Gerinnegeometrie, Sohlgefälle und Rauheit.

$$\overline{v} = r_h^{\frac{2}{3}} \cdot J^{\frac{1}{2}} \cdot k_{st} = r_h^{\frac{2}{3}} \cdot J^{\frac{1}{2}} \cdot \frac{1}{n} \quad (8.8)$$

mit $\overline{v}$ = mittlere Fließgeschwindigkeit [m/s]
r_h = hydraulischer Radius [m]
J = Längsgefälle [mm]
k_{St} = Rauheitsbeiwert nach Strickler [$m^{1/3}/s$]
n = Rauheit des Gerinnes nach Manning [$s/m^{1/3}$]

Der hydraulische Radius r_h ergibt sich dabei aus dem Quotienten von Fließquerschnitt und benetztem Umfang des Querprofils. Rauheitsbeiwerte liegen tabelliert in der Literatur vor (z.B. Maniak 2010 oder Aigner und Bollrich 2015).

Berechnungsansätze für den Wellenablauf

Die Berechnung des Wellenablaufs in Fließgewässern ist von großer Bedeutung. Insbesondere für die kurzfristige Vorhersage von Hochwasserereignissen spielt die Kenntnis von Translation und Retention eine große Rolle (→ Kap. 14). Je nach Bedeutung der beiden Teilprozesse gibt es Berechnungsansätze, die auf die Abbildung der Translation, der Retention oder beider Prozesse abzielen.

Die **Translation** kann am einfachsten über **charakteristische Fließzeiten**, die Isochronen, beschrieben werden (Abb. 8-10). Für ein Einzugsgebiet werden zunächst Flächen der Fließzeitintervalle bestimmt, die dann in das Zeit-Flächen-Diagramm übertragen werden, das näherungsweise der Abflussganglinie am Einzugsgebietsauslass entspricht.

Ein einfacher, aber wirkungsvoller Ansatz zur Darstellung der **Retention** in einem Fließgewässerabschnitt ist die Methode der **linearen Speicherkaskade**. Der **lineare Speicher** funktioniert zunächst nach dem Prinzip, dass der Ausfluss (Q) aus einem Gewässerabschnitt proportional zur gespeicherten Wassermenge (S) ist:

$$Q = k \cdot S \quad (8.9)$$

Dabei bestimmt die **Speicherkonstante** k, wie stark der Effekt der Retention ist. Wird die Konstante auf den Wert 1 gesetzt, ist der Effekt der Retention gleich null. Je kleiner die Konstante gewählt wird, umso stärker ist die Retention. Zur Darstellung der Retention eines längeren Fließgewässerabschnitts kann anstelle eines einzelnen Linearspeichers eine Reihenschaltung bzw. Kaskade von Linearspeichern gewählt wer-

Abb. 8-10 | Berechnung der Translation über charakteristische Fließzeiten. Links: Flächenhafte Darstellung der Fließzeiten im Einzugsgebiet; rechts: Zeit-Flächen-Diagramm (nach Ross 1921).

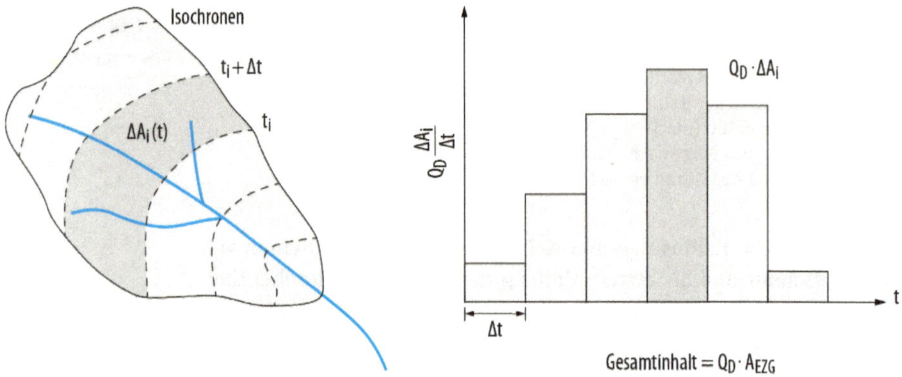

den, die **Speicherkaskade**. Dies führt dazu, dass sich die Effekte der einzelnen Speicher bzw. Abschnitte aufsummieren (Maniak 2010).

Abschließend sollte darauf hingewiesen werden, dass aufgrund der Bedeutung des Wellenablaufs im Hinblick auf die hydrologische Reaktion von Einzugsgebieten dieser hydrologische Prozess in der Regel in Einzugsgebietsmodellen integriert ist (→ Kap. 15).

Weiterführende Literatur

Aigner, D. und G. Bollrich (2015): Handbuch der Hydraulik. Berlin.

Baumgartner, A. und H.-J. Liebscher (Hrsg.) (1996): Allgemeine Hydrologie. Quantitative Hydrologie. In: Lehrbuch der Hydrologie Band 1. 2. Auflage. Berlin/Stuttgart.

Fryrirs, K. und G. Brierley (2013): Geomorphic Analysis of River Systems. An Approach to Reading the Landscape. Hoboken, NJ.

Morgenschweis, G. (2010): Hydrometrie. Theorie und Praxis der Durchflussmessung in offenen Gerinnen. Berlin u.a.

Abflussbildung in der Landschaft | 9

Axel Bronstert

Inhalt

9.1 Einführung

9.2 Abflussbildung als Teil des Wasserkreislaufs

9.3 Oberirdische Abflussprozesse

9.4 Unterirdische Abflussprozesse

9.5 Abfluss infolge von Schnee- und Eisschmelze

9.6 Abfluss von Siedlungsflächen

Unter dem Begriff «Abflussbildung» werden die hydrologischen Prozesse verstanden, welche in ihrer Gesamtheit zum Abfluss im Fließgewässer beitragen. Sie stellen zusammen mit dem Niederschlag, der Verdunstung und den Speichervorgängen im Einzugsgebiet die wesentlichen Prozesse des Wasserkreislaufs dar. Sie beeinflussen die Ausprägung von Hochwasserereignissen und von Niedrigwasserperioden. Diese hängt neben der räumlichen und zeitlichen Skala sehr stark von der naturräumlichen Ausstattung des Einzugsgebiets, den klimatologischen Randbedingungen und von der Wirkung anthropogener Eingriffe ab.

Einführung | 9.1

Die Kenntnis der Abflussbildungsvorgänge ist essenziell sowohl für Fragen der Wassermenge als auch der Wasserqualität. Die Prozesse der Abflussbildung steuern, wie viel Niederschlag auf dem Gelände oder im Boden gespeichert wird oder abfließt (→ Kap. 8). Diese Prozesse beeinflussen somit auch die Ausprägung von Hochwasserereignissen oder von Niedrigwasserperioden (→ Kap. 14).

Die **Abflussbildung** umfasst diejenigen hydrologischen Prozesse, welche zum Abfluss im Fließgewässer bzw. Vorfluter des Einzugsgebiets beitragen. Es geht also darum, wie viel Wasser in einer bestimmten Zeit als Teil des Wasserkreislaufs abfließt. Zumeist wird die Abflussbildung auf das zugehörige Einzugsgebiet bezogen. Dann ist die zugehörige Einheit [mm]. Bisweilen sieht man auch Angaben als Anteil des Niederschlags, als dezimale Angabe oder in Prozent, oder auch als Anteil des Abflusses im Fließgewässer, dann z.B. in der Einheit l/s (→ Kap. 8).

Bei der **Abflusskonzentration** spricht man von den Prozessen des Zusammenfließens des Wassers auf und unter der Landoberfläche bis zum Gewässer. Hier geht es darum, mit welcher zeitlichen Verteilung bzw. mit welcher Verzögerung der gebildete Abfluss dem Gewässer zufließt. Prozesse der Abflusskonzentration haben daher die Einheiten [min], [h] oder [d].

Unter dem **Gewässerabfluss**, zuweilen auch **Durchfluss im Gewässer**, versteht man die Wassermenge, die in einer bestimmten Zeit durch den Fließquerschnitt fließt (→ Kap. 8), gegeben in der Einheit [m^3/s] oder [l/s].

Große Abflussbeiwerte bedeuten, dass viel Niederschlagswasser zum Abfluss kommt.

Der **Abflussbeiwert** ist der Quotient aus der über einen festgelegten Zeitraum abgeflossenen Wassermenge, d.h. dem Abflussvolumen an einer Gewässerstelle, und der zeitlich und räumlich zugehörigen Niederschlagsmenge (siehe Gl. 14.3). Abflussbeiwerte liegen zwischen 0, gleichbedeutend mit keinem Abfluss aus dem Einzugsgebiet, und 1, gleichbedeutend mit dem Abfluss der gesamten Niederschlagsmenge. Große Abflussbeiwerte deuten also an, dass ein großer Anteil des Niederschlags zum Abfluss gelangt und somit wenig im Einzugsgebiet zurückgehalten wird oder verdunstet. Kleine Werte dagegen zeigen, dass die Abflussbildung insgesamt nur einen relativ kleinen Anteil am Wasserhaushalt des zugehörigen Gebiets einnimmt. Der Abflussbeiwert ist dimensionslos und hat hier das Symbol C.

Es werden zwei unterschiedliche Arten von Abflussbeiwerten unterschieden: ereignisbezogene Abflussbeiwerte und langfristige Abflussbeiwerte. Ersterer gilt nur für einzelne Niederschlag-Abfluss-Ereignisse und es wird bezüglich der Abflussmenge nur der Direktabfluss angesetzt.

Für die Prozesse der **Abflussbildung**, **Abflusskonzentration** und **Speicherung** spielen die jeweils relevante zeitliche und räumliche Größenordnung, also die **Zeitskala** und **Raumskala**, eine sehr wichtige Rolle. Das bedeutet, dass, je nachdem, über welchen Zeitraum und welche räumliche Ausdehnung die Prozesse integriert bzw. gemittelt werden, Abflussbildung, -konzentration und Wasserspeicherung im Gebiet unterschiedliche Werte annehmen.

Die Abflussbildung hängt von der naturräumlichen Ausstattung, den hydrometeorologischen Randbedingungen und anthropogenen Einflüssen im Einzugsgebiet ab.

Die Prozesse der Abflussbildung hängen zudem auch stark von folgenden **Eigenschaften des Einzugsgebiets** ab:

Naturräumliche Ausstattung

- Relief, z.B. Tiefland, Hügelland, Gebirge bzw. Hangneigung,
- Bodeneigenschaften, insbesondere Bodenmächtigkeit und -porosität,
- geologische und geomorphologische Situation,
- Grundwasserbedingungen, insb. Grundwasserflurabstand,
- Bewuchs bzw. Vegetation.

Hydrometeorologische Randbedingungen

- Niederschlagsmenge,
- Regenintensitäten,
- Bodenwassergehalt im Gebiet vor Beginn des Niederschlags,
- potenzielle und aktuelle Verdunstung,
- Anteil von Schneefall am Niederschlag,
- Temperatur, besonders für Fragen von Schneefall und -schmelze,
- Relevanz von Gletschern und deren Schmelze.

Anthropogener Einfluss

- Kulturpflanzen in Land- oder Forstwirtschaft,
- Versiegelung und/oder Verdichtung von Teilen der Geländeoberfläche,
- Entwässerung urbaner Flächen durch die Kanalisation,
- Entwässerung landwirtschaftlicher Flächen durch landwirtschaftliche Dränagen,
- gezielte Rückhaltemaßnahmen wie Rückhalte- oder Überlaufbecken.

Abflussbildung als Teil des Wasserkreislaufs | 9.2

Der über einem Einzugsgebiet fallende Niederschlag teilt sich an der Landoberfläche in verschiedene Komponenten auf: **Interzeption**, **Muldenspeicherung**, **Infiltration** und **Oberflächenabfluss**. Die Wasserrückführung in die Atmosphäre erfolgt durch die **Evapotranspiration** (→ Kap. 7). Zur Abflussbildung im Gewässer tragen neben dem Oberflächenabfluss auch unterirdische Abflussprozesse bei, wobei insbesondere die Grundwasserzone (→ Kap. 6), unter bestimmten Bedingungen aber auch die ungesättigte Zone (→ Kap. 5), eine wichtige Rolle spielen. Abb. 9-1 zeigt eine Darstellung des Wasserkreislaufs im Hangmaßstab für hügelig bzw. gebirgig geformte Landschaften.

Die einzelnen Abflussbildungsprozesse werden nachfolgend beschrieben. Die weiteren Prozesse des Wasserkreislaufs wurden in den → Kap. 5 bis 8 beschrieben. Das Zusammenfließen der gebildeten Abflussanteile im Einzugsgebiet, die Abflusskonzentration, formiert

Abb. 9-1 | Hydrologische Prozesse und Abflussbildung am Hang (Bronstert 1994, nach Dyck und Peschke 1989).

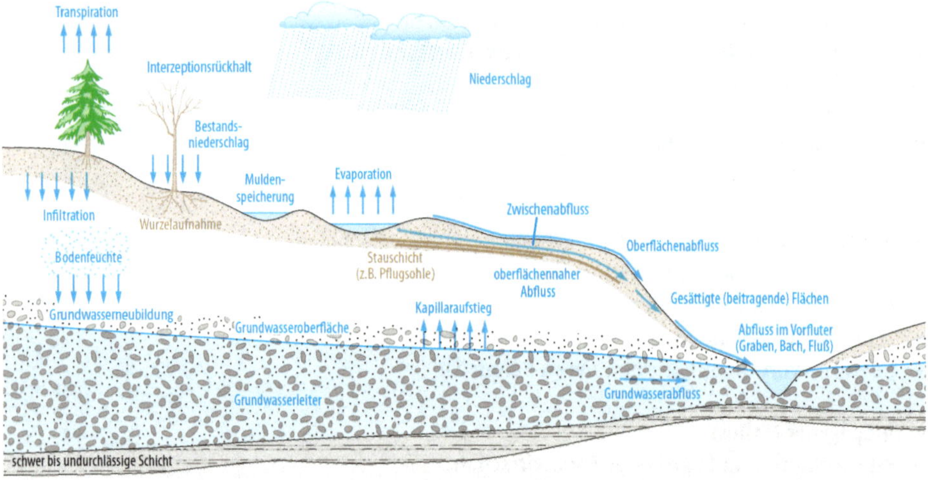

Abb. 9-2 | Fließschema der Teilprozesse des Wasserkreislaufs, mit besonderem Fokus auf die Abflussprozesse (nach Baumgartner und Liebscher 1996).

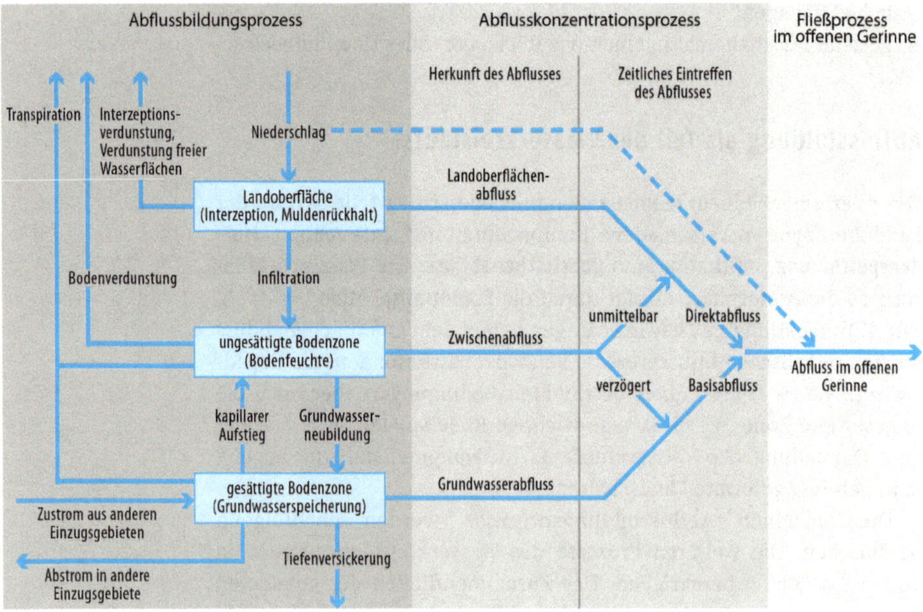

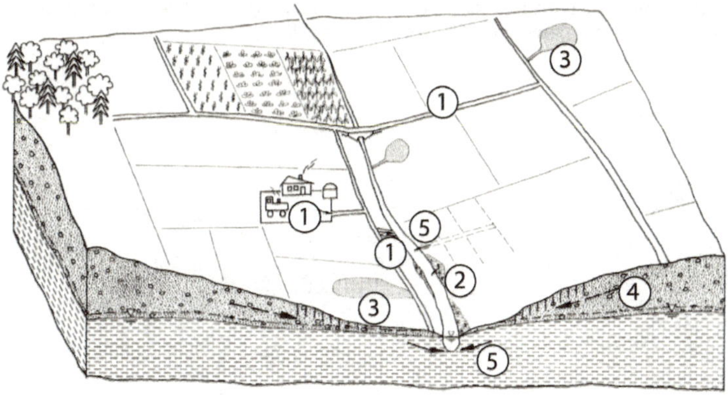

Abb. 9-3

Räumliche Heterogenität verschiedener Abflussbildungsprozesse in einer Agrarlandschaft: (1) Oberflächenabfluss von Siedlungsflächen; (2) Oberflächenabfluss von heterogenen gesättigten Flächen; (3) Oberflächenabfluss infolge von Infiltrationsüberschuss; (4) Zwischenabfluss; (5) Grundwasserabfluss.

den **Abfluss im Fließgewässer**. Die Summe aus Oberflächen- und schnellem Zwischenabfluss wird als **Direktabfluss** bezeichnet, der **Basisabfluss** wird oft dem Grundwasserabfluss und dem langsamen Zwischenabfluss gleichgesetzt. Die Bezeichnung «Direktabfluss» betont, dass diese Prozesse in zeitlich direktem Zusammenhang mit einem Niederschlagsereignis stehen. In Abb. 9-2 sind in einem Fließschema die Prozesse der Abflussbildung und des Wasserkreislaufs zusammengestellt. Abb. 9-3 zeigt exemplarisch die Heterogenität der Abflussbildungsprozesse in einer heterogenen, landwirtschaftlich geprägten Landschaft.

Oberflächenabfluss und schneller Zwischenabfluss werden als Direktabfluss zusammengefasst.

Grundwasserbürtiger Abfluss und langsamer Zwischenabfluss werden als Basisabfluss zusammengefasst.

9.3 Oberirdische Abflussprozesse

Unter **Oberflächenabfluss**, manchmal auch als Landoberflächenabfluss oder Überlandabfluss bezeichnet, wird das Wasser verstanden, das auf der Geländeoberfläche dem nächsten Fließgewässer oder Vorfluter zufließt. Gegebenenfalls kann lokal entstandener Oberflächenabfluss auch an anderer Stelle infiltrieren und erreicht in diesem Fall nicht unmittelbar den Vorfluter. Es können zwei Mechanismen unterschieden werden, die zu einer Überschreitung des Wasseraufnahmevermögens der Bodenoberfläche und damit nachfolgend zur Bildung von Oberflächenabfluss beitragen:

1. Die Regenintensität ist größer als die aktuelle Rate der Infiltration durch die Bodenoberfläche. In diesem Fall spricht man von **Oberflächenabfluss infolge von Infiltrationsüberschuss** oder von Horton'schem Abfluss (Horton 1933).

Abb. 9-4 | Möglichkeiten der Oberflächenabflussbildung am Hang: a) infolge von Infiltrationsüberschuss, b) infolge von Sättigungsüberschuss (Bronstert 1994, nach Kölla 1987).

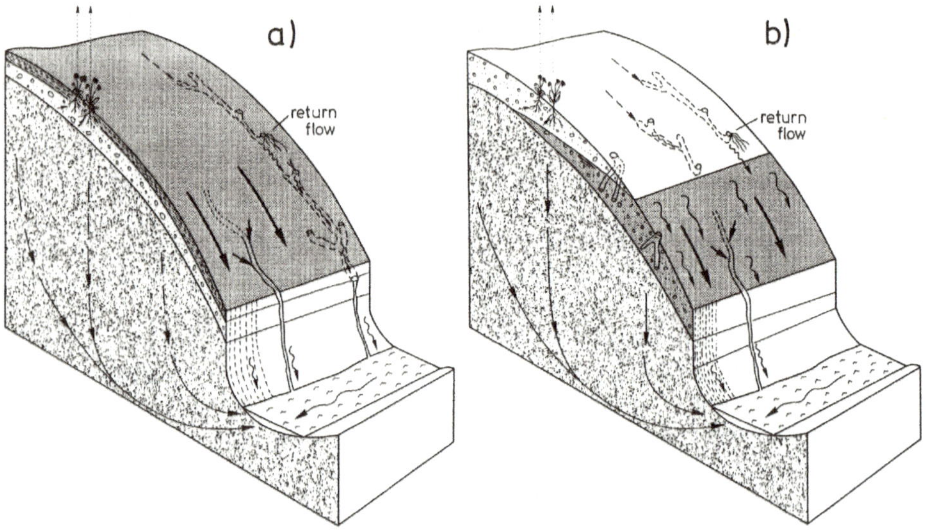

2. Die Geländeoberfläche ist schon wassergesättigt und kann daher keinen Niederschlag mehr aufnehmen. Unter diesen Umständen ist von **Oberflächenabfluss infolge von Sättigungsüberschuss** oder Dunn'schem Abfluss (Dunne et al. 1975) die Rede. Zu diesem zählt auch der Abfluss infolge von Niederschlag auf Wasserflächen wie Fluss-, See- oder Feuchtgebietsflächen.

Auch der sogenannte **Return Flow**, worunter kurzzeitig infiltrierter und nachfolgend wieder an die Oberfläche getretener Abfluss verstanden wird, kann zum Oberflächenabfluss gezählt werden. Abb. 9-4 zeigt schematisch die beschriebenen Arten der Oberflächenabflussbildung.

9.3.1 | Abfluss infolge Infiltrationsüberschuss

Übersteigt die Intensität des Niederschlags die Infiltrationskapazität der Bodenoberfläche, auch als **Infiltrationsvermögen** bezeichnet, so kann ein Teil des Niederschlags nicht infiltrieren. Dieser überschüssige Anteil wird Infiltrationsüberschuss (engl. infiltration excess overland flow) genannt, der – abzüglich des Muldenrückhalts – dann hangabwärts als Oberflächenabfluss abfließt. Unter «Muldenrückhalt» versteht man die Niederschlagsmenge, die in Geländevertiefungen und Mulden zurückgehalten wird. Infiltrationsüberschuss tritt dort verstärkt auf, wo hohe Niederschlagsintensitäten, etwa bei Gewitterregen, auf geringe Infiltrationskapazitäten des Oberbodens (→ Kap. 5) treffen. Dazu tendieren vorrangig Böden mit einer geringen hydraulischen Leitfähigkeit der obersten Bodenschicht, wobei Verdichtungen, Verschlämmungen oder Verkrustungen verschärfend wirken.

Feldmessungen zeigen eine beträchtliche räumliche Heterogenität von Infiltrationsraten und -kapazitäten (z.B. Warrick und Nielsen 1980; Loague und Gander 1990; Schiffler 1992). Verschiedene Flächen eines Hangs oder eines Einzugsgebiets können daher während eines Starkniederschlagsereignisses in unterschiedlichem Ausmaß zum Oberflächenabfluss beitragen. Dieses Phänomen wird mit dem Begriff der **teilweise beitragenden Flächen** (engl. partial area concept) benannt. Eine Folge der räumlichen Variabilität entlang eines Fließpfads ist, dass Oberflächenabfluss auf seinem Weg zum Gewässer auf Abschnitten größerer Infiltrationskapazität wieder infiltrieren kann. Der Einfluss dieses Re-Infiltrationseffektes (engl. run-on process) und der mögliche spätere Wiederaustritt an die Geländeoberfläche (engl. return flow) kann einen erheblichen Einfluss auf die Bildung des gesamten Oberflächenabflusses haben (Hawkins und Cundy 1987; Corrandini et al. 1998).

Berechnungsansatz: Der Abfluss infolge Infiltrationsüberschuss wird über die Bilanzierung der Infiltrationsrate [mm/h] als Wassermenge, die pro Zeiteinheit in den Boden eintritt (→ Kap. 5), und der Infiltrationskapazität [mm/h] als maximaler Infiltrationsrate berechnet. Die Infiltrationskapazität nimmt in der Regel mit zunehmender Bodenfeuchte ab und ist damit zeitlich variabel. Das bedeutet, dass sich das in den Boden einsickernde Wasser mit der Niederschlagsdauer verringert und sich asymptotisch der sogenannten Endinfiltrationsrate annähert, die etwa der gesättigten hydraulischen Leitfähigkeit entspricht (→ Kap. 6). Diese Abnahme erklärt sich aus der Verringerung des hydraulischen Gradienten durch das Eindringen des Wassers in den Boden.

Andererseits können auch Veränderungen der Bodenoberfläche die Infiltrationskapazität deutlich verändern, und zwar sowohl vergrößern, z.B. durch Makroporen im Oberboden, als auch vermindern, etwa durch Verdichtung, Verkrustung oder Verschlämmung der Bodenoberfläche. So kann durch die kinetische Energie des Niederschlags eine Verschlämmung der Bodenoberfläche, hervorgerufen durch das Einwaschen von Feinpartikeln, eintreten und so die hydraulische Leitfähigkeit dieser Bodenschicht und damit die Infiltrationskapazität deutlich reduziert werden (Fohrer et al. 1999).

Box 9.1

Die Rolle der Makroporen

Makroporöse Bodenoberflächen haben eine außerordentlich hohe Infiltrationskapazität, weswegen sich unter solchen Bedingungen die Infiltrationsrate Inf aus zwei Anteilen zusammensetzt: demjenigen Anteil, der in die Bodenmatrix bzw. das Mikroporensystem infiltriert, I_{mik}, und dem Anteil, der erst bei Überlastung der Matrix in die Makroporen eindringt, I_{mak}.

$$\text{Inf} = I_{mik} + I_{mak} \tag{9.1}$$

Die Infiltration in das Mikroporensystem I_{mik} richtet sich nach der maximalen Infiltrationsrate in die Bodenmatrix und wird begrenzt durch das freie Mikroporenvolumen. Die Rate der Infiltration in die Mikroporen berechnet sich durch die Anwendung der Darcy-Gleichung (→ Kap. 5) in die Bodenmatrix an der Oberfläche:

$$I_{mik} = k(\theta_1) \cdot (d\Psi/dz - 1) \tag{9.2}$$

mit I_{mik} = Infiltration in das Mikroporensystem [mm/h]
$k(\theta_1)$ = aktuelle hydraulische Leitfähigkeit an der Oberfläche [mm]
Ψ = aktuelle Saugspannung des Bodens an der Oberfläche
z = Tiefe der Schicht

Abb. 9-5 | Aufteilung der Infiltration in einen Anteil, der über Mikroporen bzw. die Bodenmatrix und über die Makroporen infiltriert wird. Erst wenn die Niederschlagsintensität N_{int} die Summe der Infiltration in die Bodenmatrix und in die Makroporen übertrifft (rechts), kommt es zu Infiltrationsüberschuss (Bronstert et al. 2023).

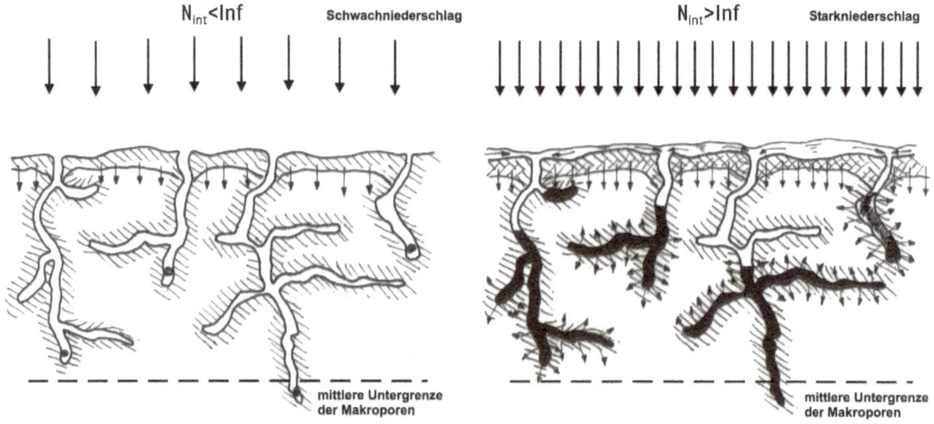

Die potenzielle Infiltrationsrate in das Makroporensystem I_{mak} lässt sich durch eine vereinfachende bilanzierende Betrachtung folgendermaßen abschätzen:

$$I_{mak} = Vmak_{leer} \cdot \frac{H_z}{\Delta t} \tag{9.3}$$

mit I_{mak} = potenzielle Infiltrationsrate in das Makroporensystem [mm]
$Vmak_{leer}$ = freier (leerer) Makroporenraum [-]
H_z = Tiefe der Makroporen führenden Schicht [mm]
Δt = Zeitschritt [h]

Oberflächenabfluss infolge Infiltrationsüberschuss Q_o [mm/h] tritt dann auf, wenn die Intensität des Bestandsniederschlags $N_{int\,B}$ die aktuelle Gesamtinfiltrationsrate Inf übersteigt (→ Abb. 9-5):

$$Q_o = N_{int\,B} - Inf \tag{9.4}$$

Bedeutung und Eigenschaften: Niederschlag-Abfluss-Ereignisse, die durch Horton'schen Oberflächenabfluss dominiert werden, zeigen eine sehr schnelle Reaktion im Gewässer, d.h. einen schnellen Anstieg bzw. Abfall der Abflussganglinie. Dabei ist zu berücksichtigen, dass verschiedene Abflussbildungsprozesse in einem Gebiet zu unterschiedlichen Zeiten aktiv sein können. Sklash und Farvolden (1979) diskutieren einen Fall in Kanada, wo während Trockenperioden bei plötzlichem intensivem Niederschlag Horton'scher Oberflächenabfluss entstand, während im selben Gebiet in feuchten Perioden mit hohen Grundwasserständen ein mäßig intensiver Niederschlag einen schnellen grundwasserbürtigen Abfluss entstehen ließ.

Da in Trockenregionen die Vegetationsdecke und biogene Makroporen weniger stark ausgeprägt sind und dort zudem Niederschläge meist mit hoher Intensität fallen, ist für diese Gebiete der Oberflächenabfluss infolge Infiltrationsüberschuss von besonderer Wichtigkeit (→ Kap. 21). In humiden Gebieten der gemäßigten Breiten kommt dem Abfluss infolge Infiltrationsüberschuss/Horton'schem Oberflächenabfluss zumeist eine geringere Bedeutung an der gesamten Abflussbildung im Einzugsgebiet zu, da hier die Niederschlagsintensität zumeist gering und die Infiltrationskapazität aufgrund von Makroporen eher groß ist. Horton'scher Oberflächenabfluss bleibt auf Areale geringer Infiltrationskapazitäten wie Tonböden, verdichtete Wirtschaftswege usw. und auf Böden mit hoher Verschlämmungsneigung im Falle von Niederschlagsereignissen mit hoher Intensität beschränkt. Trotzdem können solche Flächen bei intensiven Niederschlagsereignissen mit einem erheblichen Anteil zum Abfluss beitragen (Merz und Bárdossy 1998).

9.3.2 | Abfluss infolge Sättigungsüberschuss

Bei Abfluss infolge Sättigungsüberschuss, oder Sättigungsflächenabfluss, kommt Niederschlag zum Abfluss, der direkt auf gesättigte Böden fällt. Hinzu kommt Wasser, das bereits einmal infiltriert war und als Return Flow nach einer kurzen unterirdischen Fließstrecke wieder an die Erdoberfläche tritt, sowie durch Niederschlag, der direkt auf Wasserflächen fällt (→ Abb. 9-6).

Der Return Flow kann sich durch zwei Mechanismen bilden: aus Wasser, das schon vor dem Niederschlagsereignis im Boden war und aus Wasser, das nach der Infiltration nur über eine kurze Strecke unterirdisch abgeflossen ist.

Berechnungssatz: Oberflächenabfluss Q_o [mm/h] infolge von Sättigungsüberschuss tritt auf den wassergesättigten Oberflächen im Einzugsgebiet sowie auf reinen Wasserflächen A_{EZGsat} auf. Falls diese Flächen bekannt sind, ist die Quantifizierung des daraus folgenden Oberflächenabflusses nach folgendem Ansatz möglich:

$$Q_o = \frac{N_B \cdot A_{EZGsat}}{A_{EZG}} \tag{9.5}$$

Wesentlich schwieriger und unsicherer ist die Bestimmung und Berechnung der Flächen mit Wassersättigung und deren zeitliche Variabilität. Für die Berechnung bzw. modelltechnische Abschätzung gibt es verschiedene Ansätze, wobei der bekannteste der des Boden-Topographi-

Abb. 9-6 | Schematische Darstellung möglicher Komponenten des Abflusses infolge von Sättigungsüberschuss (nach Dunne et al. 1975): Ereignisbeginn (A): vorwiegender unterirdischer Abfluss: (GA = grundwasserbürtiger Abfluss); fortgeschrittenes Ereignis (B): Anstieg des Grundwasserspiegels teilweise bis zur Geländeoberkante; Zunahme des unterirdischen Abflusses; Return Flow (RF) und direkter Niederschlag (DN) auf die Sättigungsfläche resultieren in Abfluss infolge Sättigungsüberschuss, der dem Gewässer zufließt; hangaufwärts gerichtete Ausdehnung der Sättigungsflache während des Ereignisses, insofern es die Topographie ermöglicht.

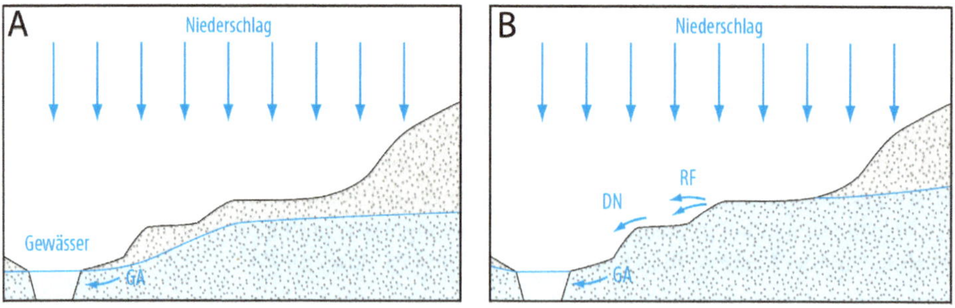

schen Indexes von Beven (1979) ist. Hier werden die Größe des lokalen Einzugsgebiets eines jeden Punkts im Einzugsgebiet, die lokale Geländeneigung sowie die Mächtigkeit und hydraulische Leitfähigkeit der Bodenwasserzone in Relation zur Dynamik der mittleren Bodenfeuchte des Gebiets gesetzt und daraus die gesättigten Gebietsflächenanteile in ihrer zeitlichen Abfolge simuliert (→ Kap. 15). Einen verwandten Ansatz haben O'Loughlin et al. (1990) mit dem «Wetness-Index» aufgestellt, in dem ebenfalls in Abhängigkeit von Topographie- und Bodeninformationen die Verteilung von Sättigungsflächen im Gebiet simuliert wird.

Bedeutung und Eigenschaften: Der Abfluss infolge Sättigungsüberschuss tritt häufig in Gewässernähe auf, wo oft geringe Grundwasserflurabstände anzutreffen sind. Deswegen kann dort nach umfangreichen Niederschlägen bzw. generell unter feuchten Bedingungen das Grundwasser relativ schnell bis zur Geländeoberfläche ansteigen. Sättigungsflächen in der Nähe des Gewässers sind sehr abflusswirksam, da der gebildete Abfluss schnell und direkt dem angrenzenden Gewässer zulaufen kann. Der Prozess ist von den jeweiligen Niederschlagsmengen und der Gebietsfeuchte vor dem Niederschlagsereignis abhängig. Schneeschmelze führt aufgrund der höheren Vorfeuchte des Bodens oftmals zu großflächigen wassergesättigten Bodenarealen, auf denen sich dann Abfluss durch Sättigungsüberschuss bildet (Buttle 1994).

Box 9.2

Räumliche Verteilung und zeitliche Dynamik von Sättigungsflächen

Da die Entstehung von Sättigungsflächen sowohl von der Gebietstopographie als auch von der Lage zum Gewässernetz abhängt, kann man deren räumliche Verteilung zumindest teilweise aus der Gebiets- und Gewässerstruktur und aus der mittleren Gebietsfeuchte ableiten. Abfluss infolge von Sättigungsüberschuss bildet sich bevorzugt aus einer Kombination aus geringen Grundwasserflurabständen mit konkaven Hangprofilen und ausgedehnten Tälern, da es dann zu einer deutlichen Konvergenz der Fließwege kommt. Da die Sättigungsflächen in einem Einzugsgebiet von der Gebietsfeuchte abhängen, ist deren Umfang und räumliche Verteilung zeitlich variabel. Dies gilt sowohl für saisonale Unterschiede als auch für Änderungen während eines Niederschlagsereignisses. Diese Variabilität der zum Abfluss beitragenden Flächen wird im Englischen als «variable source areas» bezeichnet (z.B. Tanaka et al. 1988; Dunne und Black 1970; Freeze 1974). Tanaka et al. (1988) fanden variable Anteile der gesättigten Fläche am Gesamteinzugsgebiet zwischen 0,9–4,2 % bei verschiedenen Ereignissen. In einigen gebirgigen Gebieten in Deutschland wurden Anteile der Sättigungsflächen zwischen 6,8 % im Bruggagebiet (Südschwarzwald), 9,6 % im Gebiet Ziegenhagen (Kaufunger Wald) und bis 10,6 % im Wernersbachge-

Abb. 9-7 | Schema der raumzeitlichen Verteilung von Sättigungsflächen im Verlaufe eines Starkregenereignisses (nach Hewlett und Nutter 1970).

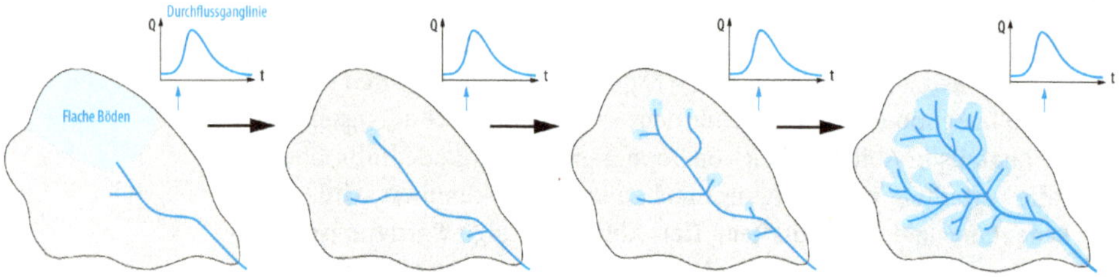

biet (Erzgebirge) bestimmt (Güntner et al. 1999; Etzenberg 1998; Peschke et al. 1999). Im Tiefland kann zu Zeiten mit hohen Grundwasserständen dieser Anteil noch deutlich höher sein (→ Kap. 18). Diese Variabilität der Sättigungsflächen in Zeit und Raum ist schematisch für die Zeit eines Niederschlag-Abfluss-Ereignisses in Abb. 9-7 dargestellt. Als Anhaltspunkt für den zeitlichen Verlauf ist in den kleinen Abbildungen oben rechts jeweils der zugehörige Zeitpunkt der Abflussganglinie skizziert.

9.4 | Unterirdische Abflussprozesse

9.4.1 | Zwischenabfluss

Der Zwischenabfluss, auch hypodermischer Abfluss genannt (engl. Interflow), fließt dem Gewässer unterirdisch zu, und zwar im Allgemeinen mit geringerer Verzögerung und auf vergleichsweise kürzerem Wege als der tiefere, grundwasserbürtige Abfluss. Der Zwischenabfluss entstammt den oberflächennahen, oft ungesättigten Bodenschichten und kann sowohl im Wurzelraum als auch in der undurchwurzelten Zone auftreten. Er ist daher vom Grundwasser getrennt zu betrachten.

Entsprechend der Länge der Bodenpassage, der Hangform, der hydraulischen Durchlässigkeit des Bodens, der Konnektivität der Porensysteme etc. kann zwischen schnellem Zwischenabfluss, der infolge eines Niederschlagsereignisses unmittelbar zum Abfluss kommt, und langsamem Zwischenabfluss, der mit einer deutlichen Verzögerung dem Gerinne zufließt, unterschieden werden. Der Zwischenabfluss kann entweder über Hangwasserleiter in die Schutthorizonte der Talaue zum Bach gelangen oder als intermittierende Quelle am Rande der Talaue austreten und als Oberflächenabfluss den Vorfluter erreichen (→ Abb. 9-8). Langsamer Zwischenabfluss hat seinen Ursprung in Einzugsgebietsbereichen, die relativ weit vom Gewässer entfernt liegen und daher entsprechend lange Fließstrecken aufweisen. Schnell reagierender Zwischenabfluss stammt dagegen zumeist aus Bereichen in Gewässernähe, wie Auenbereichen oder Hängen, die direkt an das Gewässer grenzen. Eine genaue Unterscheidung der Herkunftsbereiche des Zwischenabflusses, die nicht nur hinsichtlich der Abflussbildung, sondern auch bezüglich des Stofftransports von Bedeutung ist, ist allerdings oft nicht möglich (→ Kap. 8; Wohlrab et al. 1992; Peschke et al. 1999).

In der Literatur lassen sich Beschreibungen für eine recht hohe Zahl von Teilprozessen des Zwischenabflusses finden. Diese können nach Lage und Art der dominierenden Wasserwege gegliedert werden (→ Abb. 9-8). Fließt das Wasser durch die Bodenmatrix, so spricht man von **Matrixdurchfluss** (engl. Matrix-Throughflow) (Kirkby und Chorley 1967). Dieser ist wesentlich durch Kapillareffekte bestimmt, tritt meistens im Oberboden, selten auch in tieferen Bodenschichten auf und ist für die Abflussbildung nur in mächtigen Böden relevant. Er hält während eines Niederschlagsereignisses den größten Teil des Wassers im Boden zurück, dämpft damit den Niederschlagsimpuls erheblich und liefert daher bei Hochwasser nur vergleichsweise geringe Beiträge, sorgt aber für einen längerfristigen Zustrom zum Gewässer.

Ein Netzwerk aus Makroporen kann im Gegensatz zur Bodenmatrix zu gut durchlässigen, nicht kapillaren, unterirdischen Fließwegen im Oberboden führen. Solche **präferenziellen Fließwege** entstehen im Boden entweder durch Erosionsröhren, Tiergänge oder Schrumpfungsrisse oder treten in grober Bodentextur über einer undurchlässigen Schicht im Untergrund auf (Zuidema 1985). Darin kann sich Zwischenabfluss mit kurzen Fließzeiten und hohen Fließgeschwindigkeiten bilden, wel-

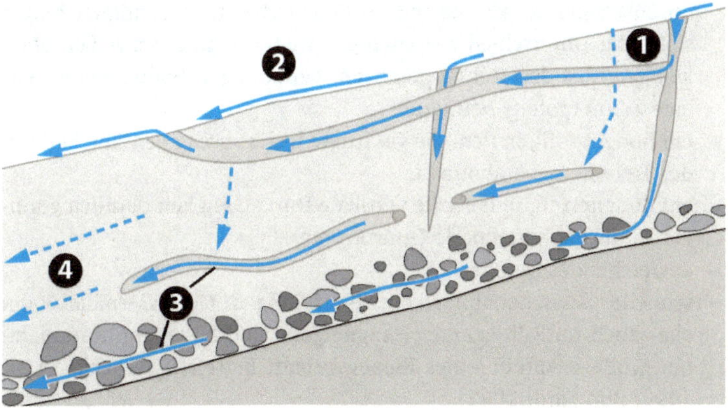

Abb. 9-8

Teilprozesse der Infiltration und des Zwischenabflusses im Hangmaßstab: 1) Infiltration in Mikro- und Makroporen; 2) Oberflächenabfluss mit Return Flow; 3) schneller lateraler unterirdischer Abfluss im Makroporensystem bzw. in präferenziellen oder diffusen nichtkapillaren Fließwegen; 4) Matrixfluss (nach Zuidema 1985 und Bronstert 1994).

cher in Mittelgebirgslagen eine deutlich höhere Relevanz als der Matrixdurchfluss hat (→ Kap. 19).

Beim **Groundwater Ridging** handelt es sich um das Aussickern von gewässernahem Grundwasser in das Gewässer. Dieser Prozess entsteht oft zeitnah zum Niederschlag und ist damit deutlich schneller als der eigentliche Grundwasserabfluss. Es handelt sich um einen Prozess, der sowohl zum Zwischenabfluss als auch zum Grundwasserabfluss gezählt werden kann. Besonders effektiv wird dieser Mechanismus, wenn der Grundwasseranstieg in flussnahen Bereichen stattfindet, da sich dadurch ein steilerer Gradient zum Gewässer ausbildet. Ausgeprägt sind solche Prozesse, wie auch größere Sättigungsflächen, bei großen Niederschlägen (z. B. Wald et al. 1986, Wittenberg et al. 2019) und bei Schneeschmelzereignissen (Buttle 1994) beobachtet worden.

Berechnungsansätze: Allgemeingültige Berechnungsansätze für die Ausbildung von Zwischenabfluss existieren bislang nicht. Das liegt einerseits an der Komplexität und Vielfalt der möglichen Teilprozesse bei der Zwischenabflussbildung und andererseits an der großen Schwierigkeit, diese Prozesse zu messen. Bisher sind solche Messungen nur durch das seitliche Einbringen von Gräben in Hänge und nachfolgendes Auffangen von Abflussraten aus verschiedenen Bodenschichten oder durch Traceranalysen (→ Kap. 16) möglich. Die Ergebnisse solcher Messungen sind die Voraussetzung, um übertragbare mathematische Ansätze entwickeln zu können.

Es gibt neuere Anleitungen zur Ausweisung von Flächen im Gelände, die der Bildung von Zwischenabfluss förderlich sind, etwa in den Arbeiten von Markart et al. (2004), Scherrer (2006), Kohl (2011) und Klebinder et al. (2012). Eine Übersicht zu den Entstehungsbedingungen von schnellem Zwischenabfluss lässt sich aus Peschke et al. (1999) ableiten:

- ein geschichtetes Bodenprofil, in dem der Oberboden deutlich durchlässiger ist als die untere Bodenschicht; in sandigen Böden sollte der Unterschied zwischen gesättigter hydraulischer Leitfähigkeit zwei bis drei Zehnerpotenzen, bei bindigen Böden wenigstens eine Zehnerpotenz betragen,
- ein Bodenprofil, in dem die gesättigte hydraulische Leitfähigkeit mit der Tiefe deutlich abnimmt,
- ein Bodenprofil, in dem die vertikale Durchlässigkeit deutlich geringer ist als die horizontale (Anisotropie),
- ausreichendes Gefälle,
- schneller Zwischenabfluss entsteht häufig in Gewässernähe, kann aber auch im Falle starker Hangneigung und hoher Infiltrationsraten größere Anteile eines Einzugsgebiets betreffen (Peschke et al. 1999; Borchardt 1982).

Bedeutung und Eigenschaften: Aufgrund der unterschiedlichen möglichen Entstehungsprozesse des Zwischenabflusses kann dieser recht unterschiedliche Fließwege und auch deutlich unterschiedliche Aufenthaltsdauern im Boden aufweisen. Eine genauere Differenzierung nach den Fließwegen und dem Alter des Zwischenabflusses kann durch Tracerstudien erfolgen (→ Kap. 16). Abschätzungen zu den Teilprozessen können durch die zuvor genannten Flächenbewertungen oder durch Ganglinienseparationen vorgenommen werden.

Starkniederschläge wirken über die Infiltration und die dadurch hervorgerufene Änderung des Bodenwassergehalts auf die Bildung von Zwischenabfluss, sofern die standörtlichen pedologischen, geologischen und topographischen Voraussetzungen für dessen Bildung gegeben sind. Generell fördern hohe Infiltrationsraten, wie sie häufig unter Wald auftreten, die unterirdischen Abflusskomponenten. Sie können somit auch die Entstehung von Zwischenabfluss begünstigen. Die Verminderungen der Infiltrationskapazitäten der Bodenoberflächen, etwa durch Verdichtung oder Verschlämmung von landwirtschaftlichen Flächen bis hin zur vollständigen Versiegelung durch bebaute Bereiche und Verkehrsflächen, können das Auftreten natürlichen Zwischenabflusses mindern. Eine Quantifizierung dieser Einflüsse auf den Zwischenabfluss ist nur sehr eingeschränkt möglich und kann am ehesten durch prozessorientierte Modellierung des Bodenwasserhaushalts unter den jeweils spezifischen Bedingungen erfolgen.

9.4.2 Grundwasserabfluss

Grundwasserleiter zeigen oft dynamische, ereignisbezogene Abflussreaktionen auf Niederschlags- oder Schneeschmelzereignisse (Schöniger 1996; Harvey et al. 1996; Wittenberg und Sivapalan 1999).

Aus der Exfiltration von Grundwasser in Oberflächengewässer entsteht nicht nur der sogenannte **Trockenwetterabfluss**, der in Zeitabschnitten ohne Niederschlag – und damit ohne Direktabfluss – die Fließgewässer speist. Auch schnelle Abflussreaktionen, z.B. Hochwasserabflüsse, enthalten neben Direktabflüssen beträchtliche Grundwasseranteile. Die oftmals schnelle Reaktion des Grundwasserabflusses nach Niederschlagsereignissen beruht dabei auf der Vergrößerung des hydraulischen Gradienten in Richtung des Gewässers. Das durch Makroporen und andere präferenzielle Fließwege der Grundwasseroberfläche relativ schnell zusickernde Niederschlagswasser führt dann zu einer Erhöhung des Grundwasserstands auch in Gewässerferne und damit zu einem erhöhten Gradienten, was wiederum zu verstärkter Exfiltration aus dem gesamten Grundwasserleiter in die

Merksatz:
Der Grundwasserabfluss stellt in humiden und semihumiden Klimazonen meist einen erheblichen Anteil des Abflussvolumens von Flüssen dar.

Abb. 9-9 | Schematische Darstellung des Zusammenhangs zwischen Grundwassergefälle zum Oberflächengewässer und erhöhter Grundwasserneubildung während Starkniederschlägen. Q_{BTW} steht für Basisabfluss bei Trockenwetter, Q_{BHW} für Basisabfluss bei Hochwasser.

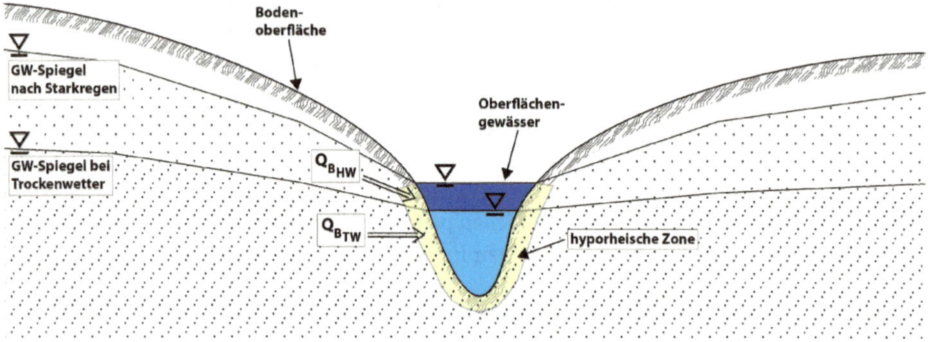

Oberflächengewässer führt. Abb. 9-9 zeigt schematisch diesen Mechanismus.

Berechnungsansätze: Grundsätzlich tritt das Wasser dem hydraulischen Gradienten folgend aus dem Grundwasser durch Ufer und Gewässersohle in das Oberflächengewässer ein. Die Bildung von grundwasserbürtigem Abfluss lässt sich durch Anwendung der Darcy-Gleichung (→ Kap. 5) für die Interaktion zwischen dem Oberflächengewässer und dem oberflächennahen Grundwasserleiter ableiten:

$$Q_{GW} = \frac{dh}{ds} \cdot k_f \cdot A_{int} \tag{9.6}$$

mit $\frac{dh}{ds}$ = hydraulischer Gradient zwischen Grundwasser und Oberflächengewässer [-]

k_f = mittlere gesättigte hydraulische Leitfähigkeit entlang der unterirdischen Fließwege [m/s]

A_{int} = Interaktionsfläche zwischen Grundwasser und Flussbett [m²]

Diese Gleichung, unter Beachtung der Massenerhaltung (Kontinuitätsgleichung, → Kap. 5), ist die Basis aller Grundwasserberechnungen und modernen numerischen Grundwassermodelle (→ Kap. 6). Auch die Berechnung des grundwasserbürtigen Abflusses kann im Prinzip mit diesen Modellen erfolgen, vorausgesetzt, es sind Ansätze für die Grundwasserneubildung, für die daraus resultierende Änderung der Grundwasseroberfläche und für die Interaktion mit dem Oberflächengewässer im Modell integriert. Trotzdem sind solche Berechnungen mit großem Aufwand verbunden, vor allem was die Parametrisierung des Untergrunds und die Anpassung an Messwerte der Grund- und Oberflächenwasserstände sowie Grundwasserentnahmen betrifft. Die hydrogeologischen Verhältnisse unterliegen oft einer hohen räumlichen Variabilität. Zudem ist als Folge der Schwankungen des Wasserstands im Oberflächengewässer und/oder unterschiedlicher Grundwasserneubildungsraten oft eine hohe zeitliche Dynamik des hydraulischen Gradienten anzutreffen. Die Leitfähigkeit im Grenzbereich zwischen Untergrund und Oberflächengewässer, der **hyporheischen Zone**, kann räumlich, zeitlich, und sogar in Abhängigkeit der Fließrichtung variieren.

Die hyporheische Zone ist die Grenzfläche zwischen Untergrund und Fließgewässer.

Bedeutung und Eigenschaften: In Tieflandeinzugsgebieten (→ Kap. 18) oder auch in den Auenbereichen großer Flüsse ist der Gradient zwischen Grund- und Oberflächenwasser relativ gering. Dadurch können bereits kleine Änderungen im Grundwasser- oder Oberflächenwasserstand relativ große Änderungen dieses Gradienten und damit des grundwasserbürtigen Abflusses bewirken. Es kann im Falle von höheren Wasserständen im Fließgewässer zudem auch zur Umkehrung der Fließrichtung kommen (→ Abb. 18-3), sodass Wasser aus dem Oberflächengewässer in das Grundwasser eintritt, wobei man von negativer grundwasserbürtiger Abflussbildung sprechen kann. Hinzu kommt in solchen Gebieten, dass im Falle von hoch anstehendem Grundwasser häufig Sättigungsflächen oder offene Wasserflächen auftreten (→ Abb. 9-10), auf denen im Falle von Niederschlag Sättigungsflächenabfluss entsteht. Hier ist somit ein gekoppeltes System mit Oberflächen- und Grundwasser, ungesättigter Zone und temporären Sätti-

Abb. 9-10 Schematischer Schnitt durch ein Tieflandeinzugsgebiet bei hohen Grundwasserständen. Die Pfeile symbolisieren Wasserflüsse, i.d.R. durch Infiltration und Verdunstung (Krause und Bronstert 2003).

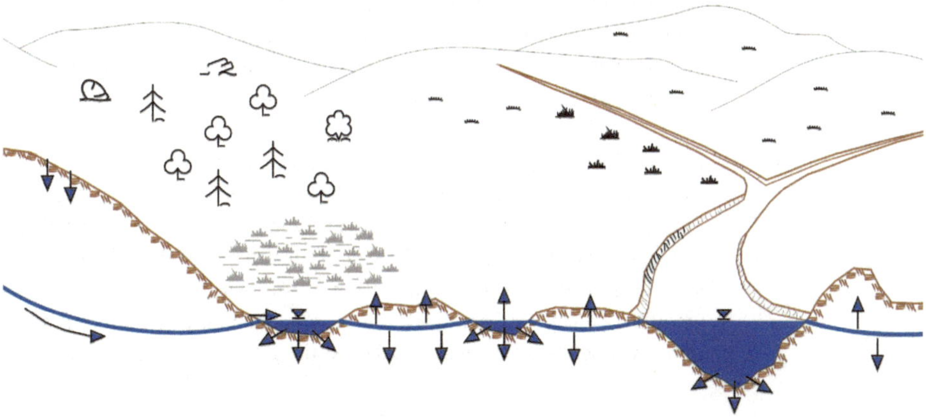

gungsflächen zu analysieren. Dies kann durch die Kombination von gekoppelten Grund- und Oberflächenwassermodellen in Zusammenwirkung mit zielgerichteten Feldmessungen erfolgen (Krause 2005). Abb. 9-10 zeigt schematisch einen Schnitt durch ein solches Tieflandeinzugsgebiet für feuchte Gebietszustände mit hohen Grundwasserständen, gesättigten Oberflächen und Wasserflächen auf dem Gelände. Die Wichtigkeit der Kopplung zwischen Oberflächen- und Grundwasser ist deutlich erkennbar.

9.5 | Abflussbildung infolge von Schnee- und Eisschmelze

Der Schmelzvorgang kann sowohl als der Phasenübergang des Wassers vom festen zum flüssigen Aggregatzustand als auch aus energetischer Sicht als der Umsatz von Energie verstanden werden (→ Kap. 2 und 7). Diese Energie wird durch die Sonne einerseits sowie Atmosphäre und Boden andererseits in Form von Nettostrahlung (→ Kap. 3) bzw. Wärme zur Verfügung gestellt. Zusätzliche Energie in Form von Wärme kann aus der Umgebungsluft, dem auf die Schneedecke treffenden Regen oder dem Boden stammen. Diese insgesamt verfügbare Energie wird – abzüglich eines gewissen Anteils zur Temperaturänderung des Schnees oder Eises – ähnlich wie im Fall der Verdunstung (→ Kap. 7) in latente Wärme umgewandelt. Im Fall der Schneeschmelze geht es um den Phasenübergang vom festen zum flüssigen Zustand. Falls die Bilanz aus Nettostrahlung und Wärmetransfer negativ ist, erfolgt der Übergang des Aggregatzustands in umgekehrter Richtung, also das Gefrieren von flüssigem Wasser, z. B. Bildung von Raureif oder Glatteis.

Zur Abflussbildung infolge von Schnee- oder Eisschmelze (→ Kap. 20) müssen neben den Schmelzprozessen auch noch die temporäre Speicherung des flüssigen Wassers nach der Schmelze in der Schneedecke oder im Gletscher sowie das Infiltrationsverhalten des aus der Schneedecke aussickernden Wassers im Einzugsgebiet beachtet werden.

I. Berechnung nach dem Energiebilanzverfahren

Aus energetischer Sicht ist der Schneeschmelzvorgang Umsatz von Energie. Daher lässt sich die Schneeschmelze prinzipiell durch Bilanzierung der Energieflüsse und -speicherungen ermitteln. Dieser Ansatz ist verwandt mit der Berechnung der Verdunstung auf Basis der Energiebilanz (→ Kap. 7). Grundlage für die physikalisch begründete Berechnung von Schnee- und Eisschmelze ist die Energiebilanzgleichung:

$$R_n = H + L + H_N + B + E_c \qquad (9.7)$$

mit R_n = Nettostrahlung [W/m²]
H = fühlbarer Wärmestrom Grenzfläche Schnee bzw. Gletscher zur Luft [W/m²]
L = latenter Wärmestrom Grenzfläche Schnee bzw. Gletscher zur Luft [W/m²]
H_N = Wärmezufuhr durch den Niederschlag [W/m²]
B = Bodenwärmestrom [W/m²]
E_c = Energiespeicherung bei Temperaturzunahme des Schnees [W/m²]

Bezüglich des relativen Anteils der umgesetzten Energie sind die Terme L, R_n, H die wichtigsten. Die Wärmezufuhr durch Niederschlag (H_N) spielt nur bei Regentemperaturen von deutlich > 0 °C eine wichtige Rolle. Auch der Bodenwärmestrom B kann bedeutend sein, wenn die Bodentemperatur deutlich von derjenigen des darüberliegenden Schnees abweicht. E_c ist meist so klein, dass sie bei der Energiebilanzierung vernachlässigt werden kann. Die Energiebilanzgleichung wird in Kombination mit der Massenbilanzgleichung vereinfacht und zeitlich und räumlich differenziert angewandt (Brechtl 1984; Vehviläinen 1992). Unsicherheiten dieses Verfahrens resultieren insbesondere aus dem nur ungenau bestimmbaren fühlbaren Wärmestrom H sowie aus der schwer messbaren Nettostrahlung und ihrer hohen Variabilität in Raum und Zeit. Verbunden mit Schneeniederschlag bzw. dem Vorhandensein einer Schneedecke ist hier die Bestimmung der vom Alter der Schneedecke abhängigen Albedo notwendig (Rohrer 1992).

II. Temperatur-Index-Verfahren bzw. Gradtagverfahren

Als Alternative zur Energiebilanzierung bzw. als einfaches Verfahren zur Berechnung der Schneeschmelze hat sich das Temperatur-Index-Verfahren, oder Gradtagverfahren (→ Kap. 4 und 20), in topographisch weniger stark gegliedertem Gelände gut bewährt. Diese Methode berücksichtigt nur die Lufttemperatur. Strahlungseffekte werden nur indirekt über die Lufttemperatur und Effekte der Wärmezufuhr durch Regen oder aus dem Boden gar nicht berücksichtigt. Die Effekte unterschiedlicher Albedowerte verschiedener Landoberflächen sind in den jeweiligen Gradtagfaktoren zumindest rudimentär erfasst. Dieses Verfahren ist aufgrund seiner leichten Anwendbarkeit und des geringen Datenbedarfs weit verbreitet. Es ist als ein rein empirisches Verfahren nicht dimensionsrein, d.h., es ist auf die Konvention zu achten, mit welcher Maßeinheit die empi-

Tab. 9-1

Gradtagfaktoren α_d für unterschiedliche Landoberflächen.

Vegetationsbedeckung	α_d [mm / (Tag °C)]
Offenes Gelände	4–7
Offener Laubwald	3–4,3
Nadelwald, dichter Mischwald	1,5–2,3
Dichter Nadelwald	1–1,5
Hochgebirge, Gletscher	> 6

rischen Parameter und variablen Eingangsgrößen in den jeweiligen Berechnungsansatz einzugeben sind. Die Grundgleichung lautet:

$$SM = \alpha_d(T - T_B) \qquad (9.8)$$

mit SM = Schneeschmelze [mm/d]
α_d = Gradtagfaktor [mm/(Tag °C)]
T = Lufttemperatur (tägl. Mittelwert für Zeiten $T > 0$) [°C]
T_B = Basislufttemperatur, ab der Schneeschmelze eintritt (zwischen 0° und 2°C)

Man beachte, dass die hier anzusetzende Lufttemperatur T nur für die Zeit während eines Tages gilt, in der die Temperatur über dem Gefrierpunkt liegt, d.h. nur für Zeiten mit $T > 0$. Dieser Wert wird dann auf eine Periode von 24 Stunden bezogen:

$$T = \Sigma\frac{T_h}{24} \qquad (9.9)$$

mit T_h = Stundenwerte der Lufttemperatur, für welche gilt: $T_h > 0°C$.

III. Wasserabgabe aus einer schmelzenden Schneedecke

Zur Analyse der Abflussbildung infolge von Schnee- und Eisschmelze (→ Kap. 20) müssen neben der Schmelze des gefrorenen Wassers weitere Aspekte beachtet werden:

1. **Speicherung im Schnee/Eis und Wasserabgabe aus der Schneedecke:** Geschmolzenes Wasser kann bis zu einem gewissen Anteil in der Schneedecke gespeichert werden. Speicherungsmöglichkeiten gibt es auch innerhalb eines Gletscherkörpers. Die Wasserabgabe aus der Schneedecke erfolgt daher nicht sofort beim Schmelzvorgang, sondern erst, wenn ein bestimmter Wassergehalt bzw. eine bestimmte Dichte des Schnees überschritten wird (ca. 0,4 g/cm³), was eine Verzögerung in der Abflussbildung von mehreren Tagen bis Wochen bewirken kann.
2. **Versickerung in den Boden und Abflussbereitschaft des Gebiets:** Das bei Überschreitung des Speichervermögens von der Schnee- und Eisdecke abgegebene Wasser kann entweder auf der Geländeoberfläche oder nach erfolgter Infiltration durch den Untergrund dem Gewässer zulaufen. Die Versickerung des geschmolzenen Wassers in den Boden unter der Schneedecke ist meist gering. Ursache der geringen Infiltrationsraten ist meist eine hohe Wassersättigung des Bodens, manchmal in Kombination mit gefrorenem Boden unter der Schneedecke. Somit ist der dominierende Abflussbildungsprozess infolge von Schneeschmelze meist der Oberflächenabfluss infolge Sättigungsüberschuss.

Bedeutung und Eigenschaften: Die Schnee- und Gletscherschmelze ist ein wichtiger Faktor für den jahreszeitlichen Ausgleich des Abflussregimes größerer Flusssysteme (→ Kap. 4, 12 und 20). In hochalpinen Einzugsgebieten wird die Abflussbildung weitgehend durch die Schneeakkumulation und -schmelze, oft in ihrer Überlagerung mit der vorwiegend im Spätsommer zu beobachtenden Gletscherschmelze, bestimmt. Sie führt zu Abflüssen, die nur noch wenig durch den zeitlichen Verlauf des Niederschlags bestimmt werden (→ Kap. 20).

Neben den starken jahreszeitlichen Schwankungen der Akkumulations- und Schmelzprozesse von Schnee und Eis zeigen die Schmelzprozesse an strahlungsreichen Tagen zudem noch einen deutlich ausgeprägten Tagesgang. Falls eine innertägliche zeitliche Auflösung der Abflussanalyse angestrebt wird, sind diese Effekte unbedingt zu berücksichtigen, was mit Zeitschritten von einer Stunde im Allgemeinen gut möglich ist. Da innerhalb eines Tages unter bestimmten meteorologischen Bedingungen sowohl Schneeakkumulation als auch Schneeschmelze auftreten können, ist es zweckmäßig, diese Prozesse detaillierter zu berücksichtigen.

Sowohl in voralpinen als auch in alpinen Einzugsgebieten sind die Prozesse der Schneeakkumulation und -schmelze – und dadurch auch die der Abflussbildung – durch eine außerordentlich hohe räumliche Variabilität geprägt (Gurtz et al. 1999; → Kap. 20). Eine Berechnung der mittleren Schneeakkumulations- und Schneeschmelzprozesse in topographisch stärker strukturierten Einzugsgebieten bzw. Teileinzugsgebieten ohne Berücksichtigung der räumlichen Variabilität dieser Gebiete führt zu deutlichen Genauigkeitsverlusten (Kirnbauer et al. 1996).

Abfluss von Siedlungsflächen | 9.6

In der Siedlungswasserwirtschaft gilt nach DIN 4045 lediglich der befestigte und undurchlässige Teil des an die Kanalisation angeschlossenen Siedlungs- bzw. Entwässerungsgebiets als versiegelte Fläche. Im Folgenden wird **Versiegelung** allgemeiner als Überbegriff für eine **Abdichtung der Bodenoberfläche aufgrund von Baumaßnahmen wie Straßen, Gehwegen, Parkplätzen und Gebäuden** verwendet. Stark verdichtete Oberflächen, z.B. Landwirtschafts- oder Forstwege, werden aufgrund des verringerten Infiltrationsvermögens mit zu den versiegelten Flächen gezählt.

Der verbleibende Teil der Siedlungsflächen besteht aus naturnahen, offenen Flächen wie Grünstreifen, Gärten oder Parkanlagen, oder aus vollständig natürlichen Flächen, in denen naturnahe Infiltrations- und

Abb. 9-11 | Schema zur expliziten Berücksichtigung versiegelter und an die Kanalisation angeschlossener Bereiche (Niehoff 2002).

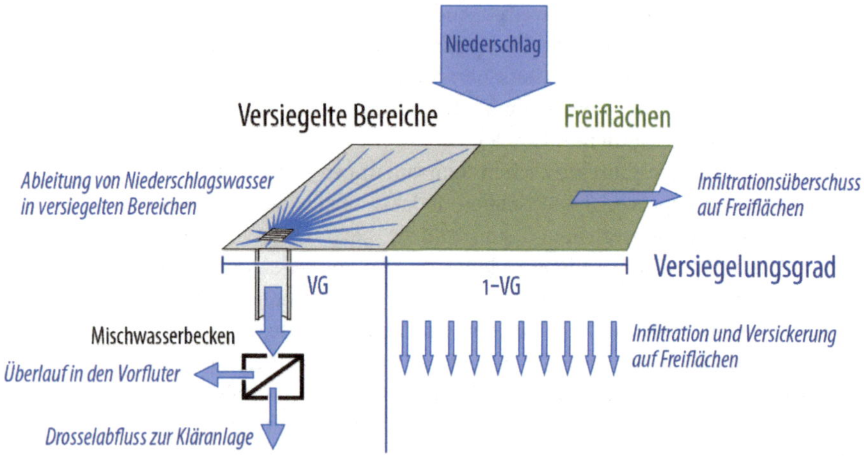

Abflussbildungsbedingungen in und unter der Geländeoberfläche zu erwarten sind (→ Kap. 11).

Grundsätzlich sollte in Siedlungsflächen die versiegelte Fläche, entsprechend der tatsächlich abgedichteten Fläche, und der Anschlussgrad, entsprechend dem Anteil der an das Kanalsystem angeschlossenen versiegelten Fläche, differenziert werden (→ Abb. 9-11). In Sieker et al. (1999) sind exemplarisch für ein kleines besiedeltes Einzugsgebiet im Saarland Parameter für verschiedene Bebauungsgrade aufgelistet. Dabei werden Werte für den Versiegelungsgrad bei weitläufiger Einfamilienhausbebauung von 45% und einem Anschlussgrad von 65% gegeben. Bei Mischgebieten liegen diese Werte bei 64% für den Versiegelungsgrad bzw. ca. 90% für den Anschlussgrad, bei dichter städtischer Blockbebauung bei 92% bzw. 99%.

Merksatz: Versiegelungs- und Anschlussgrad sind entscheidende Parameter zur Ermittlung der Abflussbildung in Siedlungsgebieten.

Die unversiegelten Flächen A_{EZGuv} innerhalb des Siedlungsgebiets weisen ein Infiltrationsverhalten auf, das denen natürlicher Oberflächen ähnelt. Somit führt maßgeblich **nur der tatsächlich versiegelte und gleichzeitig angeschlossene** Anteil A_{EZGv} zur Änderung des Abflussbeiwerts aus Siedlungsgebieten.

Berechnungsansatz: Zur Ermittlung des Abflusses Q_{URBAN} aus Siedlungsgebieten wird in der Urbanhydrologie zwischen Abflüssen $Q_{versiegelt}$ aus versiegelten Flächen und aus unversiegelten Flächen $Q_{unversiegelt}$ unterschieden. Deren Anteile ergeben zusammen:

$$Q_{URBAN} = Q_{versiegelt} + Q_{unversiegelt} \quad (9.10)$$

mit $Q_{versiegelt}$ = Abfluss von versiegelten Flächen [mm/d]
$Q_{unversiegelt}$ = Abfluss von unversiegelten Flächen [mm/d]

Die wirksame Versiegelungsfläche A_{EZGv} des gesamten Einzugsgebiets A_{EZG} berechnet sich nach:

$$A_{EZGv} = A_{EZG} \cdot VG \cdot AG \quad (9.11)$$

mit VG = Versiegelungsgrad [%]
AG = Anschlussgrad [%]

Die wirksame unversiegelte Fläche A_{EZGuv} beträgt demnach:

$$A_{EZGuv} = A_{EZG} - A_{EZGv} \quad (9.12)$$

Zur Abschätzung des Abflusses $Q_{versiegelt}$ aus den versiegelten Bereichen A_{EZGv} wird häufig vereinfachend gearbeitet. Dabei werden zeitlich konstante Abflussanteile des Niederschlags N mit maximalem Abflussbeiwert C_{max} für Starkregenereignisse angenommen:

$$Q_{versiegelt} = [C_{max} \cdot N] \cdot \frac{A_{EZGv}}{A_{EZG}} \quad (9.13)$$

mit C_{max} = maximaler Abflussbeiwert [-]

Für den Abfluss $Q_{unversiegelt}$ sind alle zuvor beschriebenen ober- und unterirdischen Abflussbildungsprozesse möglich. Oft wird jedoch in der Siedlungswasserwirtschaft nicht nach einzelnen Abflussbildungsprozessen differenziert, sondern es werden empirische Ansätze angewendet, etwa auf Basis eines Abflussbeiwerts für unversiegelte Flächen C_{uv}:

$$Q_{unversiegelt} = [C_{uv} \cdot N] \cdot \frac{A_{EZGuv}}{A_{EZG}} \quad (9.14)$$

In Tab. 9-2 sind maximale Abflussbeiwerte (C_{max}) für verschiedene versiegelte Oberflächen zusammengestellt. Dabei weisen diese Oberflächen aufgrund ihres geminderten Infiltrationsvermögens sehr hohe maximale Abflussbeiwerte bis fast 100 % auf.

Ein umfangreiches Kanalisationsnetz führt zu einem schnellen Abführen, aber auch zur Zwischenspeicherung von Niederschlagswasser.

Neben den oben geschilderten Einflüssen des Versiegelungszustands der Bodenoberfläche spielen in der modernen Siedlungswasserwirtschaft in der Ermittlung des Abflusses aus urbanen Gebieten zunehmend die Speichermöglichkeiten und sonstige technische Abflussrückhalte- und Abflussumleitemaßnahmen der Kanalisation eine Rolle.

Tab. 9-2

Ansätze in der Siedlungswasserwirtschaft für maximale Abflussbeiwerte für versiegelte Teilflächen unterschiedlicher Beschaffenheit (Bischofsberger 1998).

Art und Beschaffenheit der Teilflächen	max. Abfluss-beiwert C_{max} [%]
Metall- und Schieferdächer	95
Gewöhnliche Dachziegel und Dachpappe	90
Flachdächer	50–70
Asphaltpflaster und dicht abgedeckte Wege	85–90
Fugendichtes Pflaster aus Stein und Holz	75–85
Reihenpflaster ohne Fugenverguss	50–70
Schotterstraße und Kleinsteinpflaster	25–60
Kieswege	15–30
Unbefestigte Flächen, Gleisflächen *	10–20
Park und Gartenflächen *	0–10

* werden in der Regel zu den unversiegelten Flächen gezählt

Hierzu gehören u.a. Rückhaltebecken, Überlaufbecken, Umleitungsbauwerke und Pumpanlagen, Drosselungen und mögliche Abschläge zu Kläranlagen. Moderne hydrologische Modelle für Siedlungsgebiete berücksichtigen unterschiedliche Abflussbildungsvorgänge und -konzentrationsvorgänge der versiegelten und unversiegelten Teilgebiete.

Neben der Abflussbildung in bebauten Gebieten soll hier auch auf die spezifischen Eigenheiten der Abflusskonzentration in urbanen Gebieten hingewiesen werden. Ein umfangreiches Kanalisationssystem führt zu einem schnellen Abführen des entstandenen Abflusses von den versiegelten Teilflächen. Allerdings besitzen auch moderne Entwässerungssysteme eine Rückhaltefunktion. Diese entsteht durch das Speichervolumen der Abwasserkanäle selbst, durch die Wirkung von Regenrückhaltebecken, Regenüberlaufbecken und Regenwasserklärbecken im Kanalisationssystem sowie durch die dämpfende Wirkung von Kläranlagen. Jedoch ist die Speicher- und Dämpfungswirkung im Falle von sehr großen und/oder lang anhaltenden Niederschlägen relativ schnell erschöpft, was dann zu hohen Schmutzfrachteinträgen in die betroffenen Vorfluter führen kann.

Weiterführende Literatur

Bronstert, A. (Hrsg.) (2005): Abflussbildung. Prozessbeschreibung und Fallbeispiele. Potsdam (Forum für Hydrologie und Wasserbewirtschaftung 13.05).

Bronstert, A., Niehoff, D. und G. R. Schiffler (2023): Modelling infiltration and infiltration excess: The importance of fast and local processes. In: Hydrological Processes 37(4). DOI:10.1002/hyp.14875.

Kirkby, M. J. (Hrsg.) (1978): Hillslope Hydrology. Chichester.

Scherrer, S. (2006): Bestimmungsschlüssel zur Identifikation von hochwasserrelevanten Flächen. Mainz (Berichte des Landesamts für Umwelt, Wasserwirtschaft und Gewerbeaufsicht Rheinland-Pfalz 18/2006).

Seen

10

Brigitte Nixdorf, Björn Grüneberg

Inhalt

10.1 Natürliche Seen

10.2 Anthropogene Seen

10.3 Limnologische Probenahme- und Messmethoden

Seen umfassen natürliche und künstliche Standgewässer und bilden wichtige funktionale Elemente in Einzugsgebieten als Stoffsenken. Sie werden neben der Entstehung nach ihrer Einbindung in das Gewässernetz, ihrer Morphometrie, dem Durchmischungsregime und ihren trophischen Eigenschaften klassifiziert. Der wichtigste Besiedlungsraum für Fische und das Plankton ist das Freiwasser, das Pelagial. Die Bodenzone, das Benthal, wird von tierischen Wirbellosen und Makrophyten besiedelt. Natürliche Seen in der gemäßigten Klimazone sind meist in der Eiszeit entstanden. Zu den künstlichen Gewässern gehören Abgrabungsseen wie Tagebau- und Kiesbaggerseen und Talsperren. Sie unterscheiden sich von natürlichen Seen in ihrer Morphometrie und ihrem hydrologischen Regime durch nutzungsbedingtes Wassermanagement.

Natürliche Seen

10.1

In Europa hat eine Zählung etwa 500 000 Standgewässer von > 1 ha ergeben (EEA 1995). Weltweit belaufen sich die Schätzungen auf 8,3 Millionen natürliche und künstlich angelegte Standgewässer (Pourriot und Meybeck 1995). Seen, auch **Stillgewässer, Standgewässer** oder **stehende Gewässer** genannt, sind «allseitig umschlossene Wasseransammlungen in einer Vertiefung der Erdoberfläche» (Forel 1901; Ruttner 1962). Diese Vertiefungen können sehr groß sein, wie z.B. in tektonischen Seen (z.B. Baikal- und Tanganjikasee). Die meisten Seen sind jedoch **glazialen Ursprungs** und mit weniger als 20 000 Jahren relativ jung bzw. durch Flussaktivitäten als fluviale Seen entstanden (→ Tab. 10-1). Seen gehören neben dem Grundwasser und den Flüssen zu

Die meisten Seen sind während der Eiszeit oder durch Flussaktivitäten entstanden.

Tab. 10-1

Morphogenetische Klassifizierung von Seen (nach Hutchinson (1975) und Jung (1994)).

Entstehung	Unterteilung	Typen und Beispiele
Tektonik	Grabenbruchsee	Tanganjika, Totes Meer
Vulkanismus	Explosivkraterseen	Eifelmaare Caldera mit See
Abdämmung	Bergstürze Kalksinterseen	Pamukkale in Anatolien Plitvitzer Seen
Glaziale Bildung	Erosionsseen Toteisseen fluvioglaziale Rinnenseen Gletscherseen	Zungenbeckenseen Fjorde, Karseen Caputher See, Sölle Scharmützelsee
Lösungsprozesse	Karstseen	Steinhudermeer
Fluviatil	Auengewässer Altwässer	Donauauen bei Wien
Küstenbildung	Marine Akkumulation	Strandsee Deltasee

den wichtigsten **Süßwasservorkommen**, obwohl sie flächenmäßig weniger als 2% der Erde bedecken. Eine Abgrenzung zu Fließgewässern erfolgt aufgrund der deutlich höheren Verweilzeit des Wassers (→ Tab. 10-2). Aufenthaltszeiten von mehr als 30 Tagen erlauben die Ausbildung von Planktongemeinschaften, die ein prägendes Besiedlungsmerkmal von Seen sind. Seen mit kürzeren Aufenthaltszeiten stehen zwischen Seen und Fließgewässern und werden als **Flussseen** bezeichnet.

Klassifizierung von Seen und topographische und hydromorphologische Eigenschaften

Neben der Entstehung (→ Tab. 10-1) können Seen nach Morphometrie und Topographie, Wasserführung und Wasserspeisung, Lage in Klimagebieten bzw. Ökoregionen, Nutzungen, Belastungen usw. klassifiziert werden. Nach der Thermik und Schichtung unterscheidet man flache, oft durchmischte Seen von tiefen Seen mit stabilen Stagnationsphasen.

Seen sind immer einem Einzugsgebiet zugeordnet und unterliegen dabei unterschiedlichen Wasserzuflüssen und Wasserabflüssen. Folglich unterscheidet man:

- durchströmte Seen mit Zu- und Abfluss,
- Flussseen, von einem Fließgewässer geformt, z.B. Müggelsee,
- Quellseen mit Abfluss, aber ohne Zufluss,
- periodisch abflusslose Seen durch Trockenheit oder Verstopfung,
- Mündungs- oder Endseen mit Zufluss, aber ohne Abfluss, z.B. Balaton- oder Neusiedler See.

Zu- und Abflüsse in bzw. aus Seen können ober- und unterirdisch erfolgen. Während die hydrologische Situation für oberflächengespeiste Seen gut beschrieben ist, sind Methoden zur Charakterisierung von Grundwasser-See-Interaktionen Gegenstand aktueller Forschung (DWA-M641).

Box 10.1

Wasserbilanz von Seen

Für eine allgemeine Form der **Wasserbilanzgleichung** (→ Kap. 3) für Seen und Talsperren ist die Summe der Zuflüsse (Q_{in}) und des Niederschlags (N) gleich der Summe der Abflüsse (Q_{out}) und der Evaporation (E), zu- oder abzüglich der Änderung des Speichervolumens im Gewässer (ΔS) in einem bestimmten Zeitraum:

$$Q_{in} + N = Q_{out} + E \pm \Delta S \qquad (10.1)$$

Zu- und Abflüsse können oberflächlich durch Fließgewässer erfolgen, aber auch als Zwischenabfluss im Boden, als Grundwasserstrom und als direkte Einleitung durch Punktquellen bzw. Wasserentnahmen. Meist lassen sich nicht alle Pfade der Wasserbilanz eines Sees direkt messen. Zum Erstellen einer Bilanz wird meist der Zustrom aus Grund- und Schichtenwasser aus den anderen Pfaden der Wasserbilanz berechnet.

Wichtige Parameter zur morphometrischen Charakterisierung von Seen sind in Tab. 10-2 aufgeführt. Die Seenbeckenmorphometrie kann durch Tiefen-Flächen- und Tiefen-Volumen-Kurven charakterisiert werden. (vgl. → Tab. 10-2)

Thermische Eigenschaften und Schichtung

Nach ihrer geographischen Lage kann man Seen in thermische Seetypen einteilen. Dazu gehören:

- polare Seen mit Temperaturen unter 4 °C, die immer eisbedeckt sind bzw. nur kurze eisfreie Zeiten haben,
- subpolare Seen mit kurzzeitiger Erwärmung des Wassers über 4 °C im Sommer,
- temperierte Seen, meist mit Temperaturen über 4 °C im Sommer und unter 4 °C im Winter,
- subtropische Seen mit Temperaturen, die nie unter 4 °C fallen,
- tropische Seen mit Temperaturen von 20–30 °C.

Die besondere Eigenschaft des Wassers, Dipole und Cluster zu bilden (→ Kap. 2), beeinflusst neben dem Temperaturregime eines Sees dessen

Tab. 10-2 Morphometrische Parameter zur Charakterisierung von Seen am Beispiel des geschichteten Scharmützelsees (SCH) und des Müggelsees (MUG).

Parameter	Einheit	Bemerkung	SCH	MUG
Fläche	km^2		12,1	7,6
Volumen	$10^6 m^3$		108,2	36,5
Maximale Tiefe (z_{max})	m		29,5	8,9
Mittlere Tiefe	m	Quotient Volumen/Fläche	8,9	4,8
Theoretische Verweilzeit	a	Quotient Volumen/Abfluss (→ Kap. 4)	10,7	0,16
Uferlänge	km		30,3	14,8
Uferentwicklung		Verhältnis von Uferlänge zum Umfang eines flächengleichen Kreises; Anhaltspunkt für Buchtenreichtum	2,5	1,5
Effektive Länge (l_{eff})	km	Größtmögliche Distanz zwischen zwei Uferpunkten	7,64	4,34
Effektive Breite (b_{eff})	km	Linie im rechten Winkel zu l_{eff}	2,14	2,61
Effektive Achsenlänge	m	$(l_{eff} + b_{eff})/2$		
Tiefengradient		$z_{max}/4{,}758(l_{eff}+b_{eff})^{0,28}$; Maß für die Schichtungsstabilität; wenn Tiefengradient > 1,5, dann ist stabile thermische Schichtung im Sommer wahrscheinlich (→ Abb. 10-1)	3,3	1,1
Umgebungsfaktor (Flächenquotient)		A_{EZG} [km^2]/A [$10^6 m^2$]; Verhältnis der Einzugsgebietsfläche zur Seefläche	10,6	921
Volumenquotient	m^{-1}	A_{EZG} [km^2]/V [$10^6 m^3$]; Verhältnis der Einzugsgebietsfläche zum Seevolumen	1,2	193
Theoretische Epilimniontiefe		$4{,}758(l_{eff}+b_{eff})^{0,28}$ (LAWA 1999)	7,5	6,8

Der wichtigste Mixistyp in gemäßigten Breiten ist der holomiktische See.

Schichtungs- bzw. Mischungsverhalten. Es werden nach der Durchmischung des Sees sogenannte Mixistypen unterschieden, die gar nicht (**amiktisch**), vollständig bis zum Gewässergrund (**holomiktisch**) bzw. nur bis zu einer gewissen Tiefe (**meromiktisch**) durchmischt werden. Der wichtigste Mixistyp in der gemäßigten Klimazone ist der holomiktische See, der sich je nach Tiefe des Gewässers, seiner Größe und der Windangriffsfläche **di-** bzw. **monomiktisch/polymiktisch** verhält (zur Erläuterung → Tab. 10-3). In tiefen, **dimiktischen** Seen wechseln sich Perioden von stabiler Schichtung und vollständiger Zirkulation ab. Oligomiktische Seen werden nur gelegentlich in größeren jährlichen Abständen durchmischt.

Im Frühjahr und Herbst treten die Phasen der Durchmischung auf, während im Sommer eine stabile thermische Schichtung in die obere, warme Deckschicht (**Epilimnion**), die Sprungschicht mit Temperaturgradienten von über 1 °C/m (**Metalimnion**) und die kalte Tiefenzone

(**Hypolimnion**) typisch ist (→ Abb. 10-1). Diese thermische Zonierung ist für den Stoffhaushalt von tiefen Seen entscheidend, weil im Gegensatz zu den oft durchmischten Flachseen durch die thermischen Barrieren auch der Stofftransport beeinflusst wird. So können diese Seen als Stoffsenken in der Landschaft fungieren.

Im Winter tritt unter Eis eine **inverse Schichtung** ein, d.h., das wärmere Wasser mit 4°C sammelt sich wegen seiner höheren Dichte

Übersicht über das thermische Schichtungsverhalten von Seen. **Tab. 10-3**

Thermische Schichtung und Durchmischung in Seen			
Amiktisch	Meromiktisch	Holomiktisch	
Keine Durchmischung	Durchmischung unvollständig, oberer Wasserkörper durchmischt, unterer Wasserkörper (Monimolimnion) nicht durchmischt	Durchmischung vollständig, mindestens einmal pro Jahr bis zum Gewässergrund	
Seen in der Arktis mit permanenter Eisbedeckung	Tiefe Seen im Hochgebirge (Kärntner Seen), Vulkankraterseen, Tektonische Seen (Tanganjikasee)	Tiefe Seen mit Durchmischung im Herbst und Frühjahr (dimiktisch) bzw. ohne Winterstagnation (keine Eisbedeckung: monomiktisch)	Flache Seen ohne stabile Schichtung im Sommer, mehrmals im Jahr durchmischt (polymiktisch)

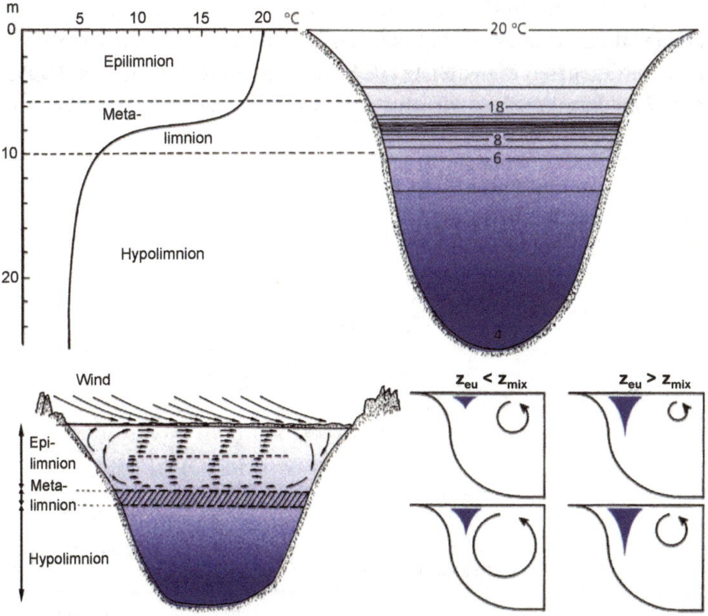

Abb. 10-1

Sommerstagnation in einem dimiktischen See und Verhältnis von durchmischter Epilimnionschicht z_{mix} zur durchlichteten Schicht, der euphotischen Zone z_{eu} (nach Uhlmann und Horn 2001, Abdruck mit freundlicher Genehmigung der Eugen Ulmer KG Stuttgart).

(→ Kap. 2) in den tieferen Bereichen, während das kältere, leichtere Wasser unter dem Eis in der oberen Schicht verbleibt. Es gibt Seen, die wegen ihrer Größe nicht bzw. äußerst selten zufrieren, z.B. der Bodensee, und folglich keine Winterstagnation aufweisen. Diese Seen zirkulieren dann vom Herbst bis zum Frühjahr und sind folglich monomiktisch.

Im Zuge der Klimaänderung wird in den gemäßigten Zonen mit wärmeren Wintern gerechnet, die aller Voraussicht nach für einige Seen einen Wechsel von dimiktisch zu monomiktisch zur Folge haben werden. **Polymiktische Seen** sind wegen ihrer Flachheit während der Sommerphase nicht stabil geschichtet. Einige können wegen der zu erwartenden wärmeren Sommer und thermisch bedingter höherer Schichtungsstabilität zu dimiktischen Seen werden (Hupfer und Nixdorf 2011).

Lebensräume und Besiedlung in Seen

In Abb. 10-2 sind die ökologischen Zonierungen eines Sees einschließlich der Uferbereiche dargestellt (Grüneberg et al. 2009).

Die wichtigsten Lebensräume in einem See sind die Freiwasserzone, das **Pelagial**, und die Bodenzone, das **Benthal**, die sich in einen durchlichteten (**euphotischen**) und einen nicht durchlichteten (**aphotischen**) Bereich einteilen lässt. Diese Grenze wird bei 1 % des an der Oberfläche einfallenden Lichts gesetzt. Sie kann annähernd aus dem Wert der 2,5-fachen Sichttiefe hergeleitet werden. Die durchlichtete Bodenzone heißt **Litoral** und ist von Wasserpflanzen besiedelt, während das nicht durchlichtete **Profundal** pflanzenlos ist und nur von heterotrophen Organismen besiedelt werden kann. Die euphotische Schicht im Pelagial wird auch **trophogene Zone** genannt. Hier ist Fotosynthese durch Primärproduzenten mög-

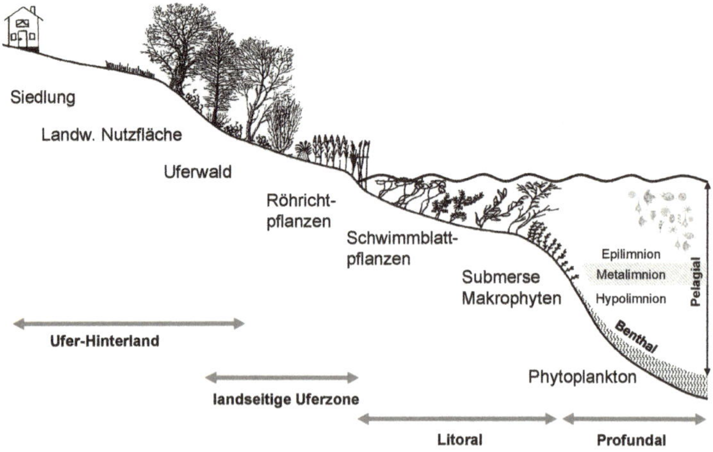

Abb. 10-2 | Morphologie und Lebensräume eines Seeufers (nach Ostendorp et al. 2004, Abdruck mit freundlicher Genehmigung des European Regional Centre for Ecohydrology of the Polish Adacemy of Sciences).

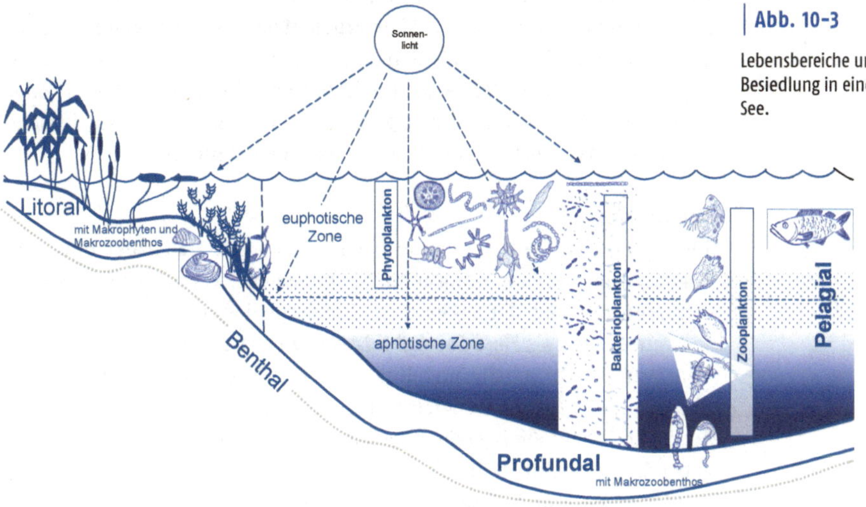

Abb. 10-3

Lebensbereiche und Besiedlung in einem See.

lich. Im aphotischen Bereich des Pelagials ist nur Stoffab- bzw. -umbau durch Destruenten und Konsumenten möglich. Diesen Bereich nennt man **tropholytische Zone**. Hauptbesiedler des Pelagials sind das **Plankton** und die aktiv schwimmfähigen Organismen (**Nekton**), also hauptsächlich Fische, während die Bodenzone vom **Benthos** besiedelt wird (→ Abb. 10-3).

Nach der Größe unterscheidet man Pico- (< 2 µm), Nano- (2–20 µm), Mikro- (20–200 µm), Meio- (200–500 µm) und Makroplankton (> 500 µm) und nach der Funktion pflanzliches Plankton (**Phytoplankton**), tierisches Plankton (**Zooplankton**) und suspendierte Bakterien (**Bakterioplankton**). Der Gewässergrund, das Benthal, ist im Litoral mit Mikrophytobenthos bewachsen. Hierbei handelt es sich um pflanzlichen **Aufwuchs** auf Steinen, Stängeln, Holz oder im Biofilm. Zum Bewuchs zählen auch **Makrophyten**, größere Wasserpflanzen, die man in submers, also untergetauchte, emers, also ganz oder teilweise über die Wasseroberfläche aufgetauchte, und Schwimmblattpflanzen unterscheidet. Im Profundal kommt vor allem **Makrozoobenthos**, also tierische Invertebraten, z.B. Würmer, Larven, Schnecken und Muscheln vor.

Anthropogene Seen

10.2

Zu Seen, die durch menschliche Tätigkeit entstanden sind, gehören Baggerseen einschließlich Tagebauseen bzw. Bergbaurestseen, Sand- und Kiesseen, Tongruben, Steinbruchseen und Teiche. Diese Gewässer werden nach der EG-Wasserrahmenrichtlinie (Amtsblatt der Europäischen Union 2000) zu den **künstlichen stehenden Gewässern** gezählt. Talsperren und Stauseen werden den stark beeinträchtigten Gewässern zugeordnet. Zu den Baggerseen gehören ehemalige Kies-, Lehm- oder Tongruben, die sich mit Wasser gefüllt haben. Mühlen- und Fischteiche sind durch den Anstau von Fließgewässern entstanden.

Talsperren

Talsperren bestehen aus einem **Damm** oder einer **Staumauer** und dem Wasserkörper, der angestaut wird. Sie haben eine Veränderung der Wasserressourcen und der regionalen Umweltbedingungen zur Folge. Talsperren werden als **Fluss-See-Hybridsysteme** bezeichnet (Margaleff 1975; Thornton 1990; Soballe und Kimmel 1987), da ihre Wasserkörper in überstauten Flusstälern zugleich Eigenschaften von Fließgewässern und Seen aufweisen. Fließgewässer zeichnen sich durch **longitudinale Gradienten** z.B. hinsichtlich Flussbettmorphologie, Fließgeschwindigkeit und Wassertemperatur aus, was sich auch in der longitudinalen Ausbildung verschiedener Lebensgemeinschaften widerspiegelt (Cummins 1974; Hynes 1975). Dagegen sind stehende Gewässer vornehmlich durch **vertikale Gradienten** geprägt, z.B. im Hinblick auf Licht, Temperatur, gelöste Stoffe oder Produktions- und Abbauprozesse (Hutchinson 1975; Wetzel 1983). Als Fluss-See-Hybridsysteme weisen Talsperren gleichzeitig horizontale und vertikale Gradienten auf. Talsperren unterscheiden sich von natürlichen Seen nach Thornton et al. (1982) durch:

- ein größeres Einzugsgebiet in Relation zur Wasserfläche,
- größere mittlere und maximale Tiefen,
- höhere Wasserfrachten pro Flächeneinheit und kürzere Wasseraufenthaltszeiten.

Charakteristika von Talsperren sind außerdem die oft dendritische Gestalt und dadurch hohe Uferentwicklung, die Möglichkeit eines tiefen (auch hypolimnischen) Abflusses sowie die großen Wasserstandsschwankungen.

Eine weitere Besonderheit im Vergleich zu natürlichen Seen ist die Tatsache, dass Talsperren oft im unteren Bereich von Einzugsgebieten angelegt werden, eine lang gestreckte Form haben (Ryding und Rast 1989) und das Ablaufwasser örtlich und zeitlich kontrolliert werden kann. Durch die Wasserentnahme aus tieferen Schichten ist das Schichtungsverhalten in Talsperren nicht so stabil wie in natürlichen Seen ähnlicher Größe und Tiefe. Die Bewirtschaftung von Talsperren (z. B. Zeitpunkt, Tiefe und Menge der Entnahmen) hat einen wesentlichen Einfluss auf ihre limnologische und hydrophysikalische Charakteristik.

Die Anforderungen an die Wasserqualität (akzeptable Trophie) richten sich nach der Art der Nutzung. Für Bewässerung, Wasserkraft oder Hochwasserschutz ist die Wasserqualität zweitrangig, während Talsperren zur Trinkwassergewinnung, für die Erhohlung, für Niedrigwasserabfluss oder für die Salmonidenfischerei eine gute Qualität (meist Mesotrophie) erforden.

Tagebauseen

In Deutschland entstanden bzw. entstehen etwa 500 Seen aus ehemaligen Tagebaurestlöchern. Ein Teil der Tagebauseen ist durch niedrige pH-Werte von 2,5–3,5 und hohe Eisen-, Sulfat- und Calciumkonzentrationen gekennzeichnet. Die **Versauerung** ist ein Ergebnis der Oxidation von Pyrit und Markasit, die in tertiären Substraten vor allem des Lausitzer, aber auch des Mitteldeutschen und Bayerischen Braunkohlereviers vorkommen. Durch den Kontakt mit Sauerstoff bzw. Fe^{3+} werden Sulfide in den Kippen oxidiert. Das dabei entstehende Fe^{2+} sowie Calcium, Sulfat und Hydrogencarbonat gelangen mit dem Kippengrundwasser in das sauerstoffhaltige Seewasser, wo Fe^{2+} dann zu Fe^{3+} oxidiert wird. Bei pH > 3 hydrolysiert Fe^{3+} sofort und fällt als $Fe(OH)_3$ bzw. Eisenhydroxydsulfat aus, wobei die dabei frei werdenden Protonen den eigentlichen Säureschub bewirken.

In Deutschland gibt es ca. 500 Seen, die aus Tagebaurestlöchern entstanden sind. Etwa ein Drittel dieser Seen ist versauert.

Neben den sauren Tagebauseen sind aber auch zahlreiche neutrale Seen entstanden, darunter einige der bisher **größten und tiefsten Seen**, z.B. der Bärwalder See (1229 ha, 44 m tief), der Altdöberner See (879 ha, 68 m tief) und der Bernsteinsee (445 ha) in der Lausitz, der Große Goitzschesee (1331 ha, 49 m tief) und der Seelhausener See (643 ha) in Sachsen-Anhalt oder der Cospudener (441 ha, 54 m tief) und Werbeliner See (441 ha) in Thüringen. Die weitaus größten Seen werden jedoch im niederrheinischen Kohlerevier entstehen. Die Tagebauseen Inden II (753 Mill. m³, max 127 m tief) und Hambach (4300 Mill. m³, max. 360 m tief) werden nach ihrer Füllung im 22. Jahrhundert zu den größten und tiefsten Seen Deutschlands gehören.

Eine Besonderheit von Tagebauseen ist die Vielfalt der **Seebeckenmorphometrie**, die von der ehemaligen Födertechnologie abhängig ist. So gibt es viele kleine Litoralseen aus den Anfangszeiten der Braunkohleförderung in der Plessa-Region bis hin zu den erwähnten, sehr großen und tiefen Seen mit zum Teil meromiktischem Charakter. Neben einfachen Hohlformen mit geringer Uferentwicklung gibt es auch viele **dimiktische Seen mit komplizierter Morphometrie**. Häufig anzutreffen sind Seen mit großen, flachen, polymiktischen Bereichen und tiefen, schmalen Randschläuchen, die im Sommer thermisch geschichtet sind (→ Abb. 10-4).

Box 10.2

Bergbaufolgeseen

Der Wasserhaushalt im Lausitzer Braunkohlerevier war durch Grundwasserabsenkung stark gestört. Der Absenkungstrichter umfasste Anfang der 1990er-Jahre eine Fläche von 2100 km^2, und das Wasserdefizit betrug rund 13 Mrd. m^3. Der Absenkungstrichter ist nun nahezu aufgefüllt. Während viele der kleineren Tagebauseen grundwassergespeist und durch **natürlichen Grundwasseranstieg** entstanden sind, werden die größeren Seen oft durch Fremdwasser aus Flüssen geflutet. Damit werden die Seen wieder an das natürliche **Fließgewässernetz** angebunden. Viele der größeren Seen werden in ein künstliches Gewässernetz eingebunden, z.B. mithilfe von 13 schiffbaren Kanälen im Lausitzer Seenland. Hiermit werden sowohl wasserwirtschaftliche, also die langfristige Wassermengenbewirtschaftung, als auch touristische Ziele wie z.B. der Freizeitbootverkehr verfolgt. Viele Tagebauseen werden als **Speicher** betrieben und sind für die Hochwasserentlastung bedeutsam.

Abb. 10-4 | Altdöbener See (Restloch Greifenhain; links) und Grünewalder Lauch (Restloch 117; rechts) im Jahr 2003 (Fotos: Björn Grüneberg).

10.3 | Limnologische Probenahme- und Messmethoden

Limnologische Messungen und Probenahmen beginnen mit der Auswahl der Probenahmestelle, meist an der tiefsten Stelle des Sees. Zunächst werden Beobachtungen zu Witterung und Umgebungsbedingungen in einem Protokoll vermerkt. Die Sichttiefe bzw. Trübung wird mit der **Secchi-Scheibe** bestimmt. Diese hat einen Durchmesser von 20–30 cm und ist entweder vollständig weiß oder schwarz-weiß. Sie wird zur Messung an einem markierten Messband in das Wasser abgesenkt, bis sie gerade noch sichtbar ist.

Scharmützelsee, ein dimiktischer See im Sommer. Vertikalprofile für den 6. August 2012. | Abb. 10-5

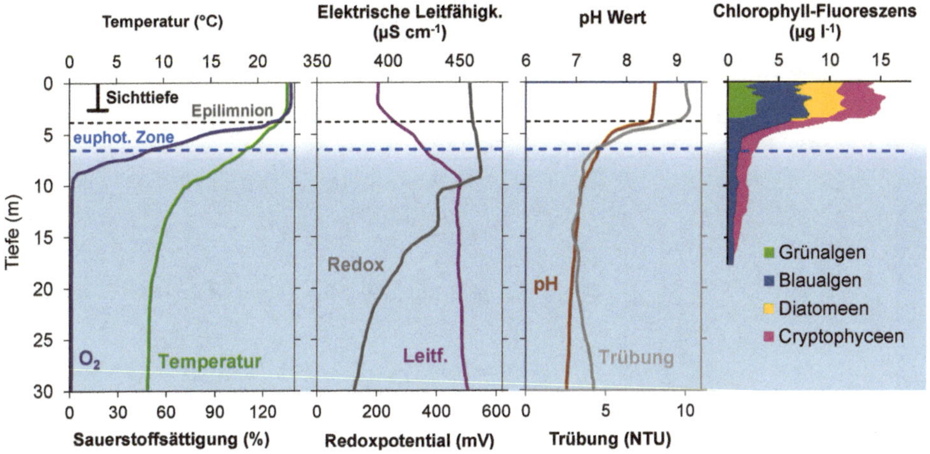

Mit **Multiparametersonden** erfasst man im Vertikalprofil die Parametertiefe mittels Drucksensor, Temperatur, Sauerstoffsättigung und -konzentration, pH-Wert, Leitfähigkeit, Redoxpotenzial und Trübung (→ Abb. 10-5). Anhand der Ergebnisse kann eine Aussage über die Schichtung bzw. Durchmischung des Gewässers getroffen werden. Das gewonnene Temperaturprofil und die Sichttiefe werden herangezogen, um die Tiefen für die chemische und biologische Probenahme in geschichteten Seen festzulegen. Aus dem Epilimnion bzw. der gesamten Wassersäule während der Vollzirkulation werden Mischproben entnommen. Für Bilanzbetrachtungen wird eine volumengewichtete Mischprobe empfohlen, die die unterschiedlichen Volumina der Tiefenlamellen berücksichtigt. Darüber hinaus kann mit einer **Lichtsonde** die Lichtverteilung in der Wassersäule gemessen werden. Mit einer **Fluoreszenzsonde** kann die Phytoplanktonverteilung anhand der Chlorophyll-a-Konzentration erfasst werden. Moderne Fluoreszenzsonden erlauben die Unterscheidung der wichtigsten Phytoplanktongruppen.

Weiterführende Literatur

Dokulil, M., Hamm, A. und J. G. Kohl (2001): Ökologie und Schutz von Seen. Wien.

Jung, G. (1994): Seengeschichte. Entstehung, Geologie, Geomorphologie. Landsberg am Lech.

Straskraba, M., Tundisi, J. G. und A. Duncan (Hrsg.) (1993): Comparative Reservoir Limnology and Water Quality Management. Dordrecht (Developments in Hydrobiology 77).

Spezielle Bereiche der Hydrologie

Einfluss von Landnutzung und Landbedeckung auf den Wasserkreislauf | 11

Markus Weiler

11.1 Einführung

11.2 Forst

11.3 Landwirtschaft

11.4 Stadthydrologie

Die Menschen verändern die Landoberfläche und -bedeckung in vielfacher Hinsicht, und ein wichtiger Aspekt der Hydrologie ist es, diese Veränderungen zu quantifizieren und die Auswirkungen zu untersuchen. Ziel dieser Untersuchungen ist es, eine nachhaltige Landnutzung anzustreben, die keine erhöhten Risiken für hydrologische Extreme verursacht. In diesem Kapitel werden zuerst die verschiedenen Methoden erörtert, mit denen Auswirkungen der Landnutzungsänderung quantifiziert werden können. Danach wird der Einfluss von forstlichen Maßnahmen auf die Wasserbilanz, aber auch die Hochwassergefährdung erläutert. Da die Landwirtschaft große Teile der Erdoberfläche in Anspruch nimmt, sind deren Einflussfaktoren und Prozesse von besonderer Relevanz. Am Ende werden die besonders starken Veränderungen des Wasserkreislaufs durch die Versiegelung und Urbanisierung dargestellt und diskutiert.

Einführung | 11.1

Unter **Landnutzung** versteht man jegliche Art der Inanspruchnahme von Böden und Landflächen durch den Menschen. Unbeeinflusste Ökosysteme weisen eine natürliche **Landbedeckung** auf. Der Begriff der Landnutzung bzw. Landnutzungsänderung schließt nicht nur die Änderung der Landbedeckung ein, sondern auch die Art und Weise, wie mit dieser Landbedeckung verfahren wird.

«Landbedeckung» umfasst auch vom Menschen unbeeinflusste Ökosysteme, während «Landnutzung» sich auf anthropogen geprägte Systeme bezieht.

Der Einfluss der Landnutzung auf den Wasserkreislauf erstreckt sich im Wesentlichen auf drei Bereiche:

- Bedeckung der Oberfläche mit Vegetation und deren Einfluss
  - auf die oberirdische Speicherung von Wasser durch Interzeption, Streuspeicherung und Benetzung der Bodenoberfläche
  - auf die Transpiration und Bodenverdunstung
- Beschaffenheit der Bodenoberfläche und deren Einfluss
  - auf die Infiltration
  - auf vertikale und laterale Bodenwasserbewegung und Transpiration (→ Kap. 5)
- Fließwege zum Gerinne und deren Einfluss
  - auf die Abflusskonzentration (→ Kap. 9).

Quantifizierung der Auswirkungen von Landnutzungsänderungen

Landnutzungs- und -bedeckungseffekte kann man auf Lysimeter-, Parzellen,- oder Einzugsgebietsskalen messen.

In **Lysimeterstudien** (→ Kap. 7) können Effekte einzelner Kulturen auf den Wasserhaushalt sehr genau bestimmt werden, jedoch ist die Übertragbarkeit auf größere Skalen eingeschränkt. Viele Studien werden auf der **Parzellenskala** durchgeführt, also bis 100 m^2. Dort werden einzelne Prozesse und Größen des Wasserkreislaufs gemessen. Dafür werden Standorte mit unterschiedlicher Landnutzung, aber ähnlichen klimatischen, physiographischen und pedologischen Eigenschaften ausgewählt und die beobachteten Unterschiede aufgrund der Landnutzung quantifiziert. Für belastbare Aussagen braucht man mehrere Standorte in jeder Landnutzungsklasse, um der natürlichen Variabilität gerecht zu werden.

Auf der **Einzugsgebietsskala** werden zwei oder mehrere benachbarte Einzugsgebiete mit vergleichbaren Eigenschaften verwendet, um Landnutzungsveränderungen zu quantifizieren. In den Gebieten werden der Abfluss und Niederschlag oder weitere hydrologische und meteorologische Variablen kontinuierlich gemessen. Nach mehreren Jahren der gleichzeitigen Beobachtung im sogenannten **Referenzzeitraum** wird die Landnutzung in einem der Gebiete verändert, z.B. durch Abholzung, Aufforstung oder Umbruch von Grünland in Ackerland. Danach werden kontinuierlich mögliche Veränderungen des hydrologischen Abflussverhaltens in beiden Gebieten beobachtet (**Behandlungszeitraum**). Die Abflussdaten werden entsprechend der Fragestellung ausgewertet, indem für die Referenzperiode ein einfaches statistisches Modell aufgestellt wird, um aus den Messungen des unbeeinflussten Einzugsgebiets das hydrologische Verhalten des anderen Gebiets vorherzusagen. Dieses Modell wird für den Zeitraum nach der Landnutzungsveränderung im zweiten Einzugsgebiet angewendet, um sein hydrologisches Verhalten vorherzusagen, falls es zu keiner Landnutzungsänderung gekommen wäre. Die beobachteten hydrologischen Unterschiede werden der Landnutzungsänderung zugeschrieben. Die Methode hat jedoch auch einige Nachteile, da die Ergebnisse nur **repräsentativ** für das jeweilige Gebiet sind, eine Übertragung auf andere Gebiete oder eine **Generalisierung** problematisch ist und die statische **Nachweisbarkeit** der Veränderung schwierig ist.

Auch mithilfe von **geeigneten hydrologischen Einzugsgebietsmodellen** (→ Kap. 15) werden hydrologische Auswirkungen von Landnutzungsänderungen quantifiziert. Dazu werden die Modelle meist auf eine bestimmte Bedingung kalibriert, für die die räumliche Verteilung der Landnutzung sowie meteorologische und hydrologische Messdaten vorhanden sind. Dann werden die entsprechenden Landnutzungsparameter im Modell verändert, um das hydrologische Verhalten des Einzugsgebiets für eine veränderte Landnutzung vorherzusagen. Dazu werden **Landnutzungsszenarien** verglichen. Diese Methode hat den Vorteil, dass damit relativ schnell Ergebnisse erzielt werden können und die Kosten deshalb gering sind.

Forst | 11.2

Einfluss von forstlichen Maßnahmen auf die Wasserbilanz

Die Vegetationsbedeckung beeinflusst die Wasserbilanz und die Abflussprozesse eines Standorts. Besonders die **Interzeption** durch die Vegetationsdecke (→ Kap. 7) führt zu einer Reduzierung der Niederschlagsmenge, die den Boden erreicht, und verringert die kinetische Energie der Regentropfen. Die Pflanzendecke bewirkt eine Zwischenspeicherung und eine räumliche Umverteilung des Niederschlags. Der **Bestandsniederschlag** (→ Kap. 7) ist je nach Baumart oder Kultur geringer und räumlich heterogener als der Freilandniederschlag. Die Intensitätsspitzen sind gedämpft.

Wälder beeinflussen die Abflussbildung. Häufig werden durch die gute Durchwurzelung und Humusakkumulation die Böden in Wäldern durchlässiger und haben ein höheres Speicherpotenzial. Dies führt häufig zu einer besseren vertikalen und lateralen Durchlässigkeit und somit zu einer Reduzierung des Oberflächenabflusses zugunsten von Infiltration und lateralem Zwischenabfluss. Jedoch kann durch **Waldbrände** oder bestimmte Pflanzenrückstände und Streu der Boden auch **wasserabweisend** (**hydrophob**) werden. Dadurch entsteht vermehrt Oberflächenabfluss mit starker Erosion.

Box 11.1

Waldlysimeter

Im Jahr 1972 wurden bei Eberswalde neun Großlysimeter mit einer Tiefe von 5 m und einer Fläche von 100 m² angelegt und mit unterschiedlichen Baumarten bepflanzt. Müller (2009) hat aus den ermittelten Sickerwasserraten sowie Bestands- und Freilandniederschlägen über die letzten 40 Jahre die Veränderung der Wasserbilanz bei einer Aufforstung und somit die Veränderung des Bestands in Bezug auf Alter, Dichte, Größe, etc. untersucht. In Abb. 11-1 sind im Vergleich zu einer nur mit Gras bewachsenen Fläche, welche auch die Bedingungen nach einem Kahlschlag darstellen könnte, die relativen Anteile der Wasserbilanz für einen Kiefern- und Buchenwald dargestellt. Direkt nach der Abholzung fehlen die Bäume für die Transpiration und Interzeption, sodass die Evaporation der einzige Prozess ist, der verhindert, dass der gesamte Niederschlag zum Abfluss kommt. Da sich die Albedo, die Einstrahlung, die Ventilation/Turbulenz und die Luftfeuchte ohne die schützende Wirkung der Bäume verändern, nimmt die Evaporation stark zu, sodass, je nach klimatologischen Bedingungen, die Zunahme des Abflusses gering ist. Schon in den ersten Jahren nach der Wiederaufforstung wird eine starke Zunahme der Vegetation beobachtet, sodass die Interzeption und die Transpiration kontinuierlich zunehmen und die Grundwasserneubildung oder Sickerung mit zunehmender Dichte des Waldes wieder abnimmt. Da junge Bäume meistens eine höhere Transpiration haben als

Abb.11-1 | Einfluss des Bestandsalters (Jahre in Klammern) auf die Wasserbilanz eines Kiefern- und eines Buchenwaldes bei Eberswalde (Jahresniederschlag 620 mm) im Vergleich zu Referenz ohne Wald. Hellgrün = Interzeption; dunkelgrün = Transpiration und Bodenevaporation; blau = Grundwasserneubildung (nach Müller 2009).

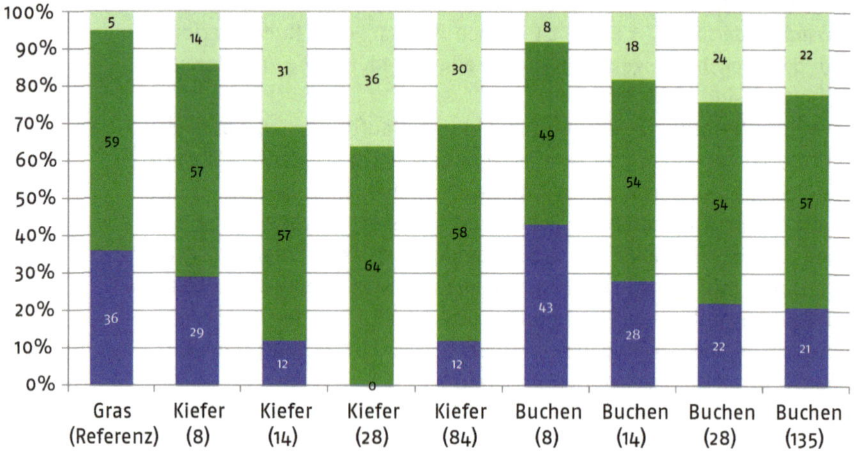

ausgewachsene Bäume, kann es dazu kommen, dass die Grundwasserneubildung eines nachwachsenden Waldes geringer ist als die eines ausgewachsenen Waldes. Dies ist auch bei den beiden hier diskutierten Baumarten zu beobachten, wobei unter den Kiefern die Grundwasserneubildung nach 28 Jahren null wird. Diese typische Veränderung der Wasserbilanz kann in verschiedenen Klimaten beobachtet werden, jedoch sind die entsprechenden Wasserbilanzanteile und die Dauer dieser **hydrologischen Erholung** unterschiedlich und hängen von verschiedenen Faktoren ab. Zum Beispiel führt eine Durchforstung der nachwachsenden Wälder dazu, dass nach jeder Durchforstung die Transpiration und Interzeption reduziert werden und somit der Abflussanteil im Vergleich zu einem unbeeinflusst nachwachsenden Wald höher ist.

Einfluss von Wäldern auf Hochwasser

In vielen forsthydrologischen Untersuchungen hat sich eine Veränderung der Hochwasserdynamik (→ Kap. 14) bei veränderter Waldbedeckung und Waldnutzung gezeigt. In Tab. 11-1 sind die verschiedenen Faktoren zusammengefasst, die in experimentellen Untersuchungen zur **reduzierten Waldbedeckung** gefunden wurden.

Es kann generell gesagt werden, dass im Falle von keiner oder geringerer Waldbedeckung:

- der Scheitelabfluss für häufige Hochwasserereignisse mit einer Wiederkehrdauer zwischen einem und fünf Jahren erhöht ist. Im Falle von stärkeren, d.h. selteneren Hochwasserereignissen ist die Verschärfung des Scheitelabflusses kaum noch erkennbar.

Einfluss von Abholzung auf Hochwasser. **Tab. 11-1**

Faktoren für Zunahme von Hochwasser im Falle von Abholzung	Faktoren für Abnahme von Hochwasser im Falle von Abholzung
▶ Höhere Bodenfeuchte aufgrund geringerer Verdunstung führt zu höheren Abflussmengen. ▶ Keine oder geringe Interzeption erhöht die Niederschlagsmenge und deren Intensität an der Bodenoberfläche und führt zu erhöhtem Oberflächenabfluss. ▶ Bodenverdichtung durch die Maschinen bei der Holzentnahme oder hydrophobe Böden führen zu erhöhtem Oberflächenabfluss und zur Konzentrierung des Oberflächenabflusses. ▶ Oberflächenabfluss auf Forststraßen kann zu einem zusätzlichen Abflussnetzwerk führen, welches an Wegabschnitten auch unterirdische laterale Abflüsse aufnehmen und diese schnell dem Gerinne zuführen kann.	▶ Erhöhte Oberflächenrauheit nach dem Kahlschlag durch Maschineneinsatz und Ernterückstände führen zu geringeren Fließgeschwindigkeiten und somit zu geringerem Scheitelabfluss. ▶ Werden nur Teile von Einzugsgebieten durch forstliche Maßnahmen verändert, kann die Abflusswelle aus diesen Gebieten schneller entstehen und sich nicht mehr mit der Abflusswelle aus den ungestörten Gebieten überlagern, was zu einer Desynchronisation der Hochwasserwellen führt.

- die Intensität der Erhöhung sehr unterschiedlich ist und sehr stark von der Geologie und den Bodeneigenschaften und somit von den dominierenden Abflussprozessen abhängt.
- eine Ausweitung der oberflächigen Abflusspfade durch Forststraßen und Maschinenwege zu einer Verkürzung der Abflusskonzentrationszeiten und somit zu einer Erhöhung der Scheitelabflüsse führt.

Box 11.2

Borkenkäferepidemie in Nordamerika

Eine der größten natürlichen Veränderungen der Waldbedeckung konnte in den letzten 20 Jahren im Westen Kanadas beobachtet werden. Ein Borkenkäfer, der die Drehkiefer *(Pinus contorta)* befällt, hatte sich durch das Ausbleiben sehr kalter Temperaturen im Winter explosionsartig vermehrt und die Kiefernwälder befallen. Da diese Wälder alle etwa das gleiche Alter hatten, und zwar das Alter, in dem die Bäume eine recht hohe Anfälligkeit für diese Borkenkäfer haben, sind große Wald-

Abb. 11-2 | Anteil der Kiefern in den Einzugsgebieten in British Columbia (Kanada), die vom Borkenkäfer bedroht bzw. schon befallen sind (links), und die daraus resultierende Erhöhung des mittleren Scheitelabflusses der Schneeschmelzhochwasser im Frühjahr (rechts).

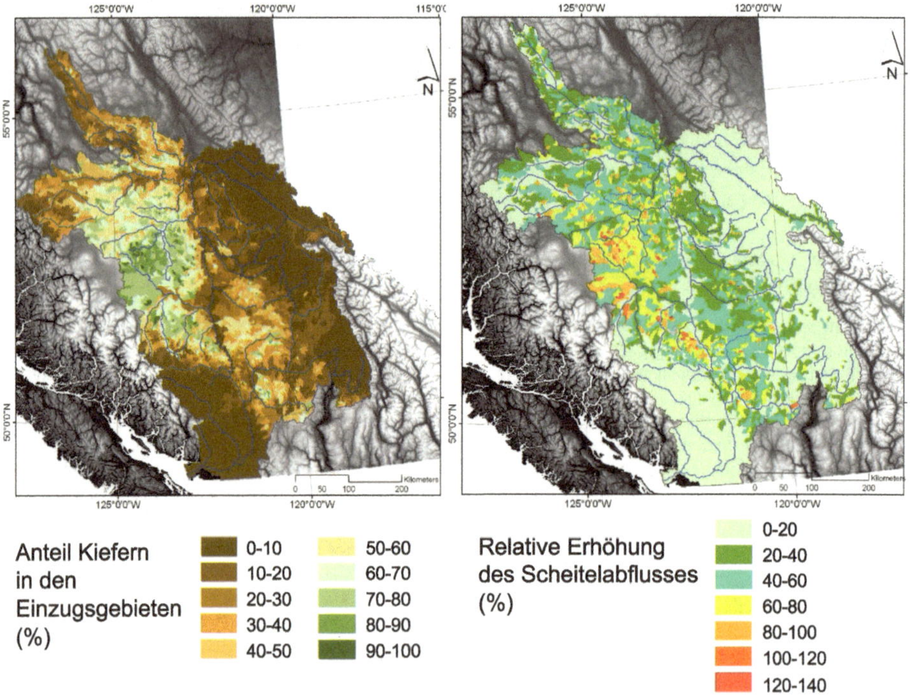

flächen zerstört worden. Die Bäume werden dabei zuerst rot, da die Nadeln nicht mehr mit Wasser versorgt werden können. Die Nadeln fallen schließlich ab, sodass nur noch der Baumstand stehen bleibt. Bis die nachwachsende Vegetation wieder ein geschlossenes Kronendach ausbildet und die Transpiration erhöht, besteht eine hohe Gefahr für einen erhöhten jährlichen Schneeschmelzabfluss. Mit einem hydrologischen Modell, das insbesondere die Schneeprozesse und Abflussprozesse räumlich verteilt simulieren kann, wurde für verschiedene Szenarien berechnet, wie stark sich der Scheitelabfluss während der jährlichen Schneeschmelze im Mittel erhöht (Weiler et al. 2009). In Abb. 11-2 wird diese Erhöhung für alle Einzugsgebiete dritter Ordnung dargestellt und im Vergleich dazu der Anteil der Kiefern in diesen Gebieten. Einige Bereiche sind dabei stark gefährdet; der Scheitelabfluss kann sich dort um über 100 % erhöhen. Jedoch ist die Variation zwischen den Gebieten hoch, was zum einen an der unterschiedlichen Topographie, Böden und Geologie liegt, aber auch stark durch die Art der Waldbedeckung beeinflusst wird.

Landwirtschaft | 11.3

In Deutschland, Österreich und der Schweiz sind je 47 %, 34 % und 26 % der Landfläche unter landwirtschaftlicher Nutzung, wobei je 33 %, 16 % und 7 % als Ackerfläche und die verbleibende landwirtschaftliche Fläche als Grünland oder Dauerkulturen genutzt werden. Die Landwirtschaft verändert dabei die Bodenwasserbilanz durch die Modifizierung der Verdunstung und die Abflussbildungsprozesse.

Die wechselnde Bewirtschaftung mit unterschiedlichen Fruchtfolgen, häufige vegetationsfreie Zeiträume und der intensive Einsatz von Maschinen zur Bewirtschaftung beeinflussen maßgeblich den Wasserhaushalt von landwirtschaftlich geprägten Flächen. Die folgenden Einflüsse werden dabei unterschieden:

- Die Interzeption ist zeitlich stark variabel, da die **Bodenbedeckung** sich von Zeiten ohne Vegetation, über die Saat und die Vegetationsentwicklung bis zur Ernte verändert.
- Die Bodeneigenschaften verändern sich während eines Jahres, aber auch langfristig, und Ackerbau bewirkt:
  - eine Veränderung der Porenräume, was die Speichereigenschaft und die Wasserretentionskurve (→ Kap. 5) verändert,
  - eine Reduzierung der Infiltrationseigenschaften, die aber zeitlich sehr variabel sein kann,
  - und auf schluffigen Böden häufig eine Erhöhung der **Verschlämmung**. Diese bewirkt eine Reduzierung der Infiltration und ein Auswaschen von Feinmaterial.

- Die mechanische Bodenbearbeitung führt zu:
  - einer Verdichtung durch den Einsatz von landwirtschaftlichen Maschinen in den Fahrspuren,
  - einer Verbesserung der Bodeneigenschaften bei häufigem **Mulchen** der Ernterückstände auf dem Feld,
  - und der Entwicklung einer **Pflugsohle** mit geringerer Durchlässigkeit bei wendender Bodenbearbeitung mit dem Pflug.
- Die Abflusskonzentration kann in landwirtschaftlichen Gebieten durch verschiedene Faktoren modifiziert werden:
  - Wege, Fahrspuren und Rillen führen zu schnellerer Abflusskonzentration und zu einer Erhöhung des Oberflächenabflusses.
  - **Dränagen** (→ Kap. 18), die sehr häufig in grundwassernahen und vernässten Gebieten eingebaut wurden, reduzieren die Vernässung, führen aber je nach Bodenart, Art der Dränage und Art der Vernässung zu einer schnelleren Abflussreaktion.

11.4 Stadthydrologie

Die mit dem **Flächenverbrauch** einhergehende **Bodenversiegelung** und deren Auswirkungen wurden in Deutschland und der EU als Problem erkannt. Laut statistischem Bundesamt wuchsen 2011 die Siedlungs- und Verkehrsflächen in Deutschland um 81 ha pro Tag an, was 116 Fußballfeldern entspricht. Davon entfallen ca. 43–50 % auf undurchlässige Flächen wie Siedlungen, Straßen, Schienen oder Flugplätze. Zum gleichen Zeitpunkt beanspruchte die Siedlungs- und Verkehrsfläche 47 971 km² oder 13,4 % der Bodenfläche Deutschlands.

Um einer **lokalen Überflutung** vorzubeugen und die Verkehrssicherheit auf Straßen zu gewährleisten, ist ein Großteil der versiegelten Flächen an ein Entwässerungsnetz angeschlossen, das entweder als **Mischkanalisation** die bei Niederschlägen anfallenden Wassermengen zusammen mit dem Abwasser über die Kläranlage abfließen lässt, oder in einer **Trennkanalisation** die Wassermengen direkt über ein separates Entwässerungsnetz dem nächsten Regenentlastungsbecken oder Gerinne zufließen lässt.

Die **Versiegelung** der Bodenoberfläche verändert den Wasserhaushalt erheblich. In Abb. 11-3 ist für verschiedene Oberflächen, die sich in Siedlungsgebieten befinden, die langjährige Wasserbilanz berechnet worden und im Vergleich zu Grünland dargestellt. Auf einer vollständig versiegelten Fläche fließen 80 % des Niederschlags oberflächlich ab, aber nur 5 % auf der Grünlandfläche. Die Verwendung von **durchlässigen Flächenbefestigungen**, wie z.B. die Pflasterung mit Rasenverbund-

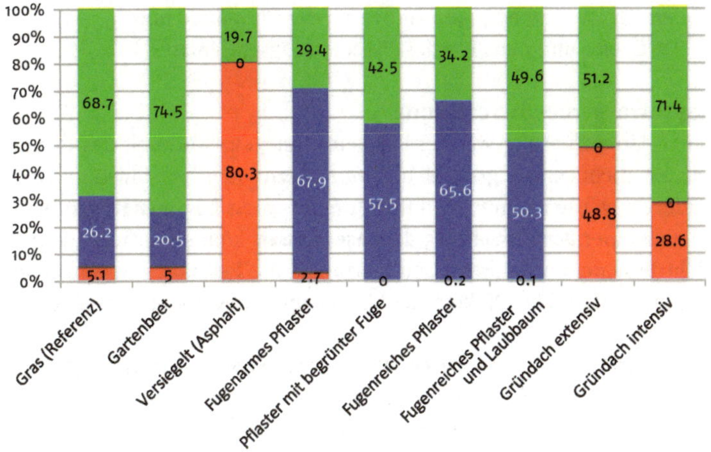

Abb. 11-3

Beispielhafte Anteile simulierter Wasserbilanzkomponenten typischer städtischer Flächen für die Stadt Freiburg. Grün = Verdunstung; blau = Grundwasserneubildung; rot = Oberflächenabfluss (Jackisch et al. 2013).

steinen anstelle von Asphalt, reduziert den Oberflächenabfluss und erhöht in ähnlichem Umfang die Grundwasserneubildung, da die Verdunstung im Vergleich zur Grasbedeckung merklich reduziert ist. Für Gebäude bieten sich unter entsprechenden Bedingungen Gründächer an, um den Oberflächenabfluss zu reduzieren und gleichzeitig die Verdunstung zu erhöhen.

Durch die Veränderung der Wasserbilanz und die Zunahme des Oberflächenabflusses von versiegelten Flächen und deren Anschluss an ein Entwässerungsnetz wird insbesondere die Abflussbildung bei Starkregen verändert. Laut Harms (1996) sind die potenziellen Auswirkungen von Versiegelung bei solchen Niederschlägen:

- Erhöhung der Scheitelabflüsse für kleine und mittlere Jährlichkeiten (→ Kap. 14). Ähnlich wie in der Frage der Waldbedeckung gilt, dass bei zunehmender Hochwasserjährlichkeit die Verschärfung des Scheitelabflusses abnimmt.
- Vergrößerung der Hochwasserfülle (→ Kap. 14) aufgrund geringerer Speicherkapazität der Bodenoberfläche.
- Zeitliche Vorverlagerung der Hochwasserscheitel aufgrund schnellerer, oberirdischer und unterirdischer Fließprozesse.

Das Ausmaß dieser möglichen Auswirkungen im Einzugsgebiet ist dabei abhängig von:

- dem Anteil versiegelter Flächen,
- der Lage der versiegelten Flächen im Einzugsgebiet,
- der Größe des Einzugsgebiets,

- dem Abflussbeitrag der versiegelten Flächen vor der Versiegelung,
- den Feuchtebedingungen zu Beginn der Ereignisse und
- der Größe und dem Typ des Niederschlagsereignisses.

Regenwasserbewirtschaftung

Durch Urbanisierung werden Flächen versiegelt, wodurch das Regenwasser nicht mehr großflächig versickern oder verdunsten kann. Dadurch werden schnelle Abflusskomponenten begünstigt. Maßnahmen zu einer **Bewirtschaftung des Regenwassers** können insbesondere in dicht besiedelten Städten dazu beitragen, die Ressource Regenwasser zu nutzen und den Effekten der Versiegelung des Bodens entgegenzuwirken.

Die Grundidee einer **dezentralen Regenwasserbewirtschaftung (RWB)** ist es, die Bildung von Oberflächenabfluss aus Niederschlag zu vermeiden, eventuell entstehenden Oberflächenabfluss zu verringern und, falls eine Ableitung unvermeidbar ist, diese zeitlich zu verzögern. Ziel ist es, durch Kombination von RWB nicht nur den Oberflächenabfluss zu verringern, sondern die tatsächliche Wasserbilanz eines Grundstücks möglichst der einer natürlichen, unbebauten Fläche anzunähern.

Die wichtigsten Maßnahmen bzw. **Planungsinstrumente** der RWB und deren Effekte auf die Wasserbilanz bzw. den Spitzenabfluss sind in Tab. 11-2 zusammengestellt. Insgesamt können einige der beobachteten negativen Auswirkungen der Versiegelung auf den Wasserkreislauf reduziert werden. Jedoch muss auch sichergestellt werden, dass z.B. die Grundwasserneubildung nicht überproportional durch diese Maßnahmen erhöht wird, da es dadurch zu einem Ansteigen des Grundwasserspiegels, einer Verringerung der Flurabstände und somit zu einer Vernässung von Gebäuden kommen kann.

Tab. 11-2 | Maßnahmen der Regenwasserbewirtschaftung und deren Einfluss auf die lokale Hydrologie (++ starke Verstärkung, + Verstärkung, - Verringerung, -- starke Verringerung).

Maßnahmen	Mittlerer Abfluss	Grundwasserneubildung	Verdunstung	Spitzenabfluss
Gründächer	--		+	--
Regenwassernutzung zur Bewässerung	-		+	-
Versickerungsanlage	--	++	+	--
Durchlässige Flächenbefestigung	--	++	+	-
Bäume	-	+	++	-
Begrünung	--	+	++	--

Mittlere Wasserbilanz einer Muldenversickerung und einer Mulden-Rigolen-Versickerung bei optimalem Einsatz in ein versiegeltes Teileinzugsgebiet (Jackisch et al. 2013). | Abb. 11-4

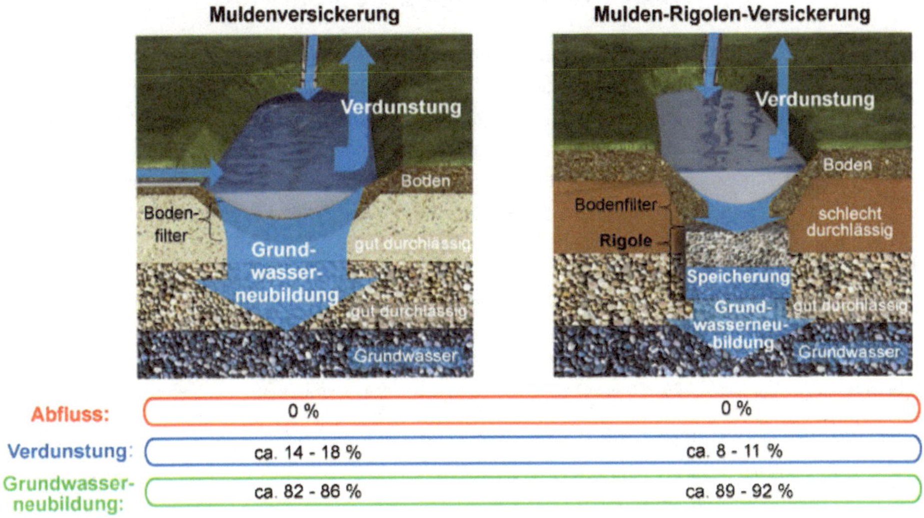

Falls trotz verschiedener lokaler Maßnahmen eine Entstehung von Oberflächenabfluss nicht vermieden werden kann, kann eine dezentrale Versickerung sinnvoll sein. Dafür wurden verschiedene Systeme entwickelt, wobei die in Abb. 11-4 dargestellten **Mulden-** oder **Mulden-Rigolen-Versickerungen** am häufigsten eingesetzt werden.

Für die Hochwasserentstehung konnte Niehoff (2002) einige allgemein gültige Zusammenhänge zwischen **Landnutzungsänderungen und Hochwasser** bestimmen:

- Der Einfluss der Landoberfläche ist im Falle von konvektiven Niederschlagsereignissen mit hohen Intensitäten (→ Kap. 4) größer als für advektive Ereignisse mit geringeren Intensitäten.
- Je größer das Niederschlagsvolumen, desto geringer der Einfluss der Landoberfläche auf die Hochwasserentstehung.
- Je trockener das Gebiet zu Beginn des Ereignisses, desto geringer ist der Einfluss der Landoberfläche.
- Liegt die Durchlässigkeit der Bodenoberfläche in derselben Größenordnung wie die Niederschlagsintensität, ist der Einfluss der Landnutzung am größten.
- Ist die Durchlässigkeit der Bodenoberfläche kein Infiltrationshindernis, dann kontrolliert statt der Landnutzung der geologische Untergrund die Hochwasserentstehung.

Box 11.3

Stadtteil Vauban Freiburg

Im Stadtteil Vauban in Freiburg wurde von 2010–2013 eine detaillierte Studie durchgeführt, mit der der jeweilige Einfluss von siedlungswasserwirtschaftlichen Maßnehmen quantifiziert werden konnte (Jackisch et al. 2013). In Abb. 11-5 ist für ein Starkniederschlagsereignis mit einer Wiederkehrdauer von 30 Jahren der Einfluss auf die Reduzierung der Abflussspitze dargestellt. Es zeigt sich in diesem Fall, dass insbesondere die Anlage von Grünflächen und die dort erfolgte lokale Versickerung den Abfluss signifikant reduzierten.

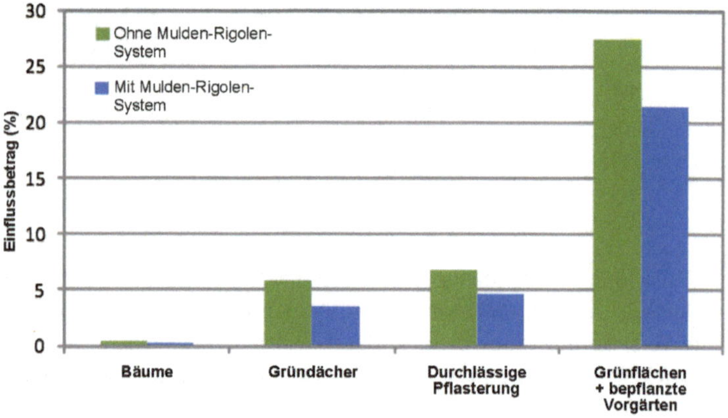

Abb. 11-5 Einfluss einzelner RWB-Maßnahmen auf den Gebietsrückhalt im Stadtteil Vauban für ein Niederschlagsereignis mit einer Wiederkehrdauer von 30 Jahren, jeweils für das vorhandene Mulden-Rigolen-System (blau) im Vergleich zur direkten Ableitung (grün).

Weiterführende Literatur

Brown, A. E., Zhang, L., McMahonc, T. A., Western, A. W. und R. A. Vertessy (2005): A review of paired catchment studies for determining changes in water yield resulting from alterations in vegetation. In: Journal of Hydrology 310, S. 28–61.

Naef, F., Scherrer, S. und M. Weiler (2002): A process based assessment of the potential to reduce flood runoff by land use change. In: Journal of Hydrology 267, S. 1–2.

Niehoff, D. (2002): Modellierung des Einflusses der Landnutzung auf die Hochwasserentstehung in der Mesoskala. Potsdam (Brandenburgische Umweltberichte 11).

Schilling, K. E., Jha, M. K., Zhang, Y.-K., Gassman, P. W. und C. F. Wolter (2008): Impact of land use and land cover change on the water balance of a large agricultural watershed. Historical effects and future directions. In: Water Resources Research 44. DOI: 10.1029/2007WR006644.

Einfluss des Klimas und des Klimawandels auf den Wasserkreislauf | 12

Helge Bormann, Markus Casper

Inhalt

12.1 Einführung

12.2 Quantifizierung der Wirkung des Klimas auf den Wasserkreislauf

12.3 Hydrologische Signale des Klimawandels

12.4 Berechnung des Einflusses des Klimas auf den Wasserkreislauf

Das Klima hat einen entscheidenden Einfluss auf den Wasserkreislauf. Verändert sich das Klima in Raum oder Zeit, so hat diese Änderung Einfluss auf das hydrologische Verhalten von Landschaften. Klimavariablen können genutzt werden, um die Auswirkungen des Klimawandels auf hydrologische Prozesse zu verdeutlichen. In diesem Kapitel wird der Begriff des Abflussregimes eingeführt, der typische Jahresgänge des Abflusses in Abhängigkeit vom Klima beschreibt. Weiter zeigt es anhand von Messdaten die Wirkung von Klimavariabilität und Klimawandel auf ausgewählte Größen des Wasserkreislaufs auf. Schließlich verdeutlicht es, dass hydrologische Modelle nützliche Werkzeuge sind, um den Einfluss von Klima und Klimawandel auf den Wasserkreislauf zu analysieren.

Einführung | 12.1

Der Klimabegriff

Das **Klima** ist als die Zusammenfassung der Wettererscheinungen definiert, die den mittleren Zustand der Atmosphäre an einem bestimmten Ort oder in einem mehr oder weniger großen Gebiet charakterisieren (→ Kap. 3). Es wird durch statistische Merkmale wie Mittelwerte, Extremwerte und Häufigkeiten beschrieben. Als Bezugszeitraum muss ein ausreichend langer Zeitraum gewählt werden, der das mittlere Verhalten repräsentiert. Hierfür wird im Allgemeinen ein Zeitraum von 30 Jahren verwendet, die sogenannte **Referenzperiode** (World Meteorological Organization, WMO). **Klimaelemente**, auch **Klimavariablen** genannt, sind die mess- und beobachtbaren Elemente des Wetters, die für eine klimatologische Analyse herangezogen werden. Die wichtigsten hydrologisch bedeutsamen Klimaelemente sind: Niederschlag, Verdunstung, Strahlung, Lufttemperatur, Luftdruck, Luftfeuchtigkeit, Wind und Bewölkung.

Bedeutung des Klimawandels für den Wasserkreislauf

Die Beschreibung des globalen Wasserkreislaufs in → Kap. 3 hat verdeutlicht, dass es auf der Erde unterschiedliche **Klimazonen** gibt. Dieser räumlich strukturierte Antrieb des Wasserkreislaufs bedingt eine räumliche Verteilung der Wasserbilanzgrößen auf der Erde.

Das Klima hat einen direkten Einfluss auf den Wasserhaushalt.

Die globale Klimaerwärmung intensiviert den globalen Wasserkreislauf.

Der **Klimawandel** hat in den letzten Jahrzehnten bewirkt, dass sich der mittlere Zustand der Atmosphäre geändert hat. Diese Änderung hat Auswirkungen auf den Wasserkreislauf. Allgemein bewirkt die globale Erwärmung der Atmosphäre (→ Abb. 12-1) eine Intensivierung des hydrologischen Kreislaufs: Je wärmer die Atmosphäre ist, desto mehr Wasserdampf kann sie aufnehmen. Je mehr Wasserdampf in der Atmosphäre gespeichert ist, umso größere Mengen an Niederschlag können fallen. Je mehr Niederschlag fällt, desto intensiver können die hydrologischen Prozesse auf der Landoberfläche sein. Diese Intensivierung findet aber nicht überall gleichmäßig statt, sondern ist als mittlere globale Veränderung zu verstehen. So gibt es Gebiete, in denen trotz der globalen Intensivierung des Wasserkreislaufs weniger Niederschlag

Abb. 12-1 | Veränderung der globalen Mitteltemperatur 1880–2024 (National Oceanic and Atmospheric Administration, NOAA).

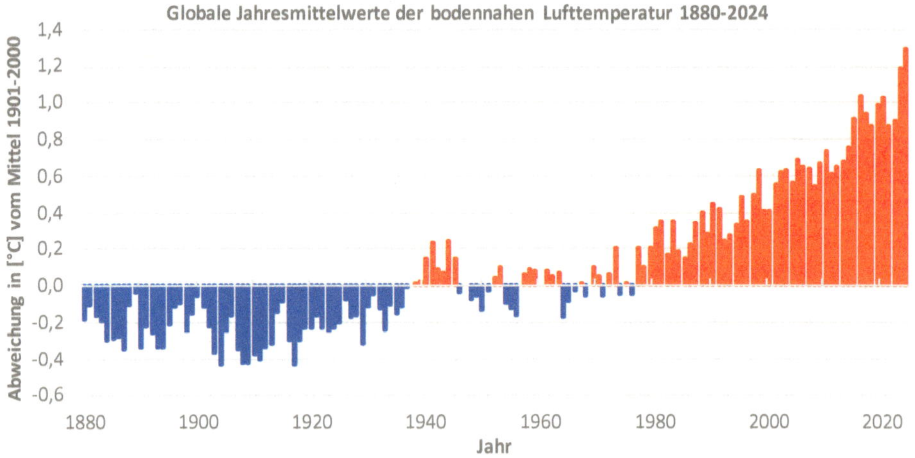

fällt, z.B. im Mittelmeerraum oder in den afrikanischen Trockensavannen. Diese Abnahme des Niederschlags in der Summe muss aber wiederum nicht bedeuten, dass extreme Niederschläge ausgeschlossen sind. Extreme Niederschlagsintensitäten können sogar zunehmen.

Einfluss des Klimas auf den Wasserkreislauf

Der Einfluss des **Klimas** auf den **Wasserkreislauf** lässt sich durch die Wirkung der **Klimaelemente** auf **Wasserhaushaltsgrößen** beschreiben.

- **Niederschlagshöhe:** Die Niederschlagshöhe (→ Kap. 4) hat einen direkten Einfluss auf die Wasserbilanz (→ Kap. 3): Je mehr Niederschlag fällt, desto mehr Abfluss wird in energielimitierten hydrologischen Systemen gebildet bzw. desto mehr tatsächliche Verdunstung und Abfluss aufgrund hoher Niederschlagsintensitäten sind in wasserlimitierten Systemen zu beobachten.
- **Niederschlagsintensität:** Die Niederschlagsintensität (→ Kap. 4) hat einen entscheidenden Einfluss auf die Abflussbildung (→ Kap. 9); im Falle von Infiltrationsüberschuss steigt bei gleicher Niederschlagshöhe die Abflussbildung mit zunehmender Niederschlagsintensität an.
- **Verdunstung:** Die Verdunstung (→ Kap. 7) hat einen direkten Einfluss auf die Wasserbilanz (→ Kap. 3): Je mehr Wasser verdunstet, desto weniger Wasser steht bei gleicher Niederschlagshöhe für die Abflussbildung zur Verfügung. Die Verdunstung wird neben der Wasserverfügbarkeit v.a. über folgende Klimaelemente gesteuert: Strahlung, Lufttemperatur, Luftfeuchtigkeit und Windgeschwindigkeit (→ Kap. 7).
- **Strahlung:** Die kurzwellige, solare Strahlung (→ Kap. 3 und 7) liefert die für die Verdunstung benötigte Energie; je höher die Strahlung ist, desto größer ist die potenzielle Verdunstung.
- **Lufttemperatur:** Die Lufttemperatur bestimmt über den Sättigungsdampfdruck die maximal von der Luft aufnehmbare Wassermenge; je höher die Temperatur ist, desto größer ist bei gleichbleibender Luftfeuchtigkeit die potenzielle Verdunstung (→ Kap. 7).
- **Luftdruck:** Mit zunehmender Höhe bewirkt der abnehmende Luftdruck zwar eine leichte Zunahme der potenziellen Verdunstung; diese wird aber v.a. durch die abnehmende Temperatur kompensiert. Luftdruckschwankungen haben nur einen geringen Einfluss auf den regionalen Wasserkreislauf.
- **Luftfeuchtigkeit:** Die Luftfeuchtigkeit bestimmt, wie viel Wasser die Luft bei gegebener Temperatur noch zusätzlich aufnehmen kann; je höher die Luftfeuchtigkeit ist, desto geringer ist die potenzielle Verdunstung. Dies bedingt, dass in kontinentalen Klimaten bei vergleichbarer Strahlungsenergie die potenzielle Verdunstung höher ist als in ozeanischen Klimaten (→ Kap. 3).

- **Wind:** Der Wind hat in Abhängigkeit von Topographie und Land-Meer-Verteilung je nach Richtung einen Einfluss auf die Luftfeuchte.
- Vor allem beeinflusst aber die **Windgeschwindigkeit** die Verdunstung über die turbulente Durchmischung der bodennahen Luftschichten (→ Kap. 7); je höher die Windgeschwindigkeit ist, desto höher ist auch die (potenzielle) Verdunstung.
- **Bewölkung:** Die Bewölkung hat Einfluss auf die kurzwellige solare Strahlung, die zur Verfügung steht; je höher der Bewölkungsgrad ist, desto geringer ist die Strahlung (→ Kap. 3).

12.2 Quantifizierung der Wirkung des Klimas auf den Wasserkreislauf

Zur Quantifizierung der Einflüsse des Klimas auf den Wasserkreislauf wird das gesamte Methodenspektrum genutzt. Entscheidend für die Abschätzung des Einflusses des Klimas ist die langfristige und kontinuierliche Durchführung von Messungen, um das mittlere langfristige Verhalten ermitteln zu können, das den Klimabegriff charakterisiert.

Wirkung der Klimavariabilität auf Wasserbilanzgrößen

Das Klima ist durch eine **natürliche Variabilität** gekennzeichnet. Es gibt

Abb. 12-2 | Interannuelle Variabilität von Niederschlag (N), Abfluss (Q) und Verdunstung, angenähert durch die Differenz von Niederschlag und Abfluss, im Ems-Einzugsgebiet, Pegel Greven (nach Niedersächsischer Landesbetrieb für Wasserwirtschaft, Küsten- und Naturschutz 1980–2011).

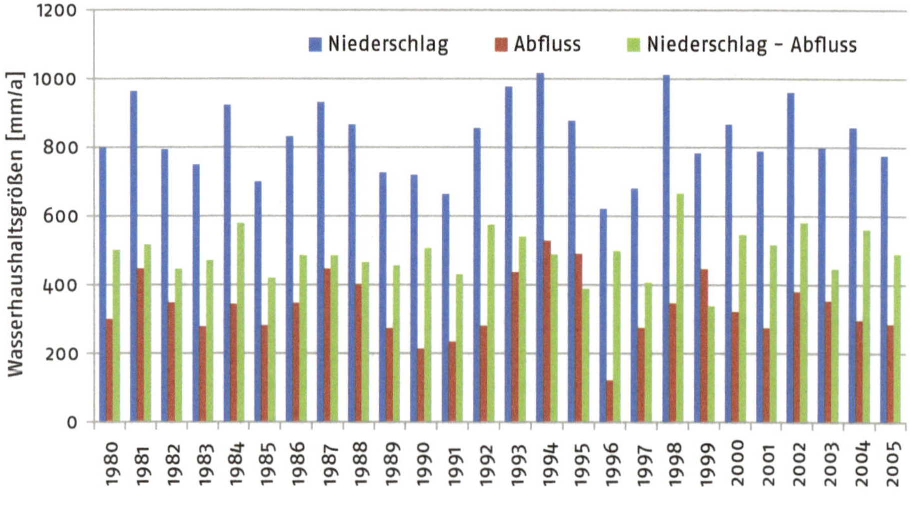

warme und kalte, nasse und trockene Jahre. Da sich das Klima aus dem Zusammenwirken aller Klimaelemente zusammensetzt und die Klimaelemente in ihrer Dynamik zum Teil eng korreliert sind, lassen sich die Wirkungen der jeweiligen Einflussfaktoren auf die Wasserbilanz im Rahmen von Felduntersuchungen nur bedingt trennen.

Das Klima unterliegt einer natürlichen Variabilität.

Insofern dominieren in der Analyse von Beobachtungen die Größen mit der größten Variabilität. In Bezug auf die Wasserbilanz ist dies der Niederschlag (→ Kap. 4), der sich durch große jährliche Unterschiede auszeichnet (→ Abb. 12-2). Der Abfluss (→ Kap. 8) weist eine ähnlich große Variabilität der Jahreswerte auf, während die tatsächliche Verdunstung (→ Kap. 7) deutlich weniger variabel ist.

Identifizierung der Auswirkungen des Klimas auf die Wasserbilanz

Klimaunterschiede lassen sich folgendermaßen identifizieren:

- Durch die Betrachtung von **saisonalen Unterschieden**: Winter vs. Sommer.
- Durch die Analyse der langjährigen Folgen des Klimawandels, z.B. globale Erwärmung, oder von räumlichen **Klimagradienten**.
- Durch den Vergleich verschiedener **Klimazonen** (→ Kap. 3) in Abhängigkeit von der geographischen Lage.

Dabei ist die Wechselwirkung der verschiedenen Klimaelemente zu berücksichtigen:

- Im Sommer treten höhere Temperaturen und Strahlungswerte auf als im Winter.
- Mit zunehmender Geländehöhe nehmen die Temperaturen ab, die orographischen Niederschläge aber in der Regel zu. Im Hochgebirge (→ Kap. 20) kann sich der beschriebene Niederschlagstrend allerdings je nach Kondensationsniveau ab einer bestimmten Höhe umkehren (Blüthgen und Weischet 1980).
- Mit zunehmender Kontinentalität des Klimas nehmen die Niederschläge ab, während die Temperatur-Amplitude und die Strahlung zunehmen.

Deutlich wird der Einfluss des jahreszeitlich variierenden Klimas, der **Saisonalität**, auf die Wasserbilanz: Im Winterhalbjahr treten aufgrund geringer Verdunstung bei gleichem Niederschlag größere Abflussmengen auf (→ Abb. 12-3).

Auswirkungen des Klimas auf den Wasserkreislauf lassen sich anhand von räumlichen Gradienten und zeitlicher Variabilität verdeutlichen.

Abb. 12-2 und 12-3 sind zugleich ein Beispiel für die interannuelle Variabilität des Klimas, in diesem Fall verdeutlicht durch die unterschiedliche Ausprägung der Mittelwerte von Niederschlag und Abfluss von Jahr zu Jahr.

Abb. 12-3

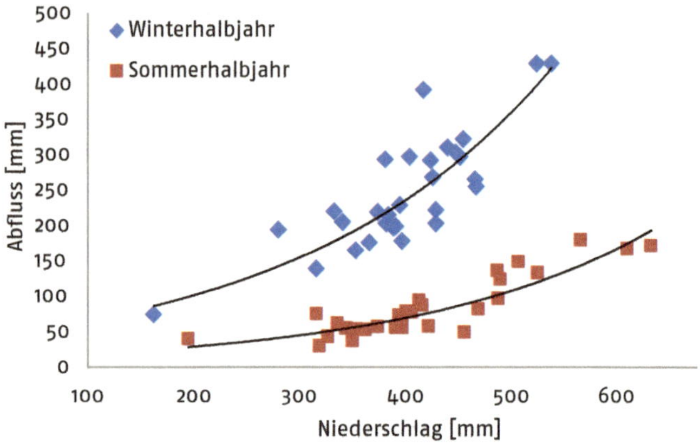

Saisonal unterschiedliche Niederschlag-Abfluss-Beziehungen für das Ems-Einzugsgebiet, Pegel Greven (nach Niedersächsischer Landesbetrieb für Wasserwirtschaft, Küsten- und Naturschutz 1980–2011, hydrologische Halbjahre).

Verschiedene **Klimaregionen** bzw. **Klimazonen** sind aufgrund ihrer regional unterschiedlichen Klimacharakteristik in der Regel auch durch ein unterschiedliches hydrologisches Verhalten gekennzeichnet (→ Kap. 3). So sind z.B. immerfeuchte, also humide Klimate, wie die gemäßigten Breiten in Mitteleuropa, in der Regel durch ein kontinuierliches Abflussgeschehen gekennzeichnet, wohingegen wechselfeuchte Klimate, wie die Savannenklimate oder das Winterregenklima im Mittelmeerraum, eine ausgeprägte Regen- und Trockenzeit und damit ein periodisches Abflussgeschehen aufweisen (→ Kap. 8). In ganzjährig trockenen Klimaten, wie den subtropischen oder tropischen Wüstengebieten, treten Abflussereignisse schließlich nur episodisch auf (→ Kap. 21).

Abflussregime von Fließgewässern

Im deutschsprachigen Raum sind Fließgewässer verschiedener Abflussregimetypen verbreitet.

Das **Abflussregime** beschreibt das mittlere saisonale Abflussverhalten eines Flusses. Dieses saisonal schwankende Abflussverhalten wird im Wesentlichen durch das Klima und die Topographie beeinflusst, welche die Speisungsart bestimmen. Unterschieden werden Gewässer, deren Abfluss überwiegend durch Regen (pluvial), Schneeschmelze (nival) oder Eisschmelze (glazial) gebildet wird. Diese Abflussbildungsprozesse werden vorwiegend von den Temperatur- und Strahlungsverhältnissen gesteuert. In Abhängigkeit vom zeitlichen Auftreten der Maxima sowie der Größe des **Pardé-Koeffizienten** können Einzugsgebiete hinsichtlich ihres Klimas und der Topographie charakterisiert werden. Der Pardé-Koeffizient PK, auch Schwankungskoeffizient genannt, wurde 1933 eingeführt und beschreibt das Verhältnis vom mittleren monatlichen zum mittleren jährlichen Abfluss (→ Kap. 8). Werte größer als 1 beschreiben Zeiträume, in denen überdurchschnittlich viel Abfluss gebildet wird.

Merksatz:
Der Pardé-Koeffizient beschreibt das Verhältnis vom mittleren monatlichen zum mittleren jährlichen Abfluss.

$$PK = \frac{MQ_{Monat}}{MQ_{Jahr}} \quad (12.1)$$

mit PK = Pardé-Koeffizient [-]
MQ_{Monat} = mittlerer monatlicher Abfluss [mm/Monat]
MQ_{Jahr} = mittlerer jährlicher Abfluss [mm/a]

Tab. 12-1 beschreibt Abflussregimetypen im deutschsprachigen Raum.

Merksatz:
Die Analyse der Abflussregime ermöglicht unter Berücksichtigung weiterer Gebietseigenschaften den Rückschluss auf das Klima im Einzugsgebiet.

Abflussregime im deutschsprachigen Raum.

Tab. 12-1

Regime	Beschreibung
nival, glazial	Flüsse, die im Hochgebirge, z.B. in den Alpen entspringen, sind in der Regel nival und/oder glazial geprägt. Niederschlag fällt im Winter vorwiegend in fester Form und wird als Schnee und Eis gespeichert. Die Schneeschmelze im späten Frühjahr und Frühsommer (nival) sowie die Eisschmelze im Hochsommer (glazial) erzeugen ein sommerliches Abflussmaximum (siehe z.B. der Inn, Abb. 12-4).
pluvial	Pluviale Abflussregime werden durch Niederschläge in Form von Regen gespeist; eine Zwischenspeicherung von Wasser in fester Form, also in Form von Schnee oder Eis, erfolgt im langjährigen Mittel nicht. Das Abflussmaximum tritt je nach Verweilzeit des Wassers im Einzugsgebiet zeitverzögert zum Maximum der Differenz von Niederschlag und tatsächlicher Verdunstung auf. Im Falle einer gleichmäßigen Niederschlagsverteilung im Jahresverlauf ist dies der Zeitraum mit den geringsten Verdunstungsverlusten (Wintermonate; siehe z.B. die Ems, Abb. 12-4).
einfach	Einfache Abflussregime weisen ein Maximum des Pardé-Koeffizienten im Jahr auf.
komplex	Komplexe Abflussregime weisen mehrere Maxima des Pardé-Koeffizienten auf. Dies weist darauf hin, dass im Einzugsgebiet mehrere Speisungsarten vorkommen, wie z.B. im Rhein-Einzugsgebiet (siehe Abb. 12-4). Während der Rhein in den Alpen entspringt (nivales Regime), liefern größere Zuflüsse (z.B. Neckar, Main) Abfluss aus Mittelgebirgsregionen, die teils pluvio-nival, teils pluvial dominiert sind. Dies führt zum Auftreten von zwei Maxima im Jahresverlauf, nämlich im Winter/Frühjahr und im Frühsommer.

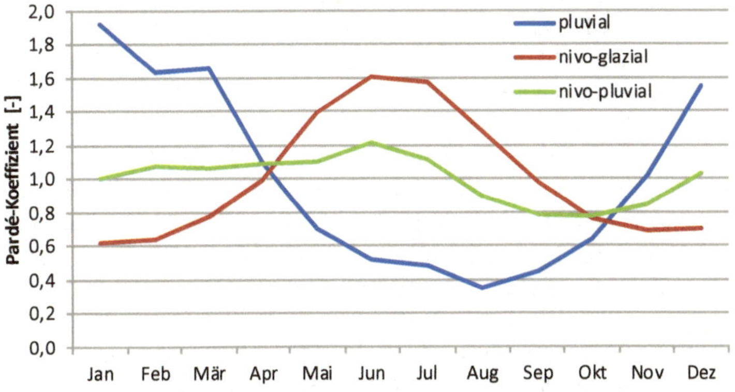

Abb. 12-4

Unterschiedliche Abflussregime in Deutschland: nivo-glaziales Regime (Inn, Pegel Passau), pluviales Regime (Ems, Pegel Greven) und nivo-pluviales Regime (Rhein, Pegel Mainz) (Daten: Global Runoff Data Centre).

12.3 | Hydrologische Signale des Klimawandels

Ändert sich das Kima, hat dies Einfluss auf den Wasserkreislauf. Dass der **globale Klimawandel** stattfindet, ist eine in der Wissenschaft unbestrittene Tatsache (IPCC 2021). Ebenso ist nachgewiesen, dass der Klimawandel weltweit Auswirkungen auf verschiedenste Umweltsysteme hat, insbesondere auf den Wasserkreislauf (IPCC 2022).

Analysen des **Klimawandels** für **Mitteleuropa** haben ergeben, dass die mittlere **Lufttemperatur** in den vergangenen 100 Jahren um ca. 1 °C zugenommen hat. Die Veränderung des Niederschlags ist räumlich stärker differenziert, jedoch zeigt sich die generelle Tendenz, dass die **Winterniederschläge** in Deutschland zugenommen haben, während die **Sommerniederschläge** abgenommen haben (Schönwiese 2013).

Merksatz: **Der Klimawandel wirkt sich auf das mittlere Verhalten, auf die Saisonalität sowie auf extreme Ereignisse des Wasserkreislaufs aus.**

Entsprechend der räumlichen Verteilung des Klimawandels ergeben sich auch räumlich differenzierte **Auswirkungen des Klimawandels auf den Wasserkreislauf**. In Studien sind Veränderungen im Abflussverhalten in großen deutschen Flussgebieten untersucht worden. Von Interesse sind dabei Veränderungen des mittleren Verhaltens, also der Wasserbilanz, der Saisonalität, also des Abflussregimes, und der Extremwerte Hochwasser und Niedrigwasser.

Änderung des mittleren Verhaltens: Die großen Flussgebiete in Deutschland zeigen unterschiedliche Änderungssignale der **Wasserbilanz** 1951–2000 (→ Abb. 12-5). Der mittlere Jahresniederschlag hat in den Einzugsgebieten von Donau, Rhein und Ems stärker zugenommen als im Elbe- und Wesereinzugsgebiet. Dementsprechend fallen aber auch die Änderungen im Abflussverhalten in Elbe und Weser moderater aus. Das Niederschlagssignal erklärt 66 % der Änderungen im mittleren Abflussverhalten, wobei 89 % der Zunahme des Niederschlags zum Abfluss kommen und nur 11 % verdunsten.

Änderung der Saisonalität: Änderungen des Abflussregimes wurden von Bormann (2010) nachgewiesen. Während sich die Regimetypen seit Beginn der Messungen nicht verändert haben, haben sich aber die Pardé-Koeffizienten verändert. Regimeübergreifend haben in allen in Deutschland auftretenden Abflussregimen die Pardé-Koeffizienten in den Wintermonaten zugenommen, während sie in den Sommermonaten abgenommen haben. Dies hat für die pluvialen Abflussregime eine Verstärkung der Saisonalität zur Folge, während sich die Saisonalität der nivo-glazialen Regime abschwächt.

Änderung des extremen Verhaltens: Veränderungen im Auftreten von Hochwasser wurden von Petrow und Merz (2009) systematisch für Deutschland für den Zeitraum 1951–2000 untersucht. Ein wichtiges Ergebnis ist, dass es keine einheitlichen, flussgebietsübergreifenden

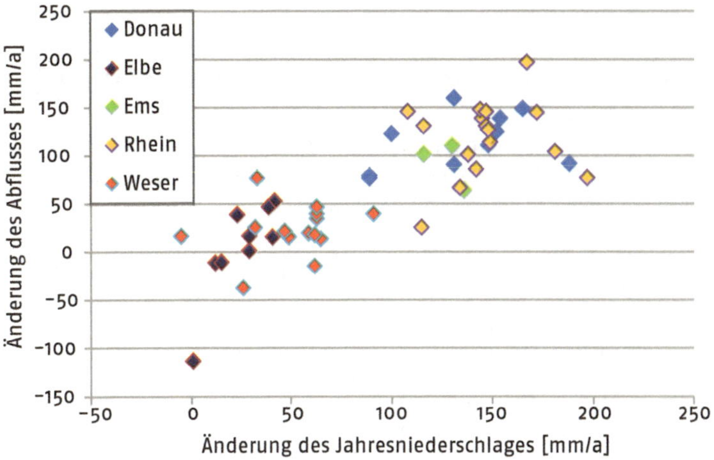

Abb. 12-5

Auf einen Zeitraum von 100 Jahren projizierte Änderung des jährlichen Niederschlags- und Abflussverhaltens großer Flussgebiete in Deutschland von 1951–2000; Rauten repräsentieren unterschiedliche Abflusspegel in den entsprechenden Flussgebieten (nach Bormann 2010; Daten: Global Runoff Data Centre und Global Precipitation Climatology Centre).

Veränderungen hinsichtlich des Auftretens von Hochwasserereignissen gibt. Es zeigt sich, dass sich die unterschiedlichen Flussgebiete in Hinblick auf die identifizierten Trends deutlich unterscheiden. Während im Einzugsgebiet der Donau für die überwiegende Anzahl der Abflusspegel eine Zunahme der Sommerhochwasser gefunden wurde, nehmen in den Einzugsgebieten von Rhein und Weser eher die Winterhochwasser zu.

12.4 Berechnung des Einflusses des Klimas auf den Wasserkreislauf

Methoden, die zur Quantifizierung des Einflusses des Klimas auf den Wasserkreislauf verwendet werden können, sind **modellhafte Beschreibungen** der hydrologischen Prozesse. Die Berechnung des Einflusses der verschiedenen Klimaelemente auf hydrologische Prozesse erfolgt am anschaulichsten über die **potenzielle Verdunstung** und die **Abflussbildung** unter Annahme des Infiltrationsüberschusses.

Änderungen der Klimavariablen infolge von Klimawandel und Klimavariabilität können signifikante Auswirkungen auf die verschiedensten Prozesse und Zustandsvariablen des Wasserkreislaufs haben. Da diese Auswirkungen nicht unabhängig voneinander sind, erfolgt deren Quantifizierung in der Regel mithilfe von komplexen **Wasserhaushaltsmodellen** (→ Kap. 15). Geeignete Modelle sollten die wesentlichen Prozesse und Zustandsgrößen abbilden und eine realistische Sensitivität hinsichtlich des Klimaeinflusses zeigen.

Wasserhaushaltsmodelle eignen sich, um die komplexen Auswirkungen von Klimavariabilität und Klimawandel auf den Wasserkreislauf zu quantifizieren.

Box 12.1

Einfluss des Klimas auf die potenzielle Verdunstung (ETp)

Ein klassischer Berechnungssatz für die potenzielle Verdunstung ist die Kombinationsformel nach **Penman** (1963, → Kap. 7), welche alle wesentlichen, auf die potenzielle Verdunstung einwirkenden **Klimaelemente** berücksichtigt:

$$ETp = \frac{s}{s+\gamma} \cdot \frac{R_n - B}{L^*} + \frac{\gamma}{s+\gamma} \cdot f(v) \cdot (e_s - e_a) \quad (12.2)$$

mit ETp = potenzielle Verdunstung [mm/d]
s = Steigung der Sättigungsdampfdruckkurve [hPa/K]
γ = Psychrometerkonstante [0,65 hPa/K]
R_n = Nettostrahlung [W/m²]
B = Bodenwärmestrom [W/m²]
L^* = Übergangswärme für 1 mm Verdunstungshöhe [J/kg]
$f(v)$ = Funktion der Windgeschwindigkeit [m/s]
e_s = Sättigungsdampfdruck von Wasserdampf in der Luft [hPa]
e_a = aktueller Dampfdruck von Wasserdampf in der Luft [hPa]

Gl. 12.2 quantifiziert die beschriebenen Abhängigkeiten der Klimaelemente auf die potenzielle Verdunstung (ETp):

1) Zunahme der ETp mit zunehmender Nettostrahlung R_n
2) Zunahme der ETp mit zunehmender Temperatur: s nimmt mit zunehmender Temperatur zu (→ Kap. 7)
3) Zunahme der ETp mit zunehmendem Sättigungsdefizit $e_s - e_a$
4) Zunahme der ETp mit zunehmender Windgeschwindigkeit v

Eine Veränderung der Klimavariablen wirkt sich direkt auf die potenzielle Verdunstung aus.

Verschiedene **Modellansätze** zur Berechnung der potenziellen Verdunstung können aber durchaus unterschiedliche Sensitivitäten in Hinblick auf den Einfluss des Klimawandels auf die berechnete potenzielle Verdunstung haben (Bormann 2011). In diesem Zusammenhang ist es von zentraler Bedeutung, den geeigneten Modellansatz für ein Einzugsgebiet zu identifizieren. Kriterien hierfür sind regionale Gültigkeit des Modells und die Verfügbarkeit der benötigten meteorologischen Eingangsdaten.

Box 12.2

Einfluss des Klimas auf die Abflussbildung

Veränderte Niederschlagsintensitäten haben Einfluss auf die Abflussbildungsprozesse.

Der Einfluss einer veränderlichen **Niederschlagsintensität** lässt sich leicht mittels eines konzeptionellen Abflussbildungsansatzes zeigen. Man nehme an, dass die Abflussbildung nach dem Prinzip des **Infiltrationsüberschusses** abläuft. Ein Niederschlagsereignis von 30 mm Niederschlagshöhe konstanter Intensität fällt auf einen Boden mit einer Infiltrationskapazität von 60 mm/h. Sobald die Nieder-

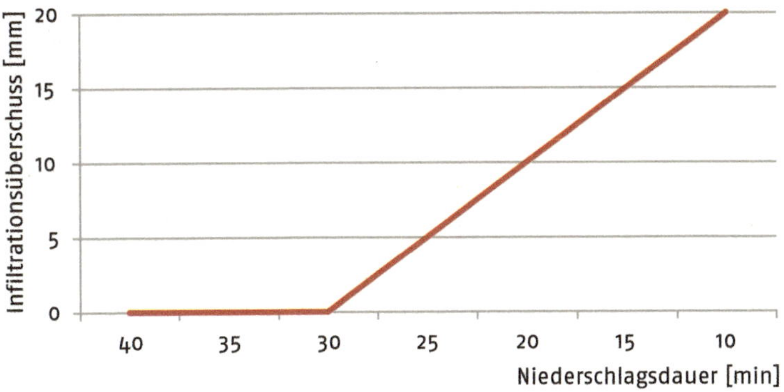

Abb. 12-6

Abflussbildung nach dem Prinzip des Infiltrationsüberschusses unter Annahme einer Infiltrationskapazität von 60 mm/h bei einem Niederschlagsereignis von 30 mm Niederschlagshöhe.

schlagsdauer unter 30 min sinkt, entsteht Infiltrationsüberschuss, der umso größer ist, je kürzer der Niederschlag andauert (→ Abb. 12-6). Mit solch einem einfachen Modellansatz lässt sich der Einfluss des Klima(wandel)s, hier dargestellt anhand einer Veränderung der Niederschlagsintensität, veranschaulichen. Bewirkt der Klimawandel bei gleicher Niederschlagshöhe eine höhere Niederschlagsintensität, nimmt die Abflussbildung auf Kosten der Infiltration zu.

▲

Um den Einfluss von Klimawandel oder Klimavariabilität zu quantifizieren, werden validierte Wasserhaushaltsmodelle entweder mit Messdaten oder **Klimaszenarien** angetrieben und die Reaktion der simulierten Wasserhaushaltsgrößen berechnet. Auf Basis entsprechender Modellanwendungen lassen sich damit auch für die Größen des Wasserhaushalts Klimawandeleinflüsse quantifizieren, für die keine ausreichend langen Messreihen verfügbar sind. Mit der Verwendung von Klimaszenarien können darüber hinaus Aussagen über potenzielle Auswirkungen zukünftiger Klimabedingungen getroffen werden.

Weiterführende Literatur

Brasseur, G.P., Jacob, D. und S. Schuck-Zöller (Hrsg.) (2023): Klimawandel in Deutschland. Entwicklung, Folgen, Risiken und Perspektiven. 2. Auflage. Heidelberg.

Guy P. Brasseur, Daniela Jacob, Susanne Schuck-Zöller (Hrsg.) Klimawandel in Deutschland. Entwicklung, Folgen, Risiken und Perspektiven. 2. überarbeitete und erweiterte Auflage, Springer/Spektrum, Heidelberg 2023.

Latif, M. (2009): Klimawandel und Klimadynamik. Stuttgart.

Schönwiese, C. (2013): Klimatologie. 4. Auflage. Stuttgart.

Schultz, J. (2008): Die Ökozonen der Erde. Stuttgart.

Ökohydrologie

13

Nicola Fohrer

Inhalt

13.1 Einführung

13.2 Ökohydrologie der Landoberfläche: Die Interaktion zwischen Pflanze, Boden und Atmosphäre

13.3 Einzugsgebietsökohydrologie: Flüsse und ihre dynamischen Auensysteme

13.4 Ökohydrologie von Seen, Ästuarien und Küstenzonen

Ökohydrologie beschäftigt sich mit den Wechselwirkungen von hydrologischen und biotischen Prozessen. Dabei geht es einerseits um den Einfluss von hydrologischen Rahmenbedingungen auf die Verteilung, Struktur und Funktion von aquatischen Lebensräumen und andererseits um die Wirkung von Lebewesen auf Wasserflüsse und die aquatische Umwelt. Ökohydrologische Grundprinzipien sind dazu geeignet, als Basis für nachhaltiges Flussgebietsmanagement zu dienen. In jüngerer Zeit werden zusätzlich soziohydrologische Aspekte und besonders die Rolle der Akteure im Flussgebietsmanagement in ökohydrologische Betrachtungen miteinbezogen.

Einführung

13.1

Im Allgemeinen wird unter Ökohydrologie bzw. Hydroökologie die Forschung an der **Schnittstelle zwischen Hydrologie und Ökologie** verstanden. Zunächst beschränkte sich das Arbeitsfeld der Ökohydrologie auf Untersuchungen zum Einfluss hydrologischer Faktoren auf Feuchtgebiete sowie die Interaktionen zwischen Vegetation und Wasser in terrestrischen und aquatischen Lebensräumen. Es wurde schrittweise auf weitere aquatische Lebensräume wie Seesysteme und Flüsse und deren Auen erweitert. Schließlich wurde auch die aquatische Fauna einbezogen. Neuere Ansätze betrachten ganze Flusseinzugsgebiete auf integrierte ökohydrologische Weise, und auch Fragestellungen an der Schnittstelle von Süßwasser- und Salzwasserökosystemen werden innerhalb der Unterdisziplin der Küstenökohydrologie betrachtet (Müller et al. 2014). Es wurden hauptsächlich Prozessstudien durchgeführt, um z.B. die Rolle von Bäumen auf den Wasserhaushalt zu erforschen oder die Interaktion von Flüssen mit der umgebenden Landschaft zu verstehen. Später richtete sich die ökohydrologische Forschung zunehmend darauf, wie man die Beziehung zwischen Biota und hydrologischen Prozessen zur Regulierung beider Systeme nutzen kann, wodurch Fragen nach der Wasserqualität mehr in den Fokus rückten. Der Nutzen ökohydrologischer Grundlagen zum Management von Wasserressourcen wird unter dem **Prinzip der dualen Regulation** zusammengefasst. Beispiele sind die Regulierung von Algenblüten durch die Manipulation von Räuber-Beute-Beziehungen oder z.B. der Einsatz von reaktiven Gräben zur Reinigung von Abwässern. Ein wesentliches Charakteristikum ökohydrologischer Forschung ist ihre **Interdisziplinarität**. Im Kontext des hydrologischen Programms (IHP) der UNESCO wird das Ökohydrologie-Programm unter Einbeziehung von Sozialwissenschaften, Wasserwirtschaft und Hydrobiologie als transdisziplinäre Initiative angesehen.

Merksatz: Ökohydrologie beschäftigt sich mit der Interaktion von hydrologischen Prozessen mit der belebten Umwelt.

Ökohydrologische Ansätze sind immer interdisziplinär.

13.2 | Ökohydrologie der Landoberfläche: Die Interaktion zwischen Pflanze, Boden und Atmosphäre

Pflanzen beeinflussen nachhaltig die Interaktion zwischen Boden und Atmosphäre. Sie steuern aktiv die **Transpiration** über das Öffnen und Schließen der Spaltöffnungen (→ Kap. 7) und tragen damit zum Wasserdampfgehalt der Luft bei. Gleichermaßen entziehen sie über ihr Wurzelsystem dem durchwurzelten Bodenraum Wasser und steuern so **horizontale und vertikale Wassergehaltsmuster** im Boden (→ Kap. 5). Ebenso führt ihr Wurzelwerk zu Veränderungen im Infiltrationsvermögen des Bodens durch die Ausbildung von präferenziellen Fließwegen und stabilen Makroporen. Abgestorbenes Pflanzenmaterial regt die **biologische Vielfalt** im Boden an und sorgt für eine vermehrte **Humusbildung**, die wiederum das Wasserspeichervermögen des Bodens erhöht. Die Struktur und Oberfläche des Pflanzenbestands bestimmt die Albedo, d.h. die Art und Weise, wie Strahlung reflektiert wird (→ Kap. 3). Die Rauigkeit des Pflanzenbestands hat Einfluss auf die Windgeschwindigkeit direkt über der Vegetation. Zusätzlich wird der Niederschlag über die Pflanze in die Komponenten des Bestandsniederschlags aufgeteilt (→ Kap. 7 und 9).

Umgekehrt werden aber auch Pflanzenbestände in ihrer Art und Zusammensetzung vom **verfügbaren Wasservorrat** geprägt (Asbjornsen et al. 2011). Dies wird besonders unter den extremen Bedingungen semiarider und arider Gebiete (→ Kap. 21), aber auch unter Staunässe oder regelmäßiger Überflutung deutlich (→ Kap. 18). Konkurrenzstarke, an extreme Trockenheit, extreme Feuchte oder Wechselfeuchte angepasste Arten dominieren die Systeme. Einerseits ist also die **jährliche Wasserbilanz** in der Landschaft prägend für das Ökosystem, andererseits aber auch die zeitliche Verteilung, also die **Saisonalität der Wasserverfügbarkeit**. Landnutzungswandel verursacht daher weitreichende Änderungen des hydrologischen Regimes auf allen Skalen (→ Kap. 11). Das hydrologische Regime wiederum gibt ein Feedback an die Vegetation. Langfristige Beobachtungsdaten sind notwendig, um auch zeitlich verzögerte ökohydrologische Systemantworten auf den Umweltwandel zu erfassen. Die räumlichen Betrachtungsskalen reichen vom Gasaustausch des einzelnen Blatts bis hin zu Landnutzungseinflüssen auf große Flusseinzugsgebiete.

Merksatz: Der Wasserhaushalt und seine Saisonalität prägen die Zusammensetzung der Vegetation einer Region.

13.3 Einzugsgebietsökohydrologie: Flüsse und ihre dynamischen Auensysteme

Das Abflussregime von Flüssen steht im engen Bezug zum Klima und zur Landnutzung im Einzugsgebiet (→ Kap. 11 und 12). Es prägt die an den Fluss angrenzenden **Auenlandschaften**, aber auch die Lebensbedingungen für aquatische Organismen im Gewässer (Kiesel et al. 2009; Poff und Zimmermann 2010). Sind die ökohydrologischen Mechanismen bekannt, versucht man, im Sinne der dualen Regulation, das Fließregime und auch den Sedimenttransport so zu gestalten, dass sich bestimmte Zielarten ansiedeln können.

Saisonal überströmte Auenlandschaften gelten als ökologisch besonders wertvoll und artenreich. Aber auch für den Hochwasserschutz (→ Kap. 14) erfüllen sie bedeutende Funktionen und werden seit dem Elbehochwasser 2002 unter dem Schlagwort «dem Fluss mehr Raum geben» durch gezielte **Deichrückverlegungen** wieder reaktiviert. Derzeit können in Deutschland nur noch rund ⅓ der ehemaligen Überschwemmungsflächen von Flüssen im Falle von großen Hochwasserereignissen überflutet werden. Mehr als die Hälfte der vorhandenen Auen sind durch den Menschen stark verändert worden. Neben den Effekten auf die Wassermenge erfüllen Auen zusätzlich wichtige **Filter- und Reinigungsfunktionen**.

Durch Deichrückverlegungen für den Hochwasserschutz werden ehemalige Auenbereiche langfristig wieder reaktiviert.

Die Betrachtung auf **Einzugsgebietsebene** ermöglicht es, den Einfluss von Landnutzungs- und Klimawandel auf den Wasserhaushalt von Flussgebieten zu betrachten. Großskalige Änderungen werden durch ökohydrologische Modelle erfassbar. Durch die Verknüpfung von hydrologischen, hydraulischen und ökologischen Modellen als aufeinanderfolgende **Modellkaskaden** ist es möglich, eine prozessnahe und detailscharfe Abbildung des Wirkungsgefüges zu erzielen (Kiesel et al. 2009, 2013; Schmalz et al. 2012). Dabei wirken die Veränderungen im Einzugsgebiet (→ Kap. 11) auf den Abfluss im Gewässersystem. Durch Veränderungen im Abflussregime wird kleinräumig das Fließgeschwindigkeitsprofil im Fluss verändert, und damit die Lebensraumbedingungen für aquatische Organismen. Mit **interdisziplinärer Modellierung** werden hydrologisches Prozesswissen und Lebensraumansprüche von aquatischen Arten verbunden. Dabei kann man statistisch vorgehen und Abflusskenngrößen (→ Kap. 8) mit dem Auftreten von Arten in Beziehung setzten. Poff und Zimmermann (2010) versuchten so, die Beziehung von Abflusskenngrößen zu Makrozoobenthos, Fischen und Auenvegetation zu quantifizieren. Langfristige Änderungen im Abflussregime verursachen ein **verändertes Artenspektrum**. Besonders Wasserstandsschwankungen in Form von Hoch- und Niedrigwasserphasen beeinflussen die auftretenden Arten. Aber auch die Ab- oder Zunahme des Abflussvolumens und die Verschiebung der zeitlichen Abfolge oder der Frequenz von Abflussereignissen verändern die Lebensbedingungen für **Flora und Fauna**. Auch das Temperaturregime des Wasserkörpers ist davon betroffen. Fische reagieren dabei besonders negativ auf veränderte Abflussvolumina, während das Makrozoobenthos eher sensitiv auf Änderungen in der Fließgeschwindigkeit oder der Lebensraumausstattung wie z.B. den Totholzgehalt oder die Substratzusammensetzung des Flussbetts reagiert.

Langfristige Änderungen im Abflussregime verursachen ein verändertes aquatisches Artenspektrum.

Box 13.1

Relevanz der Fließgewässertemperatur für die Ökohydrologie

Die Gewässertemperatur stellt einen zentralen Aspekt der Gewässerökologie dar. Im Vergleich zu Seen steht jedoch die Temperatur in fließenden Gewässern weniger im Fokus, da Fließgewässer eine höhere Durchmischung und dadurch seltener Extremtemperaturen aufweisen. Dennoch zeigen aktuelle Beobachtungen signifikante Temperaturanstiege auch in Fließgewässern, die auf die Auswirkungen des Klimawandels zurückzuführen sind. Insbesondere längere Dürre- und Trockenperioden und damit verbundene Niedrigwasserabflüsse führen zu reduzierten Wasservolumina, wodurch sich die Wassermenge stärker und schneller erwärmt. Im Quellbereich bestimmen kleinräumige Prozesse die Gewässertemperatur. Einer dieser Prozesse ist der hyporheische Austausch, der Wasseraustausch mit dem Flussbett, dem Hyporrheal. Längere Verweilzeiten des Wassers im Sediment schützen das Wasser vor Sonneneinstrahlung und somit vor Erwärmung. In diesen Bereichen sowie an grundwasserbeeinflussten Standorten finden temperatursensible Arten bei extremen Temperaturen wichtige Rückzugsräume. Während in oberstromigen Bereichen auch die Beschattung eine größere Rolle spielt, treten flussabwärts zunehmend strahlungsbedingte Erwärmungseffekte in den Vordergrund. Neben Veränderungen des Klimas und der Abflussbedingungen beeinflussen auch anthropogene Stressoren die Temperaturdynamik in Fließgewässern. Dazu zählen beispielsweise Veränderungen der Gewässerstruktur, Begradigung, Verlust von Ufergehölzen und Beschattung sowie direkte Wärmeeinträge durch Kühl- oder Abwasser. Bereits geringfügige Temperaturänderungen können ökohydrologische Folgen haben. Betroffen sind davon temperatursensible Organismen, wie bestimmte Invertebraten oder Fischarten, z. B. die Salmoniden. Die Konsequenzen sind Verhaltensänderungen, verminderte Nahrungsaufnahme oder erhöhte Mortalität. Außerdem ergeben sich auch indirekte Auswirkungen der Temperatur auf die Gewässerchemie. Mit steigender Temperatur nimmt die Löslichkeit von Sauerstoff im Wasser ab und es kann zu unerwarteten Effekten durch Wechselwirkungen kommen. Einflüsse auf Nähr- oder Schadstoffe können das Wachstum von Algenarten begünstigen. Zum Beispiel wurde das Oder-Fischsterben 2022, eine menschengemachte Umweltkatastrophe, durch die starke Vermehrung der Goldalge durch Salzgehalt, Nährstoffe und hohe Temperatur verursacht (Köhler et al. 2024). Die Temperatur ist somit ein integraler Steuerungsfaktor für zahlreiche Prozesse in Fließgewässern und ein sensibler Indikator für die Gewässergüte. Langfristige Beobachtungen, Vorhersagen mit Modellen und die gezielte Berücksichtigung bei Schutz- und Managementmaßnahmen sind daher essenziell für den Erhalt der Biodiversität und der ökologischen Funktionen von Fließgewässern (Peters et al. 2025).

▲

Ökohydrologie von Seen, Ästuarien und Küstenzonen | 13.4

Küstenökohydrologie beschäftigt sich hauptsächlich mit dem Einfluss von Flüssen und deren Sediment- und Stofffracht auf das **küstennahe marine Ökosystem** (→ Abb. 13-1). Der saisonal schwankende Zustrom durch Flüsse und küstennahe Grundwasserkörper steuert den **Salzgehalt** der Ästuarien und regelt damit wesentliche Eigenschaften dieses Lebensraums (Fohrer und Chicharo 2024). Die Bereiche der **Flussmündungen** sind von großer Bedeutung für die **Fortpflanzung und Verbreitung** von Flora und Fauna. Die Abflussmenge des Flusses bestimmt dabei die Größe des küstennahen **Verdünnungsbereichs**. Für wandernde Arten

Abb. 13-1

Interaktion von Küstenregionen und Ästuarien (Fohrer und Chicharo 2024).

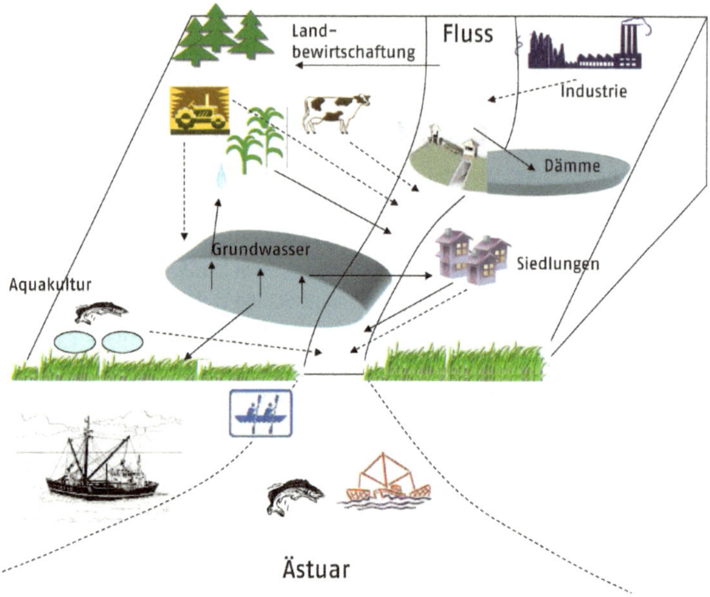

dient die dort veränderte Salzkonzentration als Orientierungshilfe zur Migration flussaufwärts. Die Saisonalität der Wasseranlieferung und deren Minima und Maxima spielt dabei eine entscheidende Rolle.

Salzwiesen, Marschen und Mangroven im Küstenbereich werden durch die Interaktion von Süß- und Salzwasser geprägt.

Salzwiesen, Marschen und Mangroven sind in ihrer Zusammensetzung von der Fließdynamik zwischen Flussmündungen und Meer abhängig. Wechselnde Salzgehalte und Überflutungshäufigkeiten prägen diese Lebensräume, die für die Vermehrung vieler Arten wesentlich sind (Wolanski 2007).

Merksatz:
Der Zustrom an Süßwasser ist durch das Abflussregime der Flüsse geprägt und beeinflusst maßgeblich den Salzgehalt in Ästuarien.

Seen stehen über Zuflüsse mit der Landfläche ihres Einzugsgebiets und je nach Seentyp mit dem Grundwasser im Austausch (→ Kap. 10). Wechselnde Wasserzufuhr über Flüsse, Grundwasser und Niederschlag führt zu Wasserspiegelschwankungen und beeinflusst dadurch die Vegetation im Ufersaum. Ökohydrologische Beziehungen, besonders Räuber-Beute-Beziehungen, wurden schon früh durch das Prinzip der **dualen Regulation** zur Regulation von Seensystemen eingesetzt (Zalewski et al. 1997). Ebenso kann in Talsperren durch die Kontrolle der Wasserflüsse Einfluss auf das ökohydrologische System genommen werden.

Box 13.2

Einfluss des Abflussregimes auf die Fischproduktion in Ästuarien

Der Zufluss von Süßwasser steuert maßgeblich die physikalischen, chemischen und biologischen Eigenschaften von Ästuarien (Wolanski 2007). Die natürliche oder anthropogen überprägte Variabilität des Abflussregimes spielt dabei eine zentrale Rolle für die Produktivität des Fischfangs. Fünf ökohydrologische Mechanismen werden als Ursache für die Schwankungen der Produktivität vermutet:

1. Änderungen in Vorkommen und Überlebensraten der Fische als Resultat von physikalischen Änderungen des Lebensraums,
2. Veränderungen des Wanderverhaltens und damit Veränderung der Fangbarkeit,
3. vermehrtes Nahrungsangebot durch verstärktes Wachstum der Lebensgrundlage durch Nährstoffeinträge,
4. verstärkte Einwanderung in Ästuarien durch olfaktorische Gradienten aus den Flussmündungen,
5. und die Veränderungen der Einwanderung durch Änderungen der physikochemischen Wassereigenschaften.

Weiterführende Literatur

Chícharo, L., Müller, F. und N. Fohrer (Hrsg.) (2015): Ecosystem Services and River Basin Ecohydrology. Dortdrecht.

Fohrer, N. und L. Chícharo (2024): Interaction of River Basins and Coastal Waters – An Integrated Ecohydrological Perspective. In: Baird, D. und M. Elliott (Hrsg.): Treatise on Estuarine and Coastal Science. 2. Auflage. Oxford, S. 114–162.

Harper, D., Zalewski, M. und N. Pacini (2008): Ecohydrology. Processes, Models and Case Studies. Wallingford.

Köhler, J., Varga, E., Spahr, S., Gessner, J., Stelzer, K., Brandt, G., Mahecha, M. D., Kraemer, G., Pusch, M., Wolter, C., Monaghan, M. T., Stöck, M. und T. Goldhammer (2024): Unpredicted ecosystem response to compound human impacts in a European river. In: Scientific Reporte 14 (16445). DOI: 10.1038/s41598-024-66943-9.

Peters, K., Kiesel, J., Oswald, I., Guse, B., Noa-Yarasca, E., Arnold, J. G., Osorio Leyton, J. M., Bieger, K. und N. Fohrer (2025): The Integration of Hydrological and Heat Exchance Processes Improves Stream Temperature Simulations in an Ecohydrological Model. In: Hydrological Processes 39 (4). DOI: 10.1002/hyp.70059.

Hydrologische Extreme | 14

Andreas Schumann (14.1 und 14.2), *Lucas Menzel* (14.3 und 14.4)

Inhalt

14.1 Hochwasser

14.2 Merkmale eines Hochwasserereignisses

14.3 Niedrigwasser

14.4 Dürren

Hohe Abflüsse über einen begrenzten Zeitraum infolge extremer Niederschläge/Schneeschmelze werden als Hochwasser bezeichnet. Regenhochwasser können durch unterschiedliche meteorologische Ereignisse hervorgerufen werden: Durch Starkregen hoher Intensität und kurzer Dauer entstehen räumlich begrenzte Sturzfluten, durch mehrtägige, anhaltende, großräumige Regenereignisse dagegen Flusshochwasser. Die Hochwasserentstehung wird stark durch das Zusammenwirken von Niederschlag, ggf. Schneeschmelze und Bodenspeicherung beeinflusst. Der zeitliche Verlauf der Abflüsse an einem Gewässerpunkt wird durch die Hochwasserganglinie charakterisiert. Er hängt von der zeitlichen Verteilung des Niederschlags, der Speicherung im Gebiet, den Fließprozessen im Einzugsgebiet und den Wellenablaufprozessen ab. Hochwasser werden hauptsächlich durch die Überschreitungswahrscheinlichkeit ihres Scheitelabflusses charakterisiert. Niedrigwasser sind natürliche und regelmäßig auftretende hydrologische Ereignisse. In unregelmäßigen Abständen, wenn die meteorologischen Randbedingungen für Niedrigwasser ungewöhnlich lange anhalten und großräumig auftreten, stellen sich Dürren ein. Sie können über viele Monate andauern, die Funktionsweise von Ökosystemen beeinträchtigen und hohe volkswirtschaftliche Schäden verursachen. Es gibt eine Reihe von Kennwerten zur Charakterisierung der verschiedenen Arten von Dürren. Im Umgang mit Niedrigwasser- und Dürresituationen ist eine verbesserte Vorhersagbarkeit wünschenswert, und es müssen Aktionspläne ausgearbeitet werden, welche die Nutzung der knapper werdenden Ressource Wasser regeln.

14.1 | Hochwasser

Definition und Prozesse der Hochwasserentstehung

Merksatz: Hochwasser ist die zeitlich begrenzte Überschwemmung von normalerweise nicht mit Wasser bedecktem Land.

Hochwasser zählen weltweit zu den Naturgefahren, die aufgrund ihrer räumlichen Ausdehnung mit besonders hohen volkswirtschaftlichen Schäden verbunden sind. Immer wieder sind auch in Deutschland Siedlungsgebiete von Hochwasser betroffen (→ Abb.14-1). Als Hochwasser bezeichnet man im Binnenland die zeitlich begrenzte Überschreitung von Abflussschwellenwerten an einem Fließgewässerquerschnitt als Folgeerscheinung meteorologischer Ereignisse (DIN 4049). Für die Wahl des Hochwasserschwellenwerts gibt es allerdings keine generelle Vorgabe. So werden Schwellenwerte aus der Statistik oder den örtlichen Gegebenheiten abgeleitet (Dyck und Peschke 1995). Häufig werden die Abflüsse, bei denen das Fließgewässer über die Ufer tritt, als Schwelle verwendet. Im Wasserhaushaltsgesetz (WHG 2009) wird der Begriff «Hochwasser» dementsprechend über die resultierenden Folgen, d.h. über die Überschwemmung, definiert:

«Hochwasser ist die zeitlich begrenzte Überschwemmung von normalerweise nicht mit Wasser bedecktem Land durch oberirdische Gewässer.»

Abb. 14-1 | Überflutungen in Köln während des Rheinhochwassers 1995 (Hochwasserschutzzentrale Köln).

Für hydrologische Untersuchungen kann man in Deutschland einen Abflussgrenzwert in Höhe des zwei- bis dreifachen mittleren jährlichen Abflusses (MQ_{Jahr}) (→ Kap. 8) verwenden, bei dessen Überschreitungen man von Hochwasser sprechen kann.

Sieht man von Hochwasserereignissen infolge des Bruchs von Stauanlagen, durch Bergstürze und anschließende Durchbrüche gestauter Wassermassen, Eisstau oder den Sturmfluten im Küstenbereich ab, so ergeben sich Hochwasser stets aus hohen Niederschlägen. Dabei ist zwischen **Regen- und Schneeschmelzhochwasser** zu unterscheiden. Auch **Mischtypen**, d.h. Schneeschmelzhochwasser mit zusätzlichem Regen, sind möglich. Schneeschmelzhochwasser treten auf, wenn durch das Abschmelzen großer Schneemengen das in diesen gespeicherte Wasser freigesetzt wird und der wassergesättigte oder gefrorene Boden diese Wassermenge nicht aufnehmen und speichern kann. Auch für Regenhochwasser ist die Relation zwischen der Regenmenge und dem freien **Speicherraum des Bodens** maßgebend. Ist der Boden zum Zeitpunkt des Regenbeginns bereits wassergesättigt, wird der zum Abfluss kommende Anteil des Regenereignisses hoch sein, ansonsten kann ein großer Teil des Regens im Boden gespeichert werden (→ Kap. 5). Maßgebend für die Größe eines Hochwassers ist somit die Relation zwischen der Wassermenge, die aus Regen oder Schneeschmelze für die Abflussbildung verfügbar ist, und dem verfügbaren Speicherraum. Dieser Speicherraum ist hauptsächlich als **Porenvolumen des Bodens** verfügbar. Ob dieser Bodenspeicher bei Regen tatsächlich aufgefüllt werden kann, hängt allerdings zusätzlich vom **Infiltrationsvermögen** des Bodens in Relation zur zeitvariablen Regenintensität ab. Je nach Bodenart und Landnutzung ist das Infiltrationsvermögen der Bodenoberfläche begrenzt. Die infiltrierende Wassermenge pro Zeiteinheit, die Infiltrationsintensität, nimmt zudem im Verlauf eines Niederschlagsereignisses mit zunehmender Bodenfeuchte ab. Damit ist die Abflussbildung bei Hochwasser von zwei unterschiedlichen Mechanismen im Zusammenwirken von Regen und Bodenspeicherung geprägt:

Man unterscheidet zwischen Regen- und Schneeschmelzhochwasser oder einer Kombination von beidem.

Wenn die Regenintensität die Infiltrationsrate des Bodens übersteigt, wird sich aufgrund dieses **Infiltrationsüberschusses** (→ Kap. 9) Oberflächenabfluss bilden, der in seiner zeitlichen Verteilung dem Regenverlauf folgt.

Wenn der Regen den Bodenspeicher im Ereignisverlauf auffüllt, wird dieser immer mehr Wasser in Form von bodeninnerem lateralem Zwischenabfluss abgeben. Wenn der Bodenspeicher gefüllt ist, kann kein Wasser mehr infiltrieren, und es entsteht **Sättigungsflächenabfluss** (→ Kap. 9).

Abb. 14-2

Schema der Abflussbildung bei Hochwasser.

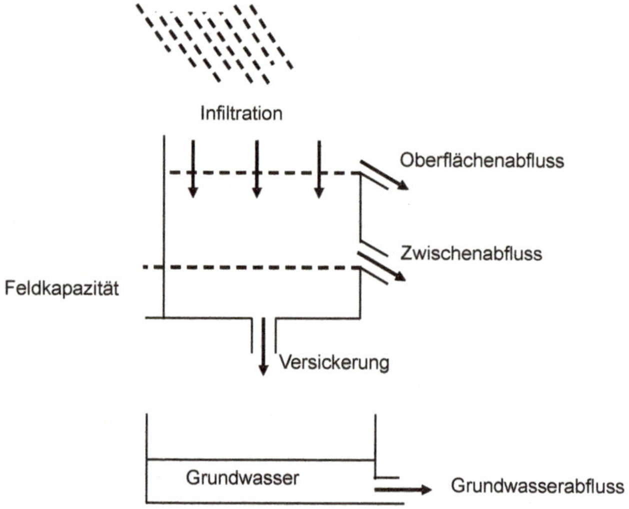

Die **Abflussbildung** bei Hochwasser hängt somit von drei voneinander unabhängigen Faktoren ab: den Bodeneigenschaften (Speicherkapazität, Anfangsfeuchte und Infiltrationsrate), der Regenmenge und der Regenintensität (→ Kap. 9). Schematisch kann der Zusammenhang zwischen Regen, Bodeneigenschaften und Abflusskomponenten mithilfe des in Abb. 14-2 dargestellten konzeptionellen Modells verdeutlicht werden:

- **Oberflächenabfluss** entsteht, wenn die Infiltrationsrate kleiner als die Regenintensität ist oder wenn die obere Bodenzone wassergesättigt ist und kein weiterer Niederschlag mehr infiltrieren kann.
- **Zwischenabfluss** ist der Anteil des Niederschlags, der nicht bis zur Grundwasseroberfläche versickert, sondern aus dem Gebiet als unterirdischer Abfluss lateral dem nächsten Fließgewässer zufließt (→ Kap. 5,6 und 9).

Maßgebend für die Größe eines Regenhochwassers sind damit die **Regenintensität** und **-menge**, die **Bodeneigenschaften** Durchlässigkeit, Speicherraum und Anfangsfeuchte. Einen Überblick über die Unterschiede in der Abflussbildung in Abhängigkeit von Regenintensität und Anfangsfeuchte gibt Abb. 14-3. Hohe Abflussanteile ergeben sich somit bei hoher Anfangsfeuchte und starker Regenintensität (→ Abb. 14-3a). Die freie Kapazität des Bodenspeichers ist in diesem Fall gering. Eine hohe Regenintensität bewirkt stets eine schnelle, unmittelbare Abflussreaktion. Auch in einem freien Bodenspeicher kann aufgrund

Qualitative Aufteilung eines Niederschlags mit konstanter Intensität in Abhängigkeit von der Niederschlagsintensität und dem Anfangsfeuchtegehalt des Bodens (nach Dyck und Peschke 1995).

Abb. 14-3

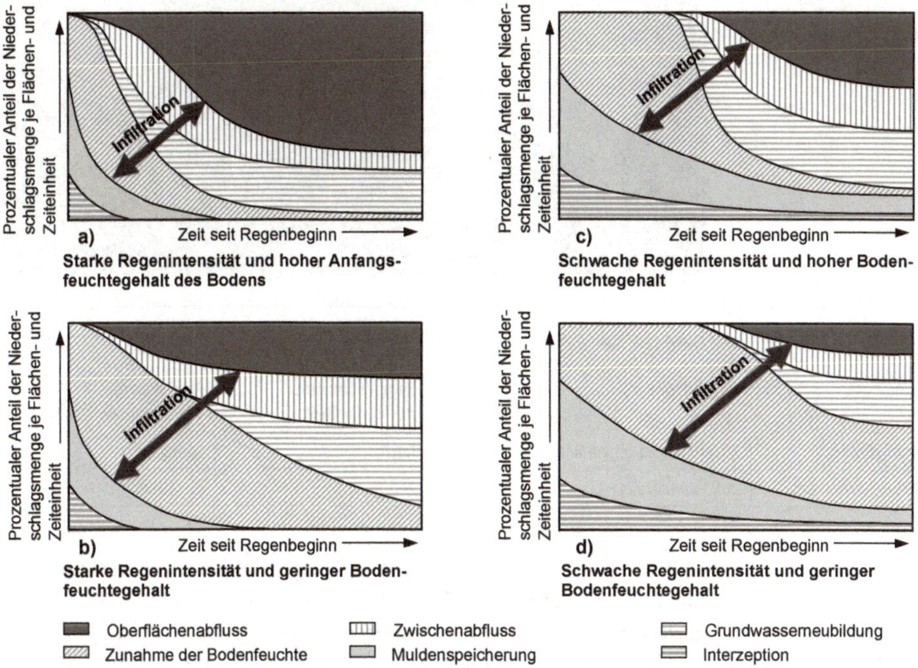

der Begrenzung der Infiltrationsintensität nicht der gesamte Regen im Boden gespeichert werden (→ Abb. 14-3b). Im Falle einer schwachen Regenintensität wird viel Wasser in den Boden infiltrieren. Je nach Anfangsbodenfeuchte ergibt sich damit ein hoher bodeninnerer Abfluss (→ Abb. 14-3c) oder eine Auffüllung des Bodenspeichers (→ Abb. 14-3d).

Aufgrund dieser komplexen Abhängigkeiten gibt es sehr unterschiedliche Ausprägungen von Hochwasserereignissen. Die zwei Haupttypen von Regenhochwasserereignissen sind Sturzfluten und Flusshochwasser (→ Tab. 14-1). Hohe Regenintensitäten, die meist nur über einen kurzen Zeitraum, z.B. während eines Gewitters anhalten, führen zu kurzen Hochwasserereignissen, während deren meist Oberflächenabfluss entsteht. Da derartige Starkregen hoher Intensität meist Ereignisse von kurzer Dauer und geringer räumlicher Ausdehnung sind, führen sie insbesondere in kleinen Einzugsgebieten zu kritischen Hochwassersituationen. Man spricht hier von **Sturzfluten**. Mit zunehmender Einzugsgebietsgröße verlieren diese Ereignisse gegenüber den Dauerregen

Sturzfluten entstehen durch kurze Starkniederschläge.

Abb. 14-4 | Beispiel für großflächigen Oberflächenabfluss infolge eines Dauerregens (Foto: Josef Saal).

Tab. 14-1 | Typen von Regenhochwasserereignissen.

	Regendauer	Regenintensität des Ereignisses	Ausdehnung des Niederschlagsfelds
Sturzfluten	kurz (Minuten bis wenige Stunden)	hoch	gering
Flusshochwasser	lang (mehrere Tage)	gering	großräumig

Flusshochwasser entstehen durch großräumige Dauerregen.

an Bedeutung, da infolge des eher kleinräumigen Niederschlagsfelds nicht mehr das gesamte Einzugsgebiet gleichzeitig überregnet wird. In großen Flussgebieten treten extreme **Flusshochwasser** daher vor allem infolge mehrtägig, manchmal auch mehrwöchig anhaltender, großräumiger Regenereignisse auf. Während dieser Dauerregen mit geringerer Regenintensität wird zunächst der Bodenspeicher aufgefüllt, bevor die Abflussbildung einsetzt und auch hier Oberflächenabfluss entsteht (→ Abb. 14-4).

Der zeitliche Verlauf der Hochwasserabflüsse hängt von der zeitlichen Verteilung des Niederschlags bzw. der Schneeschmelze ab, unterscheidet sich jedoch von dieser. Ursächlich hierfür ist die **Abflusskonzentration** (→ Kap. 9). Einerseits müssen zunächst der Bodenspeicherraum und das Gewässernetz aufgefüllt werden, bevor Hochwasserabflüsse einsetzen, andererseits sind die Fließwege in den Einzugsgebieten unterschiedlich lang. Dadurch kommen Abflüsse aus entfernteren Gebietsteilen erst später am Gebietsauslass an. Den ersten Prozess bezeichnet man als **Retention des Einzugsgebiets**, den zweiten als **Translation**.

Die **Form** der resultierenden Abflussganglinie hängt bei Dominanz der Translation somit von der Relation zwischen der Regendauer und der Zeitspanne ab, die im Falle flächenhaft gleichmäßigem Regens ver-

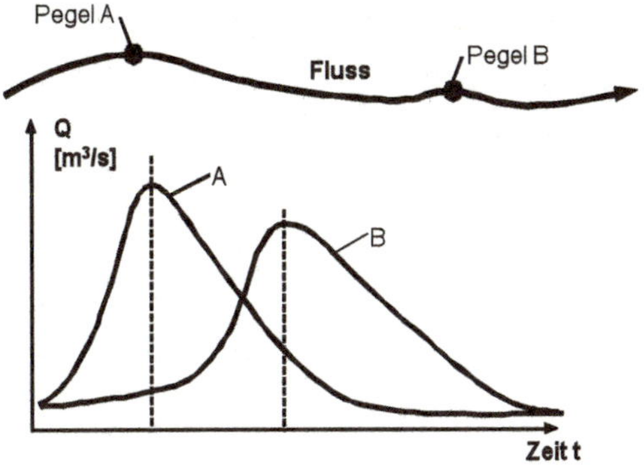

Abb. 14-5

Schematische Darstellung des Wellenablaufs auf einer Fließstrecke; aufgrund der Unterschiede der Fließgeschwindigkeit im Anstieg und im Rückgang der Hochwasserwelle flacht die Hochwasserwelle über die Strecke A–B ab. Seitliche Zuflüsse werden hier vernachlässigt.

geht, bis das gesamte Einzugsgebiet zum Hochwasserabfluss beiträgt. Betrachtet man einen Fließgewässerabschnitt, so ist im Hochwasserfall der Wellenablauf zu berücksichtigen.

In einem Abschnitt eines Fließgewässers wird die Ausflussganglinie gegenüber der zugehörigen Zuflussganglinie um eine Zeitspanne, der **Translationszeit**, zeitlich versetzt, d.h. später auftreten. Da sich in der Regel gleichzeitig die Form der Abflussganglinie auf der Fließstrecke verändert, indem die Welle in Abhängigkeit von den hydraulischen Eigenschaften in ihrer Zeitbasis breiter und in ihrem Scheitel niedriger wird (→ Abb. 14-5), wird hierzu die Schwerpunktlaufzeit betrachtet. Die Wellenabflachung über eine Fließstrecke ist durch den Unterschied zwischen dem Wasserspiegelgefälle und dem Sohlgefälle bedingt. Im Anstieg der Hochwasserwelle ist das Wasserspiegelgefälle größer, im Rückgang kleiner als das Sohlgefälle. Der ansteigende Ast der Welle ist somit, vereinfacht dargestellt, schneller als der abfallende Ast, wodurch sich eine Hochwasserwelle abflacht. Zusätzlich sind die wasserstandsabhängig veränderliche **Rauheit des Gewässerbetts** sowie der sich mit zunehmendem Wasserstand in der Regel **verbreiternde Gewässerquerschnitt** zu berücksichtigen. Damit werden hohe Abflüsse durch die verringerte Fließgeschwindigkeit der Abflussanteile im Auenbereich verzögert. Zu beachten ist, dass sich der Hochwasserwellenablauf ereignisspezifisch gestaltet. So können z.B. Verschlüsse durch Treibgut, sogenannte Verklausungen, Eisgang oder Deichbrüche die hydraulischen Bedingungen lokal stark verändern.

Zusammenfassend sind somit drei Teilprozesse für Hochwasserentstehung und -verlauf maßgebend: die **Abflussbildung**, die **Abflusskonzentration** und der **Wellenablauf** (→ Kap. 8). Letzterer wird nur bei Betrachtung einzelner Flussstrecken gesondert berücksichtigt und ist ansonsten Teil der Abflusskonzentrationsphase.

Abb. 14-6 | Hochwasserganglinie am Pegel Nossen/Freiberger Mulde während des Hochwassers im Juni 2013.

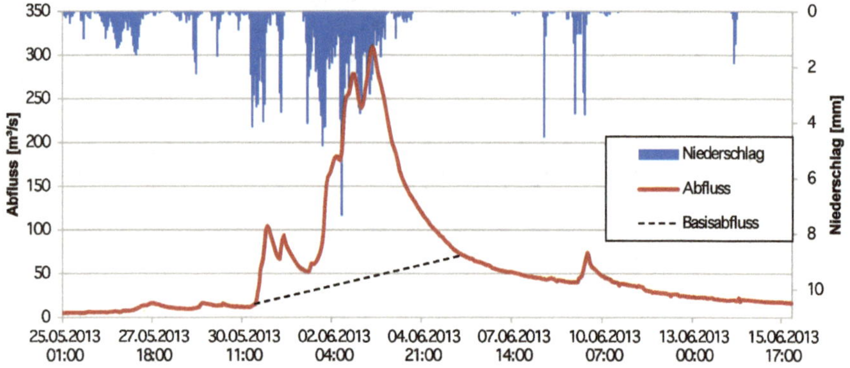

14.2 Merkmale eines Hochwasserereignisses

Der an einem Pegel ermittelte zeitliche Verlauf des Hochwasserabflusses, die **Hochwasserganglinie**, beschreibt ein Hochwasser an einem Fließgewässerquerschnitt. In Abb. 14-6 ist eine beobachtete Hochwasserganglinie gemeinsam mit den hochwasserauslösenden Gebietsniederschlägen (→ Kap. 4) dargestellt. Ersichtlich wird der nicht lineare Zusammenhang zwischen Regen und Abfluss. Die ersten Niederschlagsanteile bewirken nur eine geringe Abflusszunahme, die weiteren Niederschläge in Folge der Wassersättigung des Bodens dagegen einen schnellen Anstieg des Abflusses. Die Wirkung hoher Niederschlagsintensitäten wird im Bereich des Hochwasserscheitels deutlich.

Um mehrere Hochwasserereignisse an einem Gewässerpunkt zu vergleichen, oder die Veränderungen und Unterschiede des gleichen Hochwasserereignisses an verschiedenen Gewässerpunkten zu charakterisieren, verwendet man als quantitative Merkmale (→ Abb. 14-7) den **Hochwasserscheitelabfluss**, die **Hochwasserscheitelabflussspende**, die **Hochwasserfülle**, den **Abflussbeiwert** und die **Anstiegs- und Rückgangszeit**. Der Scheitelabfluss HQ ist der höchste Wert der Hochwasserganglinie. Er wird als Volumenstrom in der Maßeinheit m^3/s ausgedrückt. Wenn er durch die Fläche des Einzugsgebiets dividiert wird, erhält man die Scheitelabflussspende mit der Maßeinheit $m^3/(s \cdot km^2)$. Sturzfluten haben in der Regel wesentlich höhere Scheitelabflussspenden als Flusshochwasser. Der Kennwert kann somit zum Vergleich zwischen unterschiedlichen Hochwasserereignissen am selben Pegel verwendet werden.

Der Scheitelabfluss HQ ist der höchste Wert der Hochwasserganglinie.

Sturzfluten haben meist wesentlich höhere Scheitelabflussspenden als Flusshochwasser.

Die **Hochwasserfülle** ergibt sich als Flächenintegral unter der Hochwasserganglinie. Sie wird in der Regel als Summe des Direktabflusses ermittelt. Als Direktabfluss bezeichnet man den Abfluss, der dem Fließgewässer als unmittelbare Reaktion auf das hochwasserauslösende Regen- und/ oder Schneeschmelzereignis als Oberflächen- oder Zwischenabfluss zufließt (→ Kap. 9). Um die Menge dieses Abflusses Q zu ermitteln, muss der kontinuierliche Abflussbeitrag aus dem Grundwasserzustrom abgeschätzt werden, um die Abflussganglinie so in zwei Abflussanteile aufzuteilen (Ganglinienseparation, → Abb. 14-6 und → Kap. 16). Der Anfangspunkt des Direktabflusses ist meist in einer Hochwasserganglinie deutlich sichtbar und in zeitlicher Nähe zum Niederschlagsbeginn festzulegen. Um den Endpunkt des Direktabflusses zu finden, kann der Abflussrückgang mit einem einfachen Rückgangsmodell, dem exponentiellen Leerlaufen eines Einzellinearspeichers, beschrieben werden:

$$Q(t) = Q(t_0) \cdot e^{-k(t-t_0)} \tag{14.1}$$

mit $Q(t)$ = Abfluss [mm]
k = Abflussrückgangskoeffizient [-]
t = Zeit [d]

Mit k wird der Abflussrückgangskoeffizient, ein gebietsspezifischer Parameter, bezeichnet. Der Wert t_0 bezeichnet den angenommenen Startpunkt des Abflussrückgangs. Er ist theoretisch der Beginn des abfallenden Asts der Hochwasserganglinie, d.h. der Zeitpunkt des Hochwasserscheitels. Da sich der Direktabfluss jedoch aus Oberflächen- und Zwischenabfluss zusammensetzt, wird sich der Rückgang nach dem Scheitelabfluss nicht gleichförmig gestalten. Wie Abb. 14-7

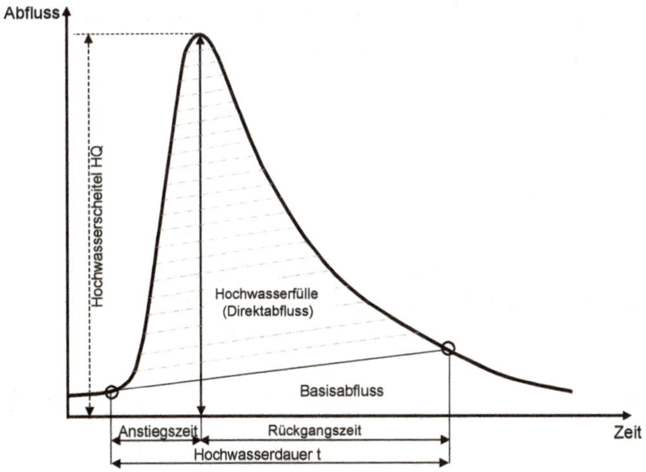

Abb. 14-7

Merkmale einer Hochwasserganglinie.

Abb. 14-8

Ermittlung des Endpunkts des Direktabflusses der Hochwasserwelle in Abb. 14-7.

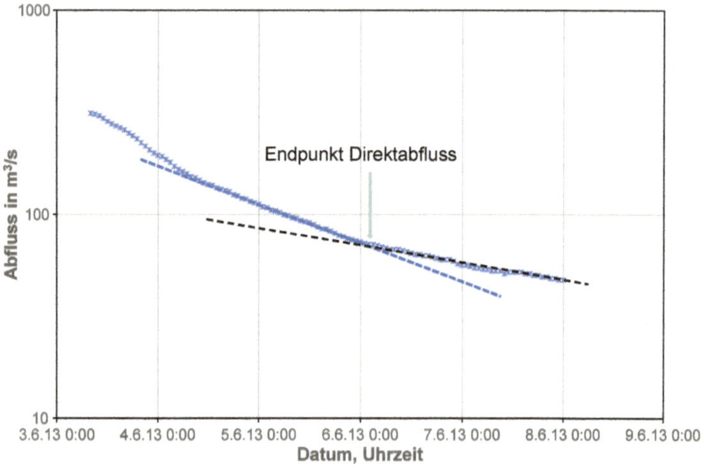

zeigt, ergeben sich häufig drei Bereiche der Abflussrückgangslinie. Der hier gesuchte Endpunkt des Direktabflusses wird durch die Grenze zwischen dem zweiten und dritten Bereich des Rückgangs bestimmt.

Der Direktabfluss hat im Vergleich zum Basisabfluss eine höhere Rückgangskonstante k. Der Rückgang erfolgt also schneller. Durch eine halblogarithmische Darstellung der Abflüsse über die Zeit (→ Abb. 14-8) wird die Änderung der Rückgangskonstante und damit der Endpunkt des Direktabflusses sichtbar.

Die Direktabflussfülle Q_{DSQ}, das Abflussvolumen des Direktabflusses, meist ausgedrückt in m^3, wird durch Division durch die Einzugsgebietsfläche A_{EZG} in eine Abflusshöhe h_Q umgerechnet:

$$h_Q = \frac{Q_{DSQ}}{A_{EZG} \cdot 1000} \qquad (14.2)$$

mit h_Q = Abflusshöhe [mm]
Q_{DSQ} = Direktabflussfülle [m³]
A_{EZG} = Einzugsgebietsfläche [km²]

Der Quotient aus der Direktabflussfülle Q_{DSQ} und der Höhe der dazugehörigen Summe des hochwasserauslösenden Gebietsniederschlags N ergibt den Abflussbeiwert C des Hochwasserereignisses:

$$C = \frac{h_Q}{\sum N(t)} \qquad (14.3)$$

Hochwasserberechnungen

Extreme Hochwasser haben aufgrund der mit ihnen verbundenen Überflutungen gravierende Folgen für die Gesellschaft. Es ist somit erforderlich, die Größe möglicher Hochwasser abzuschätzen, um z.B. die Flächennutzungen der Talauen anzupassen, aber auch Baumaßnahmen und technische Hochwasserschutzanlagen im und am Fließgewässer auf hohe Abflüsse und Wasserstände zu bemessen. Dies erfolgt durch **Bemessungshochwasser**, die durch die Höhe ihres Scheitelabflusses und der Wahrscheinlichkeit, mit der ein derartiger Extremwert überschritten wird, charakterisiert werden. Die Wahl des Bemessungshochwassers erfordert eine **Abschätzung des Risikos** (→ Kap. 23). Ausschlaggebend für die Charakterisierung der hydrologischen Belastung ist dabei die Wahrscheinlichkeit, mit der ein Hochwasserscheitelabfluss überschritten wird. Die Ermittlung dieser Wahrscheinlichkeit basiert auf Beobachtungsreihen der jährlichen Höchstabflüsse an Pegeln. Die Überschreitungswahrscheinlichkeit $P_ü$ bezeichnet damit die Wahrscheinlichkeit, mit der der zugehörige Hochwasserscheitelabfluss in einem Jahr überschritten wird. Durch diesen Bezug auf ein Jahr kann die Überschreitungswahrscheinlichkeit auch durch ihren Reziprokwert, durch die **Jährlichkeit** T_{Hw}, ausgedrückt werden:

$$T_{Hw} = \frac{1}{P_ü} \tag{14.4}$$

mit T_{Hw} = Jährlichkeit [a]
$P_ü$ = Überschreitungswahrscheinlichkeit [1/a]

Im Falle einer Überschreitungswahrscheinlichkeit von $P_ü = 0{,}01$ ergibt sich somit z.B. eine Jährlichkeit von T_{Hw} = 100 Jahren. Diese Jährlichkeit bezeichnet das **statistische Wiederkehrintervall**. Im statistischen Mittel tritt eine Überschreitung somit alle 100 Jahre auf. Betont werden muss, dass dies im statistischen Mittel gilt, d.h., dass in 1000 Jahren unter der Annahme stationärer, d.h. zeitlich nicht veränderlicher hydrologischer Bedingungen, 10 Überschreitungen auftreten würden. Der zeitliche Abstand zwischen diesen Überschreitungen ist zufällig, d.h. er beträgt nicht 100 Jahre. Beispielsweise traten zwei derart hohe Hochwasser im Rhein im Dezember 1993 und im Januar 1995 auf. Ein Hochwasser einer Jährlichkeit von 100 Jahren mit einem Jahrhunderthochwasser (das größte innerhalb von 100 Jahren) gleichzusetzen, ist somit falsch.

Verfahren zur Ermittlung von Hochwasserwahrscheinlichkeiten basieren auf der Statistik. Neben dem Bemessungshochwasser werden Hochwasservorhersagen benötigt, um im Hochwasserfall situationsgerechte Katastrophenabwehrmaßnahmen zu planen. Hierzu werden

Niederschlag-Abflussmodelle verwendet (→ Kap. 15), mit denen aus gemessenen oder vorhergesagten Niederschlägen die zu erwartenden Hochwasserabflüsse vorhergesagt werden können. Für die Berechnung des Hochwasserwellenablaufs werden hydrodynamische Modelle genutzt. Zu beachten ist, dass die Hochwasserverhältnisse durch Einflüsse der Menschen verändert werden können. Dies kann durch zielgerichtete Eingriffe, z.B. durch den Bau von Hochwasserrückhaltebecken oder durch Nebeneffekte der Landnutzung (→ Kap. 11), wie z.B. die Versiegelung von Flächen im Rahmen der Verstädterung, den Gewässerausbau oder die Eindeichung von Fließgewässern erfolgen.

14.3 | Niedrigwasser

Niedrigwasser sind **regelmäßig wiederkehrende Phänomene**, die alle Regionen und Gewässer der Erde betreffen. Sie gehören damit genauso zum natürlichen Abflussregime von Fließgewässern wie Hochwasser. Wenn im Winter in den Gebirgen der Niederschlag überwiegend als Schnee fällt und in der **Schneedecke zwischengespeichert** wird, bilden sich in dieser Zeit üblicherweise Niedrigwasser aus, die in den tieferen Lagen der Hochgebirge bzw. in den Mittelgebirgen von unregelmäßigen Abflusserhöhungen infolge der Schneeschmelze unterbrochen sein können. Während in den ozeanisch geprägten Tiefländern zu dieser Zeit selten Niedrigwasser auftreten, entwickeln sie sich dort vor allem während der Sommermonate, wenn der Einfluss der **Verdunstung** (→ Kap. 7) zu einer starken Zehrung der im Boden und Grundwasser verfügbaren Wasservorräte führt. Dieser Zustand kann sich bis weit in die Herbstmonate erstrecken und wird erst durch den starken Rückgang der Verdunstung im September/Oktober und durch sich langsam erneuernde Boden- und Grundwasservorräte beendet. Primärer Auslöser einer Niedrigwasserphase ist also stets eine typische Kombination meteorologischer Randbedingungen. In der Regel ist das eine länger andauernde Zwischenspeicherung des Niederschlags in Form einer Schneedecke oder ein vergleichsweise langes Ausbleiben von Niederschlag im Zusammenwirken mit erhöhter Verdunstung. Jedoch ist die während Niedrigwasser verbleibende Wasserführung der Fließgewässer wesentlich vom grundwasserbürtigen Abfluss bzw. dem Basisabfluss, und damit von den geologischen Eigenschaften des jeweiligen Flussgebiets abhängig. In Einzugsgebieten mit guten Speichereigenschaften des Untergrunds werden während Trockenphasen oft nur langsame Rückgänge des oberirdischen Abflusses beobachtet. Dagegen kann sich in Gebieten mit geringem Rückhaltevermögen die Unterschreitung kritischer Grenzwerte des Abflusses oft schon nach kurzer Zeit einstellen.

Das mehr oder weniger langsame Abklingen des Abflusses wird aber auch von der Höhenerstreckung, und damit den Niederschlags- und Temperaturgradienten eines Gebiets, der Wasserspeicherkapazität der Böden und der Vegetation und somit von der Landnutzung gesteuert (→ Kap. 11). Aus hydrologischer Sicht erwähnenswert ist das **Problem der präzisen Erfassung des Durchflusses während Niedrigwasser**, wenn im Falle von geringen Pegelständen oder teilweise trockenfallenden Gerinnen keine eindeutige Wasserstands-Durchflussbeziehung (→ Kap. 8) mehr besteht und dementsprechend die Messunsicherheiten zunehmen.

Dürren | 14.4

Von Dürre wird gesprochen, wenn es sich um eine **außerordentlich lange andauernde und intensive Trockenheit** handelt, oft in Verbindung mit außergewöhnlich hohen Lufttemperaturen. Ausgehend von einem **erheblichen Niederschlagsdefizit** und einem hohen Verdunstungsanspruch der Atmosphäre – der **meteorologischen Dürre** – macht sich eine Dürre zuerst in der Landwirtschaft bemerkbar und kann entsprechend als **landwirtschaftliche Dürre** bezeichnet werden (→ Abb. 14-9). Ein sich verschärfendes **Bodenfeuchtedefizit**, hohe Temperaturen und geringe Luftfeuchte können hier die landwirtschaftliche Produktion stark einschränken bzw. zu Ernteausfällen führen. Der Bewässerungsbedarf steigt, kann jedoch im Verlauf einer Dürre oftmals nicht mehr befriedigt werden, da die Entnahmen von Wasser aus Oberflächengewässer und Grundwasser oft eingeschränkt werden müssen. Mit gewisser zeitlicher Verzögerung entwickeln sich in den Gewässern angespannte Niedrigwasserverhältnisse. Eine exakte Trennung zwischen einer länger andauernden Niedrigwassersituation und einer **hydrologischen Dürre** besteht jedoch nicht. Im Gegensatz zu regelmäßig auftretenden Niedrigwassern treten hydrologische Dürren aber ähnlich selten wie besonders zerstörerische Hochwasser auf. In den vergangenen 100 Jahren sind besonders ausgeprägte hydrologische Dürren in den Flussgebieten von Rhein und Elbe vor allem in den Jahren 2003 (Rhein und Elbe, Sommer/Herbst), 1976 (Rhein und Elbe, Sommer/Herbst), 1971 (Rhein, Herbst), 1953/54 (Elbe, Winter), 1949 (Rhein, Sommer), 1920/1921 (Rhein, Herbst/Winter) sowie 1904 (Elbe, Sommer/Herbst) verzeichnet worden.

Dass Dürreperioden ein hohes **volkswirtschaftliches Schadenspotenzial** bergen, belegt der Vergleich der Schadenssummen hydrologischer Dürren mit schweren Hochwasserereignissen, die sich in einem durchaus vergleichbaren Rahmen bewegen. So wurden die volkswirtschaftlichen Schäden des Dürrejahres 2003 von der Münchener Rück als fast genauso hoch eingeschätzt wie die des Elbehochwassers 2002 (Rudolf 2004). Ursache hierfür ist zum einen die lange Dauer von Dürrephasen, verursacht durch die hohe zeitliche **Persistenz** der dafür verantwortlichen **Großwetterlagen**. Diese sorgen außerdem für ein großräumiges Auftreten von Dürren, die sich bis in die subkontinentale Raumskala, also mehrere Millionen Quadratkilometer, erstrecken können. Von **wasserwirtschaftlicher Dürre** wird gesprochen, wenn fallende Grundwasserspiegel, sinkende Wasserstände in Seen und abnehmende Durchflüsse in Fließgewässern zunehmende Einschränkungen in der Wasser- und Energieversorgung sowie der industriellen Produktion nach sich ziehen. Beispielsweise sind davon die Binnenschifffahrt oder Laufwasserkraftwerke betroffen. Der Betrieb thermischer Kraftwerke muss gedrosselt oder eingestellt werden, wenn der Kühlwasserbedarf nicht mehr gewährleistet werden kann, zumal die Wassertemperaturen während sommerlicher Dürren die gewässerspezifisch festgelegten Grenzwerte für die Wassernutzung überschreiten können. Um die minimalen Bedürfnisse wasserabhängiger Ökosysteme sicherzustellen, darf bei Unterschreiten gesetzlich festgelegter Pegelstände auch kein Wasser mehr aus den Fließgewässern abgeleitet werden. Eine während **hydrologischer** Dürren häufig beobachtete Verschlechterung der Wasser-

Hydrologische Dürren ziehen eine Verschlechterung der Wasserqualität durch fehlende Verdünnung und meist höhere Wassertemperaturen nach sich.

Abb. 14-9 | Entwicklung und Auswirkung von Dürren (nach Menzel 2011).

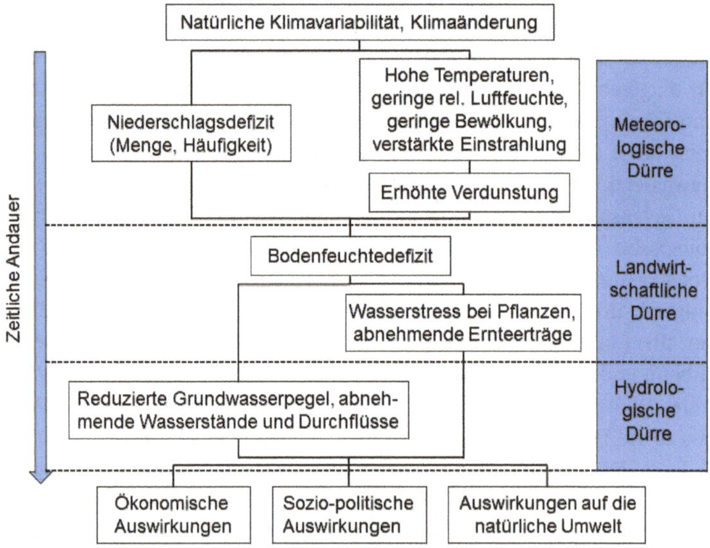

qualität, z.B. der Rückgang des im Wasser gelösten Sauerstoffs, stellt aus ökologischer Sicht einen erheblichen **Stressfaktor** dar und zieht weitere Nutzungseinschränkungen, z.B. in der Binnenfischerei, nach sich.

Dürren können in allen Klimazonen der Erde auftreten; in den Trockengebieten der Erde (→ Kap. 21) darf Dürre aber nicht mit **Aridität** verwechselt werden. Letztere ist ein allgemeines Kennzeichen trockener Lebensräume, vor allem geprägt durch stete Wasserknappheit, die jedoch während einer Dürre besonders ausgeprägt ist und zu nachhaltigen Schäden führt. Dürren in Ländern mit politisch instabilen Systemen und schwachen Ökonomien können zu ausgeprägten Notsituationen mit Hungersnöten und Epidemien führen (Menzel 2011).

Box 14.1

Der Hitze- und Dürresommer 2003

Im Laufe des Sommers 2003 formierten sich eine Reihe von großräumigen Hochdruckwetterlagen, die weite Teile Europas in den Einflussbereich trockener, subtropischer Luftmassen führten. Es stellte sich eine trocken-heiße Witterung ein, die ungewöhnlich lange anhielt und zahlreiche Hitzerekorde hervorbrachte. Im Zeitraum Juni bis September 2003 entwickelte sich ein außerordentliches Niederschlagsdefizit. Beispielsweise erhielt das Rheingebiet oberhalb der Mainmündung zwischen Juni und September 2003 nur etwa 55 % der mittleren langjährigen Gebietsmittel des Niederschlags (Landesamt für Wasserwirtschaft Rheinland-Pfalz 2004), wobei der Juni und der August 2003 besonders trocken und heiß waren. Die seltenen, konvektiven und damit nur örtlich auftretenden Schauer vermochten die zunehmend negative Wasserbilanz nicht auszugleichen. Folge waren teils extrem niedrige Wasserstände an zahlreichen Flüssen und Seen. In Deutschland hielt die Niedrigwasserphase von Juni bis mindestens Mitte Oktober 2003 an. Während dieser Zeit traten monatliche Abflussdefizite auf, die Abweichungen vom langjährigen Mittel von bis zu –70 % aufwiesen. Die Münchener Rück (2004) bezifferte die landwirtschaftlichen Schäden 2003 in Mitteleuropa auf mehr als 10 Mrd. US-$, und der Deutsche Bauernverband schätzte die Verluste durch Ernteausfälle im gleichen Zeitraum in Deutschland auf rund 1 Mrd. Euro.

Indikatoren und statistische Kenngrößen

In der Bestimmung von Niedrigwasserphasen und deren Dauer und Intensitäten besteht das grundsätzliche Problem, geeignete Schwellenwerte festzulegen. Üblicherweise wird aus einer längeren Zeitreihe von Durchflusswerten an einem Pegel ein mittlerer Niedrigwasserabfluss einer bestimmten Bezugsperiode, also jährlich, saisonal oder monatlich, bestimmt. Dabei werden die jeweils niedrigsten Messwerte

Zur Charakterisierung von Niedrigwasser oder Dürre sollte man immer mehrere Kennwerte berechnen.

Merksatz: Während Niedrigwasser kommt es zu einem tage- bis wochenlangen Unterschreiten mittlerer langjähriger Wasserstände und Abflüsse.

der Bezugsperiode und deren Mittelwert über den Auswertezeitraum bestimmt. Der mittlere jährliche Niedrigwasserabfluss MNQ beispielsweise ist das arithmetische Mittel der niedrigsten Jahreswerte NQ über einen längeren Zeitraum (→ Kap. 8). Die Dauer eines Niedrigwasserabflusses kann als Unterschreitungsdauer, z.B. des NQ eines Jahres oder des MNQ, bestimmt werden. Es ist auch möglich, die einzelnen Unterschreitungsdauern, z.B. eines Jahres, aufzusummieren und ein kumulatives Abflussdefizit zu bestimmen, also die Summe aller Fehlmengen in m^3 zwischen gewähltem Schwellenwert und der Abflussganglinie. Weitere Kenngrößen zur Charakterisierung von Niedrigwasser und Dürre sind beispielsweise Q95 (95. Perzentil), der Durchflusswert, der in 95 % aller Fälle erreicht oder überschritten wird und auch als Q347 bezeichnet wird (Aschwanden und Kan 1999). Außerdem 7Qx, der niedrigste Abfluss an sieben aufeinanderfolgenden Tagen einer Bezugsperiode mit einer statistischen Wiederkehrzeit von x Jahren, z.B. 10 oder 20. In der Wasserwirtschaft werden diese Indikatoren eingesetzt, um z.B. **Mindestrestwassermengen** unterhalb von Wasserentnahmen oder Stauhaltungen festzulegen.

Die bisher besprochenen Kennzahlen sind zwar für alle Pegel unterschiedlicher Fließgewässer anwendbar, jedoch besteht der Nachteil, dass ihre räumliche Vergleichbarkeit eingeschränkt ist. Da sich verschiedene, selbst benachbarte Flussgebiete mit ähnlichen klimatischen Bedingungen in ihrem Durchfluss- bzw. Niedrigwasserverhalten unterscheiden, fallen ihre statistischen Kenngrößen zur Beschreibung unterdurchschnittlicher Abflussbedingungen sehr unterschiedlich aus. Neben naturräumlichen Gegensätzen können sich hier auch anthropogene Einflüsse, z.B. durch Nutzungsunterschiede und Siedlungsentwässerung, bemerkbar machen. Diesem Nachteil kann durch die **Anwendung standardisierter Kenngrößen** begegnet werden. Diese haben überdies den Vorteil, dass sie sich gleichermaßen zur **Charakterisierung trockener und feuchter Phasen** eignen. Mit dem **Standardized Streamflow Index (SSI)** (Shukla und Wood 2008) werden die monatlichen Abflüsse an einem Pegel zunächst durch eine kumulative Wahrscheinlichkeitsfunktion dargestellt. Das heißt, je kleiner der Abflusswert einer gegebenen Zeitreihe ist, desto geringer ist die Wahrscheinlichkeit, dass dieser Wert unterschritten wird. Entsprechend tendiert die kumulative Wahrscheinlichkeit gegen den Wert 1, wenn die Unterschreitungswahrscheinlichkeit besonders hoher Abflusswerte betrachtet wird. In der nachfolgenden Standardisierung wird diese kumulative Wahrscheinlichkeitsfunktion in eine normalverteilte Zufallsvariable – die SSI – transformiert, mit einem Mittelwert von 0 und der Standardabweichung von 1. Jedem monatlichen Durchflusswert, der zuvor eine bestimmte kumulative Wahrschein-

SSI-Wertebereich	Klassifizierung
-2,0 > SSI	Extreme hydrologische Dürre
-1,5 ≥ SSI > -2,0	Schwere hydrologische Dürre
-1,0 ≥ SSI > -1,5	Moderate Dürre, leichte Niedrigwassersituation
+1,0 ≥ SSI > -1,0	Normalsituation, mittlere Abflüsse
+1,5 ≥ SSI > +1,0	Moderate Feuchtphase
+2,0 ≥ SSI > +1,5	Schwere Hochwasserphase
+2,0 < SSI	Extreme Hochwasserphase

Tab. 14-2

Klassifizierung des SSI (Eigene Darstellung auf Basis verschiedener Quellen).

lichkeit innehatte, wird nun also ein entsprechender SSI zugewiesen. Abflusswerte, die einen SSI von unter 0 erhalten, entsprechen einem unterdurchschnittlichen Abfluss. Ein SSI von –1 bzw. –2 oder –3 entspricht einer bzw. zwei oder drei Standardabweichung(en) nach unten. Entsprechend kleiner wird in dieser Reihe die kumulative Wahrscheinlichkeit bzw. umso extremer fällt das zugehörige Ereignis aus. Mit dem SSI ist es somit möglich, sowohl die Dauer, d.h. die Periode unterhalb eines Schwellenwerts, als auch die Schwere eines Ereignisses zu quantifizieren. Entsprechend kann zwischen eher harmlosen Niedrigwassern und ausgeprägten, hydrologischen Dürren unterschieden werden. In Tab. 14-2 wird eine Klassifizierung von Trocken- bzw. Feuchtphasen auf Basis des SSI vorgenommen.

Neben der räumlich-zeitlichen Vergleichbarkeit des SSI, der dementsprechend in Karten dargestellt werden kann, hat dieser Indikator den Vorteil, dass er mit entsprechenden meteorologischen Dürreindikatoren vergleichbar ist. Der **Standardized Precipitation Index (SPI)** (McKee et al. 1993) berechnet sich nach einem ähnlichen Schema und basiert auf langjährigen Zeitreihen des Niederschlags. Er drückt die Intensität einer meteorologischen Dürre bzw. überdurchschnittlich feuchter Phasen ebenfalls in Standardabweichungen aus (Törnros und Menzel 2014).

Ein weiterer, vor allem in den USA gebrauchter Index zur Beschreibung und Klassifizierung von Dürren ist der **Palmer Drought Severity Index (PDSI)** (Dai et al. 2004). Anhand von Niederschlags- und Lufttemperaturdaten einer Region werden u.a. die Bodenfeuchte und die Verdunstung ermittelt und daraus die Niederschlagsmenge berechnet, die im gegebenen Vorhersagezeitraum erforderlich wäre, um eine landwirtschaftliche Dürre zu vermeiden. Neben Anwendungen zur Prognose von Dürren wird der PDSI auch verwendet, um historische Dürreereignisse nachzuvollziehen.

Box 14.2

Vorsorge- und Anpassungsmaßnahmen

Zu Beginn einer Trockenphase zeichnet sich meist noch nicht ab, ob sich lediglich eine kurzzeitige Niedrigwassersituation oder eine ausgeprägte Dürre einstellen wird, zumal hydro-meteorologische Vorhersagen über mehrere Wochen oder Monate unsicher bzw. nicht möglich sind. Die Entstehung großräumiger Niederschlagsdefizite ist aber häufig mit Anomalien von Meeresoberflächentemperaturen und großräumigen Veränderungen des Luftdrucks korreliert, weshalb hier ein Potenzial zur Entwicklung meteorologischer Langfristvorhersagen besteht. Operationelle Niedrigwasser- und Wassertemperaturvorhersagen bestehen heute schon in einigen Ländern, jedoch vermindert sich aufgrund unsicherer Niederschlagsprognosen die Vorhersagegüte mit zunehmendem Vorhersagezeitraum, außer für nivale Gebiete, in denen die Schneeakkumulation im Winter sehr gut für die Vorhersage genutzt werden kann. In einigen wasserarmen Ländern propagieren Dürre-Aktionspläne einen Wandel vom Angebots- zum Bedarfsmanagement. Dies beinhaltet beispielsweise Einschränkungen der Wassernutzung im Agrarbereich, höhere Wasserpreise, die Streichung von Zuschüssen und die Rationierung von Wasser. Flankiert werden diese Maßnahmen oft von Technologien zur Aufbereitung und Wiedernutzung von Brauchwasser. Ähnlich wie in der Hochwasservorsorge kommt einem verbesserten Wasserrückhalt in der Fläche große Bedeutung in der Dürrebekämpfung zu.

Weiterführende Literatur

Kohn, I., Rosin, K., Freudiger, D., Belz, J. U., Stahl, K. und M. Weiler (2014): Niedrigwasser in Deutschland 2011. In: Hydrologie und Wasserbewirtschaftung 58 (1), S. 4–17.

Patt, H. und R. Jüpner (2013): Hochwasser-Handbuch. Auswirkungen und Schutz. Berlin/Heidelberg.

Tallaksen, L. und A. J. van Laanen (Hrsg.) (2004): Hydrological drought. Processes and estimation methods for streamflow and groundwater. Amsterdam.

Hydrologische Verfahren und Methoden

Hydrologische Modelle | 15

Georg Hörmann, Björn Guse

Inhalt

15.1 Komponenten und Eingangsdaten von hydrologischen Modellen

15.2 Modelltypen

15.3 Workflow der Modellierung

15.4 Überprüfung der Modellgüte

15.5 Probleme und Fehlerquellen bei der Modellierung

15.6 Beispiele für hydrologische Modelle

Computermodelle gehören zu den grundlegenden Werkzeugen in der Hydrologie. Sie bilden den Wasserkreislauf oder Teile davon auf unterschiedlichen Maßstabsebenen und mit unterschiedlicher Genauigkeit ab. In der Auswahl von Modellen ist zu beachten, dass Modellstruktur, verfügbare Eingangsdaten und Aufgabenstellung aufeinander abgestimmt sind. Vor dem Einsatz müssen Modelle kalibriert und validiert werden, d.h., an das zu modellierende Gebiet angepasst werden.

Komponenten und Eingangsdaten von hydrologischen Modellen | 15.1

Die Bestandteile von hydrologischen Modellen entsprechen den Komponenten der **Wasserhaushaltsgleichung** (→ Kap. 3). Abb. 15-1 zeigt die typischen Komponenten eines Flusseinzugsgebietsmodells. Die wichtigsten Unterscheidungskriterien sind die Ansätze zur Berechnung der Abflussbildungsprozesse und der Verdunstung sowie räumliche Diskretisierung und Parameterisierung. Die potenzielle **Verdunstung** wird entweder extern berechnet und eingelesen, oder mit verschiedenen Methoden im Modell berechnet, die in Kap. 7 ausführlich vorgestellt werden. Dazu gehören meist einfache Ansätze wie z.B. die

Abb. 15-1

Komponenten eines komplexen Einzugsgebietsmodells (Dyck und Peschke 1995).

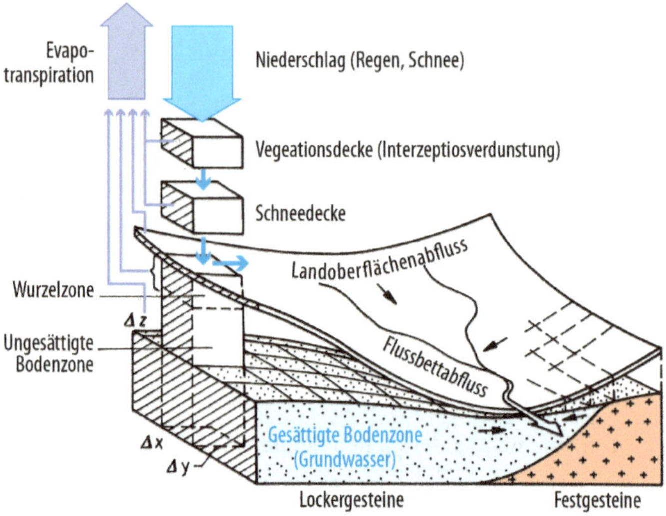

FAO-Penman-Gleichung oder die Penman-Monteith-Formel (→ Kap. 7). Der **Bodenwasserhaushalt** (→ Kap. 5) kann entweder aufwendig mit der Darcy- oder Richards-Gleichung oder mit einfachen Speichermodellen berechnet werden. Zur Berechnung des **Oberflächenabflusses** werden verschiedene Ansätze wie der Sättigungsabfluss oder Infiltrationsüberschuss verwendet, die in Kap. 9 ausführlich diskutiert werden.

Aus Abb. 15-1 lassen sich auch die wesentlichen Eingangsdaten von Modellen ableiten. Die einfachsten Modelle berechnen den Abfluss aus Niederschlag und Verdunstung, meist in Tageswerten. Die Mehrzahl der in der Praxis genutzten Modelle benötigen zusätzlich ein Höhenmodell zur Berechnung des Oberflächenabflusses und Daten zu Landnutzung und Bodeneigenschaften. Die Entwicklung der CAMELS-Datensätze (für Deutschland, Loritz et al. 2024) hat eine große Menge an Pegeln mit zugehörigen Zeitreihen frei verfügbar gemacht und damit Modellanalysen in vielen Gebieten vereinfacht.

15.2 Modelltypen

Es gibt eine Vielzahl von hydrologischen Modellen, die sich nach folgenden Kriterien gliedern lassen:

- **Räumlicher Maßstab:** Je nach Größe des zu simulierenden Gebiets kommen unterschiedliche Methoden und Modelle zum Einsatz. Meist wird zwischen drei Größenskalen unterschieden: makroskalig

(> 1000 km²), mesoskalig (zwischen 1 und 1000 km²) und mikroskalig (< 1 km²). Die meisten Einzugsgebietsmodelle werden auf der Mesoskala angewendet.

- **Prozessbasierte und datengetriebene Modelle:** Prozessbasierte Modelle können nach ihrer physikalischen Transparenz gegliedert werden. Black-Box-Modelle sind rein statistische Modelle. Das Eingangssignal in die Box wird mithilfe statistischer Beziehungen zum Ausgangssignal umgeformt. Zu diesem Typ gehören **Korrelationsmodelle**, wie z.B. der Unit-Hydrograph. Statistische Modelle sind nur begrenzt szenarienfähig, da sie nicht außerhalb des für ihre Erstellung benutzten Wertebereichs eingesetzt werden dürfen. Im Gegensatz dazu sind White-Box-Modelle physikalisch basiert und gehen so weit wie möglich auf die physikalischen Grundgleichungen zurück. Da dies in der Praxis so gut wie unmöglich ist, sind die meisten Modelle sogenannte Grey-Box-Modelle, die sowohl statistische als auch physikalische Verfahren anwenden.
  Datengetriebene Modelle basieren auf Machine Learning-Methoden wie neuralen Netzen und nutzen eine große Menge an Daten, um Muster und Beziehungen zu identifizieren.

Merksatz: Statistische Modelle sind nur eingeschränkt zu Szenarienanalysen geeignet.

- **Räumliche Diskretisierung:** Darunter versteht man die Art und Weise, wie der Raumbezug im Modell abgebildet wird. Da in der Hydrologie oft große Gebiete simuliert werden, spielt die räumliche Diskretisierung eine große Rolle für den Rechenzeitbedarf. Hier kann man grundsätzlich zwischen Raster- und Vektormodellen unterscheiden. **Rastermodelle** teilen das Gebiet in ein gleichförmiges Raster und simulieren die entstehende Matrix Punkt für Punkt. Modellierungsdauer und Genauigkeit hängen dann entscheidend von der gewählten Auflösung ab. Typische Beispiele für Rastermodelle sind fast alle globalen Modelle. Rastermodelle sind zwar einfach zu verstehen, aber nicht sehr effizient in der Berechnung. Vektormodelle versuchen bei der Aufbereitung der Daten, Gebiete mit gleichen Eigenschaften zu identifizieren, und sparen so die Mehrfachberechnung von identischen Bereichen. Diese Flächen mit ähnlichen Eigenschaften werden z.B. als **HRU** (**Hydrologic response units**) oder **Repräsentativvolumen** bezeichnet. Dies führt jedoch oft dazu, dass Nachbarschaftsbeziehungen verloren gehen. Im Englischen werden diese räumlich zusammengefassten Modelle oft auch als «lumped models», also aggregierte Modelle, bezeichnet und räumlich explizite Modelle als «spatially distributed models».

15.3 Workflow der Modellierung

Abb. 15-2 zeigt die Arbeitsschritte für ein Modellierungsprojekt von der Konzeptionsphase bis zur Anwendung. Wird ein fertiges Modell verwendet, sind nur die letzten drei Schritte relevant. Konzeptionelle Probleme oder Programmfehler treten jedoch auch in der reinen Modellanwendung auf. Der Modellierungsprozess beginnt mit einem Konzeptmodell, das häufig als Fließdiagramm visualisiert wird und in dem die wichtigsten Komponenten des Wasserkreislaufs in Bezug auf Anwendungsziele und -gebiete des Modells dargestellt werden (perceptual model). Danach wird die Skizze in mathematische Gleichungen überführt, die wiederum in eine Programmiersprache umgesetzt werden. Da Computermodelle oft eine Vielzahl an Parametern aufweisen, ist es in der Praxis unmöglich, alle Kombinationen zu testen. Vor der Kalibrierung wird deshalb meist eine Sensitivitätsanalyse durchgeführt, mit der getestet wird, wie stark sich eine Änderung der Eingangsparameter auf die Simulationsergebnisse auswirkt. Die Parameter mit dem größten Einfluss werden anschließend für die Kalibrierung ausgewählt. Unter «Kalibrierung» wird ein Prozess verstanden, in dem die Parameter so lange modifiziert werden, bis eine optimale Anpassung von gemessenen und modellierten Zielvariablen erreicht ist. Anschließend wird ein bisher nicht genutzter Teil des Datensatzes oder ein zweites, ähnliches Einzugsgebiet zur Validierung genutzt.

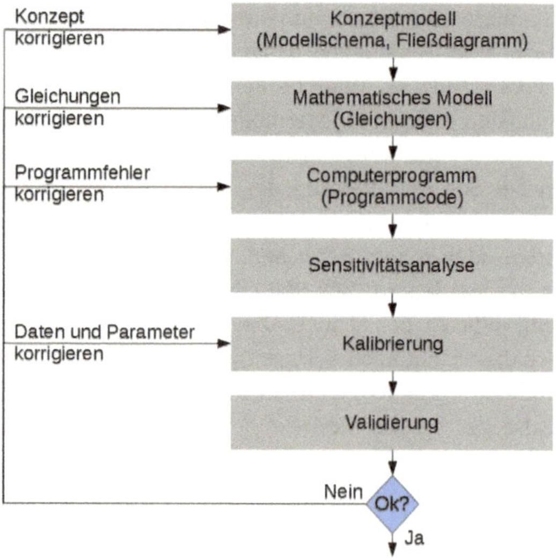

Abb. 15-2 Workflow der Modellierung mit prozessbasierten Modellen (nach Beven 2012).

Überprüfung der Modellgüte

15.4

Eine Grundfrage der Modellierung ist, wie gut ein Modell ein gegebenes, reales System abbilden kann. Eine Standardantwort auf diese Frage gibt es nicht, aber es existieren eine Reihe von meist mathematisch-statistischen Methoden, die eine quantitative Abschätzung der Modellgüte ermöglichen. An erster Stelle sollte jedoch immer der **visuelle Vergleich** von gemessenen und modellierten Zeitreihen stehen. Systematische Abweichungen lassen sich so am besten erkennen. Typische Beispiele sind **saisonale Fehler** und unterschiedliche **Anpassungsgüten für Hoch- und Niedrigwasserphasen** (→ Kap. 14) oder ein zeitlicher Versatz zwischen simulierter und gemessener Zeitreihe.

Im nächsten Schritt können dann die verschiedenen **statistischen Gütemaße** berechnet werden. Hierbei sollte als erstes die Wasserbilanz, z.B. mit dem Gütemaß PBIAS, kontrolliert werden.

▸ Vergleich von gemessenen und simulierten Abflusssummen durch Berechnung des PBIAS für die Kalibrierungsperiode. Meistens wird der Abfluss über längere Zeiträume wie z.B. Jahre verglichen. Im Idealfall beträgt der PBIAS 0. Eine Bewertung der Dynamik ist damit nicht möglich.

$$\mathrm{PBIAS} = \frac{\sum (A^g - A^s) \cdot 100}{\sum A^g} \tag{15.1}$$

mit A^g = gemessene Werte
A^s = simulierte Werte

▸ Die weiteren bekanntesten statistischen Gütemaße sind die Nash-Sutcliffe Efficiency (NSE, Nash und Sutcliffe 1970) oder die Kling-Gupta-Efficiency (KGE, Gupta et al. 2009).

▸ Der NSE liegt im Wertebereich zwischen $-\infty$ und 1. Eine gute Anpassung liegt möglichst nahe am Wert 1. NSE eignet sich zur Bewertung von Dynamik und höheren Abflüssen.

$$\mathrm{NSE} = 1 - \frac{\sum (A^g - A^s)^2}{\sum (A^g - \overline{A^g})^2} \tag{15.2}$$

▸ Der KGE betrachtet Korrelation, Variabilität und Abweichung separat und erlaubt dadurch eine bessere Fehleranalyse.

$$KGE = 1 - \sqrt{[(\alpha-1)^2 + (\beta-1)^2 + (r-1)^2]} \quad (15.3)$$

mit α = Std A^s / Std A^g
β = mean A^s / mean A^g
r = Korrelationskoeffizient nach Pearson

$$r = \frac{\sum(x-\bar{x})\cdot(y-\bar{y})}{\sqrt{\sum(x-\bar{x})^2}\cdot\sqrt{\sum(y-\bar{y})^2}} \quad (15.4)$$

▸ Generell wird empfohlen mehrere unterschiedliche Gütemaße zu verwenden, die sich neben der gesamten Abflusskurve auch explizit auf höhere, mittlere und niedrige Abflüsse beziehen. Darüber hinaus ist eine mehr prozessbasierte Analyse von Modellfehlern durch hydrologische Signaturen sinnvoll. Hierzu zählen Metriken zu Segmenten der Abflussdauerlinie oder der Baseflow Index (BFI).

Im einfachsten Fall findet der Vergleich mit einem einzigen Datensatz statt: Der gemessene Abfluss am Gebietsauslass wird mit dem modellierten Abfluss verglichen. Es ist jedoch durchaus möglich, Abflüsse von unterschiedlichen Teileinzugsgebieten und andere räumliche Muster zu vergleichen. Dies wird als **räumliche Kalibrierung** bezeichnet. Als zusätzliche Erweiterung können weitere Variablen in den Vergleich eingeschlossen werden, z.B. Grundwasserstände oder die Wasserqualität (multifaktorielle Kalibrierung, Efstratiadis und Koutsoyiannis 2010). Eine getrennte Auswertung von einzelnen Perioden ist ebenfalls möglich, z.B. von Hoch- und Niedrigwasserperioden, von warmen und kalten oder trockenen und nassen Jahren.

15.5 Probleme und Fehlerquellen bei der Modellierung

Trotz der naturwissenschaftlichen Basis bleibt in der Modellierung immer noch ein hohes Maß an subjektiver Einschätzung übrig. Holländer et al. (2014) haben z.B. gezeigt, wie sich die Qualität der Modellierung verbessern lässt, wenn sich der Bearbeiter ein eigenes Bild vom modellierten Gebiet durch einen Geländeaufenthalt machen kann. In diesem Abschnitt sind deshalb einige praktische Probleme dargestellt, die häufig auftreten.

Die **Fehlerquellen** lassen sich nach Beven und Freer (2001) in Fehler in der Modellstruktur, Unsicherheiten in der Abschätzung von Eingabegrößen und Fehler in den Daten einteilen.

Equifinalität bedeutet, dass ein Ergebnis oft mit verschiedenen Parameterkombinationen erreicht werden kann. Je mehr Parameter ein Modell hat, desto eher kann Equifinalität zum Problem werden (Beven 2006).

Überparametrisierung (Schoups et al. 2008): Gemeint ist damit, dass ein Modell wesentlich mehr Eingabemöglichkeiten hat, als Daten zur Verfügung stehen. Viele Eingabewerte müssen deshalb abgeschätzt werden und führen zu einer Scheingenauigkeit der Ergebnisse.

Overfitting: Whittaker et al. (2010) beschreiben ein aus der Regressionsanalyse bekanntes Phänomen: Ein Datensatz mit N Punkten lässt sich mit einem Polynom mit N – 1 Koeffizienten vollständig beschreiben, liefert aber außerhalb der Eingangswerte häufig völlig unplausible Ergebnisse. Die Ergebnisse von Modellanpassungen sollten deshalb immer auf physikalische Sinnhaftigkeit überprüft werden.

Mangelnde Datenqualität: Viele Probleme in der Modellierung haben nichts mit dem Modell zu tun, sondern mit dem Mangel an ausreichend genauen Eingabe- bzw. Kalibrierungsdaten. Daher sollte die Modellkomplexität der Datenverfügbarkeit entsprechen. Dank verbesserter Verfügbarkeit an Eingangsdaten in guter räumlicher und zeitlicher Auflösung hat sich diese Limitierung in den letzten Jahren verbessert (Wagner et al. 2025).

15.6 Beispiele für hydrologische Modelle

In Box. 15.1 ist eine Übersicht der bekanntesten Modelle zusammengestellt. Die folgenden drei Modelle geben die Bandbreite der hydrologischen Modelle wieder.

Aufgrund der hohen Diversität von Modellen und Einzugsgebieten ist ein Modellvergleich schwierig und erfordert ein konsistentes Modellvergleichsprotokoll (Mai et al. 2022).

Box 15.1

Übersicht über ausgewählte hydrologische Modelle

Einzugsgebiets-modelle	▶ MIKE SHE (Abbott et al. 1986, http://www.mikebydhi.com/Products/WaterResources/MIKESHE.aspx) ▶ SWAT+ (Arnold et al. 1998, Bieger et al. 2017 http://swat.tamu.edu/), ökohydrologisches, mesoskaliges Einzugsgebietsmodell, enthält auch Module für Wasserqualität, landwirtschaftliche Erträge, Pflanzenwachstum und Stoffflüsse ▶ mHM (Samaniego et al. 2010, https://mhm-ufz.org), Rastermodell mit multiskaler Parameter-regionalisierung (MPR). Mit Hilfe von Parametertransferfunktion wird die kleinskalige Heterogenität der Eingangsdaten auf die Modellierskala hochskaliert ▶ WASIM-ETH (Schulla 1997, http://www.wasim.ch/) Modell zur Abflusssimulation, im deutschen Sprachraum weit verbreitet ▶ HBV (Bergström 1995, http://www.smhi.se/forskning/forskningsomraden/hydrologi/hbv1.1566) und HBV-light (Seibert und Vis 2012, http://www.geo.uzh.ch/en/units/h2k/services/hbvmodel), Einfaches Abflussmodell, die LightVersion wurde zum Einsatz in der Ausbildung angepasst ▶ LARSIM (Bremicker 2000 und Ludwig und Bremicker 2006, http://larsim.sourceforge.net), Einzugsgebietsmodell, in Baden-Württemberg zur Hochwasserprognose und als Basismodell für Mitteleuropa genutzt ▶ TopModel (Beven und Kirkby 1979) Oberflächenabflussberechnung mit topografischem Index, abgeleitet aus dem Höhenmodell. TopModel-Ansätze sind in zahlreiche andere Modelle eingegangen (z.B. in WASIM-ETH)
Bodenwasser-modelle	▶ Coupmodel (KTH Stockholm, http://www2.lwr.kth.se/Vara%20Datorprogram/CoupModel/), komplexes Wasser- und Stickstoffmodell zur Berechnung der Verdunstung und von Flüssen im Boden ▶ Hydrus 1d-3d (Radcliffe und Šimůnek 2010, http://www.pc-progress.com/), Modellfamilie zur Berechnung von Wasserflüssen in Böden
Grundwasser-modelle	▶ Modflow (Kinzelbach und Rausch 1995, http://water.usgs.gov/ogw/modflow/), der Standard zur Modellierung von Wasser- und Stoffströmungen im Grundwasser
Globale Modelle	▶ WaterGap (Döll et al. 2003, http://www.watergap.de/)
Datengetriebene Modelle	▶ Long-Short-Term Memory LSTMs, (Hochreiter und Schmidhuber 1997, Kratzert et al. 2018) sind eine besondere Form der neurale Netze. LSTMs lernen aus einer großen Menge an Daten und leiten hieraus typische Muster und korrelative Beziehungen ab.

Weiterführende Literatur

Beven, K. J. (2012): Rainfall-Runoff Modelling. The Primer. 2. Auflage. Chichester.

Crem, U. E. (2009): Guidance on the Development, Evaluation and Application of Environmental Models. United States Environmental protection agency. Washington, D. C.

Rushton, K. (2003): Groundwater hydrology. Conceptual and computational models. Hoboken, NJ.

Singh, V. P. und D. K. Frevert (2002): Mathematical models of small watershed hydrology and applications. Highlands Range, CO.

Tracer in der Hydrologie

| 16

Jens Lange

Inhalt

16.1 Künstliche Tracer
16.2 Natürliche Tracer
16.3 Tracer für hydrologische Systeme

Hydrologische Tracer sind natürliche und künstliche Markierstoffe, die Rückschlüsse auf Wasser- und Stoffflüsse in der Umwelt erlauben. Sie können in allen hydrologischen Systemen verwendet werden und sind zu einem Standardwerkzeug in hydrologischer Forschung und Anwendung geworden. Hydrologische Systeme können hierbei als abgegrenzte Wasserumsatzräume verstanden werden, die sich über alle Skalen erstrecken, von der Laborsäule bis hin zu ganzen Flussgebieten. Grundsätzlich folgen alle Traceranwendungen dem gleichen Prinzip: Bei bekannter Inputfunktion wird die Tracerkonzentration in Wasserproben am Output eines Systems über die Zeit verfolgt. Dadurch sind Rückschlüsse auf Systemeigenschaften möglich.

Künstliche Tracer

| 16.1

Tracer sind natürliche oder künstliche Markierstoffe, die es erlauben, Rückschlüsse auf den Wasser- und Stoffkreislauf in der Umwelt zu ziehen. Künstliche Tracer werden einem System zugegeben. Die Einspeisung wird genau protokolliert und kann punktuell oder flächenhaft, impulsartig oder kontinuierlich erfolgen. Aus technischen Gründen ist das untersuchte Gebiet begrenzt. Ein typischer Versuch dauert in der Regel nicht länger als einige Tage bis wenige Monate. Tracer sollten möglichst **kostengünstig** und **gut messbar** sein, sie sollten in nicht messbaren oder allenfalls in **geringen Hintergrundkonzentrationen** in der Umwelt vorkommen, aber trotzdem **unschädlich** sein. Um Wasserflüsse zu erforschen – dies ist immer noch das Haupteinsatzgebiet von hydrologischen Tracern – sollten sie möglichst **konservativ** sein, das heißt, in ihren physikalischen und chemischen Eigenschaften dem Wassermolekül nahekommen.

Kochsalz

Kochsalz (NaCl) ist kostengünstig, überall verfügbar und leicht über die **elektrische Leitfähigkeit** zu messen. Allerdings ist die Leitfähigkeit ein Summenparameter für alle im Wasser gelösten Ionen, und die Hintergrundkonzentrationen von Natrium und Chlorid können hoch sein. Dies erfordert **hohe Einspeisemengen** und beschränkt die Anwendung von NaCl hauptsächlich auf Abflussmessungen in kleinen Bächen oder Flüssen.

Bromid

Bromid ist nur in Spuren in der Umwelt vorhanden. Es ist chemisch stabil und unterliegt als Anion in den meisten Böden nur **geringer Sorption,** also nur einer geringen Anlagerung an Bodenteilchen. Deshalb ist Bromid einer der verbreitetsten Tracer für Untersuchungen in der ungesättigten Bodenzone. Die Bromidmessung kann kontinuierlich über ionenselektive Sonden oder zehnfach genauer in Wasserproben über die Ionenchromatographie erfolgen.

Fluoreszenztracer

Aufgrund ihrer geringen Nachweisgrenze sind Fluoreszenztracer die verbreitetsten künstlichen Tracer.

In Oberflächen-, aber vor allem in Grundwasser, überwiegt der Einsatz von Fluoreszenzfarbstoffen (→ Abb. 16-1). Hierbei handelt es sich um **organische Moleküle** mit **stoffspezifischer Fluoreszenz**, geringer Toxizität und geringer Nachweisgrenze, aber unterschiedlicher Stabilität und Sorptionsneigung. Die Labormessung erfolgt über die Fluoreszenzspektrometrie. Hierbei wird eine Wasserprobe über ein Wellenlängenspektrum angeregt und die von der Probe emittierte Fluoreszenzstrahlung gemessen. Da jeder Tracer eine stoffspezifische Anregungs- und Emissionswellenlänge aufweist, kann er über sein charakteristisches Fluoreszenzsignal identifiziert und bis in den Bereich von 0,01 µg/l, oder teilweise sogar darunter, quantifiziert werden. **Uranin** ist der bekannteste Fluoreszenztracer mit stärkster Fluoreszenzintensität und geringster Nachweisgrenze. Uranin ist in neutralem oder alkalischem Milieu gering sorptiv, unterliegt aber starkem Lichtabbau. Aus diesen Gründen ist es der Standardtracer für Grundwassermarkierungen.

In Oberflächengewässern werden eher **Rhodamine** eingesetzt. Diese neigen stärker zur Sorption, sind aber stabiler gegenüber Sonnenlicht. In Mehrfacheinspeisungen, z.B. im Karst, werden auch andere Fluoreszenztracer wie Naphtionat, Pyranin oder Eosin verwendet (Leibundgut et al. 2009).

Einspeisung (links) und automatische Beprobung (rechts) von Fluoreszenztracern (© Jens Lange). | **Abb. 16-1**

Weitere künstliche Tracer: Mit isotopisch (^{2}H) **leichtem** oder **schwerem Wasser** kann die Wasseraufnahme von Pflanzen verfolgt werden. Moderne Laserspektrometer benötigen dafür nur wenige Milliliter Probenvolumen oder messen direkt in der Dampfphase. Der stark sorptive Lebensmittelfarbstoff **Brillantblau FCF** eignet sich zur Visualisierung von **präferenziellen Fließwegen in Böden**. In Karstgebieten wurden auch Bakterien, Pflanzensporen oder sogar Plastikkügelchen als Tracer eingesetzt.

Natürliche Tracer | 16.2

Von der Anwendung natürlicher Tracer oder Umwelttracer spricht man, wenn physikalische Eigenschaften, isotopische Zusammensetzung oder chemische Inhaltstoffe des Wassers verwendet werden, um Rückschlüsse auf hydrologische Systeme zu erhalten. Zur Auswertung sind **möglichst lange Zeitreihen** in hoher räumlicher und zeitlicher Auflösung nötig. Der Input in die Systeme erfolgt natürlich und hat prinzipiell keine Grenzen in Raum und Zeit, muss aber in seiner zeitlichen und räumlichen Variabilität genau erfasst werden oder bekannt sein. Immer häufiger werden Inputfunktionen anthropogen verändert, teilweise gelangen auch völlig neue Stoffe in die Umwelt. Dann spricht man von «**pollution tracers**». Deren Anwendungsprinzipien unterscheiden sich jedoch nicht von denjenigen natürlicher Tracer.

Physikalische Wassereigenschaften

Physikalische Wassereigenschaften (→ Kap. 2) sind leicht zu messen, aber in Hinblick auf die Untersuchung von Fließ- oder Transportprozessen schwierig zu interpretieren. Die **Wassertemperatur** ist tages- und jahreszeitlichen Schwankungen ausgesetzt und unterliegt vielen Einflussfaktoren. Sie kann entweder direkt im Wasser durch thermischen Kontakt oder indirekt über emittierte Wärmestrahlung mittels einer Infrarotkamera gemessen werden. Die **elektrische Leitfähigkeit** ist ein physikalischer Summenparameter für sämtliche gelösten Ionen in einer Wasserprobe. Da sie stark von der Ionenzusammensetzung abhängt und völlig unterschiedlich zusammengesetzte Wasserproben die gleiche Leitfähigkeit aufweisen können, sind der Interpretation enge Grenzen gesetzt.

Wassertemperatur und elektrische Leitfähigkeit sind leicht zu messen, aber schwierig tracerhydrologisch zu interpretieren.

Ionenzusammensetzung von natürlichem Wasser

Im Gegensatz zur Leitfähigkeit können die **enthaltenen Ionen** einer Wasserprobe (Na^+, Mg^{2+}, K^+, Ca^{2+}, Cl^-, SO_4^{2-}, NO_3^-, HCO_3^-) einzeln analysiert werden und ermöglichen nähere Erkenntnisse zur **Wasserherkunft**. So spiegeln Grund- und Quellwasserproben die Gesteinstypen beitragender Aquifere wieder (→ Kap. 6). Ähnliches gilt im Falle von Trockenwetterabfluss (→ Kap. 9) auch für Bäche und Flüsse, wenn diese frei von Abwassereinleitungen sind. Infolge von Niederschlagsereignissen werden allerdings zusätzliche, oberflächennahe Speicher aktiv, die die Ionen-Konzentrationen entscheidend verändern können. Gerade diese zeitliche Variabilität kann aber Aufschlüsse über hydrologische Prozesse ermöglichen. Die Messung von Ionen erfolgt über Ionenchromatographie.

Radioaktive Umweltisotope und Gase

Radioaktive Umweltisotope und anthropogene Gase eignen sich zur Altersbestimmung von Grundwasser, also der **Wasserdatierung**. Die gelöste Konzentration von **anthropogen emittierten Gasen** (FCKWs, SF_6, ^{85}Kr) im Wasser kann zur Bestimmung des Zeitpunkts verwendet werden, an dem zuletzt Kontakt mit der Atmosphäre bestand. Altes Wasser kann über das **^{14}C im gelösten Hydrogencarbonat** datiert werden. Die Aktivität von ^{14}C im atmosphärischen CO_2 ist bekannt und relativ konstant. Sie nimmt nach der Grundwasserneubildung im Grundwasser über den definierten radioaktiven Zerfall mit einer Halbwertszeit von 5730 Jahren stetig ab. Allerdings muss an vielen Orten die Lösung von ^{14}C-freiem Kalkgestein im Untergrund berücksichtigt werden, was durch die parallele Messung des stabilen ^{13}C-Isotops möglich ist. Die Messung der Gase erfolgt in der Regel mit Gaschromatographie, während langlebige Radionuklide mittels Beschleuniger-Massenspektrometrie (AMS) oder mit moderner Atomfallen-Spurenstoffanalyse (ATTA) gemessen werden.

Stabile Wasserisotope

Die stabilen, schweren Isotope des Wassermoleküls (^{2}H und ^{18}O) sind die am häufigsten verwendeten Umwelttracer. Ihr Isotopenverhältnis im Wasser ändert sich in Phasenübergängen. Man spricht dann von **Fraktionierung**, die ihrerseits temperaturabhängig ist. Dies führt dazu, dass schwere Isotope in Sommerniederschlägen im Vergleich zu Winterniederschlägen angereichert sind, wohingegen Niederschläge in großen Geländehöhen, hohen geographischen Breiten oder kontinentalen Gebieten vergleichsweise geringe Gehalte an schweren Isotopen enthalten. Auch wird ein höherer Gehalt an schweren Isotopen in Starkregen gemessen. Diese Effekte führen zu charakteristischen Raum-Zeit-Mustern von Isotopen im Niederschlag, die tracerhydrologisch genutzt werden können. So können beispielsweise Anteile von Schnee- oder Gletscherschmelze bestimmt oder Grund- von Oberflächenwasser abgetrennt werden. Über die Dämpfung und Verschiebung des Jahreszeitensignals lassen sich zusätzlich Verweilzeiten bestimmen. Von der GNIP-Datenbank der IAEA können dazu weltweite Isotopenzeitreihen von Niederschlagsstationen bezogen werden. Allerdings sollte auch im gewählten Untersuchungsgebiet der Niederschlag stets gemessen werden, da der Isotopengehalt in kurzer Zeit und über kurze Distanzen hinweg stark schwanken kann. Bis zur Laboranalyse muss ein kompletter **Verdunstungsschutz** gewährleistet sein. Die Messung erfolgt wie in der Nutzung von ^{2}H als künstlichem Tracer mittels Massenspektrometrie oder mit modernen Laserspektrometern.

Stabile und radioaktive Isotope im Wasser lassen eine Vielzahl von tracerhydrologischen Anwendungen zu.

16.3 Tracer für hydrologische Systeme

In **Laborsäulen** werden Tracer dem einlaufenden Wasser zugegeben, ihre Konzentration am Auslass der Säulen über die Zeit gemessen und als **Tracerdurchgangskurve** aufgezeichnet (→ Abb. 16-2). Unterschiedliche Tracer können dabei mit Schadstoffen verglichen werden (Durst et al. 2013). Prinzipiell können alle Tracer zum Einsatz kommen, jedoch sind stabile Isotope, Fluoreszenztracer und Bromid am weitesten verbreitet. Die Versuchsauswertung erfolgt mit **Stofftransportmodellen**. Das Modell CXTFIT (Toride et al. 1995) passt Lösungen der eindimensionalen Konvektions-Dispersions-Gleichung über die Methode der kleinsten

Abb. 16-2 | a) Laborsäulen zur Erforschung des Stofftransports, b) gemessene und mit CXTFIT modellierte Tracerdurchgangskurve von Bromid.

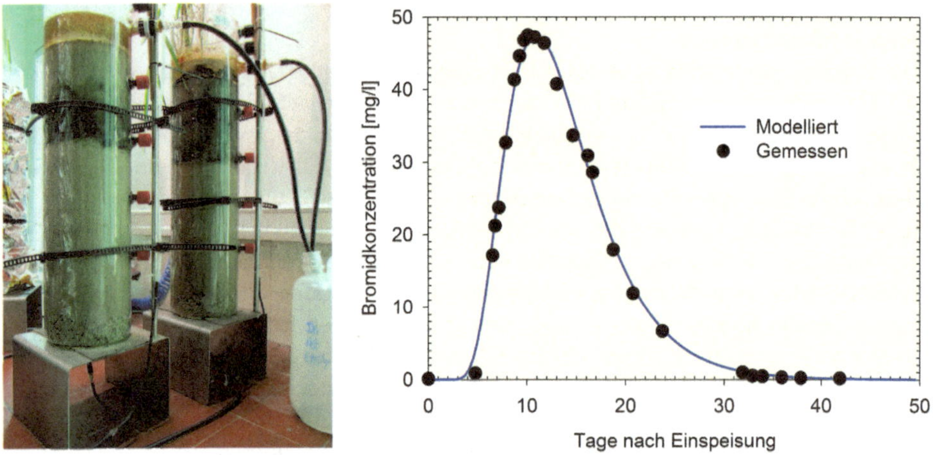

Quadrate an gemessene Durchgangskurven an. Dabei können unterschiedliche Einspeisungsfunktionen sowie reversible und irreversible Sorption berücksichtigt werden.

Tracer in der ungesättigten Bodenzone

Künstliche Tracer lassen sich gut in Beregnungsversuchen auf Hangversuchsflächen einsetzen. Werden sie dem Beregnungswasser zugesetzt, können die verwendeten Tracer am unteren Ende der Versuchsfläche ober- und unterirdisch gemessen werden. Über eine Mehrfachberegnung mit unterschiedlichen Tracerkonzentrationen sind weitere Aussagen zur zeitlichen Dynamik der Abflussbildung möglich (Lange et al. 2003). Wird der Lebensmittelfarbstoff Brillantblau FCF zur Beregnung verwendet, können unter der Versuchsfläche vertikale oder horizontale Bodenprofile angelegt und das Muster von Infiltration und Perkolation über eine unterschiedliche Blaufärbung charakterisiert werden. Andere Tracer, wie z.B. Bromid oder Fluoreszenztracer, lassen sich aus gesammelten Bodenproben herauslösen und in der flüssigen Phase im Labor analysieren. Die resultierenden Bodenprofile zeigen dann die Tiefe und die Intensität der Tracer-Infiltration.

Tiefenprofile von natürlichen Tracern dienen zur Beschreibung des Bodenwasserhaushalts (→ Kap. 5). Vor allem in Trockenregionen (→ Kap. 21) hat sich die **Chloridmethode** bewährt (Allison und Hughes 1978): Durch feuchte und trockene Deposition wird permanent atmo-

Abb. 16-3

Bodenprofil unter einer Wiese nach Beregnung mit Brilliantblau FCF. Deutlich sind präferenzielle Fließwege zu erkennen (Foto: Jens Lange).

sphärisches Chlorid in den Boden eingetragen. Über Verdunstung steigt seine Konzentration an, bis das Bodenwasser eine Tiefe erreicht hat, in der weder Evaporation noch Transpiration wirken können (→ Kap. 5 und 7). Wird dort unter Berücksichtigung der trockenen Deposition die mittlere Chloridkonzentration im Boden mit der mittleren Chloridkonzentration des Niederschlags ins Verhältnis gesetzt, lassen sich langjährige Mittelwerte von Verdunstung und direkter Grundwasserneubildung abschätzen. Die Auswertung **stabiler Isotope** in der ungesättigten Zone ist deutlich komplexer, denn gemessene Vertikalprofile müssen über geeignete Modelle nachgebildet werden. Häufig wird hierzu HYDRUS-1D verwendet (→ Kap. 15), das die Richards-Gleichung für ungesättigten Wasserfluss numerisch löst (→ Kap. 5) und mit der Konvektions-Dispersions-Gleichung verbindet (Šimůnek et al. 2013). Es lässt sich auch einsetzen, um Umweltisotope im Sickerwasser aus Bodenlysimetern auszuwerten (Stumpp et al. 2012).

Tracer im Oberflächengewässer

In Fließgewässern werden künstliche Tracer vornehmlich zur **Abflussmessung** eingesetzt. Nach kompletter Durchmischung über den gesamten Fließquerschnitt kann aus der gemessenen Verdünnung der Abfluss direkt bestimmt werden. Dabei wird entweder konstant oder impulsartig eingespeist. Impulseinspeisungen mit Salz sind technisch am einfachsten, aber auf Abflüsse bis ca. 5 m^3/s begrenzt.

Konservative Tracer können zudem eingesetzt werden, um die **Hydraulik** von durchströmten Feuchtflächen zu untersuchen (Kadlec 1994). Werden nicht-konservative Tracer verwendet, lassen sich Lichtabbau oder Sorptionsverluste für verschiedene Tracer ermitteln, was Rückschlüsse auf das Verhalten von Schadstoffen zulässt (Lange et al. 2011). Anders als im Untergrund kann in Feuchtflächen die Geometrie von Fließwegen vermessen werden, wodurch flächendetaillierte Stofftransportmodelle zur Auswertung von **Tracerdurchgangskurven** anwendbar werden. Als sinnvoller Kompromiss zwischen nötiger Komplexität und steigendem Datenbedarf haben sich **eindimensionale Modellansätze** (→ Kap. 15) bewährt. Jene berücksichtigen den beidseitigen Austausch zwischen fließendem Wasser und ruhigen Speicherzonen entlang einer diskret unterteilten Fließstrecke (Runkel 1998).

Oberflächen-Grundwasser-Interaktion

Grundsätzlich kann infiltrierendes Flusswasser über Tracereinspeisungen in Flüssen und einer Beprobung von Grundwasserbrunnen oder Quellen nachgewiesen werden. Weisen Oberflächen- und Grundwasser zusätzlich deutlich unterschiedliche Konzentrationen an natürlichen Tracern auf, so kann über eine **Mischungsrechnung** deren Anteil in Trinkwasserbrunnen bestimmt werden. Umgekehrt lässt sich in Bächen zuströmendes Grundwasser über die Tracerverdünnung entlang einer Gewässerstrecke untersuchen. Messungen der **Wassertemperatur** eignen sich zur Lokalisierung von Grundwasserzuflüssen. Diese sind in den mittleren Breiten vergleichsweise warm im Winter und kalt im Sommer und können auch mittels Wärmebildkamera gut detektiert werden (Schuetz und Weiler 2011). Zusätzlich kann über die Dämpfung von Tages- oder Jahresschwankungen der Temperatur die Intensität des Wasseraustauschs an der Gewässersohle in der hyporheischen Zone (→ Kap. 9) abgeschätzt werden. Hierfür eignen sich auch rückgestrahlte Lasersignale in Lichtleiterkabeln, die Untersuchungen über lange Gewässerstrecken ermöglichen (Krause et al. 2012). Für den gleichen Zweck kann Salz eingespeist und dessen Ausbreitung in der hyporheischen Zone mittels Geoelektrik verfolgt werden (Ward et al. 2010).

Grundwasser

Die meisten künstlichen Tracerversuche werden im Grundwasser durchgeführt (→ Kap. 6). Aquifereigenschaften und Wasserherkunft sind nicht direkt sichtbar, weshalb sie über indirekte Verfahren ermittelt werden müssen. Am augenscheinlichsten ist dies in der **Abgrenzung von Wasserschutzgebieten**. Die Zone II wird durch die sogenannte 50-Tage-Linie begrenzt, von der aus das Grundwasser etwa 50 Tage bis zum Eintreffen in die Trinkwassergewinnungsanlage benötigt. Über die Anwendung künstlicher Tracer kann diese Grenze direkt experimentell bestimmt werden. Zusätzlich können Tracer die Ausbreitung von Schadstofffahnen im Grundwasser simulieren oder Informationen zu Aquifereigenschaften liefern, die später zur Parametrisierung von Grundwassermodellen dienen. Der Fluoreszenztracer **Uranin** ist hierbei der am häufigsten eingesetzte Tracer.

Die Ionenzusammensetzungen lassen Rückschlüsse auf unterschiedliche **Herkunftsräume** zu (Mazor 2004). Sehr hohe Chloridkonzentrationen (> 180 g/l) deuten auf Steinsalz, hohe Sulfatkonzentrationen (> 2,3 g/l) auf Anhydrit oder Gips hin. Meistens dominiert jedoch Hydrogencarbonat, wobei Kalkstein von Dolomit unterschieden werden kann, da Letzterer ein charakteristisches Ca/Mg-Verhältnis von 1:1 meq/l aufweist.

Radioaktive Umweltisotope und anthropogene Gase dienen zur **Datierung von Grundwasserproben**. Dies erfolgt durch Anwendung sogenannter **Black-Box-Modelle** (→ Kap. 15), die aus einer bekannten Tracerinputfunktion im Niederschlag eine theoretische Traceroutputfunktion im Grundwasser oder in einer Quelle berechnen. Statistisch können sie als Dichtefunktion für Verweilzeiten im untersuchten Grundwasserkörper angesehen werden (Maloszewski und Zuber 1982). Ist ein geeignetes Modell gewählt, so werden die Modellparameter so lange verändert, bis eine möglichst gute Anpassung zwischen theoretischer und gemessener Traceroutputfunktion erreicht ist. Schließlich können **mittleres Wasseralter** und die **Altersverteilung** im Grundwasser bestimmt werden. Mit dem Modell TracerLPM (Jurgens et al. 2012) sind mittlerweile leicht zu bedienende Softwareprodukte frei verfügbar. Allerdings muss beachtet werden, dass die erzielten Ergebnisse stark vom gewählten Black-Box-Modell abhängen und somit selten eindeutig sind (Davila et al. 2013).

Bei der Grundwasserdatierung wird über Black-Box-Modelle das mittlere Alter einer Wasserprobe bestimmt. Die Ergebnisse sind aber selten eindeutig.

Abflussbildungsforschung in Einzugsgebieten

Während mit künstlichen Tracern nur gezielte Hangexperimente möglich sind (z.B. Anderson et al. 2009; Lange et al. 2015), haben natürliche Tracer die Prozessforschung auf Einzugsgebietsskala durch **Ganglinienseparationen** entscheidend beeinflusst und vor allem auf die Wichtigkeit von Zwischenabfluss hingewiesen (→ Kap. 9). Theoretisch lassen sich aus n gemessenen Tracern n + 1 Abflusskomponenten separieren.

Box 16.1

Zweikomponenten-Ganglinienseparation

Es müssen Abflussdaten $Q_{mes}(t)$ und gemessene Konzentrationen eines konservativen Tracers $c_{mes}(t)$ am Pegel vorhanden sein. Zusätzlich müssen die Konzentrationen von mindestens zwei sogenannten Endmembers (EM) festgelegt werden. Für diese EM gilt Folgendes: Sie haben repräsentative Konzentrationen c_1 und c_2, die sich deutlich unterscheiden und zeitlich, während eines Abflussereignisses, sowie räumlich, im Herkunftsraum oder gesamten Einzugsgebiet, konstant sind. Sind diese Voraussetzungen erfüllt, kann über Mischungsrechnung der zeitlich variable Anteil $Q_{1,2}(t)$ der jeweiligen Komponente im Abfluss bestimmt werden:

$$\frac{Q_1(t)}{Q_{mes}(t)} = \frac{c_{mes} - c_2}{c_1 - c_2} \qquad (16.1)$$

und

$$Q_2(t) = Q_{mes}(t) - Q_1(t) \qquad (16.2)$$

Hierbei ist es wichtig, dass zwischen zeitlicher Trennung in Vorereignis- und Ereigniswasser und räumlicher Trennung hinsichtlich verschiedener Herkunftsräume unterschieden wird.

Abb. 16-4 | Trennung von Ereignis- und Vorereigniswasser mittels Leitfähigkeit (© Jens Lange).

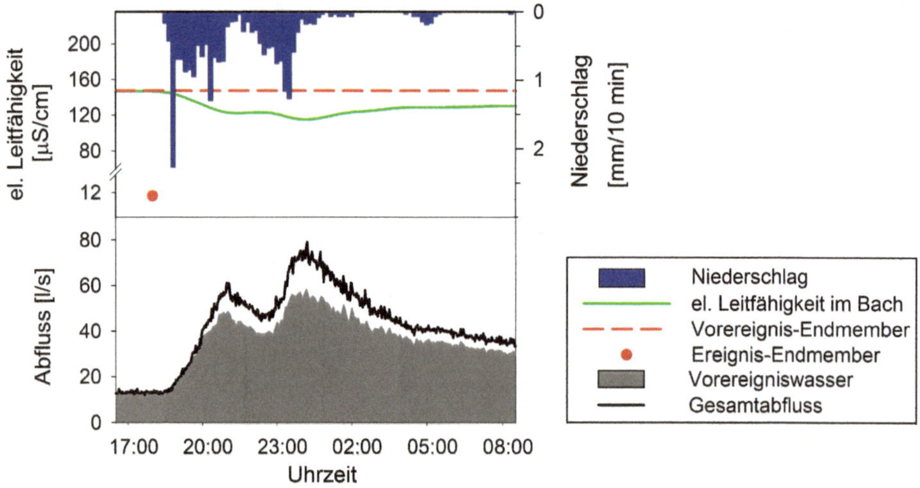

Stabile Umweltisotope sind konservative Tracer und eignen sich gut zur zeitlichen Trennung von **Vorereignis- und Ereigniswasser**. Die Vorereigniskomponente wird dabei im Fluss kurz vor Ereignisbeginn gemessen, die Ereigniskomponente im Niederschlag. Für viele humide Einzugsgebiete ergab sich, dass selbst Hochwasser (→ Kap. 14) zu einem großen Teil aus Wasser besteht, das sich bereits vor dem hochwasserauslösenden Niederschlagereignis im Einzugsgebiet befand (Sklash und Farvolden 1979). Später wurden anhand der Ionenzusammensetzung verschiedene **Herkunftsräume** identifiziert. Das Beispiel Panola, Georgia (USA) zeigt jedoch, wie wichtig eine repräsentative Endmember-Definition ist. Während eine erste Studie Bodenwasser von Hang- und Grundwasser trennte (Hooper et al. 1990), fand später mit vergleichbaren Daten eine komplett andere Trennung in Felsflächen-, hang-, und bachnahem Grundwasser statt (Burns et al. 2001). Vorsicht ist auch bei der Verwendung von nicht-konservativen Tracern wie Nährstoffen oder Summenparametern wie gelöster organischer Substanz, Alkalinität oder Leitfähigkeit geboten. Allgemein gilt, dass Ganglinienseparationen erst nach umfangreicher Gebietserkundung erfolgen und mit anderen Messungen kombiniert werden sollten, um Fehlinterpretationen zu vermeiden. Hierzu eigenen sich beispielsweise Bodenfeuchte- oder Grundwasserspiegelmessungen.

Box 16.2

Tracer in Karstgebieten

Der Ursprung der Tracerhydrologie liegt in Karstgebieten (→ Kap. 6). Versuche mit Getreidespreu wurden bereits um 10 n. Chr. in Palästina durchgeführt (Käss 2004), und bis zum heutigen Tag finden künstliche Tracerversuche statt, um Einzugsgebiete abzugrenzen, Fließgeschwindigkeiten zu bestimmen oder die Verschmutzungsherkunft von Karstquellen zu lokalisieren. Da typischerweise mehrere Herkunftsorte gleichzeitig in Betracht kommen, sind Multitracerversuche mit verschiedenen Substanzen die Regel. Hier eignen sich vor allem verschiedene Fluoreszenztracer, die leicht nebeneinander detektiert werden können (Leibundgut et al. 2009). Einspeisungen finden dabei in Versickerungsstellen, Schlucklöchern oder Dolinen statt, beprobt wird in Karstquellen. Tracer-Beprobungen an Tropfsteinen ermöglichen direkte Einblicke in Perkolation und Grundwasserneubildung (Arbel et al. 2010).

Da künstliche Tracer nur einen bestimmten Zeitpunkt markieren, sind zur Erforschung der Dynamik von Karstsystemen begleitende Untersuchungen mit natürlichen Tracern erforderlich. Karstquellen reagieren schnell und intensiv auf Niederschlagsereignisse, allerdings wird anfangs nur gespeichertes Vorereigniswasser aus dem Karstsystem mobilisiert. Erst ein Anstieg von Trübung und organischer Substanz zeigt die Ankunft von Ereigniswasser aus dem Boden oder von der Oberfläche an (Williams 1983). Über die Ionenzusammensetzung lassen sich Intensitäten unterirdischer Verkarstung oder die relativen Anteile von ungesättigter und gesättigter Wasserspeicherung abschätzen (Mudarra und Andreo 2011). Zusätzlich können natürliche Tracer dazu dienen, ein adäquates Systemmodell für Karstquellen aufzustellen (Hartmann et al. 2013).

Weiterführende Literatur

Käss, W. (2004): Lehrbuch der Hydrogeologie Band 9. Geohydrologische Markierungstechnik. Stuttgart.

Kendall, C. und J. J. McDonnell (Hrsg.) (1998): Isotope Tracers in Catchment Hydrology. Amsterdam.

Leibundgut, C., Maloszewski, P. und C. Külls (2009): Tracers in Hydrology. Chichester.

Mazor, E. (2004): Chemical and isotopic groundwater hydrology. 3. Auflage. New York.

Fernerkundung in der Hydrologie | 17

Natascha Oppelt

Inhalt

17.1 Was ist Fernerkundung?

17.2 Der Einsatz der Fernerkundung in der Hydrologie

17.3 Fernerkundung und hydrologische Modellierung

17.4 Qualitätsmanagement von Fernerkundungsprodukten

Die Fernerkundung befasst sich mit der Auswertung und Interpretation von Informationen, welche berührungsfrei und meist vom Satelliten aus von Objekten an und/oder auf der Erdoberfläche gewonnen werden. Die in den letzten Jahren stark gestiegene Verfügbarkeit von Fernerkundungsdaten hatte eine rasante Entwicklung von Auswertetechniken unterschiedlichster Aufnahmesysteme zur Folge. Hydrologisch relevante Zustandsgrößen wie Bodenfeuchte, Landoberflächentemperatur, Schneebedeckung und Wasserqualität sowie Stoffflüsse wie z.B. Niederschlag oder Evapotranspiration stehen inzwischen als global einheitlich abgeleitete Fernerkundungsprodukte für hydrologische Untersuchungen und Modelle zur Verfügung.

Was ist Fernerkundung? | 17.1

Der Begriff «Fernerkundung» umfasst alle Verfahren zur Gewinnung von Informationen über die Erdoberfläche oder andere nicht direkt zugängliche Objekte durch Messung und Interpretation der von der Erde bzw. den Objekten reflektierten und/oder emittierten Strahlung (DIN 18716-3). Im Bereich der Erdbeobachtung versteht man darunter die **berührungsfreie Erkundung der Erde** inklusive ihrer Atmosphäre. Dabei kommen v.a. flugzeuggetragene und satellitenbasierte Instrumente zum Einsatz, welche die an der Erdoberfläche oder in der Atmosphäre reflektierte oder emittierte elektromagnetische Strahlung aufnehmen. Die Aufnahmen werden als digitale Bilder gespeichert und stehen so einer weiteren Verarbeitung und Analyse zur Verfügung.

Fernerkundung ist die berührungsfreie Erkundung der Erdoberfläche.

Abb. 17-1 | Übersicht über das elektromagnetische Spektrum (nach Albertz 1995, © WBG).

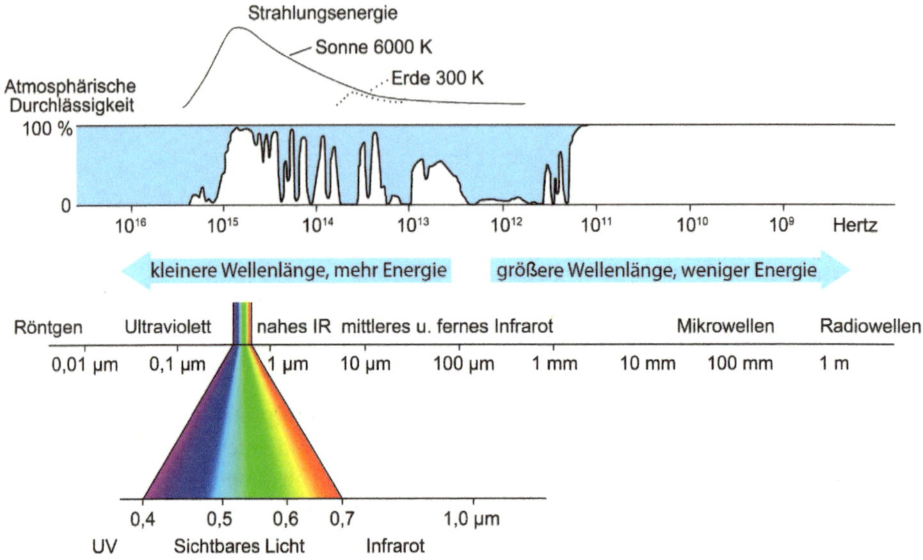

Elektromagnetische Strahlung breitet sich in Wellenform mit Lichtgeschwindigkeit im Vakuum aus, wobei sich die Wellen durch ihre **Wellenlänge** bzw. Frequenz unterscheiden. Elektromagnetische Wellen lassen sich durch ihre Wellenlänge (l), Frequenz (υ) und Ausbreitungsgeschwindigkeit (c = Lichtgeschwindigkeit = 3 108 m/s) beschreiben:

$$c = \lambda \cdot \upsilon \qquad (17.1)$$

Ein übliches beschreibendes Charakteristikum ist die Wellenlänge, wobei hauptsächlich folgende Einheiten verwendet werden:

mit 1 nm (Nanometer) = 10^{-9} m
1 μm (Mikrometer) = 10^{-6} m
1 cm (Zentimeter) = 10^{-2} m (Radar).

Die Entfernung zweier identischer Stellen im Wellenzug definiert die Wellenlänge, während die Frequenz durch die Anzahl der Schwingungen pro Sekunde (Einheit Hz (Hertz)) beschrieben wird. Die Gesamtheit der vorkommenden Wellenlängen wird im **elektromagnetischen Spektrum** dargestellt (→ Abb. 17-1). Dieses teilt man nach der Art der Entstehung und der Wirkung der Strahlung in verschiedene Bereiche ein, die ohne scharfe Grenzen ineinander übergehen (Albertz 2007).

Quellen elektromagnetischer Strahlung sind die Sonne, die Erde mit ihrer infraroten Strahlung und aktive Sensoren. Die für die Erdbeobachtung nutzbaren Wellenlängenbereiche liegen in den sogenannten **atmosphärischen Fenstern**. Diese Wellenlängenbereiche werden nicht oder nur schwach durch Absorptionen atmosphärischer Gase, v.a. Kohlendioxid, Ozon und Wasserdampf beeinträchtigt. Daher kann hier die Strahlung die Atmosphäre am besten durchdringen. Die meisten Anwendungen konzentrieren sich daher auf Untersuchungen in den atmosphärischen Fenstern. Die relevanten Wellenlängenbereiche reichen vom Sichtbaren (**VIS**) über das Nahe und Mittlere Infrarot (**NIR** und **MIR**) bis hin zum Fernen oder Thermalen Infrarot (**TIR**, Tab. 17.1). Der Bereich der Mikrowellenfernerkundung liegt zwischen 1 mm und 1 m. Vom VIS bis zum TIR werden überwiegend sogenannte **passive Aufnahmesysteme** eingesetzt, welche die von der Erde reflektierte Sonnenstrahlung oder die von der Erdoberfläche emittierte Strahlung aufnehmen.

Die wichtigste Quelle elektromagnetischer Strahlung ist die Sonne.

Die Grenzen der Wellenlängenbereiche werden allerdings nicht einheitlich definiert. So folgt in Werken mancher Autoren dem NIR das kurzwellige Infrarot (Short Wave InfraRed, **SWIR**) von 1,1 bzw. 1,3 µm bis 3,0 µm und danach das MIR von 3,0 µm bis 5,0 µm.

Unterschiedliche Materialien auf der Erdoberfläche interagieren in charakteristischer Weise mit der auf sie auftreffenden elektromagnetischen Strahlung. Bei passiven Aufnahmesystemen sind diese Interaktionen **Absorption, Streuung** bzw. **Reflexion und Transmission**. Photonen transportieren in Abhängigkeit von der Wellenlänge Energie (→ Abb. 17-1), während unterschiedliche Materialien oder Körper abhängig von ihren physikalischen und chemischen Eigenschaften spezifische Energiebeträge absorbieren. Diese Wellenlängenbereiche der auftreffenden Sonnenstrahlung werden also reduziert oder eliminiert und daher nur in abgeschwächtem Umfang bzw. gar nicht mehr zu einem Satellitensystem gestreut bzw. reflektiert. In anderen Wellenlängenbereichen wiederum absorbiert derselbe Körper die mit den Photonen transportierte Energie nicht. Die einfallende Strahlung kann den Körper passieren, wird aber überwiegend gestreut bzw. reflektiert. Ob Reflexion oder Streuung stattfindet, beeinflusst neben dem Einfallswinkel der Strahlung auch die Struktur oder Rauigkeit der Erdoberfläche. Ebene Flächen reflektieren wie ein Spiegel mit sich entspre-

Tab. 17-1

Definition der in der Erdbeobachtung relevanten Wellenlängenbereiche innerhalb der atmosphärischen Fenster (nach Campbell und Wynne 2011).

Bezeichnung	Wellenlängenbereich
Sichtbarer Bereich (visible, VIS)	0,38–0,70 µm
Nahes Infrarot (NIR)	0,70–1,30 µm
Mittleres Infrarot (MIR)	1,30–3,00 µm
Thermales Infrarot (TIR)	8–12 µm
Mikrowellen, Radar	1 mm–1 m

chendem Einfalls- und Ausfallswinkel. Unebene, raue Flächen reflektieren diffus nach allen Seiten, was Streuung, oder auch **diffuse Reflexion** genannt wird. Die meisten Flächen auf der Erde sind allerdings weder perfekt diffus noch spiegelnd, sondern stellen Zwischenformen dar. Bei passiven Systemen ist das zu einem Sensor hin reflektierte Signal abhängig von der Wellenlänge, dem Material der Erdoberfläche und deren Struktur bzw. Rauigkeit.

Sobald Materialeigenschaften durch ihr Absorptions- und Reflexionsverhalten eine charakteristische Signatur in dem von einem Sensor empfangenen Signal abbilden, können sie als Parameter untersucht bzw. quantifiziert werden. Von zentraler Bedeutung ist dabei der spektrale Reflexionsgrad, welcher meist graphisch in Abhängigkeit von der Wellenlänge dargestellt und in dieser Form als **Reflexionskurve** bezeichnet wird (→ Abb. 17-2). Der spektrale Reflexionsgrad wird in Abhängigkeit von der einfallenden Sonnenstrahlung definiert und als dimensionsloser Faktor oder in Prozent angegeben.

Verschiedene Materialien auf und an der Erdoberfläche ebenso wie unterschiedliche Aufnahmebedingungen und Objektgeometrien verursachen große Variationen in den Reflexionskurven. Für viele Materialien aber ist der Verlauf ihrer Reflexionskurve charakteristisch, was für die Auswertung von großem Vorteil ist.

Abb. 17-2

Charakteristische Reflexionskurven verschiedener Oberflächen.

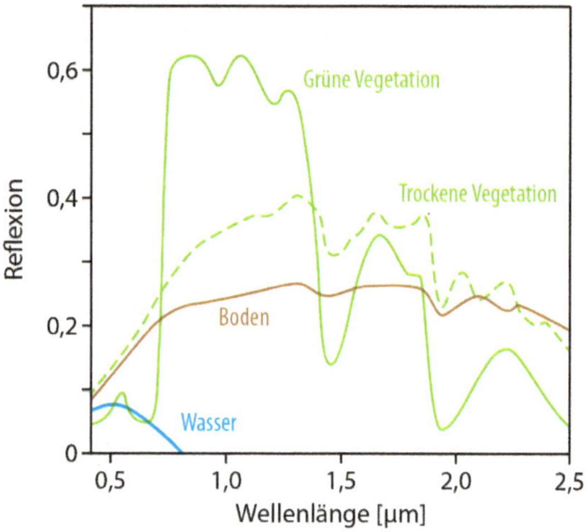

Bandname	Wellenlängenbereich [cm]	Bandname	Wellenlängenbereich [cm]
Ka	0,75–1,18	C	3,75–7,50
Ku	1,18–1,67	S	7,50–15,0
K	1,67–2,40	L	15,0–30,0
X	2,40–3,75	P	77,00–107,00

Tab. 17-2

Übersicht über die wichtigsten Wellenlängenbereiche in der Radar-Fernerkundung (nach Campbell und Wynne 2011).

Box 17.1

Reflexionskurve von Vegetation

Die charakteristische Reflexionskurve von gesunder, grüner Vegetation wird im VIS durch die absorbierende Wirkung von Blattpigmenten, v.a. Chlorophyll, hervorgerufen. Chlorophyll absorbiert Licht insbesondere im Wellenlängenbereich um 0,45 (blau) und 0,67 µm (rot), was den Anteil des zum Sensor hin reflektierten bzw. gestreuten Sonnenlichts stark reduziert. Der grüne Wellenlängenbereich zeigt eine erhöhte Reflexion. Aus diesem Grund nimmt das menschliche Auge gesunde Vegetation grün wahr. Im Reflexionsspektrum entsteht ein lokales Maximum, der sogenannte Green Peak. Zum NIR hin steigt der Reflexionsgrad stark an (NIR-Plateau). Der hohe Anteil der Reflexion wird durch starke Streuung und Vielfachreflexion innerhalb der Blätter verursacht. Im MIR wird das Reflexionsverhalten gesunder Vegetation durch zwei deutliche, durch Pflanzenwasser verursachte Absorptionen (max. bei 1,45 µm und 1,95 µm) charakterisiert.

Radar-Systeme (Radar = Radio Detection and Ranging) unterscheiden sich sowohl in ihrer Aufnahmetechnik als auch im Informationsgehalt der Bilddaten von passiven Aufnahmesystemen. Als **aktive Aufnahmesysteme** generieren sie ihre eigene Strahlung im **Mikrowellenbereich** und nehmen den von der Erdoberfläche gestreuten Anteil des gesendeten Signals und dessen Polarisation in engen Wellenlängenbereichen (→ Tab. 17-2) auf. Da Radar-Systeme unabhängig von der Sonne arbeiten, besitzen sie die Fähigkeit auch nachts Aufnahmen von der Erdoberfläche zu generieren. Einige Bänder wie C- und L-Band können zudem Wolken durchdringen.

Das Rückstreuverhalten von Oberflächen hängt im Wesentlichen von deren Rauigkeit, dem Auftreffwinkel der Mikrowellenstrahlung und der Dielektrizitätskonstante, d.h. dem Wassergehalt, ab. Treffen Radarstrahlen auf offenen Boden, können sie in den Boden eindringen. Die Eindringtiefe ist dabei abhängig vom verwendeten Band. Generell steigt sie mit zunehmender Wellenlänge an. Zudem kann die Laufzeit gemessen werden, die das Radarsignal vom Aussenden bis zum Wiederauftreffen am Sensor benötigt, wodurch die Topographie des Geländes abgeleitet werden kann. Bei Radar-Systemen ist das zu einem Sensor hin gestreute Signal abhängig von der verwendeten Wellenlänge sowie der Topographie, dem Wassergehalt und der Rauigkeit der Erdoberfläche.

Um die passende Datengrundlage bzw. den passenden Sensor für konkrete Aufgabenstellungen auswählen zu können, müssen weitere Aufnahmecharakteristika bekannt sein: Die **zeitliche Auflösung** oder Repetitionsrate beschreibt die Möglichkeiten zur wiederholten Aufnahme eines Gebiets durch den gleichen Sensor, was bei satellitengestützten Systemen zwischen 15 Minuten bis zu mehreren Tagen variieren kann. Die **räumliche Auflösung** beschreibt die Fläche auf der Erdoberfläche, die in einem Bildelement, d.h. einem **Pixel**, abgebildet wird. Die Spannbreite der räumlichen Auflösung variiert je nach Aufnahmesystem und reicht von ca. 0,5 m bis 5 km. Die **spektrale Auflösung** schließlich wird durch die Wellenlängenbereiche definiert, welche von einem Sensor aufgenommen und dann als Kanäle abgespeichert werden. Jeder Kanal bildet räumlich den gleichen Ausschnitt auf der Erdoberfläche ab, spektral aber nur den für ihn definierten Wellenlängenbereich. Die spektrale Auflösung kann ebenfalls variieren, so finden sich z.B. Sensoren von vier bis 250 Kanälen mit ebenso variablen Kanalbreiten von wenigen Nanometern bis vielen Mikrometern.

17.2 Der Einsatz der Fernerkundung in der Hydrologie

Der Einsatz von Fernerkundungsdaten ermöglicht einen synoptischen Überblick über große Räume mit dem Vorteil einer stetig wiederkehrenden Abdeckung. Für größere bzw. entlegene Gebiete bieten sie daher oftmals die einzige Möglichkeit, flächendeckende Informationen für hydrologische Untersuchungen zu erhalten. Zusammen mit der in den letzten Jahren sehr schnellen Entwicklung von Fernerkundungsmethoden hat dies die Beschaffung hydrologischer Parameter verbessert. Im Wesentlichen kann man dabei die fernerkundliche Erfassung von hydrologisch relevanten **Zustandsgrößen** und **Stoffflüssen** unterscheiden (Schmugge et al. 2002), welche meist als digitale Karten oder Grundlagen für GIS-gestützte Untersuchungen dienen.

Hinter der Ableitung jeder hydrologischen Kenngröße stehen komplexe mathematische Algorithmen. Für viele Kenngrößen existieren aber bereits webbasierte Dienste, über die thematische Karten, sogenannte **Fernerkundungsprodukte**, weltweit verfügbar sind. Eine Auswahl findet sich in Tab. 17-3. Es können Produkte einzelner Überflüge ebenso bezogen werden wie Zeitreihen, welche insbesondere für simulationsbasierte Untersuchungen von großem Interesse sind. Insbesondere die NASA und die ESA verfolgen inzwischen eine offene Produktpolitik mit einer Vielzahl von **frei verfügbaren Daten**. EUMETSAT (European Organisation for the Exploitation of Meteorological Satellites) betreibt die europäischen Wettersatelliten MetOp und Meteosat und bietet aus deren Daten abgeleitete, hydrologisch relevante Fernerkundungsprodukte über das **H-SAF** Netzwerk an (H-SAF Network of Satellite Application Facilities – Support of Operational Hydrology and Water Management). Die ESA bietet hydrologisch relevante Fernerkundungsprodukte anderer europäischer Sensoren über den **Copernicus Land Monitoring Service** (CLMS) an.

Erfassung hydrologisch relevanter Zustandsgrößen

Radar-Systeme bilden die überwiegende Basis zur Ableitung der **Bodenfeuchte**, die mit ihrer hohen räumlichen und zeitlichen Variabilität mit stationären Messnetzen schwer fassbar ist (→ Kap. 4). Die groß-

Übersicht über einige hydrologisch relevante, im Web verfügbare Fernerkundungsprodukte (Std = Standardabweichung). **Tab. 17-3**

Zustandsgröße bzw. Stofffluss	Produkt	Räumliche Auflösung	Räumliche Abdeckung	Zeitliche Auflösung	Genauigkeit	Vertrieb
Bodenfeuchte	ASCAT soil moisture product	1/12,5/25/50 km	65°S - 80° N, 180° W - 180° E	115 min	global nicht verfügbar	EUMETSAT H-SAF
Evapotranspiration	MOD16A2	0.5 m	global	8-Tages-Komposit	global nicht verfügbar	NASA
Landoberflächentemperatur	MODIS land surface temperature (LST MOD21)	1 km	global	1 Tag	1 K	NASA
	MSG-LST	5.6 km	-81° N – 81°N, 79° W – 79°E	30 min	2 K	EUMETSAT H-SAF
Niederschlag	Accumulated precipitation at ground	30 km	25°N - 75° N, 25° W - 45° E	6 Stunden	40 %	EUMETSAT H-SAF
Schneedecke	Snow cover fraction	20 m	Pan-Europa	1 Tag	global nicht verfügbar	CLMS
	MODIS snow cover	0.5 km	global	8 Tage	50 %	NASA

Box 17.2

Bodenfeuchte

Durch die Bewegung entlang seiner Umlaufbahn bewegt sich MetOp abwechselnd von Nord nach Süd (d.h. descending), und einmal von Süd nach Nord (d.h. ascending). Abb. 17-3 zeigt beispielhaft die Aufnahmespuren über einen Tag hinweg und die über Landflächen abgeleitete Bodenfeuchte. Um eine globale Abdeckung zu erhalten, sind Komposite von mehreren aufeinanderfolgenden Tagen nötig.

Abb. 17-3 H-SAF MetOp-A Oberflächenfeuchte-Produkt für den 1. April 2014 mit einer räumlichen Auflösung von 25 km (EUMETSAT).

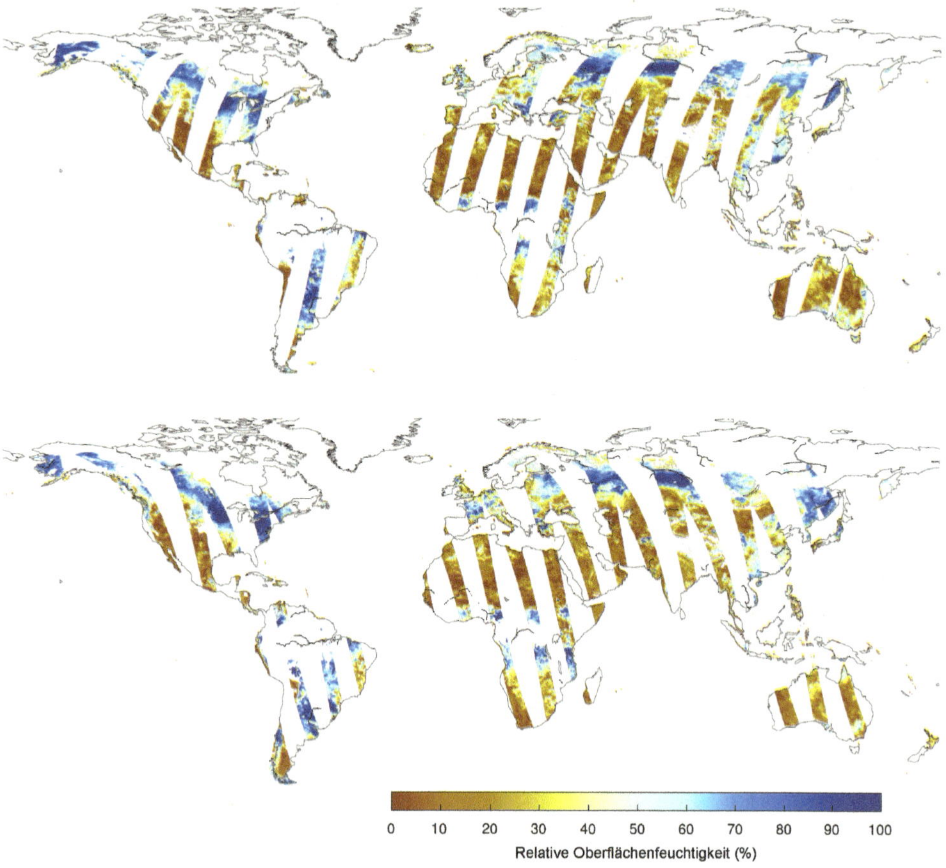

räumige Erfassung mithilfe von Fernerkundungsdaten hat sich dabei als sehr nützlich erwiesen, auch wenn sich die berechnete Bodenfeuchte aufgrund der limitierten Eindringtiefe meist nur auf den oberen Boden bezieht. Die Ableitung beruht auf der starken Abhängigkeit des Radar-Echos vom Wassergehalt der durchdrungenen Bodenschicht. EUMETSAT bietet einen Datenservice für Bodenfeuchte an. Datengrundlage sind mit dem Advanced SCATterometer (ASCAT) an Bord des MetOp im C-Band gemessene Rückstreuwerte, welche eine Funktion der Bodenfeuchte in den obersten 5 cm des Bodens sind und mit einer räumlichen Auflösung von 25 bzw. 50 km verfügbar sind. Interessierte können sich mit dem umfangreichen Review-Artikel von Lakshmi (2013) einen Überblick über Techniken und Sensoren zur Ableitung der Bodenfeuchte verschaffen.

Schnee bzw. Eis als Teil der Wasserbilanz spielen in der Wasserwirtschaft eine wichtige Rolle (→ Kap. 4 und 20). Flächendeckende Aussagen seitens der Fernerkundung sind dabei sowohl für die Abschätzung des gesamten Schnee- bzw. Eisvorrats in einem Gebiet als auch für die Verteilung der saisonalen Schneedecke möglich, welche mit Zeitreihen von Satellitenaufnahmen erfasst werden kann. Dabei konzentriert sich die Fernerkundung im Wesentlichen auf zwei Kenngrößen: die Schneebedeckung und das im Schnee vorhandene Wasseräquivalent. Die Bestimmung der Schneebedeckung über dessen Reflexionseigenschaften ist ein etabliertes Verfahren seit Ende der 1980er-Jahre (Dozier 1989), seit einigen Jahren kann auch auf sog. «snow cover» Produkte zurückgegriffen werden. Die Ableitung des Wasseräquivalents beruht üblicherweise auf Aufnahmen mit aktiven Mikrowellen-Sensoren. Diese ermöglichen zudem die Ableitung zusätzlicher Parameter wie Körnung, Schneedicke, die Differenzierung von Schnee und eisbedeckten Flächen, die Ausdehnung von Inland- und Meereis und die Unterscheidung zwischen ein- und mehrjährigem Eis. Für einen umfassenden Überblick sei auf Rees (2006) verwiesen.

Oberflächentemperatur

Die Ableitung der **Oberflächentemperatur** beruht meist auf semiempirischen Verfahren, mit deren Hilfe Regressionsgleichungen zwischen der vom Sensor gemessenen **Strahlungstemperatur** und der Oberflächentemperatur aufgestellt werden. Die Strahlungstemperatur ist dabei die von der Erdoberfläche emittierte Strahlung im TIR. Kuenzer und Dech (2013) beschreiben Messprinzipien und aktuelle Aufnahmesysteme im Detail. Die berechnete Oberflächentemperatur kann für versiegelte Flächen direkt verwendet werden, über natürlichen Oberflächen stellt sie eine Mischung der Temperatur der obersten Vegetationsschicht und

Abb. 17-4 | Maximale Landoberflächentemperaturen (in °C) gemessen zwischen 2003 und 2009 (Quelle: NASA)

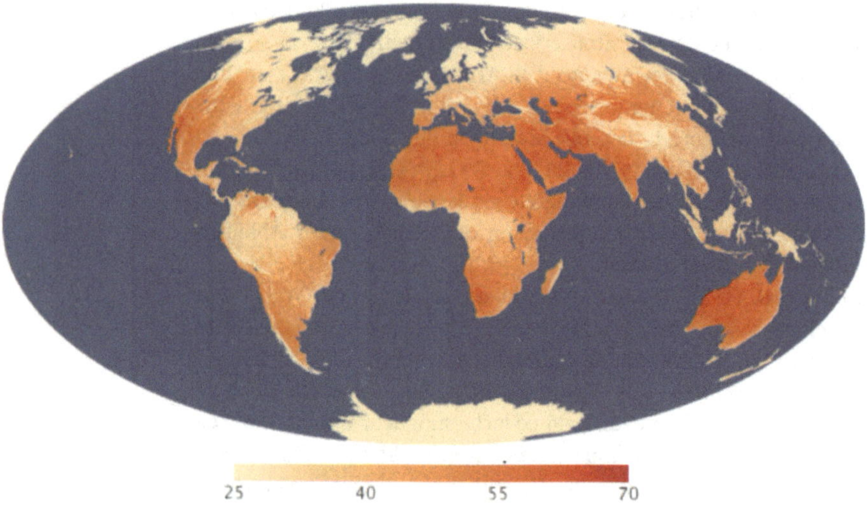

des darunterliegenden Bodens dar. NASA, ESA und EUMETSAT bieten Produkte zur Landoberflächentemperatur auf unterschiedlichen räumlichen und zeitlichen Skalen an.

Erfassung hydrologisch relevanter Stoffflüsse

Zur flächenhaften Ableitung des **Niederschlags** (→ Kap. 4) mithilfe von Satellitendaten werden Wellenlängenbereiche des VIS/NIR, TIR und der Mikrowellen genutzt. Mit passiven Aufnahmesystemen wird Niederschlag indirekt über das Monitoring von Wolken im VIS/NIR und der Messung der Temperaturen an der Wolkenobergrenze im TIR abgeleitet. Die Nutzung von Mikrowellen ermöglicht die direkte Bestimmung der Wolkentropfen und Eiskristalle in ihrer vertikalen Verteilung in der Atmosphäre, da Wolkentropfen die Strahlung in bestimmten Bändern reflektieren bzw. streuen. Neben der räumlichen Verteilung von Niederschlägen ist die Niederschlagsintensität über die Verteilung der Tropfengrößen eine wichtige ableitbare Größe. Bodengestützte Radarmessnetze (→ Kap. 4) verstärken mit ihren zeitlich und räumlich hoch aufgelösten indirekten Messungen die auf Satellitendaten basierenden meteorologischen Dienste.

Zur Ableitung der räumlich äußerst heterogenen **Evapotranspiration** (→ Kap. 3 und 7) existieren viele regionale Anwendungen, welche diese semiempirisch auf Basis von Vegetationsindizes, der Landoberflächentemperatur und gemessenen bodennahen Strahlungsflüssen wie der Bowen Ratio und der Eddy-Kovarianz ableiten. Das MODIS ET basiert auf einer ähnlichen Vorgehensweise, wobei anstatt Feldmessungen zur Berechnung des Strahlungsflusses Datenprodukte anderer Aufnahmesysteme zum kurz- und langwelligen bodennahen Strahlungsbudget genutzt werden.

17.3 Fernerkundung und hydrologische Modellierung

Fernerkundungsdaten bzw. -produkte sind in digitaler Form für hydrologische Modelle verfügbar und werden meist als **Rasterdaten** verarbeitet. Sie dienen als Input, zur räumlich verteilten Abbildung von Variablen und Modellkonstanten sowie als Kalibrier- und Validierungsgrundlage (→ Kap. 15). Einen aktuellen Überblick über die Integration von Fernerkundungsdaten in hydrologische Modelle geben Zhang et al. (2021).

Eine Vielzahl von Fernerkundungsprodukten mit unterschiedlichen räumlichen Auflösungen ist mit globaler Abdeckung für hydrologische Modelle verfügbar.

Wie aus Tab. 17-3 ersichtlich wird, sind die meisten Fernerkundungsprodukte durch eine geringe räumliche Auflösung charakterisiert. Die verfügbaren Datensätze sind das Endprodukt einer längeren Verarbeitungskette hin zum sogenannten **Climate Modeling Grid** mit 0,05° Auflösung. Dadurch können insbesondere großräumig/global arbeitende Modelle mit einheitlichen Daten versorgt werden. Die Produkte umfassen streng genommen nicht nur hydrologische Kenngrößen, sondern allgemein für hydrologische und klimatologische Modelle nützliche Parameter. Die großen Raumfahrtbehörden bieten globale Produkte zur Charakterisierung der **Landoberflächen** und der **Atmosphäre** an, zu denen z.B. Albedo, Vegetationsbedeckung, Landnutzung, Biomasse, Blattflächenindex, Vegetationsindizes, Fotosyntheseraten, Wolken, Aerosole und atmosphärische Profile gehören.

Digitale Geländemodelle (DGMs) zählen ebenfalls nicht zu den hydrologischen Zustandsgrößen. Über ihre räumliche Auflösung, horizontal wie vertikal, beeinflussen sie aber maßgeblich die Qualität eines hydrologischen Modells. Inzwischen ist die Verwendung von aus Radar-Daten abgeleiteten DGMs in der Modellierung weit verbreitet. Insbesondere zu nennen sind die im X-Band interferometrisch abgeleiteten Geländemodelle der TerraSAR-X (Terra steht für Erde, SAR = Synthetic Aperture Radar) und Tandem-X (TerraSAR X Add oN for Digital Elevation Measurements) Systeme. Ein kostenfreier Datenservice existiert für wissenschaftliche Anwendungen. Nicht-wissenschaftliche Nutzer können die Daten mit bis zu 1 m räumlicher Auflösung von Airbus Defense and Space kostenpflichtig erwerben.

Eine Vielzahl von Fernerkundungsprodukten mit unterschiedlichen räumlichen Auflösungen ist mit globaler Abdeckung für hydrologische Modelle verfügbar.

17.4 Qualitätsmanagement von Fernerkundungsprodukten

Alle Fernerkundungsprodukte unterliegen einem Qualitätsmanagement, welches die zu einem Produkt gehörigen **Messgenauigkeiten** ermittelt. Dazu stehen eine Reihe von Hilfsinformationen, sogenannte **Metadaten**, zur Verfügung. Die Algorithmen zur Ableitung der Produkte werden in Daten- oder Nutzerhandbüchern ebenso beschrieben wie der Stand der Validierung. Jedes Produkt enthält zudem Angaben über die Vertrauenswürdigkeit der Daten, sogenannte **Flags**, welche für jedes Pixel Informationen über mögliche Fehler, das Überschreiten von Grenzwerten oder Genauigkeitsangaben erhalten. Es ist ratsam, sich die Metadaten vor Nutzung der Produkte zu verinnerlichen, denn jedes Produkt hat Stärken, aber auch Einschränkungen und Limitierungen.

Merksatz:
Es ist ratsam, sich die Metadaten vor der Nutzung der Produkte zu verinnerlichen, denn jedes Produkt hat Stärken, aber auch Schwächen und Limitierungen.

Die Validierung der Fernerkundungsprodukte beinhaltet generell drei Schritte, welche oftmals in von vielen Wissenschaftlern gemeinsam untersuchten, global verteilten Testgebieten durchgeführt werden: 1) **Feldmessungen**, 2) Generierung von **Referenzdatensätzen** auf Basis von räumlich höher aufgelösten Datensätzen und Feldmessungen und 3) Vergleich der Produkte mit **aggregierten Referenzdatensätzen**. Die wesentliche Basis zur Validierung stellen also Feldmessungen dar, was per se die Problematik der Vergleichbarkeit von Punktmessungen und Flächenmessungen beinhaltet, da ein Sensor die von einer Fläche einfallende Strahlung aufnimmt. Vorsicht ist auch geboten, wenn Feld- und Fernerkundungsmessung auf unterschiedlichen Messprinzipien beruhen. So misst z.B. ein Radiometer die Strahlungstemperatur eines Körpers, während die thermodynamische Thermometermessung die Temperatur des Körpers ableitet. Beide Messweisen haben ihre Berechtigung, können aber nur bedingt direkt miteinander verglichen werden. Für die Ableitung von Genauigkeiten sind die Auswahl von Messarten, die sinnvolle Verteilung der Messpunkte, standardisierte Messaufbauten und –verfahren und deren Gültigkeitsbereiche ebenso wichtig wie die Einbeziehung der Ungenauigkeiten bei Feld- oder Labormessungen. Für einige Produkte, z.B. MODIS ET, werden auch Ergebnisse physikalischer und/oder biologischer Modelle einbezogen.

Weiterführende Literatur

Albertz, J. (2001): Einführung in die Fernerkundung: Grundlagen für die Interpretation von Luft- und Satellitenbildern. Darmstadt.

Campbell, J. B. und R. H. Wynne (2011): Introduction to Remote Sensing. 5. Auflage. New York.

Jensen, J. R. (2007): Remote Sensing of the Environment. An Earth Resource Perspective. 2. Auflage. Upper Saddle River, NJ.

Science Education through Earth Observation for High Schools (SEOS). Internetbasierte Einführung in die wichtigsten Grundlagen der Fernerkundung, auf Deutsch und Englisch. URL: http://www.seos-project.eu/modules/remotesensing/remotesensing-c00-p01.html (Stand: 29.06.2015).

Zhang, Y., Ryu, D. und D. Zheng (2021): Using Remote Sensing Techniques to Improve Hydrological Predictions in a Rapidly Changing World. Remote Sens 13 (19). DOI: 10.3390/rs13193865.

Regionale Hydrologie

Tieflandhydrologie | 18

Britta Schmalz

Inhalt

18.1 Einführung in das Tiefland als naturräumliche Großregion

18.2 Charakteristika hydrologischer Steuergrößen

18.3 Hydrologische Prozesse in Tieflandgebieten

18.4 Messungen in und Modellierung von Tieflandgebieten

Die hydrologischen Prozesse und Charakteristika in Tieflandgebieten werden durch die geringen Höhenunterschiede, die intensive Interaktion zwischen Oberflächengewässern und Grundwasser sowie den Wasserrückhalt in Senken, Mooren, Feuchtgebieten und Seen beeinflusst. Zudem wurde der natürliche Wasserhaushalt von vielen Tieflandgebieten durch Fließgewässerregulierungen, Dränagesysteme landwirtschaftlicher Flächen und Entwässerung von Mooren verändert. Messungen erfassen Dränageeinträge sowie die Interaktion zwischen Grundwasser und Oberflächenwasser, z.B. durch Messungen von Wasserständen oder Wärme als Tracer. Beim Einsatz von Modellen müssen diese an die Tieflandbedingungen angepasst werden und entsprechend Senken, Grundwasserleiter, Flussauen, Feuchtgebiete und/oder Dränungen berücksichtigen.

Einführung in das Tiefland als naturräumliche Großregion | 18.1

Tieflandgebiete zeichnen sich dadurch aus, dass sie ein bestimmtes Höhenniveau von ca. 200 m nicht überschreiten. Im Vergleich zum Bergland sind sie **relativ flach**, weshalb auch der Begriff Tiefebene gebräuchlich ist. Dies darf nicht darüber hinwegtäuschen, dass es sich hierbei nicht immer um ebenes Gelände handelt, was z.B. die Bezeichnungen Mecklenburger Schweiz oder Östliches Hügelland zum Ausdruck bringen.

In Deutschland bildet das Tiefland, genauer das **Norddeutsche Tiefland** in Schleswig Holstein, neben den Mittelgebirgen (→ Kap. 19), dem

Alpenvorland und den Alpen (→ Kap. 20) eine der vier naturräumlichen Großregionen. Es lässt sich weiter in Marschland, Mecklenburgisch-Vorpommersches Küstengebiet, Nordostdeutsche Seenplatte, Zentrales Norddeutsches Tiefland und Lössböden unterteilen (nach Bundesamt für Naturschutz 1953–1962), erstreckt sich von Nord- und Ostsee bis zur mitteleuropäischen Mittelgebirgsschwelle im Süden und setzt sich grenzüberschreitend als mitteleuropäisches Tiefland nach Dänemark im Norden, die Niederlande und Belgien im Westen und Polen im Osten fort. Weitere Beispiele in Deutschland sind die Oberrheinische Tiefebene, die Kölner Bucht und Teile des Münsterlands. Der Anteil von Tiefländern in Österreich ist sehr gering: Die kleine ungarische Tiefebene als Teil des Pannonischen Tieflands gehört zu einem großen Sedimentbecken im östlichen Österreich. Die Schweiz hat wegen durchschnittlich zu großer Höhenlage keine Tiefebenen, abgesehen von ihrem Anteil an der Oberrheinischen Tiefebene bei Basel, welche geologisch einen tief in die Erdkruste reichenden Grabenbruch – den Oberrheingraben – darstellt. Weltweit gehören das Westsibirische Tiefland und das Amazonas-Tiefland zu den größten Tiefländern.

Typisierung von Tieflandfließgewässern
Typ 14: Sandgeprägte Tieflandbäche
Typ 15: Sand- und lehmgeprägte Tieflandflüsse
Typ 15_g: Große sand- und lehmgeprägte Tieflandflüsse
Typ 16: Kiesgeprägte Tieflandbäche
Typ 17: Kiesgeprägte Tieflandflüsse
Typ 18: Lösslehmgeprägte Tieflandbäche
Typ 20: Sandgeprägte Ströme
Typ 22: Marschengewässer
Typ 23: Rückstau- bzw. brackwasserbeeinflusste Ostseezuflüsse

Typisierung der Fließgewässer in Tieflandgebieten

Das derzeit am häufigsten verwendete Typisierungsschema für Fließgewässer beruht auf der **EG-Wasserrahmenrichtlinie** (EG-WRRL; Amtsblatt der Europäischen Union 2000). Grundlage der Typisierung in Europa bilden die biozönotischen Ökoregionen (Illies 1978). Unter «Biozönose» versteht man die Gemeinschaft von Organismen verschiedener Arten in einem abgrenzbaren Lebensraum. Neun der 25 biozönotisch bedeutsamen Fließgewässertypen Deutschlands werden für das Norddeutsche Tiefland unterschieden. Sie umfassen kies-, sand-, lehm- und lösslehmgeprägte Tieflandflüsse/-bäche, Marschengewässer sowie Ostseezuflüsse. Sie liegen in Gebieten mit glazialen und fluvioglazialen Ablagerungen der Kaltzeiten wie Grund- und Endmoränen, Sandern sowie Lössregionen (Typen 14, 15, 15_g, 16, 17, 18), Auen (Typ 20), Marschen (Typ 22) und Jungmoränen (Typ 23) (Pottgiesser und Sommerhäuser 2008).

18.2 Charakteristika hydrologischer Steuergrößen

Zonierung der Fließgewässer

In der Regel ist der **Höhenunterschied** innerhalb der Tieflandeinzugsgebiete eher gering. Daher wird das Erscheinungsbild der Fließgewässer in ihrem Verlauf stärker von kleinräumig wechselnden Bedingungen der Landschaft, v.a. von Geologie und Böden, bestimmt. Es kann meist nicht, wie in geologisch alten Landschaften, eine klassische, weitgehend ausgeglichene Längszonierung vom Oberlauf zum Unterlauf mit Abnahme von Sohlgefälle und Strömungsgeschwindigkeit sowie allmählicher Veränderung des Sohlmaterials mit zunehmend feinkörnigerem Substrat abgeleitet werden. Hauptverantwortlich hierfür sind v.a. die verschiedenen Eisvorstöße in den Kaltzeiten mit unterschiedlich weitem Vordringen der Gletscher nach Süden. Die Folge ist u.a. ein mehrfacher **Wechsel von gefällereichen und gefällearmen Flussabschnitten**.

Große Gefälle sind typisch für die Durchbrüche durch Endmoränen, die als wallartige Aufschüttungen maximale Gletschervorstöße markieren. Dagegen zeichnen sich die flachwelligen Grundmoränen, die die Basis der Vereisung bildeten, durch geringe Gefälle aus. Als Störungen können durchströmte Seen aufgefasst werden, die durch Eisstauchung und Ausschürfung entstanden sind. Hier dominieren Speicherung und Sedimentation über Abfluss und Transport. Schließlich sind als Besonderheit noch die besonders gefällearmen Unterläufe hervorzuheben, die rückstaubeeinflusst sind. Während Sturmfluten der Ostsee lässt sich dieser Einfluss in Flüssen wie Peene und Warnow weit in das Binnenland hinein anhand erhöhter Wasserstände nachweisen.

Die Fließgewässer des Tieflands weisen aufgrund dieser Besonderheiten eine mindestens ebenso große, wenn nicht sogar größere **morphologische Vielfalt** auf als die der Mittelgebirge.

Abb. 18-1

Beispiel für eine Moränenlandschaft (Kielstau-Einzugsgebiet in Schleswig-Holstein) (Foto: Britta Schmalz).

Abb. 18-2 | Typische Landschaftselemente und hydrologische Charakteristika in Tieflandgebieten.

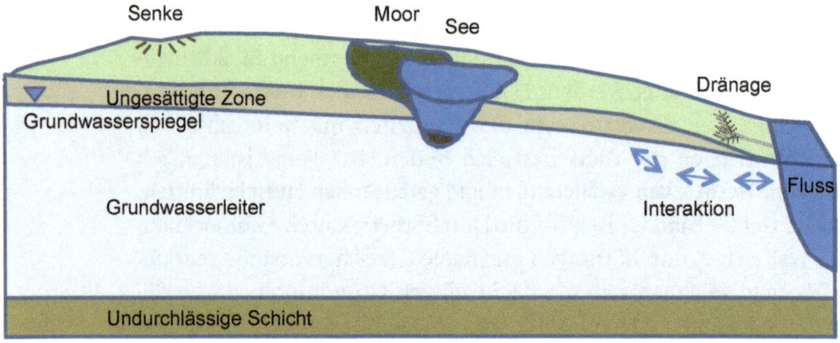

Geomorphologische, naturräumliche Charakteristika

Senken, Seen, Moore und Feuchtgebiete sind typische Landschaftselemente des Tieflands.

Viele Tieflandgebiete, wie beispielsweise das Norddeutsche Tiefland, sind während der pleistozänen Kaltzeiten durch Gletscher und Schmelzwässer gebildet und geomorphologisch geformt worden. In den flach welligen bis kuppigen Moränenlandschaften sind **Senken, Seen, Moore** und **Feuchtgebiete** typische Landschaftselemente (→ Abb. 18-1 und 18-2), in den flacheren Sanderbereichen Abflussrinnen und Rinnenseen. Aus vielen Seen und Kleingewässern haben sich mit der Zeit Moore gebildet.

Moore können in zwei wesentliche Moortypen unterteilt werden: **Niedermoore** werden überwiegend durch Grundwasser gespeist und sind dadurch relativ nähr- und mineralstoffreich. **Hochmoore** hingegen haben keine Verbindung zum Grundwasser. Sie sind aufgrund ihrer Speisung durch Niederschlag nährstoffarm und sauer.

Anthropogene Veränderungen in Tieflandgebieten

Der Mensch hat in Tieflandgebieten die Landschaft durch eine Vielzahl an wasserwirtschaftlichen Eingriffen in starkem Maße verändert. Schon vor vielen Jahrhunderten begann die **Gewässerbewirtschaftung**, um durch den Bau von Kanälen und Schleusen Transportwege anzulegen, durch Wassermühlen Energie zu gewinnen, durch Deiche oder künstliche Gewässer vor Hochwasser zu schützen oder durch Be- oder Entwässerung die landwirtschaftliche Nutzung von Flächen zu gewährleisten. Erst seit dem Ende des 20. Jahrhunderts werden diese wasserbaulichen Veränderungen auch wieder zurückgebaut, Flüsse und ihre Auen renaturiert sowie entwässerte landwirtschaftliche oder Moorböden wieder vernässt.

Hydrologische Prozesse in Tieflandgebieten

18.3

Aufgrund der geologischen Vorgeschichte in Tieflandgebieten haben sich geomorphologische, naturräumliche Charakteristika ausgeprägt, die einen entscheidenden Einfluss auf die hydrologischen Verhältnisse haben. Zudem ist ein Großteil der Tieflandgebiete durch menschliche Nutzung überprägt und dadurch auch hydrologisch verändert. Insofern ist hier zwischen den natürlichen Ausgangsbedingungen und dem heutigen Zustand zu unterscheiden.

Merksatz: Hydrologische Prozesse und Charakteristika in Tieflandgebieten sind Wasserrückhalt, Oberflächenwasser-Grundwasser-Interaktion und anthropogene Entwässerungen.

Das Retentionsvermögen der Landschaft

Viele **Geländevertiefungen und Senken** in den Moränenlandschaften sind allseitig geschlossene Hohlformen, die keinen Anschluss an ein Fließgewässer aufweisen. Sie werden deshalb als **Binnenentwässerungsgebiete** bezeichnet. Oberflächenwasser sammelt sich hier in ihrem Zentrum, um zu versickern oder teilweise zu verdunsten. Ohne künstliche Entwässerung erfolgt dadurch der Abstrom von Wasser ausschließlich unterirdisch, d.h. über den Grundwasserpfad. Für das Innere solcher Gebiete sind Vernässungen bzw. dauerhafte oder temporäre **Kleingewässer** typisch.

Geländevertiefungen und Senken wie Binnenentwässerungsgebiete zeichnen sich im Speziellen, aber auch **Seen, Moore und Feuchtgebiete** ganz allgemein, durch ein hohes Potenzial für **Wasserrückhalt** aus, wodurch sie den Landschaftswasserhaushalt maßgeblich beeinflussen. Kurzfristig betrachtet bewirkt der Rückhalt eine Minderung von Hochwassererabflüssen, langfristig begünstigt die erhöhte Wasserverfügbarkeit die Verdunstung und Infiltration. In Senken und Feuchtgebieten hat das gestaute Wasser Einfluss auf die räumlichen Bodenfeuchtemuster. Ihre Form und Größe variiert erheblich, wobei sie sich durch Beziehungen zwischen Volumen, Fläche und Tiefe charakterisieren lassen (Hayashi und van der Kamp 2000).

Eine Besonderheit der Grund- und Endmoränenlandschaften stellen **Sölle** dar, die als Kleingewässer durch das Abschmelzen von Toteis im Untergrund entstanden sind. Sie sind meist abflusslos und fungieren kleinräumig, aber ähnlich wie die zuvor beschriebenen Landschaftselemente als **Speicher.** Sie können zwischenzeitlich vor allem in den Sommermonaten trockenfallen. Eine Studie in der Grundmoränenlandschaft in Nordost-Deutschland identifizierte die Randzone um die Sölle als sensiblen Bereich mit beträchtlichem lateralem Wasseraustausch. Die örtlich begrenzte Infiltration des im Soll gesammelten Wassers kann einen großen Anteil der Grundwasserneubildung ausmachen (Gerke et al. 2010).

In vielen Tieflandgebieten haben sich in Senken oder Flussniederungen **Moore und Feuchtgebiete** gebildet. Durch ihre hohe Wasserspeicherkapazität können Moore bei starken Niederschlägen vermehrt Wasser aufnehmen und im Torfkörper festhalten, um es anschließend allmählich wieder abzugeben. Die Wasserspende aus diesen Moorflächen und Feuchtgebieten erfolgt deshalb relativ gleichmäßig und wegen der hohen Verdunstung mit insgesamt geringeren Abflüssen. Verdunstung entzieht dem Moorboden viel Wasser, was sich zusätzlich positiv auf sein Aufnahmevermögen auswirkt. Dadurch wirken Moore abflusspuffernd und abflussverzögernd (Succow und Joosten 2001).

Wechselwirkung von Oberflächen- und Grundwasser

Für den Austausch zwischen Oberflächengewässern und Grundwasser ist ein relativ enger Bereich, der als hyporheische Zone bezeichnet wird, entscheidend.

Insbesondere in Tieflandeinzugsgebieten ist der hydraulische Kontakt zwischen den Fließgewässern und dem oberflächennahen Grundwasser von immenser Wichtigkeit (Nützmann und Lewandowski 2009). Die meist **geringen Grundwasserflurabstände**, also die Tiefe der Grundwasseroberfläche unter der Geländeoberfläche, führen zu einer intensiven **Interaktion zwischen Oberflächengewässer und oberflächennahem Grundwasser** (DWA 2013; Sophocleous 2002). Interaktion bedeutet, dass ein Wasseraustausch in beiden Richtungen möglich ist. Für den Austausch zwischen Oberflächengewässern und Grundwasser ist ein relativ enger Bereich, der als **hyporheische Zone** bezeichnet wird, ganz entscheidend (→ Kap. 9). Unter normalen Bedingungen, d.h. bei mittleren und geringen Flusswasserständen, erfolgt in der Regel die **Exfiltration** von Grundwasser in das Fließgewässer (→ Abb. 18-3, linkes Bild), im Hochwasserfall dagegen infiltriert Oberflächenwasser in den Grundwasserleiter (**Infiltration**, → Abb. 18-3, rechtes Bild). Schwankende Wasserstände führen folglich zu einem Wechsel von Exfiltration und Infiltration. Auch räumlich kann dieses Wechselspiel sehr unterschiedlich ausgeprägt sein, wobei flussabwärts die Infiltration an Bedeutung gewinnt. In den Unterläufen sind dadurch abschnittsweise sogar Abflussdefizite die Folge.

Abb. 18-3 | Interaktion Oberflächengewässer-Grundwasser: Exfiltration von Grundwasser in das Fließgewässer (A, links), Infiltration von Oberflächenwasser in den Grundwasserleiter (B, rechts) (nach Winter et al. 1998).

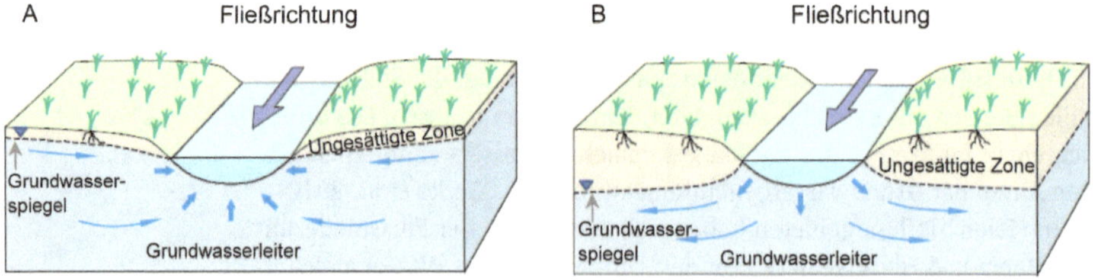

In Einzugsgebieten, in denen die Exfiltration dominiert, trägt der Grundwasserabfluss mit einem beträchtlichen Anteil zum Gesamtabfluss des Fließgewässers bei. So beziffern z.B. Lam et al. (2010) diesen Anteil in einem Tiefland-Einzugsgebiet Schleswig-Holsteins durch ökohydrologische Modellierung auf ca. 80%. Eine andere Studie in Berlin-Brandenburg zeigt, dass im hydrologischen Sommerhalbjahr sogar über 90% des Abflusses aus dem Grundwasser stammen können (Nützmann und Mey 2007).

Anthropogene Veränderungen

Bezüglich der hydrologischen Folgen menschlich verursachter Änderungen muss zwischen den wasserwirtschaftlichen Eingriffen in die Fließgewässer selbst, der Veränderung der Fließprozesse sowie Eingriffen in den Wasserhaushalt von Landflächen unterschieden werden.

Viele **Fließgewässer** sind heute **reguliert**, vor allem vertieft und begradigt, verrohrt oder in ihrem Lauf verlegt, um u.a. die Abflusskapazität zu erhöhen, das Grundwasser abzusenken und Landflächen besser nutzbar zu machen. Dies betrifft insbesondere mäandrierende Tieflandgewässer. Auch Querbauwerke, Dämme oder Stauanlagen verändern das Fließregime, unterbrechen die Durchgängigkeit der Gewässer und stellen ein Hindernis für die Wanderung von Gewässerorganismen dar. Eindeichungen dagegen behindern die Interaktion des Fließgewässers mit der Flussaue.

In vielen Einzugsgebieten mit grundwasservernässten oder staunassen Böden wurden großflächig **Entwässerungsgräben** angelegt und **Rohrdränungen** installiert, um die Bewirtschaftung von landwirtschaftlichen Flächen zu verbessern oder überhaupt erst möglich zu machen. Nach der DIN 1185 (2015) ist Dränung die Regelung des Bodenwasserhaushalts durch Rohrdränung und Unterbodenmelioration. Dränung beseitigt die für Kulturpflanzen schädliche Bodennässe und verbessert die Bearbeitbarkeit des Bodens. Sie verbessert die Durchlüftung des Bodens und erschließt tiefere Bodenbereiche für die Pflanzenwurzeln. Dadurch werden Nährstoffe besser ausgenutzt, organische Säuren abgebaut und die Tätigkeit der Bodenbakterien angeregt. Die verbesserte Befahrbarkeit verlängert durch eine frühzeitigere Bestellung die Wachstumszeit. Zugleich wird die Gefahr, Bodenverdichtungen zu erzeugen, gemindert und das Bodengefüge durch Austrocknung stabiler (DIN-1185, 2025).

Im Falle von **Mooren** führt die **Entwässerung** zur Schwächung ihrer Funktionen im Wasser- und Naturhaushalt. Dabei kommt es zu Auswirkungen auf die temporäre Speicherung, Hochwasserspitzen und den jährlichen Abfluss (Holden et al. 2004). Die Entwässerung führt zur

Entwässerung führt zur Sackung von Moorböden.

Sackung des Moorbodens, also Abnahme der Torfmächtigkeit, sowie zur Verringerung der Evapotranspiration. Wenn der Moorkörper trockenfällt und dadurch belüftet wird, gehört im Beisein von Luftsauerstoff die Zersetzung des organischen Materials durch **Mineralisierung** zu den Folgen. Außerdem geht die reduzierte Wassersättigung der Torfe mit einer Veränderung der Artenzusammensetzung hin zu weniger wasserliebenden Arten sowie der Reduzierung der moortypischen Biodiversität einher.

In einigen Niederungs- und Marschgebieten wird zusätzlich zur Flächenentwässerung noch ein Entwässerungssystem benötigt, das aus **Sielen** und ggf. **Schöpfwerken** besteht. Ein Siel ist ein verschließbarer Deichdurchlass, der verschlossen werden muss, wenn zu hohe Außenwasserstände eine freie Entwässerung nicht zulassen. Sind die hydraulisch wirksamen Höhenunterschiede im Entwässerungsgebiet sehr gering, z.B. als Folge von Moorsackungen, dann wird das Wasser vor dem Deich in sogenannten Mahlbusen gesammelt und durch ein Schöpfwerk in einen Fluss oder auf die Außenseite des Deichs gepumpt.

Box 18.1

Abschätzung dränierter Flächenanteile

Der Anteil dränierter Flächen kann oft nicht genau quantifiziert werden, weil keine flächendifferenzierten und flächendeckenden Karten vorliegen. Der Dränbedarf einer landwirtschaftlich genutzten Fläche ergibt sich dabei aus den Einflussfaktoren Relief, Landnutzung, Boden, Grundwasserflurabstand und Klima. Abschätzungen wurden anhand von bodenkundlichen Daten, Umfragen oder Luftbildanalysen mit Unterstützung von GIS oder Soft-Computing-Methoden durchgeführt. Neuere Studien mit Fokus auf Tieflandgebieten zeigen gleichfalls einen hohen Anteil dränierter Flächen. Für das Ems-Einzugsgebiet wurden nach Anwendung einer Luftbildauswertung und eines GIS-gestützten Verfahrens die potenziell gedränten Flächen mit etwa 56 % der landwirtschaftlichen Fläche abgeschätzt (Tetzlaff et al. 2008). Eine weitere GIS-gestützte Abschätzung der in Schleswig-Holstein potenziell gedränten Fläche wies einen Anteil von 73 % der landwirtschaftlich genutzten Fläche auf. Der hohe Dränflächenanteil konnte grundsätzlich für alle Landesteile festgestellt werden, nur in der Geest kommen niedrigere Werte zwischen ca. 60–70 % vor. Bezogen auf die Flussgebietseinheiten wurden Dränflächenanteile von 68 % (Elbe), 79 % (Eider) und 76 % (Schlei/Trave) ermittelt (Tetzlaff und Kuhr 2011). Mittels Fuzzylogik-Methode wurde für Mecklenburg-Vorpommern die wahrscheinlich entwässerte Fläche mit ca. 61% der Landwirtschaftsfläche abgeleitet. Dabei beträgt der Entwässerungsanteil bei Acker 53% und bei Grünland 83% (LUNG 2010).

Box 18.2

Kielstau-Einzugsgebiet als Beispiel eines hydrologischen Versuchsgebiets im Tiefland

- Treene-Einzugsgebiet, Flussgebietseinheit Eider, Schleswig-Holstein
- Einzugsgebietsgröße: 50 km^2
- Fließgewässerlänge: 17 km
- Typ 16: Kiesgeprägter Tieflandbach
- Topographie: 27–78 m NN (Landesvermessungsamt Schleswig-Holstein 2006)
- Dränierte Fläche: 38 % der landwirtschaftlichen Nutzfläche (Fohrer et al. 2007)
- UNESCO Ökohydrologie-Referenzprojekt seit 2010 (UNESCO 2011; Fohrer und Schmalz 2012)
- Mittlerer Wasserstand: 47 cm, mittlerer Abfluss 0,44 m^3/s (Pegel Soltfeld, Ministerium für Energiewende, Klimaschutz, Umwelt und Natur Schleswig-Holstein (2025)

Messungen (Abb. 18-4): Niederschlag, Wasserstand, Fließgeschwindigkeit, Wasserqualität (in-situ-Parameter, Nährstoffe, Pflanzenschutzmittel, Chlorophyll-a, Sediment), Phytoplankton, Makrozoobenthos, Gewässermorphologie

Modellansätze: öko-/hydrologische (SWAT, PCRaster, → Kap. 15), hydraulische (HEC-RAS, ADH), Arealmodelle (BIOMOD)

Weitere Informationen: Schmalz und Fohrer (2010), Fohrer und Schmalz (2012), Wagner et al. (2018, 2022)

Messanlagen am Pegel Soltfeld, Kielstau (Foto: Eva Meyerding 2015). | Abb. 18-4

18.4 | Messungen in und Modellierung von Tieflandgebieten

Hydrologische Versuchsgebiete bieten die Möglichkeit, Prozessanalysen, Fallstudien, Methodenvergleiche und Modelltests durchzuführen, um die regionalen hydrologischen Besonderheiten besser identifizieren und berücksichtigen zu können. In Deutschland gibt es zahlreiche Tiefland-Einzugsgebiete, die für diese Zwecke genutzt werden, z.B. Kielstau, Zarnow, Hütelmoor und Quillow.

In solchen Gebieten werden zusätzlich zu den Standardmessverfahren in Bezug auf die Wassermenge Methoden zur Erfassung der Dränageeinträge sowie der Interaktion zwischen Grundwasser und Oberflächenwasser eingesetzt. Letztere umfassen **Messungen von Wasserständen** (→ Kap. 8) im Grundwasser und in den Oberflächengewässern (z.B. Krause et al. 2013; Lewandowski et al. 2009; Schmalz et al. 2008). Häufig werden dazu Messstellen entlang einer Linie – als **Transekt** bezeichnet – angeordnet. Zudem kann neben Isotopen auch **Wärme als Tracer** (→ Kap. 16) genutzt werden, indem Temperaturverteilungen Hinweise auf räumliche Austauschmuster geben (z.B. Krause et al. 2014; Matheswaran et al. 2014). Weitere Methoden zur Quantifizierung des Grundwasser-Oberflächenwasseraustauschs sowie Fallbeispiele finden sich z.B. in DWA (2013). Beispiele zur **Quantifizierung des Dränbeitrags** zum Gesamtabfluss auf gedränten landwirtschaftlichen Flächen finden sich in Tieflandstudien von van der Velde et al. (2010) und Rozemeijer et al. (2010) oder im Monitoring-Leitfaden von Iital und Tattari (2012).

Werden **Computermodelle** (→ Kap. 15) für hydrologische, wasserwirtschaftliche oder agrarwissenschaftliche Fragestellungen in Tieflandgebieten eingesetzt, dann müssen sie an diese speziellen Flachlandbedingungen **angepasst** werden. Die wesentlichen Prozesse werden durch folgende Kriterien berücksichtigt: Implementierung von **Senken** (Kiesel et al. 2010), Entwicklung eines **nicht linearen Grundwasserspeicher-Konzepts** (Pfannerstill et al. 2014) sowie Berücksichtigung von **Flussauen** und **Feuchtgebieten** (Hattermann et al. 2006). Ein weiterer Schwerpunkt ist die Berücksichtigung von Dränagen, z.B. durch Nutzung einer **Dränflächenverteilungskarte** (Fohrer et al. 2007; Tetzlaff et al. 2008), zur Simulation des Einflusses der **Dränagen** auf den Grundwasserabfluss (Kiesel et al. 2010) oder der Anteile des Dränageabflusses auf den Abfluss des Teileinzugsgebiets (Koch et al. 2013). Zahlreiche Modellansätze berücksichtigen die **Interaktion zwischen Oberflächengewässern und Grundwasser** (Krause et al. 2014; DWA 2013; Fleckenstein et al. 2010). Zudem werden Modellsensitivitäten für Tieflandeinzugsgebiete abgeleitet. Eine Modellstudie beschreibt die hohen Sensitivitäten von

Grundwasser- und Bodenparametern für Tieflandgebiete im Gegensatz zu Oberflächenabflussparametern für Gebirgs- oder Mittelgebirgseinzugsgebiete (Schmalz und Fohrer 2009). Durch Analyse der zeitlichen Dynamik von Parametersensitivitäten und Modellleistungen zeigte eine weitere Studie für ein Tiefland-Einzugsgebiet, dass aufgrund des hohen Grundwassereinflusses die Parameter in Bezug auf Grundwasser und Evapotranspiration für den Großteil des Jahres sensitiv sind (Guse et al. 2014). Auch eine Maßnahmenplanung kann sinnvoll durch die Modellierung unterstützt werden. Auf diese Weise kann die Regelung des Grundwasserflurabstandes geplant werden, um nur so viel Wasser wie nötig abzuführen. Diese sogenannte kontrollierte Dränung wirkt der Entwässerung des Bodens während Vegetationsperioden oder Wassermangelsituationen entgegen.

Box 18.3

Jährliche Abflussdynamik von Tieflandgebieten in Schleswig-Holstein

Abb. 18-5 zeigt exemplarisch Beispiele aus dem Tiefland Schleswig-Holsteins. Die höchsten Abflüsse treten im hydrologischen Winterhalbjahr auf, vor allem in den Monaten Dezember bis März. Die niedrigsten Abflüsse werden von Juni bis September gemessen, wobei es aufgrund der höheren Sommerniederschläge zum Teil einen kleineren Anstieg im Juli gibt. Die ausgewählten Abflussmesswerte beziehen sich auf das Stör- und das Treene-Einzugsgebiet und umfassen verschiedene Einzugsgebietsgrößen an den jeweiligen Pegeln.

Abflüsse in Tieflandgebieten Schleswig-Holsteins: Monatliche Mittelwerte der Jahre 1991–2020 (Daten: Ministerium für Energiewende, Klimaschutz, Umwelt und Natur Schleswig-Holstein 2025). **Abb. 18-5**

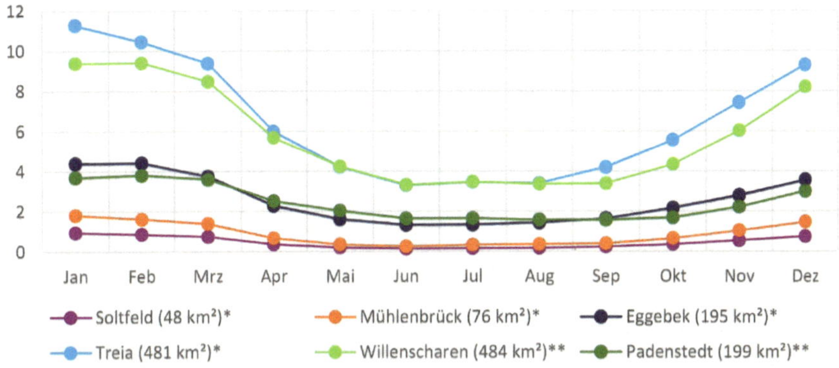

Weiterführende Literatur

Deutsche Vereinigung für Wasserwirtschaft, Abwasser und Abfall e.V. (2013): Wechselwirkungen zwischen Grund- und Oberflächenwasser. In: DWA-Themen T2/2013, S. 1–157.

Environment Agency (2009): The Hyporheic Handbook. A handbook on the groundwater – surface water interface and hyporheic zone for environmental managers. Bristol (Science Report SC050070).

Umweltbundesamt (2014): Hydromorphologische Steckbriefe der deutschen Fließgewässertypen. Anhang 1 von Strategien zur Optimierung von Fließgewässer-Renaturierungsmaßnahmen und ihrer Erfolgskontrolle. Dessau (Texte 43/2014).

Hydrologie der Mittelgebirge | 19

Peter Chifflard

Inhalt

19.1 Einführung in den Naturraum Mittelgebirge
19.2 Charakteristika hydrologischer Steuergrößen
19.3 Hydrologische Prozesse der Mittelgebirge

Die Mittelgebirge zählen neben den Alpen zu den wasserreichsten Gebieten in Mitteleuropa. Sie sind orographische Hindernisse für die vor allem aus westlicher Richtung herkommenden Luftmassen, was zu Stauniederschlag und gegenüber dem Umland zu einem erhöhten Niederschlagsangebot führt. Aufgrund der geringen Verdunstung und der spezifischen Beschaffenheit des Untergrunds gelangt ein großer Anteil wieder zum Abfluss. Entscheidend sind die periglazialen Deckschichten, durch die ein wesentlicher Anteil des Sickerwassers als Zwischenabfluss dem Vorfluter zugeführt wird und nicht zur Grundwasserneubildung beiträgt. Zusätzlich bewirkt ein dichter geologischer Untergrund, wie im Bayerischen Wald, Schwarzwald, Hochsauerland, Harz oder Erzgebirge vorkommend, dass keine bedeutenden Grundwasservorkommen vorhanden sind und Oberflächen- sowie Zwischenabfluss dominante Abflussbildungsprozesse darstellen. In der Fränkischen und Schwäbischen Alb liegt hingegen aufgrund wasserlöslicher Gesteine ein sehr durchlässiger geologischer Untergrund vor, der zu großen Karstgrundwasservorkommen führt.

Einführung in den Naturraum Mittelgebirge | 19.1

Als Mittelgebirge werden in der Regel solche Gebirge bezeichnet, deren höchste Erhebungen eine Höhe von etwa 1500 m ü. NN nicht überschreiten und in Abgrenzung zum Hügelland eine gewisse Reliefenergie zum tiefsten Punkt, der höher als 500 m ü. NN liegen sollte, aufweisen (Brunotte et al. 2002). Dazu zählen in Mitteleuropa alle Gebirgszüge mit Ausnahme der Alpen und des Alpenvorlands. Die Mit-

Die Mittelgebirge sind bis zu 350 Millionen Jahre alt und waren einst Hochgebirge.

telgebirge sind bis zu 350 Millionen Jahre alt und waren einst Hochgebirge, die durch unterschiedliche Hebungs- und Senkungsphasen, in Verbindung mit Erosion, über Millionen von Jahren ihr Aussehen deutlich verändert haben. Sie weisen eine geringere Zerschneidung als Hochgebirge auf, und die Oberflächenformen sind meist flachwelliger. In ihrer rezenten Struktur haben alle Mittelgebirge gemeinsam, dass sie die Baumgrenze nicht erreichen. Die Landnutzung ist überwiegend durch Forstwirtschaft und Grünland geprägt (Abb. 19-1).

Merksatz: Mittelgebirge erreichen Höhenlagen von etwa 500 m bis 1500 m ü. NN.

Eine naturräumliche Differenzierung kann durch das Ausgangsgestein vorgenommen werden (Zepp 2011). Mittelgebirge aus gefaltetem Sand- und Schluffstein, Grauwacken und Tonschiefer werden oft als **Schiefergebirge** bezeichnet und umfassen große Teile des Harzes, den Thüringer Wald, den Frankenwald und das Rheinische Schiefergebirge, zu dem die Ardennen, die Eifel, der Hunsrück, der Taunus, das Bergische Land, das Rothaargebirge, der Westerwald und das Sauerland zählen (→ Abb. 19-2). Demgegenüber stehen die Mittelgebirge aus **kristallinen Gesteinen**, zu denen der Odenwald, der westliche Spessart, der Thüringer Wald, der südliche Schwarzwald, die Vogesen, das Fichtelgebirge, das Erzgebirge, wenige Teile des Harzes, der Oberpfälzer Wald und der Bayerische Wald, als Teil der Böhmischen Masse, gehören. Letztere umfasst in Tschechien den Böhmerwald und in Österreich das Mühl- und Waldviertel. Mittelgebirge mit **tertiären vulkanischen Festgesteinen** treten morphologisch als Härtlingskuppen hervor und umfassen im Wesentlichen die Rhön, den Vogelsberg, den Kaiserstuhl und das Siebengebirge. Zur **süddeutschen Schichtstufenlandschaft** gehören die Schwäbische und Fränkische Alb, die vor allem aus Kalkgesteinen gebildet werden. Der südwestlich der Schwäbischen Alb anschließende

Abb. 19-1 | Typische Mittelgebirgslandschaften. Als Beispiel das Erzgebirge (links, Foto: Katja Heller) und das Hessische Bergland (rechts, Foto: Peter Chifflard).

Lage der wichtigsten Mittelgebirge in Deutschland: (1) Schwarzwald, (2) Schwäbische Alb, (3) Fränkische Alb, (4) Bayerischer Wald, (5) Fichtelgebirge, (6) Erzgebirge, (7) Thüringer Wald, (8) Rhön, (9) Vogelsberg, (10) Harz, (11) Teutoburger Wald, (12) Rothaargebirge, (13) Taunus, (14) Hunsrück, (15) Eifel.

Abb. 19-2

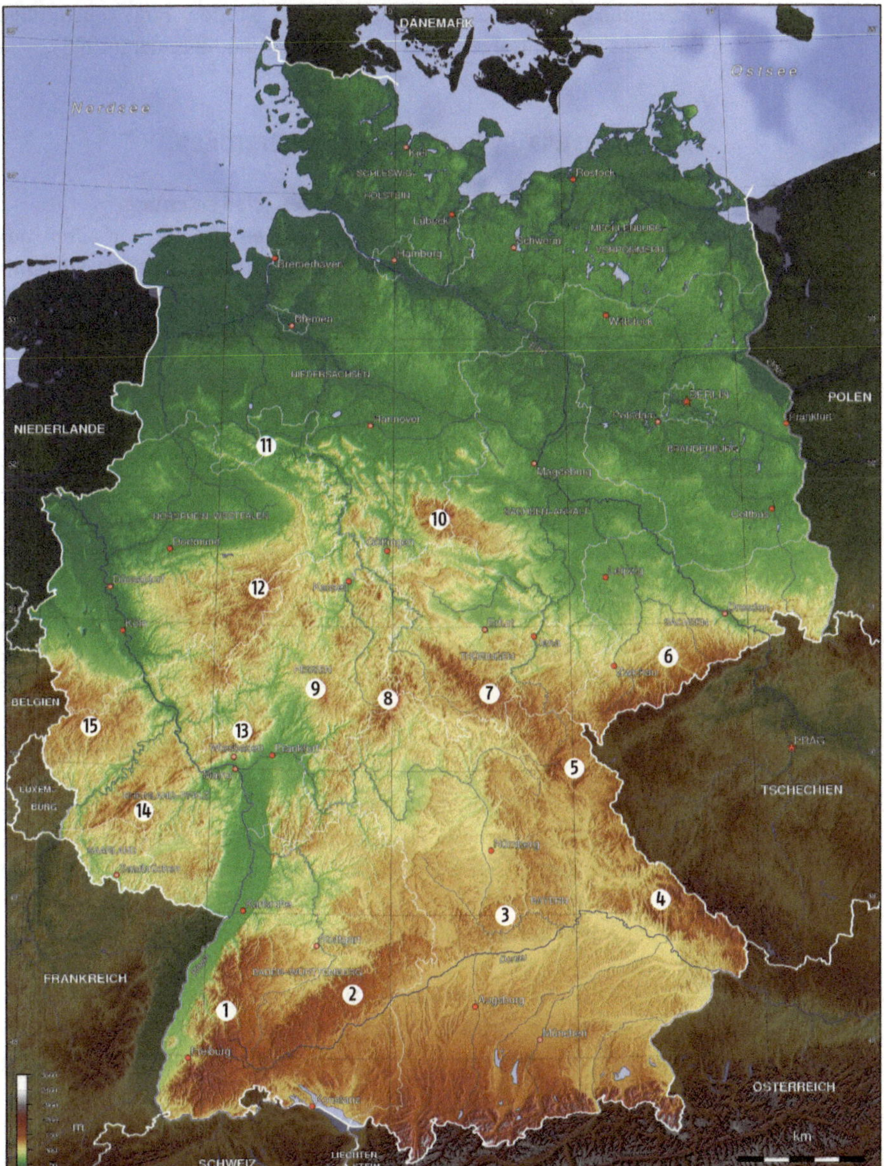

Schweizer Jura nimmt eine Übergangsstellung zu den Alpen als Hochgebirge ein, da es in manchen Regionen über die Baumgrenze hinausragt. Somit kann der Schwarzwald als südlichstes und das Wiehengebirge, am nördlichen Rand des Teutoburger Walds, als nördlichstes Mittelgebirge in Mitteleuropa eingeordnet werden. Eine vollständige Übersicht aller Mittelgebirge geben Liedtke und Marcinek (1995).

19.2 | Charakteristika hydrologischer Steuergrößen

Zeitliche und räumliche Verteilung des Niederschlags

Die mitteleuropäischen Mittelgebirge stellen für die vor allem aus westlicher Richtung kommenden Winde ein **orographisches Hindernis** dar. Daher entsteht vermehrt Stauniederschlag (→ Kap. 4), wodurch z.B. im Schwarzwald oder im Bayerischen Wald **hohe jährliche Niederschlagshöhen** von über 1800 mm erreicht werden, die im Gegensatz zu denen des norddeutschen Tieflands (→ Kap. 18) stehen. Insbesondere die Vogesen, der Schwarzwald, der Harz, der Thüringer und Böhmerwald, aber auch Teile des Rheinischen Schiefergebirges treten als besonders niederschlagsreich hervor. Die jährlichen Niederschlagssummen erreichen im Bayerischen Wald bis zu 1500 mm/a, im südlichen Schwarzwald bis 1900 mm/a, im Hochsauerland bis 1200 mm/a und im Harz bis 1900 mm/a.

Im langjährigen Jahresgang treten **mehrere monatliche Maxima** auf, die in den verschiedenen Mittelgebirgen nicht gleich verteilt sind. Während im Harz, im Hochsauerland und im Schwarzwald im Winter die höchsten monatlichen Niederschlagshöhen zu verzeichnen sind, tritt das primäre Maximum im Bayerischen Wald im Sommer auf. Bei Letzterem macht sich die Lage im Übergangsbereich zwischen ozeanischen und kontinentalen meteorologischen Einflüssen bemerkbar, weshalb der NW-SO-gerichtete Hauptkamm unter den überwiegend zonal gerichteten Luftmassen die Funktion einer Klima- und Wasserscheide erhält (Förster 1988). Gebirgszüge wie der Schwarzwald oder das Hochsauerland befinden sich hingegen im ozeanisch geprägten Klimabereich.

Hervorzuheben ist der **Lee-Effekt** (→ Kap. 4) des Sauerlands für die östlich gelegenen Gebiete. Während die jährlichen Niederschlagshöhen auf der westlichen Luv-Seite noch **1255 mm/a**, erreichen, liegen sie auf der östlichen Lee-Seite bei **728 mm/a**. In Mittelgebirgen wird das Gesamtwasserangebot durch häufige **Nebellagen** deutlich erhöht. Im Fichtelgebirge kann der atmosphärische Eintrag von Wasser durch Nebel einen Anteil von 9,4 % am Gesamteintrag von Niederschlag und

Schnee betragen (Klemm und Wrzesinsky 2007). Im Harz kann der jährliche Anteil durchaus bis zu 15 % erreichen, und so sind die 330 permanenten Nebeltage am Brocken aus dem Jahre 1958 in Deutschland ein bis heute unerreichter Rekord (Köhler et al. 2014).

Hydrologische Eigenschaften der Geologie und der Böden in Mittelgebirgen

In den Mittelgebirgen stehen den relativ hohen Niederschlägen geringe potenzielle Verdunstungsraten gegenüber, sodass für den Wasserhaushalt die Eigenschaften des geologischen Untergrunds und der Böden eine sehr entscheidende Rolle spielen. Dabei sind die **hydrogeologischen Voraussetzungen**, die das Grundwasser und somit die Grundwasserneubildung sowie den Basisabfluss betreffen, aufgrund der unterschiedlichen Entstehungsgeschichte der Mittelgebirge regional sehr differenziert. Die ersten Mittelgebirgszüge, die während der variszischen Gebirgsbildung im Zeitraum von etwa 350 bis 280 Mio. Jahren vor heute entstanden sind (Press und Siever 1995; Rothe 2000), besitzen sehr kompakt und dicht gelagerte Gesteine. Grundwasser findet sich daher vorwiegend in Klüften, deren Anteil zur Tiefe hin abnimmt, weshalb **variszische Mittelgebirge** generell als **grundwasserarm** gelten (→ Kap. 6). Hierzu zählen der Hohe Schwarzwald, der kristalline Odenwald, der westliche Spessart, das Fichtelgebirge, der Oberpfälzer und der Bayerische Wald, das Rheinische Schiefergebirge und der zentrale Bereich des Harzes (Grahmann 1958).

Der variszischen Gebirgsbildung folgte die **Trias**, die von 251 bis 208 Mio. Jahren vor heute dauerte, und in der die heutigen Mittelgebirge einem ständigen Wechsel von Meeresspiegelschwankungen unterlagen. Der Spessart, die Rhön, das östliche Hessische Bergland oder der nördliche Schwarzwald werden z.B. aus terrestrischen Ablagerungen, dem Buntsandstein, aufgebaut. Dabei gilt vor allem der **mittlere Buntsandstein** aufgrund seiner sehr porösen Struktur als ein **guter Grundwasserspeicher**.

Bedeutende marine Ablagerungen stammen aus dem **Jura**, einem Zeitalter zwischen 200 bis 145 Mio. Jahren vor heute, als sich am Rande des Tethysmeers vor allem Kalke ablagerten, aus denen im Zuge der alpidischen Gebirgsbildung, zwischen 65–2,6 Mio. Jahre vor heute, die heutige **Schwäbische Alb** und **Fränkische Alb** entstanden sind. Beide werden hauptsächlich von **Kalk- und Dolomitsteinen** des Malms aufgebaut. Durch die gegenwärtige starke Verkarstung dieser Gesteine wird das Niederschlagswasser rasch in den Untergrund geleitet, weshalb zum einen an der Oberfläche **wenig Fließgewässer** zu finden sind, aber zum anderen viel Grundwasser gebildet wird. Das Grundwasser ist aufgrund der sehr **hohen Ergiebigkeit** von regionaler bis überregionaler wasserwirtschaftlicher Bedeutung. Der Nachteil der schnellen Versickerung des Niederschlagswassers bis zum Grundwasser ist, dass Letzteres **kaum gefiltert und gereinigt** wird. Das an den Quellen zutage tretende Wasser ist daher sehr verschmutzungsempfindlich und oft nicht keimfrei (Liedtke und Marcinek 1995).

Während der alpidischen Gebirgsbildung kam es in den variszischen Gebirgszügen vermehrt zu vulkanischen Aktivitäten, deren Spuren heute in Form der Mittelgebirge **Rhön**, **Vogelsberg** oder **Kaiserstuhl** anzutreffen sind. Grundwasser aus basaltischem Gestein ist sehr weich, und so ist das Grundwasser aus dem Vogelsberg aufgrund seiner sehr guten Qualität als Trinkwasser bis in das Rhein-Main-Gebiet und in der Wetterau begehrt. Charakteristisch für diese Mittelgebirge ist eine **hohe Grundwasserneubildung**, die mit den Buntsandsteinen des Odenwalds verglichen werden kann.

In den mitteleuropäischen Mittelgebirgen wurde die Bodenentwicklung wesentlich von den periglazialen Deckschichten beeinflusst.

Der **Boden** nimmt im Wasserkreislauf eine wichtige Stellung ein, da über seine bodenphysikalischen Eigenschaften eine Vielzahl anderer hydrologischer Prozesse gesteuert werden (→ Kap. 5). In den mitteleuropäischen Mittelgebirgen wurde die Bodenentwicklung wesentlich von den **periglazialen Deckschichten** beeinflusst, da diese die bodenphysikalischen Standorteigenschaften deutlich verbessern. Mit dem Attribut «periglazial» werden Bereiche charakterisiert, die durch Frosteinflüsse geprägt wurden. Durch ihren substratspezifischen Aufbau sind periglaziale Deckschichten sehr wichtig im rezenten Landschafts- und Bodenwasserhaushalt und speziell für die Bildung von oberflächennahem Abfluss und Zwischenabfluss von hoher Bedeutung für die Hydrologie der Mittelgebirge (Semmel 1991; Körner 1996; Kleber und Schellenberger 1998; Völkel et al. 2002; Chifflard et al. 2008). Die periglazialen Deckschichten sind kaltzeitliche Umlagerungsprodukte aus dem Pleistozän, das den Zeitraum von 2,6 Mio. bis 11 600 Jahre vor heute umfasst. Während dieser Zeit lagen die mitteleuropäischen Mittelgebirge im Periglazialraum, mit Ausnahme von vereinzelt vergletscherten Gipfellagen im Bayerischen Wald, Schwarzwald und Harz, und es herrschte Permafrost vor, ähnlich den Bedingungen, die rezent in der subpolaren Klimazone anzutreffen sind. Während der Sommermonate taute die oberste Bodenschicht auf und bewegte sich wassergesättigt bei ausreichender Hangneigung hangabwärts. Dadurch wurde das durch frostdynamische Prozesse verwitterte Ausgangsgestein zusammen mit äolischen Ablagerungen, z.B. Lössen und vulkanischen Aschen, umgelagert und miteinander vermengt (Zepp 2011), woraus letztendlich die periglazialen Deckschichten entstanden (Kleber und Terhorst 2024) (→ Abb. 19-3). Diese Deckschichten sind in allen mitteleuropäischen Mittelgebirgen

Schematischer idealisierter Aufbau periglazialer Deckschichten (Zepp, 2014, Abdruck mit freundlicher Genehmigung des Ferdinand Schöningh Verlags).

Abb. 19-3

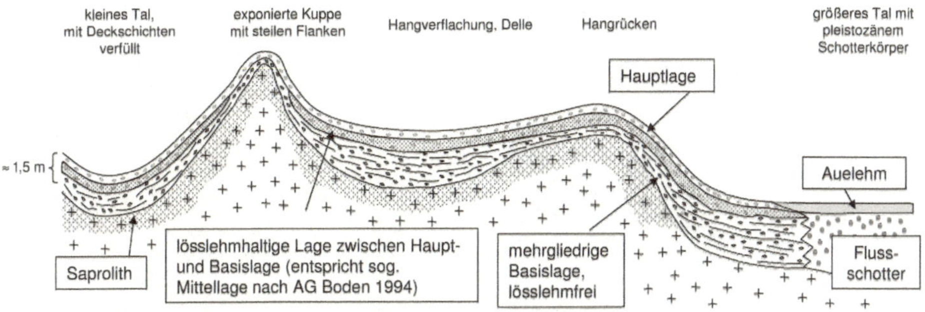

Abb. 19-4

Beispielhafte Ansichten von Braunerden aus periglazialen Deckschichten im Erzgebirge mit Basislage (LB), Mittellage (LM) und Hauptlage (LH) (Fotos: Katja Heller).

anzutreffen und gliedern sich an einem Mittelgebirgshang idealerweise in eine dicht gelagerte Basislage, eine Mittellage, deren Skelettgehalt nach unten hin zunimmt, und in eine sehr locker gelagerte Hauptlage (Kleber und Terhorst 2013). Während die Mächtigkeit der Hauptlage mit etwa 50 cm (± 20 cm) sehr konstant ist, variiert die der Basislage sehr stark. Letztere besitzt eine nivellierende Wirkung und gleicht alte eiszeitliche Geländemulden im Untergrund aus (AG Boden 2005). Die beiden Bodenprofile in Abb. 19-4 zeigen sehr gut den hohen Skelettanteil in der Basislage, der hangparallel eingeregelt ist, und die lockere Hauptlage, die einen geringeren Skelettanteil aufweist.

Abb. 19-5 | Mittlere jährliche Abflusshöhen [mm/a] in Deutschland (© Hydrologischer Atlas von Deutschland / BfG 2003).

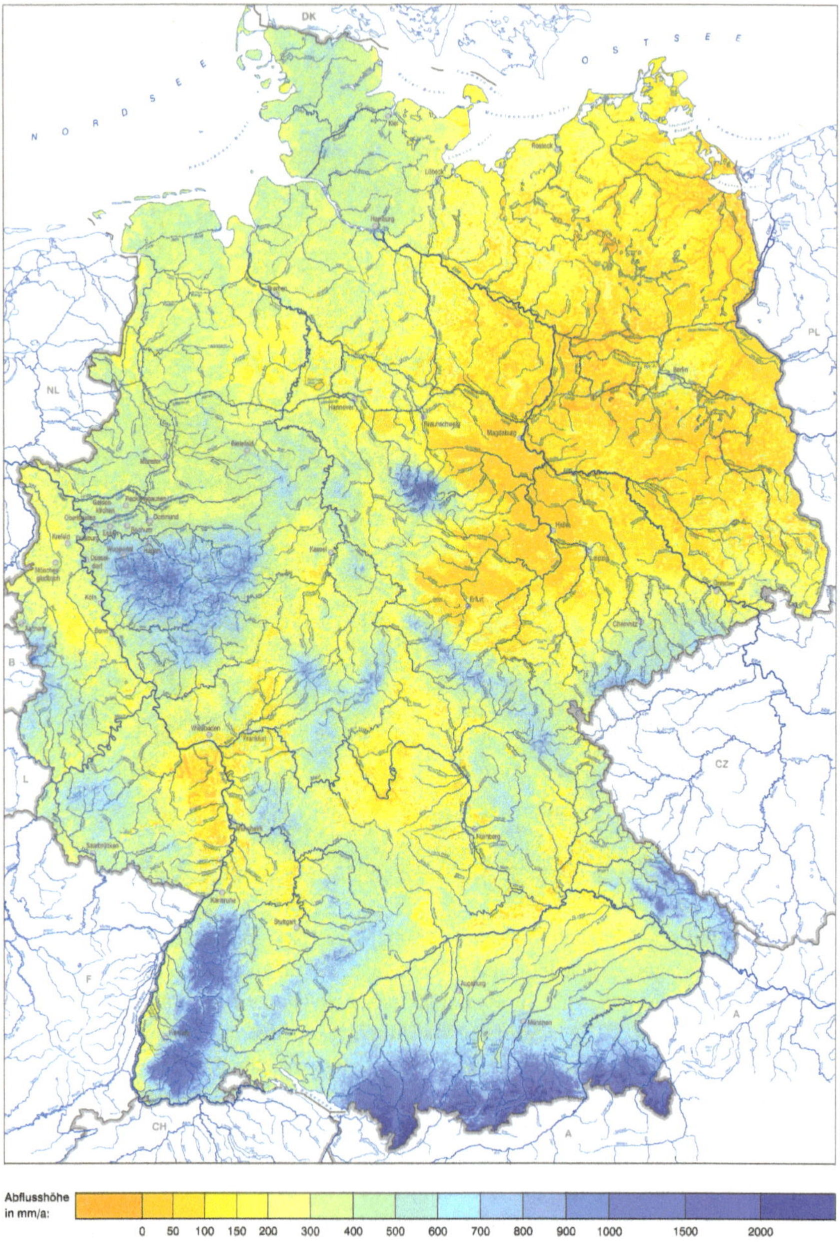

Hydrologische Prozesse der Mittelgebirge | 19.3

Abflussregime

Die Mittelgebirge zählen neben den Alpen zu den **wasserreichsten** Gebieten in Deutschland und treten durch höhere mittlere jährliche Abflüsse gegenüber dem Umland deutlich hervor (→ Abb. 19-5).

Die Transformation des Niederschlags in den Abfluss wird in den mitteleuropäischen Mittelgebirgen im Wesentlichen durch die **geographische Lage** und die Höhenverteilung bestimmt. So sind die mittleren jährlichen Abflusshöhen vor allem davon abhängig, ob sich der Gebirgszug eher im ozeanischen/maritimen oder im kontinentalen Klimabereich befindet und welche Höhenlagen erreicht werden (Liedtke und Marcinek 1995). Letztere haben einen Einfluss auf die Lufttemperatur und dadurch auf die Schneeschmelze im Frühjahr oder die Verdunstung im Sommer. Ein wichtiger Aspekt ist die Position zu den vor allem aus westlicher Richtung stammenden regenbringenden Luftmassen, weshalb abflussreiche Luvlagen von abflussärmeren Leelagen differenziert werden können. Ein sehr gutes Beispiel ist das rechtsrheinische Schiefergebirge mit dem Rothaargebirge als feuchter Westseite und der trockenen Südostseite im Übergang zur Hessischen Senke.

Neben den mittleren jährlichen Abflüssen gibt das Abflussregime einen guten Aufschluss über das zeitliche Zusammenspiel von festem und flüssigem Niederschlag, Verdunstung, Abfluss und den Einflüssen von Relief, Untergrund, Vegetation, Boden und Mensch (→ Kap. 11). Betrachtet man die **Abflussregime in den deutschen Mittelgebirgen**, so dominiert in den westlichen, klimatisch ozeanisch geprägten Gebirgszügen (z.B. Eifel, Westerwald, Rothaargebirge oder Sauerland) der Winterniederschlag bei keiner bis nur kurzzeitiger Schneedeckenbildung, was durch die zusätzlich geringe Verdunstung zu einem beträchtlichen Abfluss und einem Maximum in den Wintermonaten führt (→ Abb. 19-6).

Werden, wie im Schwarzwald, größere Höhen erreicht, bildet sich im Winter zunehmend eine geschlossene Schneedecke aus, die über einen längeren Zeitraum bestehen bleibt. Die Schneeschmelze setzt später ein und bewirkt ein Maximum vor allem im März. In den **nordöstlichen Mittelgebirgen** Harz, Thüringer Wald und Frankenwald macht sich bereits der Einfluss des kontinentalen Klimas, verbunden mit tieferen winterlichen Lufttemperaturen, bemerkbar, was zu einer Schneeschmelze und einem Abflussmaximum im April führt. Das Nebenmaximum im Dezember/Januar wird durch Warmlufteinbrüche der sogenannten Weihnachtszyklone hervorgerufen (Liedtke und Marcinek

Abb. 19-6 Pardé-Koeffizienten (→ Kap. 12) von Flüssen in den Mittelgebirgen Harz, Bayerischer Wald, Schwarzwald und Sauerland (Daten: Bayerisches Landesamt für Umwelt 2009; Landesbetrieb für Hochwasserschutz und Wasserwirtschaft Sachsen-Anhalt 2012; Landesamt für Natur, Umwelt und Verbraucherschutz NRW 2013; Landesamt für Umwelt, Messungen und Naturschutz Baden-Württemberg 2009).

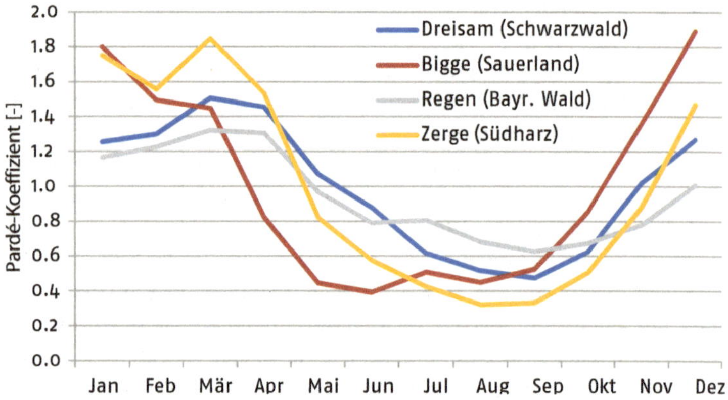

1995). Die hohen sommerlichen Lufttemperaturen bewirken eine hohe Verdunstung und einen niedrigen Abfluss in den Sommermonaten. Die östlichen und südöstlichen Mittelgebirge wie der Bayerische Wald oder das Erzgebirge zeigen neben der späten Schneeschmelze im April zusätzlich ein Nebenmaximum im Juli, bedingt durch das sommerliche Niederschlagsmaximum (Liedtke und Marcinek 1995).

Abflussbildung

Für die Abflussbildung (→ Kap. 9) sind in den mitteleuropäischen Mittelgebirgen die periglazialen Deckschichten sehr wichtig. Während die Hauptlage eine hohe Wasserdurchlässigkeit aufweist und auch Starkregen problemlos aufnehmen kann, stellt die Basislage mit ihrer geringen Durchlässigkeit ein Infiltrationshindernis für das vertikal versickernde Bodenwasser dar (→ Abb. 19-4). Es kommt zu Stauwasser, das als **Zwischenabfluss** bei ausreichender Hangneigung hangabwärts in lateraler Richtung abgelenkt wird (→ Kap. 9).

Durch die nahezu flächendeckende Verbreitung der Deckschichten wird ein hoher Anteil an Zwischenabfluss generiert, der in Mittelgebirgsbächen durch sogenannte **nachlaufende Wellen** in der Abflussganglinie sichtbar werden kann. Meist überlagern sich die Abflusskomponenten Oberflächenabfluss und Zwischenabfluss, da Letzterer durchaus hohe Fließgeschwindigkeiten aufweisen kann (z. B. Heller (2012): 0,004–0,008 m/h; Seeger (1990): 3,6–150 m/h). Abb. 19-7

Typische Beispiele einer nachlaufenden Welle, generiert aus Zwischenabfluss im Lahn-Dill-Bergland im April 1986 (links, nach Meuser 1989) und aus dem südlichen Sauerland (rechts, nach Chifflard et al. 2006). Rechts bezeichnen E1 und E2 die Niederschlagsereignisse 1 und 2.

Abb. 19-7

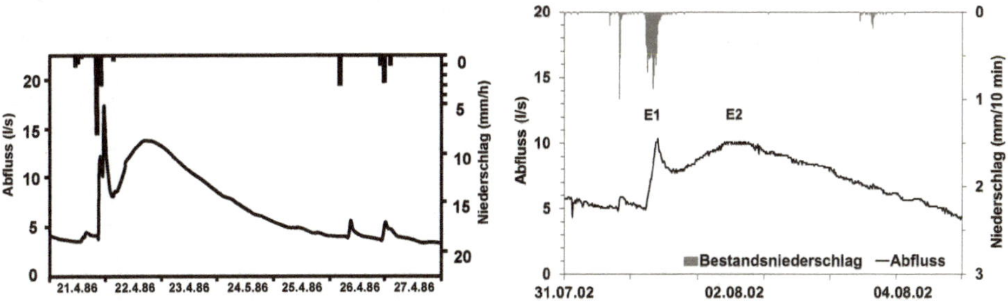

zeigt zwei Beispiele aus dem Lahn-Dill-Bergland in Hessen und dem südlichen Sauerland in Nordrhein-Westfalen. Neben dem schnellen Oberflächenabfluss, der am 21.04.1986 bzw. am 01.08.2002 die erste Abflusserhöhung hervorrief, bewirkte der Zwischenabfluss eine zeitlich verzögerte Abflussreaktion am 22.04.1986 bzw. am 02.08.2002, die ohne ein erneutes Niederschlagsereignis ausgelöst wurde.

Weiterführende Literatur

Kleber, A. und B. Terhorst (Hrsg.) (2013): Mid-Latitude Slope Deposits (Cover Beds). Oxford (Developments in Sedimentology 66).

Liedtke, H. und J. Marcinek (1995): Physische Geographie Deutschlands. Gotha u.a.

Semmel, A. (1991): Schuttdecken und ihre Bedeutung für den Landschaftshaushalt in hessischen Mittelgebirgen. In: Geographische Rundschau 43 (5), S. 299–302.

Hydrologie der Hochgebirge

20

Kerstin Stahl

Inhalt

20.1 Einführung in den Naturraum Hochgebirge

20.2 Charakteristika hydrologischer Steuergrößen

20.3 Hydrologische Prozesse der Hochgebirge

20.4 Besonderheiten der Hydrologie vergletscherter Gebiete

Die Hochgebirge der Erde sind wichtige Quellgebiete für viele große Flüsse der Erde, und damit wichtige Wasserlieferanten für die Vorländer. Die Hydrologie des Hochgebirges ist geprägt von der Höhenlage und den starken Höhenunterschieden zwischen Bergen und Tälern. Die steile Topographie sowie geringe Bodenmächtigkeiten und vegetationslose Flächen können zu besonders schnellen Abflussreaktionen und damit verbundenen Naturgefahren wie Hochwasser, Murgängen und Sturzfluten führen. Die vorherrschenden Höhengradienten von Temperatur und Niederschlag beeinflussen insbesondere den Anteil und die Verteilung des Schneeniederschlags und somit den Auf- und Abbau einer Schneedecke. Die Hydrologie vergletscherter Einzugsgebiete birgt noch einige weitere Besonderheiten. Anteil und zeitliche Verteilung der Eisschmelzkomponente charakterisieren das Abflussregime von Gletscherbächen. Durch die allmähliche Speicherung von Wasser als Firn und Eis oder die langfristige Speicherentleerung bei einem Gletscherrückgang kann die Wasserbilanz in einem vergletscherten Einzugsgebiet bei einer klimatischen Veränderung über viele Jahre unausgeglichen sein.

20.1 | Einführung in den Naturraum Hochgebirge

Die **Alpen** sind das hydrologisch bedeutendste Hochgebirge in Mitteleuropa. Sie erstrecken sich in einem Bogen über ca. 1200 km von Ost nach West und über im Mittel ca. 200 km von Nord nach Süd. Als geologisch junges Faltengebirge zeichnet sich dieses Hochgebirge durch eine komplexe Topographie aus. Mit Gipfelhöhen über 4000 m ü. NN in den Westalpen, über 3000 m in den Ostalpen und inneralpinen Tallagen oftmals unter 1000 m ü. NN herrschen somit oft steile Höhengradienten. In den Alpen entspringen einige der größten europäischen Flüsse, z.B. Rhein, Inn (Donau), Rhone, Etsch und Po. Für diese, wie auch viele andere große Flüsse weltweit, sind Hochgebirge somit die wichtigsten **Quellgebiete** und **Wasserscheiden**. Flussabwärts liefern die Flüsse der Alpen u.a. Wasser für landwirtschaftliche Bewässerung in der Poebene, die Donau versorgt die ungarische Ebene, der Rhein liefert Trink- und Bewässerungswasser in die Niederlande.

Merksatz: Hochgebirge sind weltweit die wichtigsten Quellgebiete und Wasserscheiden großer Flusssysteme.

Allgemein wirken sich im Hochgebirge die **Höhengradienten** meteorologischer Variablen, aber auch Veränderungen der **Landbedeckung** mit der Höhe auf die Ausprägung der hydrologischen Prozesse aus. Im Vergleich zu den in Kap. 19 behandelten Mittelgebirgen liegt ein beträchtlicher Flächenanteil oberhalb der Wald- und sogar der **Vegetationsgrenze** und reicht bis in die Firn- und Gletscherzone. Insgesamt herrscht dadurch eine große klimatische und naturräumliche Vielfalt.

20.2 | Charakteristika hydrologischer Steuergrößen

Die Temperatur steuert den Schnee- und Regenanteil am Niederschlag.

Die **Temperatur** ist eine wichtige Steuergröße der Hydrologie der Hochgebirge, da sie den **Schnee- und Regenanteil** am Niederschlag sowie die Dauer der **Schneebedeckung** beeinflusst (→ Kap. 4). Fällt die Lufttemperatur unter null Grad, fällt Niederschlag meist als **Schnee**. Im Mittel beträgt der atmosphärische **Temperaturgradient** ungefähr **−6 bis −7 Grad pro 1000 m**. Häufig sind die Temperaturgradienten im Winter geringer, da in dieser Jahreszeit im Gebirge oft Inversionswetterlagen vorherrschen. Auch die Jahresmitteltemperaturen im Hochgebirge variieren deshalb stark mit der Höhe. In den letzten Jahrzehnten fand auch in den Hochgebirgsregionen eine **Erwärmung** statt. Dabei hat sich die **Nullgrad-Grenze** in höhere Lagen verschoben. Dieser Temperaturanstieg hat unterschiedliche Folgen, so etwa das **Abschmelzen der Gletscher** und das **Auftauen des Permafrosts**, was wiederum verschiedene Gefahren wie z.B. Steinschlag mit sich bringt. Eine weitere Folge ist eine **Verschiebung**

der Vegetationsgrenze in höhere Regionen, was u.a. eine erhöhte Verdunstung bewirken kann.

Die Verdunstung nimmt aufgrund der abnehmenden **Nettostrahlung** (→ Kap. 3) mit der Höhenlage ab und ist im Gebirge generell geringer als im Vorland. In größeren Höhen ist die Verdunstung fast immer **energielimitiert.** Abhängig von der Berücksichtigung der Landnutzung und den lokalen Bedingungen, wird die aktuelle jährliche Verdunstung der Schweiz im Hydrologischen Atlas der Schweiz z.B. auf 1000 m ü. NN mit 400–600 mm, auf 2000 m ü. NN mit 300–500 mm angegeben.

Räumliche und zeitliche Verteilung des Niederschlags

Die komplexe und stark ausgeprägte **Topographie** im Gebirge beeinflusst die **orographisch** bedingte Niederschlagsbildung (→ Kap. 4 und 19). Auch im Alpenraum ergeben sich daraus in **Zusammenwirkung mit der synoptischen Klimatologie charakteristische Niederschlagsverteilungen.** Die größten Jahresniederschlagsmengen liegen über 3500 mm pro Jahr, auf der Alpennordseite z.B. in der Jungfrauregion im Berner Oberland, oder auf der Alpensüdseite im Tessin. Sehr geringe Jahresniederschlagsmengen sind mit 600–800 mm Jahresniederschlag in den sogenannten **inneralpinen Trockentälern**, wie z.B. dem Inntal oder dem Rhônetal zu finden. Der Querschnitt durch den Alpenraum in Abb. 20-1 (links) zeigt, dass die Beziehung zwischen Höhe und Niederschlag nicht linear ist und jahreszeitlich stark variiert. Im Sommer ist sie stärker ausgeprägt als im Winter.

Auch das räumliche Auftreten von **Starkniederschlägen** variiert deutlich. Die größten Starkniederschlagsmengen werden auf der **Alpensüd-**

Niederschlagsvariabilität in den Alpen: Links: Querschnitt des mittleren Niederschlags (Frei und Schmidli 2006). Rechts: Räumliche Verteilung der mittleren jährlichen Maxima 1971–2008 (Isotta et al. 2014, Abdruck mit freundlicher Genehmigung von Wiley & Sons, Copyright Royal Meteorological Society). **Abb. 20-1**

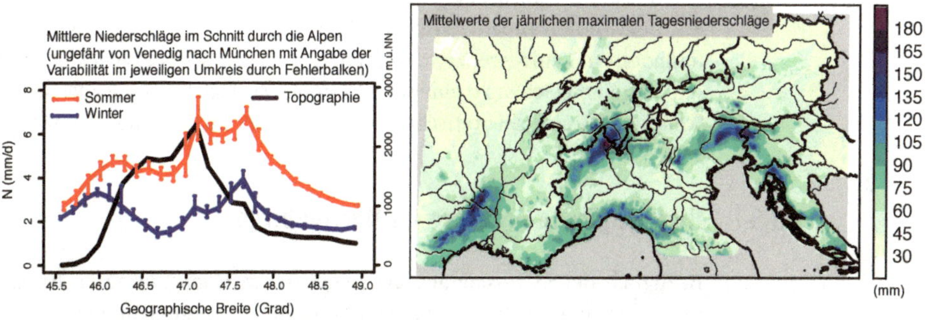

seite verzeichnet, insbesondere in der Südschweiz/Norditalien sowie nördlich der Adria (→ Abb. 20-1, rechts). Sie treten insbesondere im Herbst auf, wenn feuchtwarme Luftmassen aus dem Mittelmeerraum gegen die Alpen geführt werden (z.B. Frei und Schmidli 2006).

Die **Niederschlagsmessung im Hochgebirge** ist mit besonderen Schwierigkeiten verbunden. Hohe Windstärken verursachen große Messfehler (→ Kap. 4), die sich bei Schneefall noch weiter auf bis zu 50% erhöhen. Hoch gelegene Regionen sind oft **schwer zugänglich**, insbesondere im Winter. Während in den relativ gut erschlossenen europäischen Alpen mittlerweile ein gutes **Messnetz** auch in Höhenlagen bis zumindest ca. 2000–2500 m existiert, ergibt sich für andere Hochgebirge der Erde aus diesen Schwierigkeiten eine sehr geringe Dichte von Wetterstationen in großen Höhen. Dies erschwert z.B. die Berechnung des Gebietsniederschlags für hydrologische Anwendungen (→ Kap. 4). Neben den in → Kap. 4 genannten Interpolationsmethoden für die Berechnung des Gebietsniederschlags wird im Falle von starkem Relief z.B. auch die Lage im Luv oder Lee berücksichtigt (z.B. Schwarb et al. 2001; Daly 2006).

Schneeakkumulation und -schmelze

Merksatz: Schneefallgrenze, -akkumulation und -schmelze folgen dem Temperaturgradienten und sind damit höhenabhängig.

Aufgrund der Höhenabhängigkeit des Temperaturgradienten sind im Gebirge sowohl die **Schneefallgrenze** und damit die **Schneeakkumulation** als auch die **Schneeschmelze** höhenabhängig. Aufbau und Abbau der Schneedecke werden im Hochgebirge deshalb meist separat für verschiedene Höhenzonen berechnet.

Im Verlauf des Winters bildet sich in höheren Lagen somit generell eine mächtigere **Schneedecke** aus. Im Vergleich zu den niedriger gelegenen Mittelgebirgen liegt z.B. im Alpenraum oberhalb ca. 1500–1700 m ü. NN mehrere Monate eine **geschlossene Schneedecke**. In hohen und/oder nordexponierten Lagen schmilzt der Schnee unter Umständen im Sommer nicht immer komplett ab. Die sogenannte **klimatische Schneegrenze**, der Mittelwert aller **Altschneelinien**, d.h. der Höhenlagen, in denen eine Schneedecke des vorigen Winters den Sommer überdauert, liegt in den Alpen zwischen 2700 und 3400 m. Im Gegensatz zur temporären Schneegrenze, der Grenze zwischen schneebedeckten und schneefreien Flächen zu einem bestimmten Zeitpunkt, ist die **klimatische Schneegrenze** eine theoretische Größe, die nicht im Gelände sichtbar ist.

20.3 | Hydrologische Prozesse im Hochgebirge

Bezüglich der **Abflussbildung bei Regen** ist im Hochgebirge zu beachten, dass die Infiltrationskapazitäten der geringmächtigen Böden oder der vegetationsfreien Flächen oft klein sind und somit viel Oberflächenabfluss (→ Kap. 9) gebildet werden kann. In steilem Relief mit engen Tälern erfolgen Abflussbildung und Abflusskonzentration somit schnell. Jedoch gibt es auch in der Abflussbildung große regionale Unterschiede, und selbst in den Höhenlagen der Alpen sind Gebiete mit großen natürlichen Speichern in Hangschutt und Talfüllungen bekannt, die die Abflussbildung verzögern können.

Im Falle der **Abflussbildung aus der Schneeschmelze** ist zu beachten, dass der Verlauf der Schneeschmelze stark von der **Verteilung des Schnees** im Einzugsgebiet abhängt. Aufgrund des starken Reliefs ist die Nettostrahlung in verschiedenen Höhenlagen und auf Hängen mit verschiedener Exposition im Hochgebirge unterschiedlich stark. Dies muss in der Berechnung des zeitlichen Verlaufs der Abflussbildung aus Schnee in Hochgebirgen beachtet werden. Wie auch in der **Berechnung der Schneeakkumulation** unterteilt man deshalb ein Einzugsgebiet in verschiedene Höhenzonen und Expositionen. Die Unterschiede der Schneeschmelze aufgrund des Reliefs können am besten mit **Energiebilanzverfahren** abgebildet werden, jedoch kann auch ein Gradtagverfahren (→ Kap. 4 und 9) mit einem Schmelzfaktor, der mit der Jahreszeit und Exposition variiert, im Gebirge angewendet werden.

Eine Besonderheit im Hochgebirge ist die **Mobilisierung von Sediment durch den gebildeten Oberflächen- oder Gerinneabfluss**. Insbesondere junge Gebirge mit verwitterten Sedimentgesteinsdecken sind große Sedimentquellen. Sediment wird dann überwiegend als Geschiebe, aber auch als Schwebstoffe, mitgeführt, und im Zusammenwirken mit Unterschieden im Gefälle entlang des Gerinnes abgelagert oder erodiert. Die typische Morphologie der Gerinne von **Gebirgsbächen** ist deshalb geprägt von Schwellen und Vertiefungen.

Box 20.1

Alpine Naturgefahren

Hydrologische Prozesse können in Zusammenwirkung mit der steilen Topographie sowie besonderen naturräumlichen Gegebenheiten wie Böden, Geologie und Landnutzung bedeutende gebirgstypische Naturgefahren verursachen. Abb. 20-2 gibt einen Überblick. Hydrometeorologische und hydrologische Prozesse sind dabei insbesondere für das Verständnis von Hochwasserereignissen (→ Kap. 14) und Murgängen entscheidend. Aber auch für die gravitativen Massenbewegungen wie Rutschungen und Steinschlag sind hydrologische Prozesse oft der Auslöser.

Hochwasserereignisse entstehen in den Quellgebieten im Alpenraum oft durch lang anhaltende Niederschläge, konvektive Starkniederschläge im Sommer oder können auch durch den besonderen Fall der Kombination von Regen und Schneeschmelze

Abb. 20-2

Alpine Naturgefahren – Überblick über Prozesse, Medien und Einflussfaktoren (nach Hübl et al. 2011).

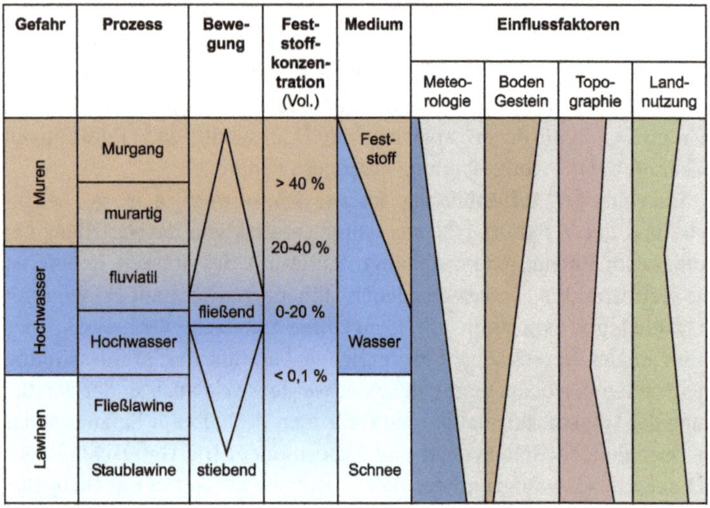

ausgelöst werden. Große Schäden durch Hochwasserereignisse entstehen z.B. dort, wo Ausuferungsbereiche in engen Tälern gering sind. Murgänge entstehen während großer Niederschlagsereignisse im Falle von ausreichender Sedimentverfügbarkeit im steilen Gerinne. Sie zeichnen sich durch ihren hohen Feststoffanteil aus, deren Bewegung und Ablagerung große Schäden verursacht. In den Alpen werden die Murgangprozesse in verschiedenen Wildbächen untersucht.

Veränderungen des Klimas und der Landnutzung wirken auf die hydrologischen Prozesse und damit unter Umständen auf die **Häufigkeit und Stärke dieser Naturgefahren** ein (→ Kap. 11 und 23). Fällt ein größerer Anteil des Niederschlags als Regen, kann dies die Hochwassergefahr steigern. Das Abschmelzen von Permafrost sowie Vegetationsveränderungen können die Infiltrationseigenschaften der Böden und damit die Abflussbildung sowie die Stabilität von Hängen und somit auch den Eintrag von Sediment ins Gerinne verändern (→ Kap. 9).

Abflussregime im Hochgebirge

Aus den oben genannten Prozessen ergibt sich im Alpenraum eine große räumlich-zeitliche **Abflussvariabilität** mit komplexen Abflussregimen. Die **nivale Komponente**, d.h. das durch die Schneeschmelze verursachte Frühjahrsmaximum, hängt stark von der Höhenverteilung und Lage des Einzugsgebiets ab (→ Kap. 8). Im Vergleich zum Tiefland (→ Kap. 18) und den Mittelgebirgen (→ Kap. 19) setzt die Schneeschmelze im Hochgebirge später im Frühjahr ein und findet durch das sukzessive Abschmelzen der Schneedecke in verschiedenen Höhenzonen über einen wesentlich längeren Zeitraum statt. In den europäischen Alpen geht die nivale Komponente in die sommerliche **pluviale Komponente** über. Befinden sich Gletscher im Gebiet, kommt nach Ende der Schneeschmelze insbesondere im Hochsommer noch die **glaziale Abflusskomponente** dazu. Ist der Gletscheranteil hoch, zeigt das Abflussregime eine deutliche Aufhöhung der Sommerabflüsse in den Monaten Juli und August auf.

Wasserbilanz und Wasserverfügbarkeit

Wie in Abb. 20-3 schematisch dargestellt, bewirken die hydrometeorologischen Unterschiede eine Verdopplung des Gebietsniederschlags in den Alpen gegenüber dem restlichen Europa und eine Vervierfachung des Abflusses bei einer etwa gleichen Verdunstung. In dieser Betrachtung sind mögliche Speicheränderungen über einen längeren Zeitraum als einem Jahr, z.B. in Seen, im Grundwasser oder in Form von Eis in Gletschern, nicht berücksichtigt.

Die Alpen werden oft als Wasserschloss bezeichnet, weil sie einen sehr hohen Abfluss pro Flächeneinheit aufweisen.

Das Abschmelzen des temporären winterlichen Schneespeichers findet über einen Zeitraum von Wochen statt. Wo diese Zeit mit der jährlichen Trockenzeit zusammenfällt, wie z.B. im mediterranen Klima Europas, aber insbesondere auch in anderen wichtigen Gebirgsregionen weltweit, bewirkt dies eine natürliche **Umverteilung des Wassers** vom Winter in den Sommer mit großem Nutzungspotenzial. Diese Prozesse erklären die große Relevanz **alpiner Wasserressourcen**, nicht nur für die alpinen Regionen direkt, z.B. durch das große Potenzial für die **Wasserkraftnutzung**, sondern auch für die **Wasserverfügbarkeit** und **Wassernutzung flussabwärts**.

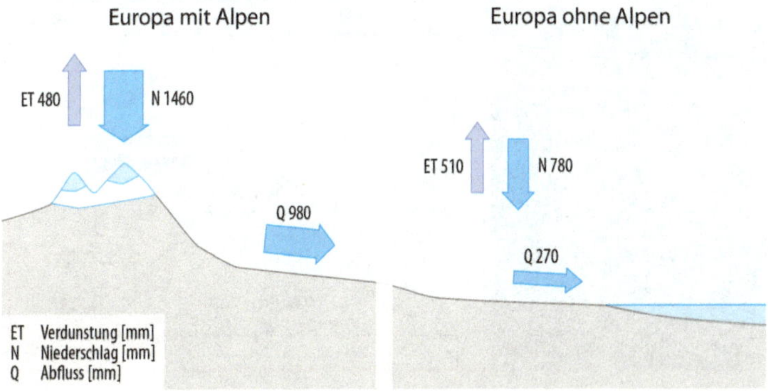

Abb. 20-3

Schematische Besonderheiten der Wasserbilanz im Hochgebirge (oben) mit Quantifizierung für die europäischen Alpen gegenüber dem nichtalpinen Teil Europas (nach Messerli et al. 2009).

20.4 | Besonderheiten der Hydrologie vergletscherter Gebiete

Gebirgsgletscher sind ein wichtiger Wasserspeicher.

Eine Besonderheit im Hochgebirge sind **Gebirgsgletscher**, da sie einen Wasserspeicher darstellen, der den Abfluss aus vergletscherten Einzugsgebieten auf verschiedenen Zeitskalen steuern kann. Zum Verständnis der Abflussbildung aus der **Eisschmelze** eines Gletschers ist es wichtig, einige Grundlagen der Glaziologie zu kennen. Wie in Abb. 20-4 zu sehen, gliedert sich ein alpiner Gletscher in eine **Akkumulationszone** im oberen Teil des Gletschers und eine **Ablationszone** im unteren Teil des Gletschers. In der Akkumulationszone fällt im Winter mehr Schnee als im Sommer wieder abschmilzt, d.h. die **Massenbilanz** ist positiv. Der den Sommer überdauernde Schnee wird erst zu **Firn** verfestigt, später zu Eis. In der Ablationszone schmilzt der im Winter akkumulierte Schnee komplett ab, sowie zusätzlich noch eine gewisse Menge Gletschereis, d.h. die Massenbilanz ist hier negativ. Die Höhenlage, in der sich Winterbilanz und Sommerbilanz die Waage halten, nennt man **Firnlinie** oder Gleichgewichtslinie.

Abb. 20-4 | Schematische Entwicklung der Massenbilanz im Sommer und Winter in der Akkumulationszone und Ablationszone.

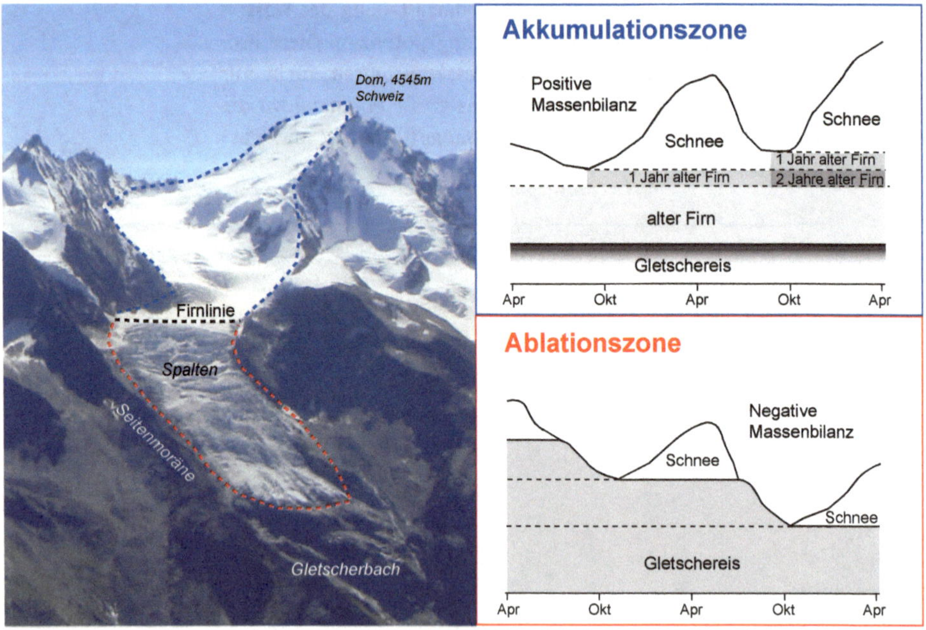

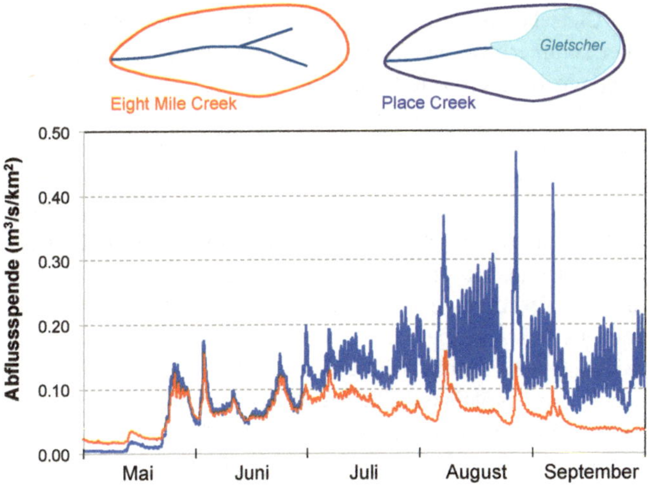

Abb. 20-5

Abfluss aus benachbarten vergletscherten (blau) und gletscherfreien (rot) Einzugsgebieten während der Schmelzperiode. Beispiel aus dem kanadischen Küstengebirge (Daten: Richards und Moore 2003).

Für die Bestimmung der Wasserbilanz eines vergletscherten Einzugsgebiets ist somit zusätzlich zum saisonalen Schneespeicher auch die Änderung des Eisvolumens wichtig. Die meisten Gebirgsgletscher, insbesondere die der europäischen Alpen, wiesen in den letzten Jahrzehnten vorwiegend negative Massenbilanzen auf, verloren infolgedessen an Volumen und somit an Fläche und Länge. Diese langfristige negative Speicheränderung stellte dabei einen Zugewinn für den Abfluss in der Wasserbilanzgleichung dar.

Auch auf kürzeren Zeitskalen weist der Abfluss von Fließgewässern aus vergletscherten Einzugsgebieten den Schnee- und Eisschmelzprozessen entsprechende Besonderheiten auf. Abb. 20-5 illustriert diese am Beispiel zweier benachbarter Einzugsgebiete, von denen jedoch nur eines in den Höhenlagen vergletschert ist. Zu Beginn der Schneeschmelze im Frühjahr steigt der Abfluss gleichmäßig in beiden Gebieten und zeigt gleiche Schmelzphasen und überlagerte Niederschlag-Abfluss-Ereignisse. Ende Juni steigt der Abfluss im gletscherfreien Gebiet nicht mehr weiter, während er im vergletscherten Gebiet weiter ansteigt. Hier liefert nun die Eisschmelze des Gletschers zusätzliches Schmelzwasser. Dieser Schmelzwasserabfluss zeigt einen **temperaturabhängigen Tagesgang**, der sich im Laufe des Sommers verstärkt. Der Grund für diese Verstärkung liegt in der sukzessiven sommerlichen Ausbildung eines natürlichen **Entwässerungssystems** innerhalb und unterhalb des Gletschers. Ende September, wenn die Temperaturen kälter werden, frieren diese Kanäle wieder zu, und auch die Schmelz-

Im Jahresgang hat der Abfluss des Gewässers mit Gletscher im Einzugsgebiet ein späteres Maximum und über den Sommer insgesamt einen höheren Abfluss als das Gewässer im gletscherfreien Einzugsgebiet.

wassermenge nimmt ab. Im Jahresgang hat der Abfluss des Gewässers mit Gletscher im Einzugsgebiet also ein späteres Maximum und über den Sommer insgesamt einen höheren Abfluss im Vergleich zum Gewässer mit dem gletscherfreien Einzugsgebiet. Dies begründet die besondere Form eines glazialen Regimes.

Gletscher im Einzugsgebiet beeinflussen jedoch auch die Dynamik des Abflusses von Jahr zu Jahr sowie etwaige langfristige Trends. Da Gletscher verlässliche Quellen für den Abfluss in der warmen Jahreszeit sind, **weisen Gletscherbäche sehr stabile Abflussmengen auf**. Gegenüber nicht vergletscherten Einzugsgebieten haben ihre Jahresabflussmengen also eine geringere Variation. Anhand der Abflussdaten verschiedener stark vergletscherter Einzugsbiete lässt sich z.B. zeigen, dass mit steigendem Vergletscherungsgrad von bis zu 20–30% des Einzugsgebiets der **Variationskoeffizient** der Jahresabflusswerte abnimmt (z.B. van Tiel et al. 2020). Dies ist einer der Gründe, weshalb viele stark vergletscherte Gebiete für die **Energiegewinnung aus Wasserkraft** mittels Speicherseen genutzt werden. Langfristige Veränderungen der Abflusseigenschaften, wie der höheren Abflussspende, der großen Tagesschwankungen, der saisonalen Regime und der Stabilität von Jahr zu Jahr in stärker vergletscherten Gebieten, hängen von der Ausgangslage und von der Entwicklung des Gletschers ab.

Box 20.2

Einfluss der Klimaänderung auf den Abfluss vergletscherter Gebiete

Die Klimaerwärmung hat weltweit den Rückgang der Gletscher zu Folge. Insbesondere dort, wo das Wasser von Gletscherbächen in der wärmsten oder trockensten Zeit des Jahres eine Aufhöhung der ansonsten niedrigen Wasserführung garantiert und somit zur Nutzung zur Verfügung steht, ist dies ein Grund zur Sorge. Der wichtigste Aspekt hierbei ist, dass infolge einer klimatischen Erwärmung **kurzfristig** zwar mehr Schmelzwasser produziert wird, nach einem substanziellen Rückzug der Gletscher jedoch **langfristig** der spezifische Abfluss abnimmt. Auch die Tagesschwankungen werden sich entsprechend verändern. Das Regime wird weniger glazial, sondern stärker nival geprägt sein, was auch eine größere Variabilität des Abflusses von Jahr zu Jahr bedeuten wird. Zusammenfassend wird sich das Abflussverhalten eines Einzugsgebiets immer mehr dem eines gering vergletscherten bis gletscherfreien Gebiets annähern.

Der genaue zeitliche Verlauf dieser Folgen der Erwärmung und des Gletscherrückgangs auf das Abflussverhalten hängt von lokalen Faktoren und insbesondere auch der Ausgangslage mit der Größe des Gletschers und dem Grad der Verglet-

Entwicklung des Jahresabflusses der Massa bei Blatten (Naters), die den Aletschgletscher entwässert und an der seit 1922 der Abfluss gemessen wird. Dargestellt sind im oberen Bereich die prozentualen Anteile am Abfluss, die durch Schneeschmelze, Eisschmelze sowie den direkten Abfluss aus dem Regen entstehen, sowie der prozentuale Vergletscherungsgrad des Einzugsgebiets. Im unteren Bereich sind Jahresniederschlag und Abfluss aus Messungen und Modellsimulationen gezeigt. Das blau schraffierte Band enthält 95 % der Modellrealisierungen und gibt somit die Unsicherheit aus den Klimaszenarien an (nach Versuchsanstalt für Wasserbau, Hydrologie und Glaziologie der ETH Zürich 2011).

Abb. 20-6

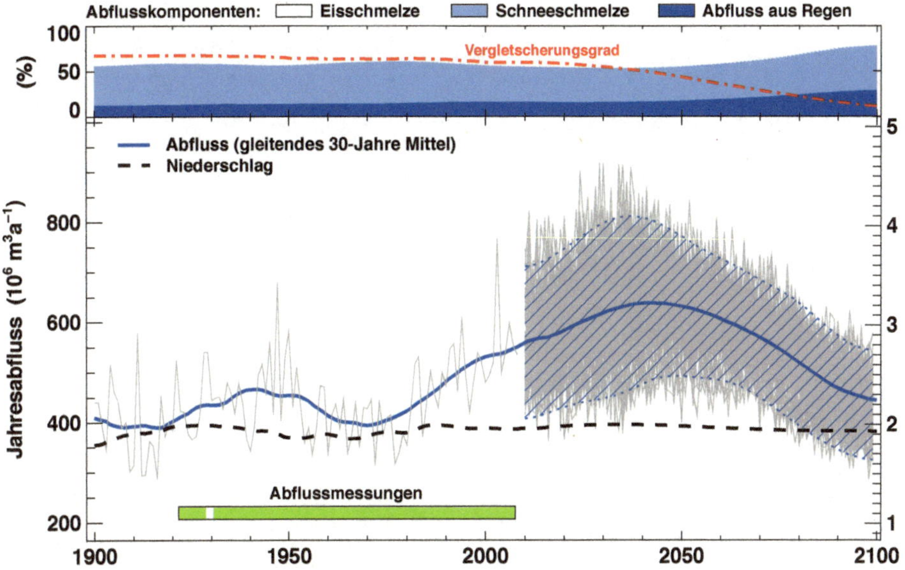

scherung des bemessenen Einzugsgebiets ab. Für mesoskalige Einzugsgebiete der Schweiz und Österreich wurden mittels Modellierung zukünftige Szenarien der Abflussentwicklung berechnet. Abb. 20-6 zeigt ein Beispiel einer solchen Modellrechnung für den Jahresabfluss des Flusses Massa, der den größten Alpengletscher, den Aletschgletscher, entwässert. In diesem stark vergletscherten Einzugsgebiet wird das Maximum des spezifischen Abflusses erst um das Jahr 2050 erwartet. In vielen Einzugsgebieten mit kleineren Gletschern kann das Maximum jedoch bedeutend früher und weniger ausgeprägt auftreten (Bundesamt für Umwelt 2012). Die Unsicherheiten dieser Modellrechnungen sind, wie in Abb. 20-6 gezeigt, groß, insbesondere auch bedingt durch eine große Bandbreite der aus Klimaszenarien und Klimamodellen stammenden meteorologischen Eingangsdaten für die glaziohydrologischen Modelle.

Weiterführende Literatur

Barry, R. G. (2008): Mountain Weather and Climate. Cambridge.
Bundesamt für Wasser und Geologie (Hrsg.): Hydrologischer Atlas der Schweiz. URL: http://www.hades.unibe.ch (Stand: 14.02.2016).

Hydrologie von Trockenregionen | 21

Axel Bronstert, Jens Lange

Inhalt

21.1 Bedeutung der Hydrologie in Trockenregionen
21.2 Räumliche Abgrenzung
21.3 Niederschlag
21.4 Verdunstung
21.5 Infiltration und Abflussbildung
21.6 Abflussereignisse und -verluste
21.7 Grundwasser und Grundwasserneubildung

Trockenregionen machen einen großen Teil der Erdoberfläche aus und sind naturgemäß durch Wassermangel gekennzeichnet. Hohe potenzielle Verdunstungsraten und geringe Abflussbeiwerte charakterisieren den Wasserhaushalt, während vergleichsweise geringe Niederschläge mit hoher Variabilität und Intensität fallen. In ariden Gebieten reduzieren verschiedene Prozesse die Infiltration der Böden, wodurch Horton'scher Oberflächenabfluss eine große Bedeutung für die Abflussbildung hat. In feuchteren Trockenregionen, etwa mediterranen Gebieten, tritt zudem Sättigungsflächenabfluss auf. Diese oberflächlich dominierte Abflussbildung führt zu episodischen und plötzlich auftretenden Abflussereignissen, deren Rate aufgrund von Versickerungs- und Verdunstungsverlusten entlang von Trockenflüssen signifikant abnehmen kann. Diese Verluste führen jedoch gleichzeitig zur Grundwasserneubildung von alluvialen Aquiferen, die eine wichtige längerfristige Wasserressource darstellen.

21.1 | Bedeutung der Hydrologie in Trockenregionen

Mehr als **ein Drittel der Weltbevölkerung lebt in Trockengebieten**, die insgesamt ungefähr 40 % der Landoberfläche der Erde ausmachen. Ein Kennzeichen von Trockengebieten ist, dass einerseits die natürlich verfügbaren Wasservorräte knapp sind und andererseits der Wasserbedarf besonders groß ist, was vor allem für die Landwirtschaft gilt. Somit kann zumindest temporär oder regional **Wassermangel** auftreten, was bedeutet, dass der Wasserbedarf durch die verfügbaren Ressourcen, das sogenannte Wasserdargebot, nicht oder nur ungenügend gedeckt werden kann.

Die Ursache für geringe Wasservorräte ist, dass vergleichsweise **geringe Niederschlagsmengen** fallen und zudem die potenziellen **Verdunstungsraten hoch** sind. So dominiert die Verdunstung die Wasserbilanz, und aus den Niederschlägen gelangen nur geringe Anteile in Oberflächengewässer oder in das Grundwasser. Abflussbildung und Grundwasserneubildung stellen folglich nur einen kleinen Teil des Wasserkreislaufs dar, und die Abflussbeiwerte sind klein. Dies führt dazu, dass Flüsse oft nicht ganzjährig Wasser führen, sondern nur **saisonal** (periodisch) oder gar nur zeitweise (episodisch). Gleichzeitig reichen verfügbare Niederschläge häufig nicht für den Regenfeldbau aus, und große Wassermengen werden für die **landwirtschaftliche Bewässerung** eingesetzt (→ Kap. 22). Hinzu kommen u.U. hohe Wasserbedarfe aus anderen ökonomischen Sektoren, etwa zur Deckung der Wassernachfrage der urbanen Zentren oder für den Tourismus.

In Trockengebieten führen Flüsse nur saisonal oder episodisch Wasser.

Nachhaltiger Wasserbewirtschaftung kommt in Trockengebieten eine hohe Relevanz zu, da verfügbare Wasservorräte beurteilt und gleichzeitig Abflussbildungs- oder Grundwasserneubildungsraten quantifiziert werden müssen, um unter Mangelbedingungen belastbare Aussagen zu treffen. Dies ist jedoch schwierig, da die verfügbaren Daten lückenhaft und ungenau sind. Ein großer Anteil der verfügbaren Wasserressourcen wird genutzt, wodurch im wasserwirtschaftlichen System wenig Flexibilität und Puffermöglichkeiten enthalten sind. **Dürren** (→ Kap. 14) haben unter diesen Bedingungen schwerwiegende Folgen. Zunehmend wird eine Anpassung des Wasserbedarfs an die regional und zeitlich vorhandenen Wasserressourcen, das sogenannte Demand Management, als Managementoption verfolgt (White 1998; Butler und Fayyaz 2006).

Box 21.1

Wasserknappheit

Ökonomisch schwache Gesellschaften oder Gesellschaftsgruppen haben unter Wasserknappheit zumeist besonders zu leiden. Oftmals ist der Gang zum nächsten Fluss oder See und die dortige direkte Entnahme des Wassers die einzige Möglichkeit zur Deckung des Wasserbedarfs. Abb. 21-1 zeigt eine auch heute noch häufig anzutreffende Situation der Wasserversorgung während der Trockenzeit in einer semi-ariden Region Südamerikas: Ein Kind holt in einer Schüssel Wasser, mit dem anschließend das Mittagessen bereitet wird. Aus demselben Wasservorrat, einem Mikrostausee, wird auch der Wasserbedarf für die örtliche Bewässerung und die Nutztiere (hier: Esel) der lokalen Bevölkerung gedeckt. Die mangelnde Qualität dieses Wasservorrats ist visuell zu erkennen. Häufig werden dadurch Durchfallerkrankungen oder andere wasserbürtige Krankheiten verursacht, die vor allem für Kinder und ältere Menschen sehr gefährlich werden können. Zudem macht die oft hohe zeitliche Belastung der Wasserbeschaffung einen Besuch von Schulen oder die Erwirtschaftung von Einkommen unmöglich.

Abb. 21-1 Situation der Wasserversorgung in einem ländlich geprägten, semi-ariden Gebiet in Südamerika während der Trockenzeit (Foto: Axel Bronstert).

21.2 | Räumliche Abgrenzung

Wasserhaushaltsansätze vergleichen Niederschlag mit Verdunstung und sind für die Abgrenzung von Trockenregionen am genauesten. Dabei kann beispielsweise ein Ariditäts-Index (AI) berechnet werden:

$$AI = \frac{N_{Jahr}}{ETp_{Jahr}} \quad (21.1)$$

mit N_{Jahr} = Jahressumme des Niederschlags [mm]
ETp_{Jahr} = Jahressumme der potenziellen Evapotranspiration [mm]

Die Werte des Jahresniederschlags werden in der Regel aus langjährigen Messreihen ermittelt, die Werte der potenziellen Verdunstung mithilfe standardisierter Verdunstungsformeln, etwa der Penman-Formel (→ Kap. 7). Daraus leitete die UNEP (1992) vier Trockenheitsklassen ab (→ Tab. 21-1). Abb. 21-2 zeigt zudem die räumliche Verteilung der Trockenheitsklassen auf globaler Skala.

Tab. 21-1 | Trockenheitsklassen nach UNEP (1992). Winter: definiert als Regenzeit in der Periode von Dezember bis Februar; Sommer: definiert als Regenzeit in der Periode von Juni bis August.

Ariditäts-Index (AI)	Trockenheitsklasse
< 0,05	Hyper-arid
0,05–0,20	Arid
0,20–0,50	Semi-arid
0,50 < AI < 0,65	Trocken sub-humid

Abb. 21-2 | Globale Darstellung der Trockenheitsklassen (nach UNEP 1992).

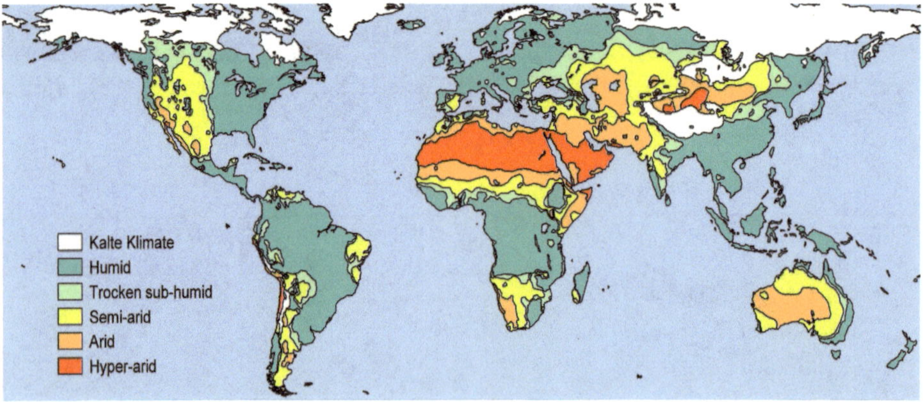

Niederschlag

21.3

In Ausnahmefällen, zum Beispiel in der chilenischen Atacama-Wüste (Carvajal et al. 2022), kann Nebelniederschlag das Überleben von angepasster Vegetation in Trockengebieten ermöglichen. Bedeutende Regenfälle werden aber durch **Konvektion** verursacht (→ Kap. 4). Dies bewirkt im Vergleich zu humiden Regionen eine höhere Niederschlagsintensität und zugleich eine höhere räumliche und zeitliche **Variabilität** von Niederschlagsereignissen (→ Abb. 21-3). Aufgrund der unterschiedlichen Intensität und Auftretenshäufigkeit von konvektiven Bedingungen zu verschiedenen Jahreszeiten gibt es auch eine jahreszeitabhängige Ausprägung dieser Variabilität (→ Abb. 21-4).

Abb. 21-3

Konvektiver Niederschlag am Ende der Trockenzeit im Khomas-Hochland, Namibia (Foto: Jens Lange).

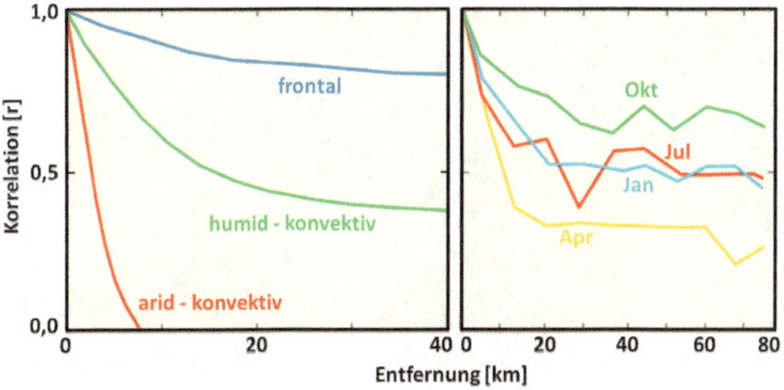

Abb. 21-4

Korrelation von Niederschlagsstationen in Abhängigkeit ihres räumlichen Abstands. Links: schematische Darstellung für verschiedene Niederschlagsbedingungen; rechts: für unterschiedliche Monate, Region Ruvu, Tansania (nach Jackson 1974).

Trockengebietsniederschläge sind durch hohe Intensität und große räumliche Variabilität gekennzeichnet.

Eine hohe Niederschlagsvariabilität erfordert eine hohe Messnetzdichte, um Einzugsgebietsniederschläge verlässlich abzuschätzen. Operationelle Probleme erschweren zusätzlich die Niederschlagsmessung. So gefährden hohe Temperaturunterschiede sowie Sand und Staub die Messelektronik. Hohe Verdunstungsverluste vergrößern den Messfehler. Dies führt dazu, dass die meisten Trockenregionen durch **fehlerbehaftete** und vergleichsweise **kurze Niederschlagsmesszeitreihen** gekennzeichnet sind.

21.4 Verdunstung

Bedingt durch das hohe Energieangebot und den geringen Wasserdampfgehalt in der Atmosphäre, ist die **potenzielle Verdunstung** in Trockengebieten hoch. Geringe Niederschläge begrenzen aber das verfügbare Wasser, weshalb sich zwei Zustände unterscheiden lassen:

- Die Evapotranspiration entspricht der potenziellen Verdunstungsrate, falls genügend Wasser im Boden verfügbar ist, etwa in oder kurz nach der Regenzeit oder bei bewässerten Flächen bzw. bei Grundwasseranschluss.
- Die reduzierte Verdunstung, falls der Wasserbedarf der Vegetation nicht vollständig vom Wassergehalt im Wurzelraum des Bodens gedeckt werden kann. Solche Bedingungen führen zu Trockenstress der Pflanzen oder gar zu deren Absterben (→ Kap. 7).

Abb. 21-5 | Phreatophyten am Kuiseb, Namibia (Foto: Jens Lange).

Zusätzlich ist die Verdunstung durch eine besonders hohe **räumliche Variabilität** geprägt. Kleinräumige Unterschiede werden durch ausgeprägte, charakteristisch geformte Vegetationsmuster verursacht, die sich nach Prinzipien der Selbstorganisation bilden. Solche Streifen- oder Fleckenmuster in Savannen oder Steppenlandschaften verursachen deutliche Unterschiede in Bodeneigenschaften, die Oberflächenabfluss umverteilen und auf Verdunstungsraten rückwirken (Müller et al. 2014). Größerskalige Muster entstehen, wenn lokale Wasservorräte die dort vorhandene Vegetation stark in deren Verdunstung und Wachstum unterstützen. Ein Beispiel sind Flüsse in Trockenregionen, die durch Sickerungsverluste alluviale Aquifere speisen. **Phreatophyten** wie Schirmakazien oder Tamarisken sind an diese Bedingungen angepasst und erreichen mit ihren Wurzeln das Grundwasser. So bilden sich **Flussoasen**, die beträchtliche Wassermengen verdunsten können (→ Abb. 21-5).

Die potenziellen Verdunstungsraten sind in Trockenregionen hoch. Die realen Verdunstungsraten sind zeitlich und räumlich sehr variabel.

Bei oberflächennahen Grundwasserspiegeln droht Versalzung, da Wasser aus dem Grundwasser zur Bodenoberfläche aufsteigen kann und dort verdunstet, während die gelösten Salze im Boden zurückbleiben und sich dort akkumulieren.

Infiltration und Abflussbildung | 21.5

In Trockengebieten ist die Bodenoberfläche zumindest während der Trockenzeit nur gering bewachsen und somit stärker atmosphärischen Einflüssen wie Regen oder Wind ausgesetzt. Verschiedene Faktoren hemmen die Infiltration und begünstigen die Bildung von **Horton'schem Oberflächenabfluss** (→ Kap. 9). In Wüsten unterliegen Lockersedimente ariden Bodenbildungsprozessen (Gerson und Amit 1986). Steine akkumulieren an der Oberfläche, verwittern zu einer einheitlichen Größe von wenigen Zentimetern, regeln sich ein und bilden stabile Steinpflaster, sogenannte Desert Pavements. Darunter bildet eingewehter Staub einen mächtigen Feinmaterialhorizont (→ Abb. 21-6a). Stabile **Steinpflaster** weisen Infiltrationsraten von weniger als 10 mm/h auf und bedecken als Kieswüste (Serir) große Teile der Sahara. Fehlen die Steine, werden unter Bedingungen hoher Niederschlagsintensität Bodenaggregate von auftreffenden Regentropfen zerkleinert und verstopfen die größeren, besonders gut wasserführenden Poren an der Bodenoberfläche. Dieser **Verschlämmung** genannte Prozess ist in Trockengebieten vor allem in tonigen und lehmigen Böden zu Beginn der Regenzeit zu beobachten. Tonreiche Böden bilden Trockenrisse. Verschlämmungen auf schluffreichen Böden bleiben auch nach Austrocknung stabil und

In ariden und semiariden Gebieten führen verschiedene Prozesse zur Bildung von Krusten, welche die Infiltration hemmen.

Abb. 21-6 | Detailfotos von typischen Oberflächen in der nördlichen Negevwüste, Israel: a) altes Alluvium mit ausgeprägtem Steinpflaster b) Löss-Oberfläche mit stabiler Verschlämmung c) biologische Kruste auf Sandboden (Fotos: Jens Lange).

reduzieren Infiltrationsraten beträchtlich (→ Abb. 21-6b). In hyper-ariden Gebieten sind Sanddünen ständig in Bewegung, weisen hohe Infiltrationsraten auf und bilden keinen Oberflächenabfluss. Steigt der Jahresniederschlag auf über 150 mm, kann sich permanente Vegetation halten, und mancherorts bilden sich **biologische Krusten** (→ Abb. 21-6c). Diese bestehen aus Cyanobakterien und Grünalgen, die von Flechten, Moosen und Pilzen durchsetzt sind. Durch sie wird selbst auf Sanddünen oberflächliche Abflussbildung möglich (Yair 1990). Casenave und Valentin (1992) klassifizierten auftretende Krustentypen in der westlichen Sahelzone und konnten über ein empirisches Regressionsmodell (→ Kap. 15) den gebildeten Horton'schen Oberflächenabfluss vorhersagen.

Box 21.2

Beregnungsversuche

Lavee et al. (1991) führten identische Beregnungsversuche (Beregnungsintensität 40 mm/h) auf 1 m^2 großen Plots entlang eines klimatischen Gradienten durch und zeigten so exemplarisch den Einfluss von Aridität auf die Abflussbildung. Unter ariden Bedingungen sank die Infiltration bei Beregnung bereits nach 12 min auf ca. 12 mm/h ab, was zur Bildung von Horton`schem Oberflächenabfluss führte. Unter semi-aridem Klima wurden ähnliche Infiltrationsraten nach ca. 30 min Beregnung erreicht. Unter mediterranen Klimabedingungen verhinderte eine dichte Vegetation die Krustenbildung und ermöglichte eine konstant hohe Infiltration (→ Abb. 21-7).

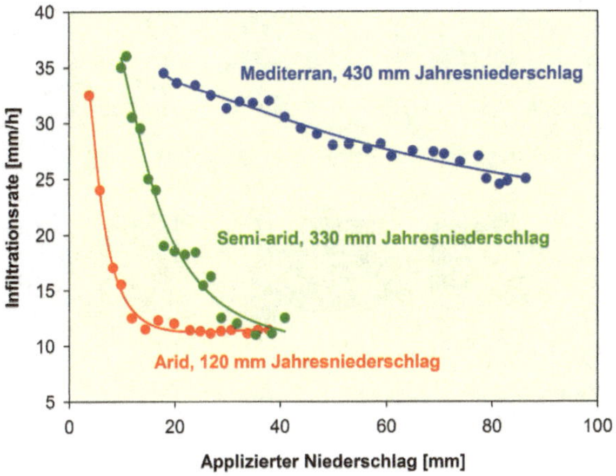

Abb. 21-7

Beregnungsversuche entlang eines klimatischen Gradienten (Lavee et al. 1991).

Aber auch in feuchteren Trockenregionen ist Oberflächenabfluss möglich, wie ein Beregnungsversuch auf $180\,m^2$ auf einem mediterranen Kalksteinhang zeigte (Lange et al. 2003). In diesem Versuch trug Abfluss von anstehendem Gestein zur sukzessiven Sättigung geringmächtiger Bodentaschen bei, was nach einer Beregnung von ca. 50 mm zur Abflussreaktion des gesamten beregneten Hangbereichs führte. So kommen sowohl Horton'scher Oberflächenabfluss als auch **Sättigungsflächenabfluss** in Trockengebieten vor (→ Kap. 9). Deren Dominanz kann saisonal sehr unterschiedlich sein. Dies zeigten Gallart et al. (2002) für ein mediterranes Einzugsgebiet in den spanischen Pyrenäen: Im Sommer herrschen hier aride Bedingungen mit Horton'schem Oberflächenabfluss, während im übrigen Jahr Sättigungsflächenabfluss prägend ist.

Merksatz: In Trockenregionen kann Oberflächenabfluss als Horton'scher Oberflächenabfluss oder als Sättigungsflächenabfluss auftreten.

21.6 Abflussereignisse und -verluste

Die hohe Niederschlagsvariabilität, durch Konvektion erhöhte Niederschlagsintensitäten und eine schnelle, oberflächliche Abflussbildung führen dazu, dass Abflussereignisse in ihrer Häufigkeit, Örtlichkeit und Intensität recht abrupt und unregelmäßig entstehen. Dabei kann der Abfluss in trockenen Flussbetten innerhalb von wenigen Minuten extrem ansteigen. Da in sogenannten **Sturzfluten** (→ Kap. 14) gleichzeitig viel Sediment transportiert wird, reichen Wasserstände von 50 cm aus, um z.B. LKWs mitzureißen (→ Abb. 21-8).

In Trockenregionen treten Abflussereignisse abrupt auf und haben eine große Zerstörungskraft.

Das plötzliche, unvorhergesehene Auftreten und die hohe Zerstörungskraft von Abflussereignissen stellen auch hohe Anforderungen

Abb. 21-8 | Verunglückter Bus nach einer Sturzflut in der algerischen Sahara (Foto: Jens Lange).

Abb. 21-9 | Pegel am Kuiseb mit 15-jähriger Messreihe (1985–2000) (Foto: Jens Lange).

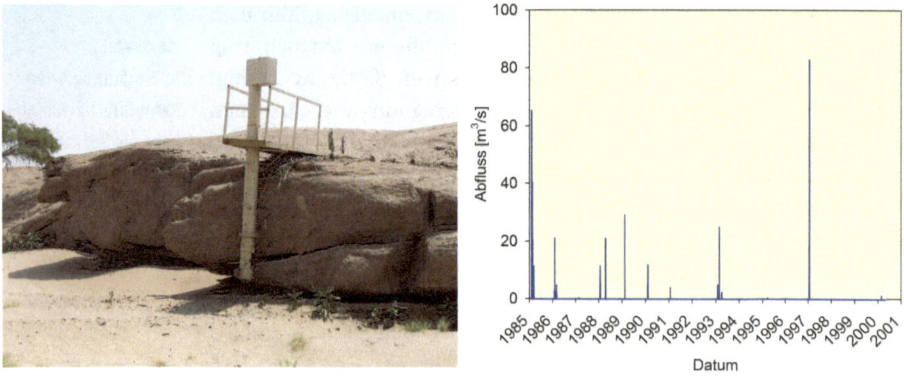

an Abflussmesseinrichtungen. So werden Pegel oft zerstört, und nur selten gibt es verlässliche Wasserstands-Abfluss-Beziehungen (→ Kap. 8). Ein Pegel am Kuiseb (Namibia) wurde während eines großen Ereignisses aus der Verankerung gerissen und befindet sich nun 50 cm über dem Flussbett, wodurch kleine Ereignisse nicht mehr gemessen werden können (Abb. 21-9). Die zugehörige Datenreihe zeigt die **episodischen Abflussereignisse**, die vor der Zerstörung aufgezeichnet wurden.

Alternativ zu Pegelmessungen können Abflussmaximalwerte über Geschwemmsel-Linien rekonstruiert werden. Die sogenannte Paleoflood-Methode ist in Trockengebieten weit verbreitet, da Ablagerungen von Abflussereignissen hinter Fließhindernissen oder bei seitlichen Zuflüssen lange erhalten bleiben (Kochel und Baker 1988).

Von besonderer hydrologischer Relevanz in Trockengebieten sind die durch Versickerung und Verdunstung hervorgerufenen **Abflussverluste** in den dortigen Flüssen (engl. **Transmission Losses**), wobei die Versickerungsverluste meist deutlich größer sind als die Verdunstungsverluste. In großen Abflussereignissen steigen sie überproportional an, falls das Umland überschwemmt wird und große Flächen für **Versickerung** und **Verdunstung** zur Verfügung stehen (Lange 2005). Die Ursache für die Versickerungsverluste liegt darin, dass Abflussereignisse oft auf zuvor nur gering mit Wasser gefülltem oder sogar vollständig trockenem Flussbett stattfinden und der Grundwasserspiegel unter dem Niveau des Flusswasserstands liegt. Zu Ereignisbeginn sind **Oberflächenwasser und Grundwasser hydraulisch vollständig getrennt**, und der hydraulische Gradient ist vom Fluss zum Grundwasser bzw. in den Untergrund gerichtet. Über präferenzielle Fließwege kann das Fluss-

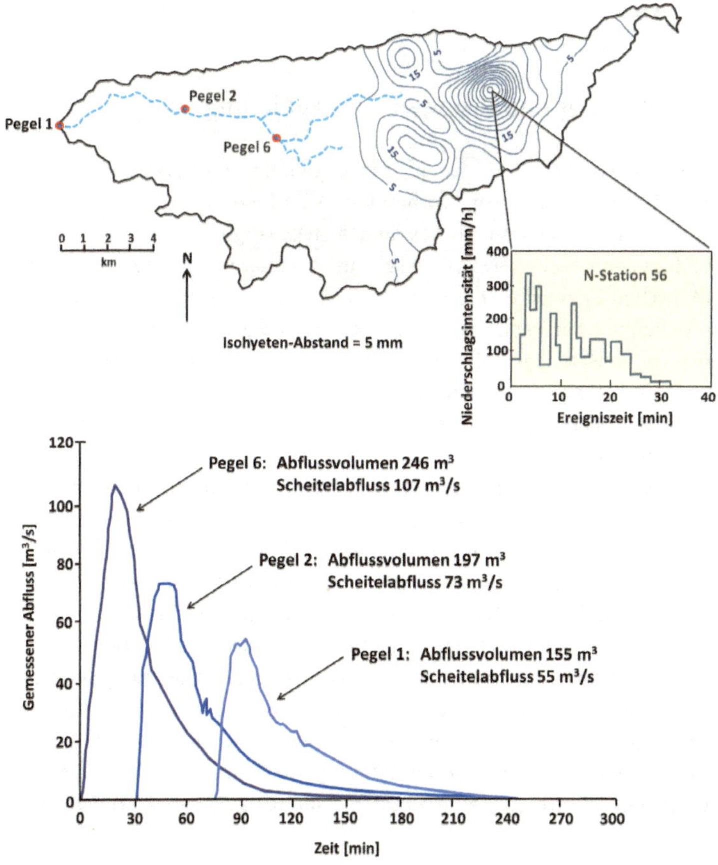

Abb. 21-10

Auswirkungen der Durchflussverluste auf Abflussereignisse infolge eines Starkregens am 27. August 1987 im semiariden Einzugsgebiet Walnut Gulch, Arizona, USA. Der obere Teil der Abbildung zeigt die Stärke und die Lage des Niederschlagsereignisses mittels Isohyetenkarte und das Gewässernetz mit Lage der Pegel. Der untere Teil zeigt die Abflussganglinien an den drei Pegeln (nach Goodrich et al. 1997).

wasser dann schnell infiltrieren und führt zu einer schrittweisen Aufsättigung des Alluviums von unten her (Dahan et al. 2008). In semiariden Gebieten, in denen während der Regenzeit viel Niederschlag fällt und es nachfolgend zu einem deutlichen Anstieg des Grundwasserspiegels kommt, können sich hydraulische Gradienten bis zum Ende der Regenzeit jedoch umkehren; dann fließt das Grundwasser den Flüssen zu (Costa et al. 2013). Die **Abflussverluste** sind neben dem räumlich nur begrenzten Auftreten von Niederschlägen (s.o.) der entscheidende Grund dafür, dass Flüsse in Trockengebieten nur zeitweise Wasser führen und dass deren Durchflussraten flussabwärts abnehmen können. Abb. 21-10 zeigt für das hydrologische Forschungseinzugsgebiet Walnut Gulch (Arizona, USA) die Bedeutung der Abflussverluste für ein ausgewähltes Starkregenereignis. Der mittlere Jahresniederschlag beträgt dort 324 mm und die Flüsse führen nur episodisch Wasser als Reaktion auf die seltenen Starkniederschläge. Aus der Abbildung wird der lokale Charakter des Starkregens deutlich, ebenso die deutliche Reduktion des Abflussvolumens und der Abflussspitze flussabwärts.

21.7 | Grundwasser und Grundwasserneubildung

Grundwasser (→ Kap. 6) ist in Trockengebieten im Vergleich zu humiden Regionen nur gering vorhanden. Allerdings ist es aufgrund seines zeitlich relativ **kontinuierlichen Vorkommens** vergleichsweise verlässlich, wohingegen Abflussereignisse sehr unregelmäßig auftreten. Durch den Menschen angelegte Oberflächenspeicher (Stauseen) bieten zwar die Möglichkeit zur Verstetigung der **Wasserverfügbarkeit** aus Oberflächenwasser, weisen aber hohe Verdunstungs- und Versickerungsverluste auf und sind auch nicht überall technisch, ökonomisch oder ökologisch sinnvoll. Daher ist besonders auf die Nachhaltigkeit der Grundwassernutzung zu achten.

In vielen Trockengebieten gibt es **fossile Grundwasservorkommen**, die zu Zeiten feuchteren Klimas gebildet wurden und die Lebensgrundlage für Oasen bilden. Fossile Grundwasservorkommen sind vom aktuellen Wasserkreislauf abgekoppelt und erfahren daher auch keine Grundwasserneubildung. Der nubische Sandsteinaquifer in Nordafrika ist ein bekanntes Beispiel. Eine verstärkte **Grundwasserförderung** in neuerer Zeit führte dort zu einem starken **Absinken der Grundwasserspiegel** (Heinl und Brinkmann 1989). Um Gleiches bei rezenten Grundwasservorkommen zu vermeiden, ist eine genaue Kenntnis von Prozessen und Höhe der Grundwasserneubildung entscheidend (→ Kap. 6). Hierbei gilt, dass mit steigender Aridität die **indirekte Grundwasserneubildung** immer wichtiger wird (Gee und Hillel 1988). In ihr findet zuerst eine oberflächliche Bildung und Konzentration von Abfluss statt, der dann als Abflussverlust entlang von Flussbetten oder beim Übergang von Gebirgen in Schwemm-Ebenen, an der sogenannten Mountain Front, konzentriert in das Grundwasser gelangt. In semi-ariden Gebieten, und dort vor allem in Sandgebieten, ist die **direkte Grundwasserneubildung** entscheidender, da sie über größeren Flächen stattfindet.

Weiterführende Literatur

Bull, L. J. und M. J. Kirkby (2002): Dryland Rivers. Hydrology and Geomorphology of Semi-arid channels. Chichester.
Nicholson, S. E. (2011): Dryland Climatology. Cambridge.
Simmers, I. (2003): Understanding Water in a Dry Environment. Hydrological processes in arid and semi-arid zones. Lisse.

Anwendungen der Hydrologie

Bewässerung

22

Niels Schütze

Inhalt

22.1 Grundlagen der Bewässerung

22.2 Der Betrieb von Bewässerungsanlagen

Feldbewässerung deckt den zusätzlichen Wasserbedarf der Kulturpflanzen ergänzend zum Niederschlag. Dazu werden verschiedene ober- und unterirdische Bewässerungsverfahren eingesetzt, die sich stark in ihrer Wirksamkeit und Effizienz unterscheiden. Die Planung und Steuerung von Bewässerungsanlagen erfordert Kenntnisse des Pflanzenwasserbedarfs, des Bodenwasserhaushalts und der Wasserausbreitung auf und im Feld. Weltweit leistet der Bewässerungslandbau einen wichtigen Beitrag zur Sicherung der Ernährung der Weltbevölkerung, ist aber auch der größte Wasserverbraucher weltweit.

Grundlagen der Bewässerung

22.1

Heute ist die Bewässerungslandwirtschaft global gesehen der größte Wasserverbraucher und hat angesichts des Bevölkerungswachstums auf der Erde eine zunehmende Bedeutung für die zukünftige Nahrungsmittelproduktion. Die Aufgabe von Bewässerung ist es, den zusätzlichen Wasserbedarf von Kulturpflanzen ergänzend zum Niederschlag zur **Sicherung von Ertrag und Qualität** zu decken. Dieser **Zusatzwasserbedarf** ist erforderlich, wenn an einem Standort die **potenzielle Evapotranspiration** die **natürliche effektive Niederschlagsmenge** längerfristig übersteigt, also die klimatische Wasserbilanz negativ ist. Durch die klimatisch bedingte, jahreszeitliche und räumliche Verteilung der Niederschläge auf der Erde ergeben sich Regionen, in denen die Bewässerungslandwirtschaft eine große Bedeutung besitzt (→ Abb. 22-1). Unter ganzjährig ariden Bedingungen kann Landwirtschaft ausschließlich mit zusätzlichen Bewässerungsgaben betrieben werden.

In Deutschland wird in zusammengesetzten Benennungen anstelle von «Bewässerung» häufig das Wort «Beregnung» verwendet.

Abb. 22-1 | Länderbezogener Anteil des Bewässerungslandbaus an den landwirtschaftlichen Flächen (AQUASTAT 2013).

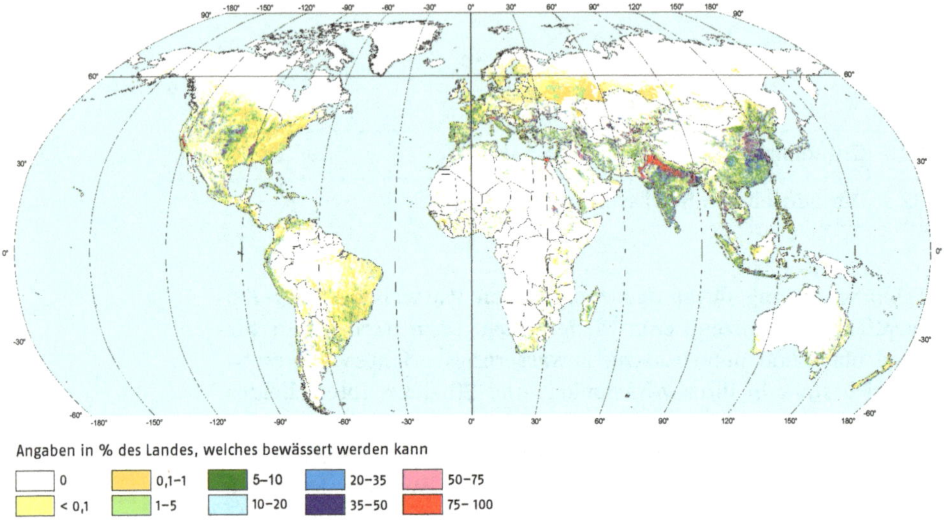

Das übergeordnete Ziel jeder Bewässerungsgabe ist die **Vermeidung von Trockenstress** der Kulturpflanzen. Trockenstress entsteht, wenn sich der Bodenwasserspeicher leert und die **Saugspannung** im Boden im Bereich des Wurzelraums über einen, für verschiedene Kulturpflanzen unterschiedlich hohen, kritischen Wert steigt (→ Kap. 5 & 7). Durch eine **Bewässerungsgabe** wird der **Bodenwasserspeicher** gefüllt. Damit steigt die Bodenfeuchte, und die Saugspannung im Bereich des Wurzelraums sinkt (→ Kap. 5). Die Größe des effektiv nutzbaren Bodenwasserspeichers ist abhängig von den hydraulischen Eigenschaften des Bodens am Bewässerungsstandort und kann über die **nutzbare Feldkapazität** (→ Kap. 5) beschrieben werden.

Neben der Auffüllung des Bodenwasserspeichers wird Bewässerung eingesetzt:

- zum vorbeugenden Frostschutz,
- zur Verteilung von Düngemitteln,
- zur Beeinflussung des Bestandsklimas,
- zur Bodenentsalzung,
- zur Grundwasseranreicherung,
- zur Abwasserreinigung und -verwertung und
- zu Sonderaufgaben wie Holzplatzberegnung und Staubbindung auf Halden.

Das für die Bewässerung erforderliche Wasser wird dem **natürlich vorkommenden Wasserdargebot** entnommen oder durch **Meerwasserentsalzung** sowie **Abwasserbehandlung** gewonnen. Es ist in **natürlichen Gewässern**, wie Oberflächengewässern und Grundwasser, oder in **wasserwirtschaftlichen Anlagen**, wie beispielsweise Rückhaltebecken, Stauanlagen, Behältern und Zisternen gespeichert. Die **Wasserentnahme** erfolgt an Wasserquellen, Oberflächengewässern und im Falle von Grundwasser durch Brunnen. Dies geschieht vorwiegend durch Entnahmebauwerke oder Pumpen. Das Wasser wird dann über Kanäle oder geschlossene Leitungen zum Bewässerungsgebiet geleitet (→ Abb. 22-2).

Entscheidend für den Erfolg von Bewässerungsmaßnahmen ist neben der Wasserbereitstellung **die operative Bewässerungsplanung**, die sich mit der Frage auseinandersetzt, wann und wie viel bewässert wird. Darüber hinaus ist die **Wahl des Bewässerungsverfahrens** von Bedeutung, die einen großen Einfluss auf die Verteilung des Wassers auf dem Feld hat und somit bestimmt, welcher Anteil zur Befeuchtung des Wurzelraums der Kulturpflanzen beiträgt. Die Auswahl des Bewässerungsverfahrens (→ Abb. 22-3) hängt vom Boden, der Topographie des Geländes, dem Wasserdargebot, der Art der Kulturpflanzen, den vorhandenen Arbeitskräften und ihrer Ausbildung sowie den verfügbaren finanziellen Mitteln ab (→ Tab. 22-1). Die wichtigsten Bewässerungsverfahren lassen sich in vier Gruppen einteilen:

Wasserzuleitung und -verteilung eines Oberflächenbewässerungssystems (nach Walker und Skogerboe 1987). | **Abb. 22-2**

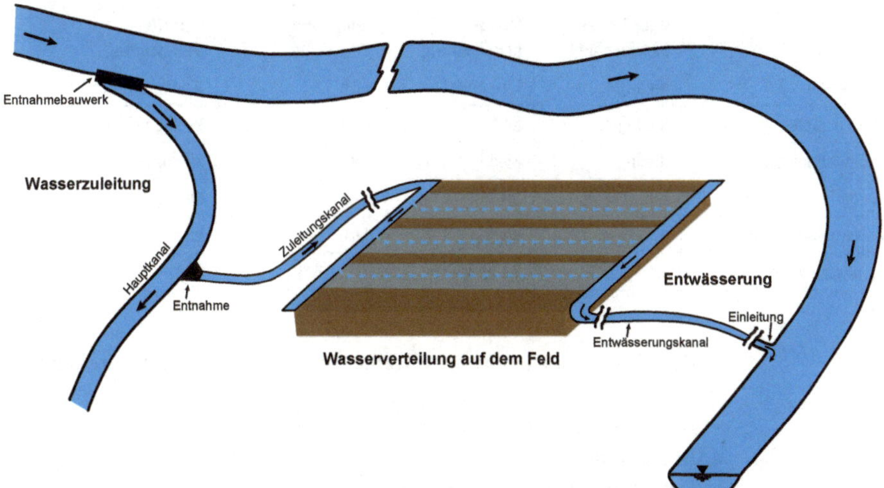

Abb. 22-3 | Beispiele für gebräuchliche Bewässerungsverfahren. (A) Furchenbewässerung; (B) Beckenbewässerung; (C) Mikrobewässerung; (D) Beregnung.

Tab. 22-1 | Typische Kenndaten von Bewässerungsverfahren.

	Oberflächenbewässerung	Mikrobewässerung	Beregnung	Unterflurbewässerung
Investitionskosten	Niedrig	Sehr hoch	Hoch	Niedrig bis hoch
Fixe Betriebskosten	Niedrig	Hoch	Mittel	Niedrig bis hoch
Variable Betriebskosten	Niedrig	Niedrig	Hoch	Niedrig bis hoch
Energiebedarf	Sehr niedrig	Niedrig	Hoch	Niedrig
Druck im Verteilungssystem	–	Niedrig	Hoch	Niedrig
Bewässerungswirkungsgrad	30 %–60 %	Bis 95 %	50 %–75 %	40 %–90 %

- Oberflächenbewässerungsverfahren; z.B. Becken- und Furchenbewässerung (→ Abb. 22-3a und b),
- Mikrobewässerungsverfahren (→ Abb. 22-3c),
- Beregnung (→ Abb. 22-3d),
- Unterflurbewässerungsverfahren.

In allen Bewässerungsverfahren benutzt man unterschiedliche Wege der Wasserverteilung. Im Falle der **Oberflächenbewässerung** wird das natürliche, durch die Gravitation bedingte Fließen des Wassers auf der Bodenoberfläche oder entlang künstlich angelegter Furchen genutzt (→ Abb. 22-4a). An den überstauten Bodenoberflächen infiltriert das aufgeleitete Wasser mit **anfangs hoher, später abnehmender Infiltrationsrate** in den Boden. Durch Einschwemmen von Feinmaterial an der Oberfläche kann es bei diesen Bewässerungsverfahren zur Verschlämmung und später zur Verkrustung der Bodenoberfläche kommen (→ Kap. 5 und 9).

Merksatz: Die wichtigsten Bewässerungsverfahren sind Oberflächen-, Mikro-, Unterflurbewässerung und Beregnung.

In der **Mikrobewässerung** erfolgt die Zuleitung des Bewässerungswassers über ein engmaschiges Schlauchsystem mit Auslässen, wie beispielsweise Mikrosprayer oder Tropfer, in unmittelbarer Nähe der Pflanzen. Dort wird der Boden radial um die Pflanze herum mit einem **geringen, konstanten Zufluss** befeuchtet und das Wasser infiltriert. Das Porensystem des Bodens transportiert das Bewässerungswasser entlang des Gradienten des hydraulischen Potenzials zum Wurzelraum der Pflanze (→ Kap. 5). Mikrobewässerung führt in der Regel dazu, dass nur ein Teil des Bodenvolumens befeuchtet wird.

In der **Beregnung** werden ebenfalls technische Systeme wie z.B. Kreisregner (engl. center pivot) und Linearregner genutzt, um das Wasser über der Feldfläche **mit einer konstanten Intensität** zu verteilen. Die Bodenoberfläche des Felds wird dabei – im Gegensatz zum Vorgehen in der Mikrobewässerung – gleichmäßig befeuchtet (→ Abb. 22-4c).

Abb. 22-4

Simulation der Feuchteverteilung unmittelbar nach Abschluss der Bewässerung mit der gleichen Wassermenge für einen Standort mit sandigem Lehmboden bei verschiedenen Bewässerungsverfahren mit COMSOL Multiphysics®. Blaue Bereiche sind sehr feucht, rote und braune Bereiche sind sehr trocken. In den gelben Flächen ist die Bodenfeuchte in einem mittleren Bereich. Die weiße Umrandung zeigt den Wurzelraum. Furchenbewässerung (links); Unterflur-Tropfbewässerung (Mitte); Beregnung (rechts).

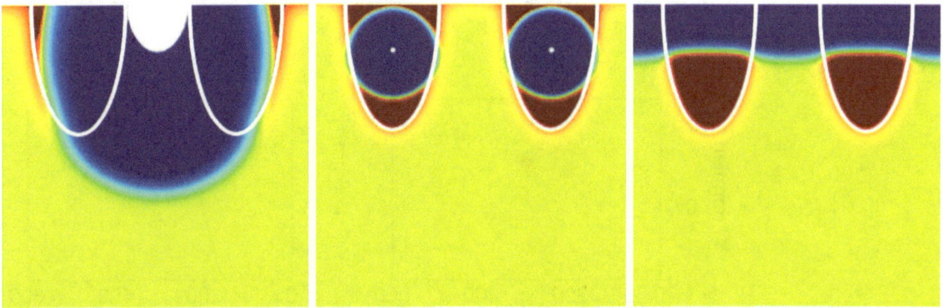

Für die **Unterflurbewässerung** werden Leitungen mit Austrittsöffnungen, textile Matten oder Tontöpfe in die Erde eingegraben und installiert, um Verdunstungsverluste zu vermeiden und den Wurzelraum direkt zu befeuchten. Eine verbreitete Variante der Mikrobewässerung ist die Unterflur-Tropfbewässerung (→ Abb. 22-4b).

22.2 | Der Betrieb von Bewässerungsanlagen

Die Welternährungsorganisation FAO propagiert den Slogan «more crop per drop» als Paradigmenwechsel von der Vollbewässerung zur Defizitbewässerung, um die optimale Wasserproduktivität zu erreichen.

Die Zielgrößen sowie Betriebsstrategien von Bewässerungsanlagen sind stark von der Wasserverfügbarkeit des betrachteten Standorts abhängig. Weit verbreitet ist die **Vollbewässerungsstrategie** mit der Annahme eines **nicht limitierten Wasserdargebots**. Das Ziel von Bewässerungsmaßnahmen ist dabei die Vermeidung von Trockenstress und damit die **Maximierung des Ertrags** der angebauten Kulturpflanze. Der Pflanzenwasserbedarf bei Vollbewässerung kann nur mit Modellen abgeschätzt werden, da er von den spezifischen meteorologischen Randbedingungen der Wachstumsperiode abhängt. Bei **limitierten Wasserressourcen** kann die Erreichung des maximalen Ertrags nicht garantiert werden. Deswegen wird eine **Defizitbewässerungsstrategie** verfolgt, die eine optimale Nutzung der vorhandenen Wassermenge anstrebt, d.h., der Ertrag pro eingesetzter Menge Wasser wird maximiert (→ Abb. 22-5). Diese Zielgröße wird als **Wasserproduktivität WP** bezeichnet.

Die Bewässerungsgaben erfolgen in der Defizitbewässerung vorrangig in **trockenstress-sensitiven Wachstumsphasen** der angebauten Pflanze. Daher sind für diese Betriebsstrategie eine vorrausschauende operative

Abb. 22-5 | Ertrags- und Produktivitätskurve bei limitierten Wasserressourcen unter der Annahme der optimalen Nutzung des Bewässerungswassers für Mais. Die hervorgehobenen Markierungen zeigen die eingesetzten Wassermengen im Falle der Vollbewässerungsstrategie zur Maximierung des Ertrags Y* und im Falle der Defizitbewässerungsstrategie zur Maximierung der Wasserproduktivität WP. (a) Normierter Ertrag [Y*]; (b) Wasserproduktivität [WP].

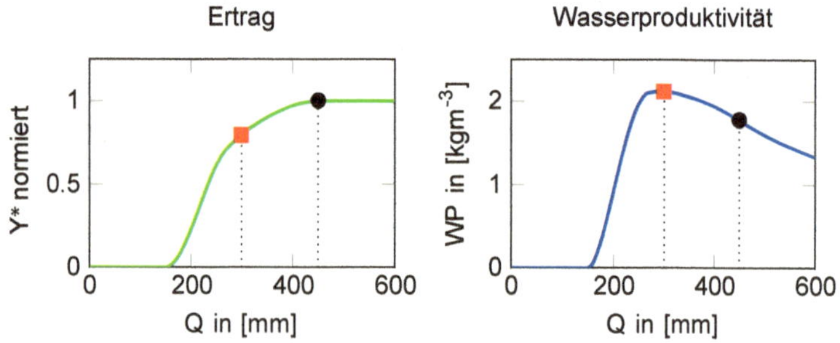

Bewässerungsplanung und eine genaue Kenntnis des Trockenstressverhaltens von Kulturpflanzen unverzichtbar. Neben einer präzisen operativen Bewässerungsplanung kann durch **züchterische Maßnahmen** auch eine höhere Effizienz von Stoffwechsel und Wassernutzung bei Pflanzen erreicht werden, d.h. die Wassermenge, die pro Kilogramm zur Bildung pflanzlicher Biomasse von der Pflanze tatsächlich verbraucht wird. Dieses Verhältnis wird **Transpirationskoeffizient** genannt, der im Falle der effizienteren C4-Pflanzen wie Mais kleiner ist als im Falle von C3-Pflanzen wie z.B. Weizen oder Reis.

Die operative Bewässerungsplanung bei Vollbewässerung

Die Entscheidung über den **Zeitpunkt** von Bewässerungsereignissen und die auszubringenden Wassermengen erfordert eine laufende Bestimmung des Pflanzenwasserbedarfs unter wechselnden Wetterbedingungen und des aktuellen Bodenfeuchtedefizits im Bodenwurzelraum, das von der Bodenwasserdynamik abhängig ist. Dafür können einerseits modellbasierte Berechnungen der täglichen Bodenwasserbilanz genutzt werden, aber auch vereinfachte Ansätze auf der Basis der **klimatischen Wasserbilanz**. Andererseits werden zur operativen Bewässerungsplanung **sensorbasierte Verfahren** verwendet, die aktuelle Messwerte über den Trockenstress der Pflanzen, des Bodenwasserdefizits und/oder der Saugspannung im Wurzelraum liefern (→ Kap. 5 und 15). Für modellbasierte Berechnungen kann zur Ermittlung der täglichen Bodenwasserbilanz z.B. ein **Einschicht-Speichermodell**, das die durchwurzelte Bodenzone repräsentiert, mit dem **Bodenwasserdefizit** als **Zustandsgröße** verwendet werden (→ Abb. 22-6).

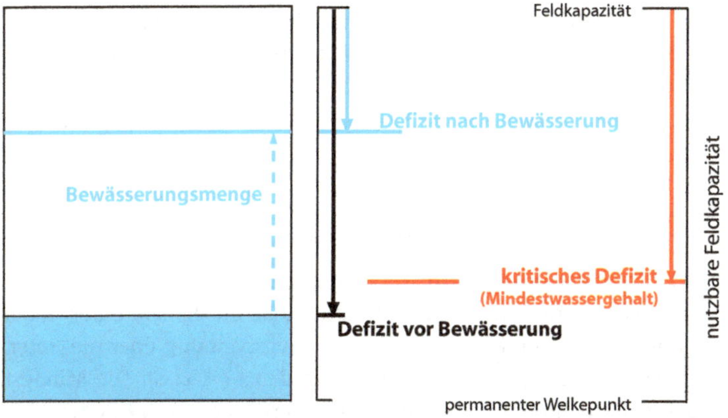

Abb. 22-6

Kenngrößen des Einschicht-Speichermodells zur Berechnung des Pflanzenwasserbedarfs.

Das Bodenwasserdefizit SWD in der Wurzelzone am Ende eines Tages i wird durch die folgende Bilanzgleichung berechnet:

$$SWD_i = SWD_{i-1} - N_i + Q_{o,i} - Irr_i + ETa_i + Q_{seep,i} - Q_{kap,i} + Q_{drän,i} \quad (22.1)$$

mit N = Niederschlag [mm]
Q_o = Oberflächenabfluss [mm]
Irr = Bewässerung [mm]
ETa = reale Evapotranspiration [mm]
Q_{seep} = Sickerwasser [mm]
Q_{kap} = kapillarer Aufstieg [mm]
$Q_{drän}$ = lateraler Abfluss (Dränage) [mm]

Gl. 22.1 besagt, dass sich die Wasserbilanz (→ Kap. 3) aus den einzelnen Zuflüssen des Bewässerungssystems «Niederschlag», «Bewässerung», «kapillarem Aufstieg» und den Abflüssen des Bewässerungssystems «Oberflächenabfluss», «realer Evapotranspiration», «Tiefenversickerung», «lateralem Abfluss» (Dränage) sowie dem Bodenwasserdefizit am Anfang des Tages zusammensetzt. Jede Zu- und Abflussgröße muss aus Fließgesetzen der zugrunde liegenden hydrometeorologischen Prozesse berechnet oder täglich gemessen werden (→ Kap. 5 und 7). Da einige Komponenten der Bodenwasserbilanzgleichung, wie kapillarer Aufstieg und Tiefenversickerung, schwer zu messen oder zu berechnen sind, wird häufig mit einer vereinfachten Bilanzgleichung und mit der potenziellen Evapotranspiration anstelle der realen Evapotranspiration zur Berechnung des Bodenwasserdefizits gearbeitet:

Tägliche Werte der potenziellen Evapotranspiration können bis zu 10 mm betragen.

$$SWD_i = SWD_{i-1} - N_i - Irr_i + ETp_i \quad (22.2)$$

mit ETp = potenzielle Evapotranspiration [mm]

Eine Bewässerung, z.B. mit einer festen **Mindestwassergabe**, findet statt, wenn das Defizit einen kritischen Wert überschreitet, der einem Mindestwassergehalt im Boden entspricht:

$$Irr_{i+1} = \begin{matrix} Irr_M \ldots \text{falls } SWD_i > SWD_{krit} \\ 0 \ldots \text{sonst} \end{matrix} \quad (22.3)$$

mit Irr_M = Mindestwassergabe [mm]
SWD_{krit} = kritisches Bodenwasserdefizit [mm]

Das **kritische Bodenwasserdefizit** hängt von den Bodenverhältnissen des Standorts und der angebauten Kulturpflanze ab. Es sollte aus Tabellen oder der für die Pflanze kritischen Saugspannung über die Retentionsfunktion des Bodens abgeleitet werden (→ Kap. 5). Die Mindestwassergabe richtet sich nach dem Speichervermögen des Bodens, der aktuellen Wurzeltiefe der Kulturpflanze und dem verwendeten Bewässerungsverfahren. Die Höhe der Mindestwassergabe bestimmt, wie häufig es zu Bewässerungen kommt.

Große Mindestwassergaben sind beispielsweise beim Einsatz von mobilen Beregnungsmaschinen erforderlich, die nacheinander auf mehreren Bewässerungsflächen aufgestellt werden und daher nicht täglich, sondern nur wöchentlich die gleiche Teilfläche bewässern können. Beregnungsmaschinen können Flächen mit Intensitäten von 10–40 mm/h bewässern.

Beregnungsmaschinen können Flächen mit Intensitäten zwischen 10 und 40 mm/h bewässern.

Geringe Mindestwassergaben werden u. a. in der Tropfbewässerung von flachwurzelnden Kulturpflanzen auf Sandböden verwendet, was zu einer täglichen **Hochfrequenz-Bewässerung** führt. Mikrobewässerungssysteme bewässern an einem Auslass mit Intensitäten zwischen 2 l/h (Tropfer) und 200 l/h (Bubbler).

Mikrobewässerungssysteme bewässern an einem Auslass mit Intensitäten zwischen 2 l/h (Tropfer) und 200 l/h (Bubbler).

Der **Anfangswassergehalt** bzw. das Anfangsdefizit des Bewässerungssystems hängt stark vom Klima des Standorts ab. In Gebieten mit ausgeprägten Regenzeiten füllt sich der Bodenwasserspeicher vor der Trockenzeit auf Feldkapazität, und das Defizit am Anfang der Wachstumsperiode ist, ähnlich wie im Frühjahr in Europa, nahe null. Einjährige Kulturpflanzen können dann im Laufe der Wachstumsperiode zusätzliche Wasserressourcen durch das Tiefenwachstum der Wurzeln erschließen. In ariden Gebieten (→ Kap. 21) ist dies meist nicht möglich.

Das **Einschicht-Speichermodell** (→ Abb. 22-6), welches auf der Annahme einer gleichmäßigen Feuchteverteilung im Wurzelraum basiert, wird aufgrund seiner **einfachen Anwendbarkeit** häufig für die operative Bewässerungsplanung eingesetzt. Bei einem Vergleich mit Messungen oder Ergebnissen von komplexeren, numerischen Bodenwasserströmungsmodellen (→ Abb. 22-4) wird deutlich, dass diese Annahme eine starke Vereinfachung darstellt. Daher werden verstärkt ein- und zweidimensionale numerische Bewässerungsmodelle auf der Basis der Richards-Gleichung (→ Kap. 5) entwickelt, die neben dem Wassertransport auch die Verteilung von Nährstoffen und Salzen im Boden sowie den Wärmehaushalt abbilden können.

Die Entscheidung über den Zeitpunkt von Bewässerungsgaben kann alternativ oder ergänzend zur modellbasierten Berechnung mittels **sensorbasierter Verfahren erfolgen**. Dabei wird der **Zustand von Boden oder Pflanzen mit Sensoren** erfasst und mit einem vorgegebenen Schwellwert verglichen. Bewässerungsgaben werden notwendig, wenn der Schwellwert unterschritten wird. Abhängig von der betrachteten Zustandsgröße kommen in der Forschung u.a. die folgenden Messmethoden und Messsensoren zum Einsatz (→ Kap. 5 und 7):

- Bodenfeuchte: Gravimetrische Methode, Gipsblockmethode, TDR- und FDR-Methode, radiometrische Methoden (z.B. Neutronensonde)
- Saugspannung: Tensiometer, pF-Meter (über Wärmekapazität)
- stomatäre Leitfähigkeit: Porometer
- Bestandsoberflächentemperatur: Infrarotthermometer
- Saftfluss: Temperaturdifferenz-Methode.

In der Praxis ist die **sensorbasierte Bewässerungssteuerung weniger verbreitet**, da es sich meist um Punktmessungen handelt, die aufgrund von Heterogenitäten der bodenhydraulischen Eigenschaften schwierig auf landwirtschaftliche Flächen zu übertragen sind. Einige Sensoren, wie z.B. Tensiometer, sind nicht in der Lage, die auftretenden Wertebereiche der Zustandsgröße (z.B. Saugspannung > 800 hPa) zu erfassen.

Sowohl sensorbasierte als auch modellbasierte Methoden oder deren Kombination finden in automatischen Bewässerungsanlagen mit programmierbaren Steuereinheiten Verwendung. Alternativ dazu werden verstärkt internetbasierte Dienste zur Bewässerungsempfehlung von öffentlichen und privaten Beratungseinrichtungen angeboten.

Bewässerungswirkungsgrad und Zusatzwasserbedarf

Der Wirkungsgrad von Bewässerungsverfahren ist sehr unterschiedlich. Während in **Mikrobewässerungssystemen mehr als 90 % des eingesetzten Wassers** den Pflanzen zur Verfügung stehen, gibt es in den **Oberflächenbewässerungsverfahren und der Beregnung** Verluste durch Evapora-

Abb. 22-7 Typische Wasserverluste von Bewässerungssystemen.

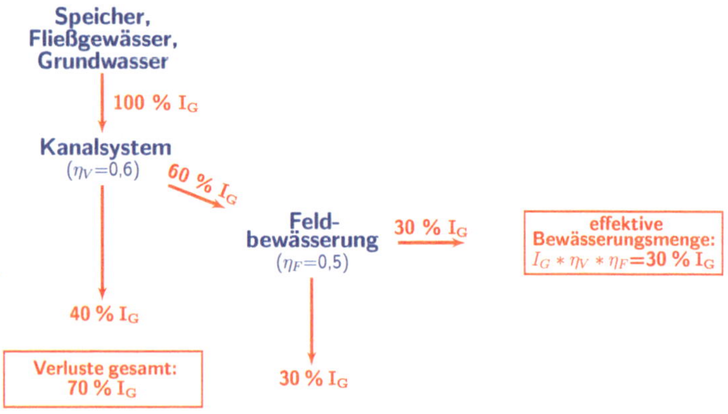

tion, Tiefenversickerung, Oberflächenabfluss oder Ungleichverteilung des eingesetzten Wassers, die **zwischen 30 und 75 %** liegen können (→ Tab. 22-1).

Verluste müssen in der operativen Bewässerungsplanung als **Zusatzwasserbedarf** berücksichtigt und ausgeglichen werden (→ Abb. 22-7). Das Verhältnis der in der Feldbewässerung eingesetzten Wassermenge und der Wassermenge, die davon später im Wurzelraum zur Deckung des **Pflanzenwasserbedarfs** I_{pfl} verfügbar ist, wird **Bewässerungswirkungsgrad** η_F genannt. Der **Feldwasserbedarf** I_F errechnet sich demnach aus dem **Pflanzenwasserbedarf** I_{pfl} durch

$$I_F = \frac{I_{pfl}}{\eta_F} \tag{22.4}$$

mit I_F = Feldwasserbedarf [l]
I_{pfl} = Pflanzenwasserbedarf [l]
η_F = Bewässerungswirkungsgrad [-]

Zieht man die Wasserverluste zusätzlich in Betracht, die sich bei Bereitstellung, also Speicherung und Zuleitung in einem Bewässerungsgebiet ergeben (→ Abb. 22-7), dann berechnet sich der **Gesamtwasserbedarf** unter zusätzlicher Berücksichtigung des **Verteilungswirkungsgrads** aus

$$I_G = \frac{I_{pfl}}{\eta_F \cdot \eta_V} \tag{22.5}$$

mit I_G = Gesamtwasserbedarf [l]
η_V = Verteilungswirkungsgrad[-]

Weiterführende Literatur

Achtnich, W. (1980): Bewässerungslandbau. Stuttgart.
Allen, R. G., Pereira, L. S., Raes, D. und M. Smith (1998): Crop Evapotranspiration. Guidelines for computing crop water requirements. Rom (FAO Irrigation and Drainage Paper 56).
Hillel, D. (1998): Environmental Soil Physics. Fundamentals, Applications, and Environmental Considerations. Amsterdam.
Paschold, P.-J. (Hrsg.) (2010): Bewässerung im Gartenbau. Stuttgart.

Hydrologische Bemessung und hydrologisches Risiko

23

Bruno Merz

Inhalt

23.1 Einführung

23.2 Hydrologische Bemessung

23.3 Risikomanagement

Der Umgang mit hydrologischen Risiken wie Hochwasser oder Niedrigwasser ist ein wichtiges Themenfeld. Die Vorsorge gegen Extremereignisse erfordert es, Schutzmaßnahmen zu bemessen und zu implementieren sowie Kapazitäten vorzuhalten für den Fall, dass die Schutzmaßnahmen überlastet sind. In den letzten 10–20 Jahren rückten umfassende Risikobetrachtungen zunehmend in das Blickfeld der Öffentlichkeit. «Risiko» wird hierbei durch die Überlagerung von Gefährdung, Exposition und Vulnerabilität definiert. Die Gefährdung beschreibt die physikalischen Prozesse und ihre Eintrittswahrscheinlichkeiten, während die Exposition die Werte (Menschen, Infrastruktur, Gebäude, Ökosysteme etc.) erfasst, die potenziell durch ein Extremereignis bedroht sind. Die Vulnerabilität bestimmt, wie groß die negativen Auswirkungen von Extremereignissen auf die exponierten Werte sind.

Einführung

23.1

Die Wasserbewirtschaftung hat die Aufgabe, Wasser in ausreichender Quantität und Qualität bereitzustellen sowie Schutz vor negativen Auswirkungen des Wasserhaushalts und von Wassernutzungen zu gewährleisten (→ Kap. 24). Ein wichtiges Themenfeld ist somit, die Risiken, die mit dem Wasserhaushalt und der Wassernutzung verbunden sind, zu quantifizieren und so weit zu reduzieren, dass dem **Sicherheitsbedürfnis** der Gesellschaft Rechnung getragen wird. Hierfür sind bauliche Maßnahmen wie Deiche und Talsperren und nicht bauliche Maßnahmen wie Warnsysteme und Nutzungseinschränkungen zu planen und zu **bemessen**.

Hydrologische Risiken können sehr unterschiedliche Auswirkungen haben und werden von der Gesellschaft unterschiedlich bewertet. Beispiele sind die lokale Überlastung einer Kanalisation durch einen Starkregen, die **Unterbrechung einer Wasserversorgung** oder der **Bruch eines Staudamms** mit möglichen Todesfällen durch die ausgelöste Flutwelle. Dementsprechend wird eine höhere **Sicherheit** vor Risiken gefordert, die weitreichende Konsequenzen haben und gar Schäden an Leib und Leben nach sich ziehen können. Trotz dieser Unterschiede gibt es grundlegende Konzepte zum Umgang mit hydrologischen Risiken, die auf die verschiedenen Risiken übertragen werden können. Diese Grundlagen werden in diesem Kapitel am Beispiel des Hochwasserrisikos dargestellt. Wichtige Begriffe sind in der folgenden Box definiert und beispielhaft in Abb. 23-1 dargestellt.

In der Planung und Bemessung von Schutzmaßnahmen wird eine höhere Sicherheit vor Risiken gefordert, die weitreichende Konsequenzen haben und gar Schäden an Leib und Leben nach sich ziehen können.

Box 23.1

Wichtige Begriffe zum Themenfeld Risiko

Schaden wird als Verletzung eines Guts definiert. Beispiele sind Beeinträchtigungen von Leben und Gesundheit, die Vernichtung von Vermögen oder die Schädigung von Ökosystemen.

Versagen sind solche Zustände, in denen das betrachtete System eine festgelegte Leistung nicht erbringt. So ist z.B. ein Versagensfall eines Hochwasserschutzdeichs das Überströmen des Deichs und die Überflutung des Deichhinterlands.

Die **Überschreitungswahrscheinlichkeit** ist die Wahrscheinlichkeit, dass ein bestimmter Wert, z.B. ein Hochwasserscheitelabfluss, innerhalb eines Jahres überschritten wird. Die **Jährlichkeit** bzw. das statistische **Wiederkehrintervall** sind ihr Reziprokwert; d.h., das 100-jährliche Hochwasser hat eine Überschreitungswahrscheinlichkeit von 0,01. Das statistische Wiederkehrintervall bezeichnet die Zeitspanne, in welcher der betrachtete Hochwasserkennwert, z.B. der Scheitelabfluss, im statistischen Mittel mindestens einmal überschritten wird. Da es sich um eine Zufallsvariable handelt, entspricht das Wiederkehrintervall nicht dem tatsächlichen, zufälligen Abstand der Überschreitungen (→ Kap. 14).

Zuverlässigkeit ist definiert als die Wahrscheinlichkeit, dass das betrachtete System während einer festgelegten Dauer, z.B. eines Jahres oder der Nutzungsdauer des Systems, eine festgelegte Funktion erfüllt. So ist z.B. die Zuverlässigkeit eines Hochwasserdeichs die Wahrscheinlichkeit, dass sein Hinterland während der betrachteten Zeitspanne nicht überflutet wird. Die **Versagenswahrscheinlichkeit** ergibt sich als komplementärer Wert.

Die **Gefährdung** bezeichnet einen Prozess, der zu Schäden führt, wenn sich verletzliche Objekte in seinem Wirkungsbereich befinden. Im Falle von Flusshochwasser wird sie durch Aussagen definiert, welche die Wahrscheinlichkeit von Hochwasserabflüssen und Überflutungsflächen angeben.

Die **Exposition** gibt an, wer oder was potenziell von Überflutungsereignissen betroffen ist. Die **Vulnerabilität** bestimmt, wie groß der tatsächliche Schaden ist, wenn ein exponiertes Objekt überflutet wird. Das **Risiko** ergibt sich aus der Überlagerung von Gefährdung, Exposition und Vulnerabilität. Es wird häufig als Risikokurve dargestellt, welche die Wahrscheinlichkeit bzw. das Wiederkehrintervall von Ereignissen und den damit verbundenen Schaden zeigt (→ Abb. 23-1).

Abb. 23-1 erläutert die Begriffe am Beispiel Flusshochwasser. Die Gefährdung wird durch den Zusammenhang zwischen Hochwasserscheitelabfluss und Wiederkehrintervall quantifiziert. Scheitelabflüsse werden in Überflutungsflächen transformiert, die somit jeweils einem Wiederkehrintervall zugeordnet sind. Häufig werden in diesen Überflutungsflächen Wassertiefen ausgewiesen. Diese Flächen werden mit den Werten (z.B. Gebäude und Infrastruktur) überlagert. Daraus ergibt sich die Exposition, d.h. die Objekte und Werte, die bei einem Ereignis mit einem gegebenen Wiederkehrintervall überflutet sind. Die Vulnerabilität wird typischerweise über eine Schadensfunktion quantifiziert, die für eine Klasse von Objekten den Schadensgrad in Abhängigkeit des Wasserstands am Objekt angibt. Je nach Detailgrad einer Risikoanalyse werden die Objekte in mehr oder weniger detaillierten Klassen zusammengefasst. Grobe Analysen unterscheiden häufig zwischen Objekten verschiedener Wirtschaftssektoren, wie z.B. Privathaushalte, öffentliche und landwirtschaftliche Gebäude. Detaillierte Analysen wenden Schadensfunktionen an, die beispielsweise die Bauart, das Alter oder die Ausstattung der Gebäude berücksichtigen. Die Überlagerung von

Gefährdung, Exposition, Vulnerabilität und Risiko erläutert am Beispiel von Flusshochwasser (verändert von Merz 2006). **Abb. 23-1**

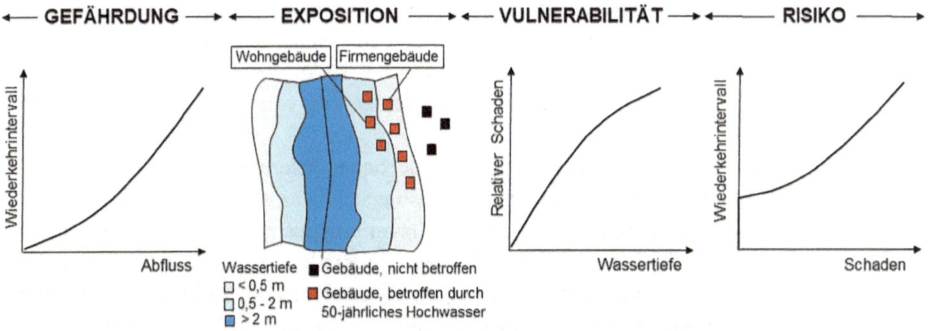

Gefährdung, Exposition und Vulnerabilität resultiert in einer Risikokurve, die für die jeweils betrachtete Flächeneinheit den Zusammenhang zwischen Schaden und Wiederkehrintervall darstellt.

Da sich das Risiko aus Gefährdung, Exposition und Vulnerabilität ergibt, bieten sich drei Möglichkeiten für das Risikomanagement: Es kann die Gefährdung reduziert werden, z.B., indem der Wasserrückhalt im Einzugsgebiet vergrößert oder indem gefährdete Flächen durch Deiche geschützt werden. Es kann die Exposition, z.B. durch die Rücknahme von hochwertigen Nutzungen in stark gefährdeten Zonen, verringert werden. Und es kann die Vulnerabilität reduziert werden, indem Vorhersage- und Frühwarnsysteme und das Katastrophenmanagement verbessert oder die Bauvorsorge gefördert werden, z.B. das Abdichten von Gebäuden gegen eindringendes Wasser. Während in den vergangenen Jahrzehnten Maßnahmen zur Reduktion der Gefährdung bevorzugt wurden, wurde mittlerweile das große Potential der Verringerung von Exposition und Vulnerabilität für das Risikomanagement erkannt.

23.2 Hydrologische Bemessung

Eine wichtige Aufgabe ist es, das Sicherheitsbedürfnis der Gesellschaft in Bemessungwerte, also die Dimensionierung von Schutzbauwerken, umzusetzen. Soll z.B. eine Siedlung durch einen Deich geschützt werden, so sind die Deichabmessungen oder die geotechnische Ausführung festzulegen. Wird ein Hochwasserrückhaltebecken geplant, so ist das Rückhaltevolumen festzulegen. Für solche Bemessungsaufgaben werden Regeln und Kriterien von Fachleuten und Fachausschüssen entwickelt, die den Stand des Wissens, aber auch das Sicherheitsbedürfnis der Gesellschaft berücksichtigen. Diese Regeln werden in Gesetzen und Vorschriften festgeschrieben und legen den **Stand der Technik** fest. In der Bemessung ist der Stand der Technik zu gewährleisten. Dies sorgt für Rechtssicherheit und schützt den Bemessungsingenieur vor unbilligen Schuldzuweisungen. Die DIN 19700 des Deutschen Instituts für Normung e.V. regelt z.B. die Bemessung von Stauanlagen in Deutschland (Sieber 2005).

Früher dienten tatsächliche Schadensereignisse als Maß für den erforderlichen Schutz. Bemessungsziel war es häufig, die Bevölkerung vor einem bereits erlebten Schadenereignis zu schützen. Beispielsweise bestand die traditionelle Methode zur Bemessung von Küstendeichen in den Niederlanden darin, die Deichkrone dem höchsten beobachteten Wasserstand einschließlich eines Sicherheitszuschlags von 0,5 bis 1 m gleichzusetzen. Die Bemessung nach diesem Konzept hat allerdings zur Folge, dass die Sicherheit von der Beobachtungsdauer abhängt: Je länger die Beobachtungsdauer, umso größer die Wahrscheinlichkeit, dass ein größerer Schutz umgesetzt wird. Außerdem besitzt die Bemessung eine gewisse Beliebigkeit, da sie eine Reaktion auf ein Schadensereignis ist, dessen Eintreten zufällig ist. Im Folgenden werden zwei Konzepte beschrieben, die die Bemessungsaufgabe systematischer lösen.

Bemessung nach Jährlichkeiten bzw. Überschreitungswahrscheinlichkeiten

Die Bemessung nach Jährlichkeiten ist ein weitverbreiteter Bemessungsansatz in der hydrologischen Praxis. Die Bemessung wird derart gestaltet, dass ein Ereignis mit gegebener Jährlichkeit nicht zu Schäden führt. Ist beispielsweise ein Hochwasserdeich zu bemessen und wird als Sicherheitsniveau das 100-jährliche Hochwasser festgelegt, dann ist für die gegebene Lokation der Hochwasserabfluss zu bestimmen, der mit einer Wahrscheinlichkeit von 0,01 (= 1/100) in einem Jahr überschritten wird.

Die Bemessung nach Jährlichkeiten impiliziert, dass es Ereignisse geben kann, die die Bemessungsannahme überschreiten. Damit erkennt sie an, dass gegen hydrologische Risiken **kein absoluter Schutz** möglich oder wünschenswert ist. Einerseits sind extreme Zustände oder unglückliche Verkettungen von Ereignissen denkbar, die auch zum Versagen des bestmöglichen Schutzsystems führen können. Andererseits erfordert das Ziel absoluter Sicherheit typischerweise so hohe Kosten und Anstrengungen, dass diese häufig nicht gerechtfertigt erscheinen. Somit wird mit der Bemessung nach Jährlichkeiten eine **relative Sicherheit** angestrebt. Das Sicherheitsniveau, z.B. 50- oder 200-jährliches Schutzniveau, kann nach dem Sicherheitsbedürfnis der Gesellschaft und den bedrohten Werten variiert werden. So ist es sinnvoll, Flächen mit hochwertigeren Nutzungen oder Flächen, von denen im Überflutungsfall eine besondere Gefahr ausgeht, mit einem höheren Sicherheitsniveau zu versehen.

Gegen hydrologische Risiken ist kein absoluter Schutz möglich.

Die Verwendung der Überschreitungswahrscheinlichkeit als Bemessungskriterium hat allerdings den Nachteil, dass sie häufig deutlich von der tatsächlichen Versagenswahrscheinlichkeit abweicht. Die Versagenswahrscheinlichkeit ergibt sich aus der Relation von hydrologischer Belastung und Belastbarkeit. Letztere hängt von der bautechnischen Ausführung ab. So wird in der Bemessung der Deichhöhe zu dem Bemessungswert ein Sicherheitszuschlag addiert, d.h., der Deich wird beispielsweise um 1 m höher gebaut als der berechnete Bemessungswasserstand. Je nach Höhe des Sicherheitszuschlags und den örtlichen

Gegebenheiten ist die tatsächliche Sicherheit dann deutlich höher als das Bemessungsniveau. Andererseits kann der Deich auch aus anderen Gründen als der Überschreitung des Bemessungswerts versagen. Durch Alterung, Wühltiere oder Durchfeuchtung infolge einer langen Hochwasserdauer kann der Deich auch versagen, wenn der Bemessungsabfluss nicht überschritten wird. Diese **Versagensmechanismen** können wiederum das tatsächliche Sicherheitsniveau reduzieren. Diese Überlegungen führen zur Bemessung nach der Versagenswahrscheinlichkeit. Dabei wird eine Versagenswahrscheinlichkeit vorgegeben, die einzuhalten ist. Diese Ansätze sind allerdings aufwendig und haben bisher kaum Eingang in die Praxis gefunden.

Bemessung nach Risiko

Die bisher skizzierten Bemessungsansätze berücksichtigen nur die Gefährdung. Die Vulnerabilität und die Exposition, z.B. die Anzahl der gefährdeten Personen oder die gefährdeten Vermögenswerte, gehen höchstens implizit bei der Wahl von Sicherheitsniveaus in die Bemessung ein. Eine konsequente Erweiterung dieser Ansätze ist die **risikoorientierte Bemessung**. Ihre Grundidee ist, das betrachtete System so zu bemessen, dass das Risiko – bei minimalem Aufwand – maximal reduziert wird. Damit wird aus der Bemessungsaufgabe eine Optimierungsaufgabe.

Die risiko-orientierte Bemessung soll am Beispiel einer Deichbemessung illustriert werden. Ein bestehender Deich soll so ertüchtigt werden, dass die während der Lebensdauer des Deichs erwarteten Kosten minimal sind. Zur Vereinfachung erfolgt eine Beschränkung auf die ökonomischen Auswirkungen. Im Realfall sind auch andere Aspekte, z.B. ökologische und ästhetische Gesichtspunkte, zu berücksichtigen. Das Bemessungskriterium lautet: «Maximiere den ökonomischen Nutzen bei Betrachtung der gesamten Lebensdauer.» Die Zielfunktion ergibt sich aus dem Vergleich von Nutzen und Kosten der verschiedenen Optionen. Diese bestehen darin, den Deich auf unterschiedliche Sicherheitsniveaus auszulegen. Die Zielfunktion lautet:

$$B^j = \sum_{t=1}^{L} \frac{1}{(1+i)^t} \left[\Delta S^j(t) - K^j(t)\right] \qquad (23.1)$$

mit B^j = Nutzen (benefit) der Variante j
L = Lebensdauer des Deichs
i = angenommener Zinssatz während der Lebensdauer
ΔS^j = Verminderung des Überflutungsschadens durch Variante j
$K^j(t)$ = Kosten der Variante j

Die Kosten umfassen sämtliche Kosten, die während der Lebensdauer zu erwarten sind, z.B. Kosten für Bau und Unterhalt. Sie sind abhängig von der gewählten Variante und von der Zeit, da die verschiedenen Kostenanteile nicht jedes Jahr in gleicher Höhe anfallen. Die Verminderung des Überflutungsschadens durch Variante j hängt vom gewählten Sicherheitsniveau des Deichs ab. Ein höheres Sicherheitsniveau, d.h. ein höherer Deich, reduziert die Wahrscheinlichkeit einer Überflutung und verändert somit die zukünftigen Schäden. Da Kosten und Schadensreduzierung zu verschiedenen Zeiten auftreten können, müssen sie unter Annahme einer Zinsrate auf den Jetztwert diskontiert werden. Mittels Diskontierung bzw. Abzinsung wird der gegenwärtige Wert einer zukünftigen Zahlung ermittelt, da aufgrund von Zinsen derselbe Geldbetrag einen höheren Wert hat, je früher man ihn erhält.

Das Hochwasserrisiko, das nach Umsetzung der Variante j existiert, wird üblicherweise in Form des **Schadenserwartungswerts** ausgedrückt. Das ist der in einem langen Zeitraum durchschnittlich pro Jahr zu erwartende Hochwasserschaden. Dieser ergibt sich aus der Überlagerung der Häufigkeit von Hochwasserständen mit der Schadensfunktion (→ Abb. 23-2):

$$RI^j = \int_{h_s}^{\infty} f_h(h) \cdot S^j(h) \cdot dh \qquad (23.2)$$

mit RI^j = Hochwasserrisiko der Variante j
$f_h(h)$ = Häufigkeit von Hochwasserständen
$S^j(h)$ = Schadensfunktion der Variante j
h_S = Wasserstand, ab dem der Deich überströmt wird

Häufigkeit von Hochwasserständen und Schadensfunktion. Die schraffierte Fläche entspricht der Wahrscheinlichkeit, dass ein Wasserstand größer als h_S eintritt, d.h., der Deich überströmt wird und Schäden auftreten (nach Merz et al. 2009).

Abb. 23-2

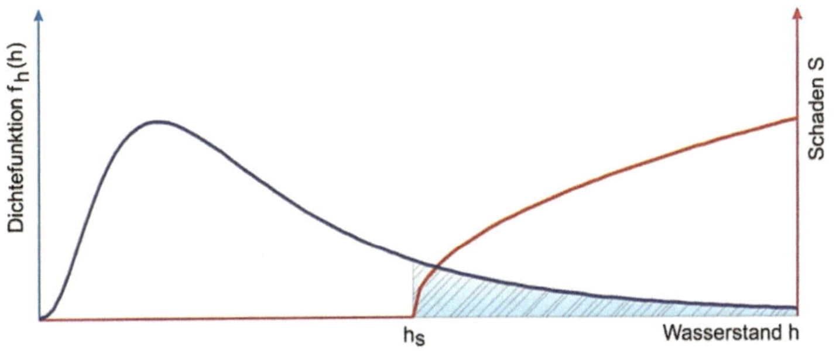

Damit ergibt sich die Schadensreduzierung durch Variante j aus der Differenz zwischen den Schadenserwartungswerten des Istzustands und der Variante j:

$$\Delta S^j = RI^{IST} - RI^j \qquad (23.3)$$

Obwohl die risiko-orientierte Bemessung auf einem umfassenden theoretischen Konzept beruht und sie es erlaubt, die Entscheidung über das Sicherheitsniveau auf eine objektive Grundlage zu stellen, hat sie bisher in Deutschland kaum Eingang in die hydrologische Praxis gefunden. Dies liegt zum einen an dem deutlich größeren Aufwand im Vergleich zur Bemessung nach Jährlichkeiten. Zum anderen ergeben sich bei ihrer konsequenten Anwendung unterschiedliche Sicherheitsniveaus für verschiedene Gebiete, d.h., ein höherwertiges Gebiet erhält einen höheren Schutz als das Nachbargebiet. Unterschiedliche Sicherheitsniveaus sind jedoch im politischen Raum nicht einfach zu vermitteln. Im Hochwasserschutz in den Niederlanden sind risiko-orientierte Ansätze und unterschiedliche Sicherheitsniveaus dagegen verbreitet (Jong und van den Brink 2013).

Box 23.2

Ergebnis einer Hochwasserrisikoanalyse

Abb. 23-3 zeigt beispielhaft, wie das Hochwasserrisiko im Einzugsgebiet der Seckach und Kirnau verteilt ist und durch Schutzmaßnahmen reduziert wird. Für jede Gemeinde im Einzugsgebiet sind zwei Kreise dargestellt. Ihre Größe drückt den Schadenserwartungswert aus, also den Hochwasserschaden, der im statistischen Mittel pro Jahr zu erwarten ist. Der linke Kreis zeigt jeweils das Risiko vor der Umsetzung von Schutzmaßnahmen, der rechte Kreis jenes nach der Umsetzung. Die größten Risiken bestehen im Unterlauf. Die Schutzmaßnahmen reduzieren das Risiko deutlich, allerdings bleibt ein Restrisiko bestehen. Diese Darstellung zeigt, welche Gemeinden wie stark von den Schutzmaßnahmen profitieren.

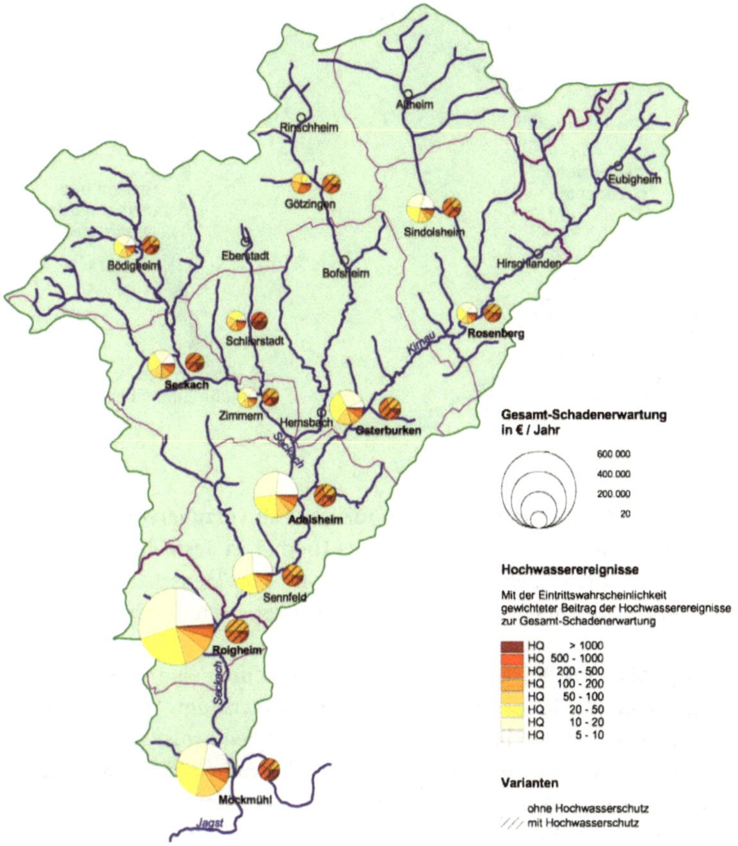

Abb. 23-3

Räumliche Verteilung des Risikos im Einzugsgebiet der Seckach und Kirnau vor und nach Umsetzung von Schutzmaßnahmen (Merz 2006; www.schweizerbart.de).

Risikomanagement

23.3

In den letzten 10–20 Jahren sind Risikobetrachtungen und ein **rationales Risikomanagement** zunehmend in das Blickfeld beim Umgang mit hydrologischen Gefahren gerückt. Ein rationales Risikomanagement versucht, die Gefahren und Risiken zu identifizieren, zu quantifizieren und zu bewerten sowie durch Festlegung konsistenter Schutzziele optimal zu reduzieren. Dazu ist neben der Berücksichtigung der historischen Ereignisse ein Vorausdenken, also eine Analyse des Risikos, bevor ein Schadensfall eingetreten ist, notwendig. Darüber hinaus ist das nach Umsetzung von Schutzmaßnahmen bestehende **Restrisiko**

Das Risikomanagement besteht aus verschiedenen Stufen, die im Kreislauf des Risikomanagements durchlaufen werden, um zeitliche Veränderungen berücksichtigen zu können.

Abb. 23-4

Kreislauf des Risikomanagements (Merz 2006; www.schweizerbart.de).

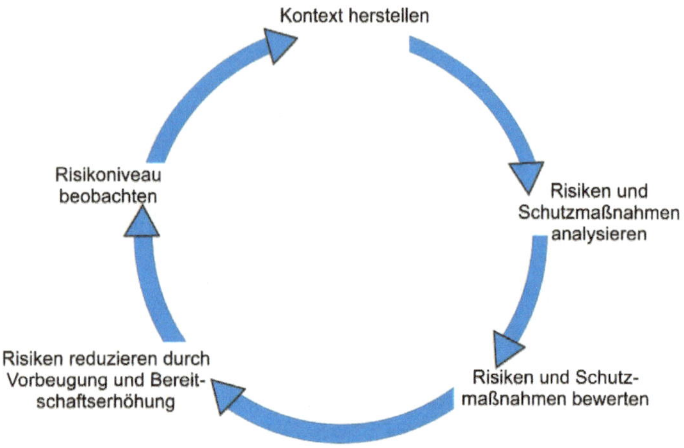

bestmöglich zu beherrschen, also für den Fall vorzubereiten, dass die Schutzmaßnahmen überfordert sind. Hierbei ist festzulegen, was in keinem Fall eintreten darf (z.B. der Verlust von Menschenleben), um geeignete Maßnahmen zur Vorbeugung dieses schlimmsten Falls zu planen.

Hydrologische Risiken zeichnen sich häufig durch eine **große zeitliche Variabilität** aus. Klimawandel, Bevölkerungswachstum, Wertezuwachs, Veränderungen gesellschaftlicher Sicherheitsbedürfnisse und andere Einflüsse verändern die Gefährdung und die Vulnerabilität, aber auch die Möglichkeiten der Gesellschaft, mit Risiken umzugehen. Dementsprechend wird Risikomanagement zunehmend als Prozess verstanden, der sich über einen **mehrstufigen Kreislauf** erstreckt. In Abb. 23-4 ist ein solcher Kreislauf skizziert.

Kontext herstellen: Von zentraler Bedeutung für ein erfolgreiches Risikomanagement ist die Berücksichtigung des gesellschaftlichen Kontexts. Dazu gehören die Identifizierung der Risikomanager und der Betroffenen sowie der Ziele des Risikomanagements. Risiken sollen offengelegt und es sollen möglichst alle Betroffenen in das Risikomanagement einbezogen werden. Betroffene akzeptieren Schutzmaßnahmen eher, wenn sie frühzeitig am Entscheidungsprozess beteiligt sind. Außerdem sind bessere Entscheidungen zu erwarten, wenn die unterschiedlichen Erfahrungen und Wahrnehmungen in die Entscheidungsfindung eingehen (→ Kap. 25).

Risiken und Schutzmaßnahmen analysieren: Grundlage eines rationalen Risikomanagements ist die Quantifizierung des Risikos. Erst auf der Basis von Risikoanalysen können Risiken und Strategien zur Risikoreduktion bewertet werden. Mögliche Schutzmaßnahmen sind hinsichtlich ihrer Effektivität, Effizienz, Durchführbarkeit und Auswirkungen zu analysieren.

Risiken und Schutzmaßnahmen bewerten: Dieser Schritt erfordert die Festlegung durch die Entscheidungsträger, wie mit dem bestehenden Risiko umgegangen werden soll. Dies bedeutet im Allgemeinen, **Maßnahmen zur Risikoreduktion** auszuwählen und zu bemessen; es ist aber auch die **Akzeptanz des augenblicklichen Risikos** oder ein **Risikotransfer**, z.B. durch Versicherungsinstrumente, denkbar.

Risiken reduzieren durch Vorbeugung und Bereitschaftserhöhung: In diesem Schritt sind die ausgewählten Schutzmaßnahmen durchzuführen. Das sind einerseits Vorsorgemaßnahmen wie technischer Hochwasserschutz und Landnutzungsbeschränkungen. Andererseits müssen Kapazitäten für den Fall vorgehalten werden, dass ein Ereignis eintritt, für das die Vorsorgemaßnahmen keinen vollständigen Schutz bieten. Hier kommen z.B. Frühwarnsysteme, Aufklärung der Bevölkerung sowie Einsatzpläne für den Katastrophenschutz zum Einsatz.

Risikoniveau beobachten: Es ist darauf zu achten, dass das Risikoniveau des betrachteten Systems mit der Zeit nicht über das akzeptierbare Maß steigt. Dazu bedarf es einer routinemäßigen Überprüfung. Bei größeren Änderungen ist es notwendig, den Kreislauf des Risikomanagements erneut zu durchlaufen. In einigen Richtlinien sind regelmäßige Überprüfungen vorgeschrieben. Die Europäische Hochwasserrichtline (EU 2007) fordert z.B. die Überprüfung und Aktualisierung von Hochwasserkarten alle sechs Jahre.

Weiterführende Literatur

EU - European Commission (2007): The EU Floods Directive 2007/60/EC, URL: http://ec.europa.eu/environment/water/flood_risk (Stand: 15.02.2016).

Merz, B. (2006): Hochwasserrisiken. Grenzen und Möglichkeiten der Risikoabschätzung. Stuttgart.

Merz, B., Elmer, F. und A. H. Thieken (2009): Significance of «high probability/low damage» versus «low probability/high damage» flood events. In: Natural Hazards and Earth System Sciences 9, S. 1033–1046.

Merz, B., Hall, J., Disse, M. und A. Schumann (2010): Fluvial flood risk management in a changing world. In: Natural Hazards and Earth System Sciences 10, S. 509–527.

Plate, E. (2010): Hydrologische Bemessungspraxis im Wandel der Zeiten. In: Hydrologie und Wasserbewirtschaftung 54 (2), S. 93–104.

Integriertes Wasserressourcenmanagement

24

Markus Disse

Inhalt

24.1 Geschichte und Ziele des Integrierten Wasserressourcenmanagements (IWRM)

24.2 Die EG-Wasserrahmenrichtlinie als Referenz für erfolgreiches IWRM

24.3 Beschreibung der Komponenten wasserwirtschaftlicher Systeme

24.4 Optimierung und Beurteilung von integrierten wasserwirtschaftlichen Maßnahmen

24.5 Multikriterielle Entscheidungsanalyse

Der Beitrag benennt die auf der Internationalen Konferenz für Wasser und Umwelt in Dublin im Jahre 1992 erarbeiteten Prinzipien als Basis des Integrierten Wasserressourcenmanagements (IWRM), erläutert die EG-Wasserrahmenrichtlinie als erfolgreiches Beispiel für IWRM und führt kurz in die Optimierung und multikriterielle Analyse von wasserwirtschaftlichen Systemen ein.

24.1 Geschichte und Ziele des Integrierten Wasserressourcenmanagements (IWRM)

Eine **nachhaltige Bewirtschaftung** der Wasserressourcen ist nur erzielbar, wenn der Wasserverbrauch das Wasserdargebot nicht übersteigt und zusätzlich der ökologische Wasserbedarf adäquat berücksichtigt wird. Eine ausschließlich auf den Wasserverbrauch ausgelegte Wasserpolitik hat in der Vergangenheit häufig zu einer Degradation der Oberflächenwasser- und Grundwasservorkommen geführt (Matondo 2002). Integriertes Wasserressourcenmanagement (engl.: Integrated Water Resources Management – IWRM) definiert Wasser als **kollektives Gut**, das von allen gesellschaftlichen Gruppen gleichberechtigt genutzt werden kann (→ Kap. 25), unter Berücksichtigung der ökologischen Nachhaltigkeit.

Die nachhaltige, integrierte Herangehensweise an die Bewirtschaftung unserer begrenzten Wasservorräte wurde und wird maßgeblich von den **Vereinten Nationen** unterstützt. Das Global Water Partnership Netzwerk (GWP) wurde 1996 vom UN-Entwicklungsprogramm (United Nations Development Programme, UNDP), der Weltbank und der schwedischen internationalen Entwicklungsagentur (Swedish International Development Cooperation Agency, SIDA) gegründet, um das IWRM-Konzept weltweit zu verbreiten und zu implementieren. Global Water Partnership stellt die größte zwischenstaatliche Organisation im Bereich des nachhaltigen Wassermanagements dar und definiert IWRM folgendermaßen: «IWRM ist ein Prozess, welcher die koordinierte Entwicklung und das Management von Wasser- und Landressourcen fördert, um das hieraus resultierende ökonomische und soziale Wohlergehen in gleichberechtigter Weise zu maximieren, ohne die Nachhaltigkeit von vitalen Ökosystemen zu beschädigen» (Global Water Partnership 2000).

Merksatz:
IWRM soll das Wasser- und Landmanagement in der Weise fördern, dass der ökonomische Fortschritt, das soziale Wohlbefinden und die ökologische Nachhaltigkeit gleichberechtigt berücksichtigt werden.

Die wichtigsten Meilensteine für die Anerkennung der IWRM-Prinzipien sind der nachstehenden Tab. 24-1 zu entnehmen.

Das entscheidende Ereignis für die Umsetzung des Integrierten Wasserressourcenmanagements war die Internationale Konferenz für Wasser und Umwelt (ICWE) von 1992 in Dublin. Zum ersten Mal wurde von mehr als 100 Staaten der **Nachhaltigkeitsgedanke** auch für die globale Wasserpolitik anerkannt und in den sogenannten **vier Dublin-Prinzipien** veröffentlicht:

- Süßwasser ist eine begrenzte und **schutzbedürftige Ressource**, unentbehrlich für Leben, Entwicklung und Umwelt.
- Wassererschließung und -management sollen auf einem **partizipatorischen Ansatz** basieren, der Nutzer, Planer und politische Entscheidungsträger auf allen Ebenen einbezieht.
- **Frauen** spielen eine zentrale Rolle bei der Versorgung mit Wasser, seinem Management und Schutz.
- Wasser sollte als **Wirtschaftsgut** behandelt werden, ohne das Recht auf Zugang zu Wasser zu beeinträchtigen.

Wichtige Elemente zu einem integrierten Wasserressourcenmanagement sind demnach die **sektorübergreifende** und **nachhaltige Bewirtschaftung** des Wassers, die **partizipatorische Einbindung** aller Wassernutzer, Planer und Entscheidungsträger sowie die Anerkennung des ökonomischen Wertes von Wasser. Die Abkehr von der sektorbezogenen Wasserbewirtschaftung ist inzwischen weltweit anerkannt. Obwohl in vielen Ländern inzwischen integrative Wasserwirtschaftspläne aufgestellt worden sind, mangelt es häufig an der konkreten Umsetzung.

Meilensteine des IWRM von 1972 bis 2025. | **Tab. 24-1**

Jahr	Ereignis / Meilenstein	Bedeutung für IWRM
1972	UN-Konferenz über die Umwelt des Menschen (Stockholm)	Erstes globales Umweltgipfeltreffen – legt Grundstein für internationale Umweltpolitik.
1977	UN-Wasserkonferenz (Mar del Plata)	Erste umfassende Diskussion zur Wasserkrise; Einführung des Begriffs «Wasserbedarfsmanagement».
1992	UNCED – Umweltgipfel in Rio de Janeiro (Agenda 21)	Kapitel 18 der Agenda 21 fördert IWRM als globales Ziel für nachhaltiges Wassermanagement.
1992	Dublin-Konferenz über Wasser und Umwelt	Formulierung der «Dublin-Prinzipien», darunter: Wasser hat wirtschaftlichen Wert – zentrales Fundament für IWRM.
1996	Gründung von GWP (Global Water Partnership)	Förderung von IWRM weltweit; Bereitstellung von Leitlinien, wie IWRM umzusetzen ist.
2000	Millennium Development Goals (MDGs)	Ziel: Halbierung der Zahl der Menschen ohne Zugang zu Wasser – IWRM als unterstützender Rahmen.
2002	Weltgipfel für nachhaltige Entwicklung (Johannesburg)	Staaten verpflichten sich zur Entwicklung von IWRM-Plänen bis 2005 (umgesetzt von nur wenigen Ländern).
2005–2015	UN-Wasserdekade «Water for Life»	Förderung des Zugangs zu sauberem Wasser; IWRM wird stärker in die Entwicklungszusammenarbeit integriert.
2015	Agenda 2030 / Sustainable Development Goals (SDGs)	SDG 6.5: Bis 2030 soll IWRM auf allen Ebenen umgesetzt werden, inkl. grenzüberschreitender Zusammenarbeit.
2018	UN-Weltwasserbericht: «Nature-based Solutions for Water»	Stärkere Betonung von IWRM in Kombination mit ökosystembasierten Ansätzen.
2023	UN-Wasserkonferenz in New York	Erste globale Wasserkonferenz seit 1977; Betonung der beschleunigten Umsetzung von IWRM und SDG 6.
2025 (Ausblick)	SDG-Midterm Reviews / World Water Forum (Bali)	Bewertung der Fortschritte bei SDG 6.5 (IWRM); verstärkter Fokus auf Umsetzung und Finanzierung.

Besonders Länder mit einem geringen oder mittleren **Human Development Index**, der sich aus den Komponenten «Bruttoeinkommen pro Kopf», «Lebenserwartung» und «Bildungsdauer» errechnet, konnten in den letzten Jahren keine großen Zunahmen bei der Implementierung der IWRM-Pläne erzielen, obwohl ein integriertes Wasserressourcenmanagement vor allem im landwirtschaftlichen Sektor starke **positive ökonomische Wirkungen** entfaltet.

24.2 Die EG-Wasserrahmenrichtlinie als Referenz für erfolgreiches IWRM

Die EG-Wasserrahmenrichtlinie (EG-WRRL, Amtsblatt der Europäischen Union 2000) verfolgt einen mehrfach integrierten Ansatz, indem sie sich auf Fließgewässer, Seen, Grundwasser und Küstengewässer gleichermaßen bezieht. Für alle Gewässer soll ein guter ökologischer und mengenmäßiger Zustand erreicht werden. Eine weitere Verschlechterung des Gewässerzustands ist verboten. Weitere Ziele sind der Schutz von aquatischen Lebensräumen, die Förderung einer nachhaltigen Wassernutzung, das schrittweise Einstellen der Einträge von bestimmten gefährlichen Stoffen sowie die Minderung der Auswirkungen von Überschwemmungen und Dürren.

Merksatz: In der Aarhus-Konvention sind für jeden Bürger das Recht auf den Zugang zu Umweltinformation, Öffentlichkeitsbeteiligung und die Möglichkeit, umweltliche Belange vor Gericht zu vertreten, festgelegt.

Mit der Wasserrahmenrichtlinie wird ein neuer Weg im europäischen Gewässerschutz beschritten, denn sie fordert nicht nur das Einhalten von Grenzwerten, sondern integriert auch wichtige IWRM-Aspekte wie ökonomische und ökologische Fragestellungen. Darüber hinaus ist die EG-WRRL eine der ersten Richtlinien, die die Vereinbarungen der Aarhus-Konvention berücksichtigen. Die **Aarhus-Konvention**, benannt nach der dänischen Stadt Aarhus, in der die Unterzeichnung im Juni 1998 stattfand, ist der erste **völkerrechtliche Vertrag**, der jeder Person Rechte im Umweltschutz zuschreibt (→ Kap. 25). Die Rechte bestehen in der **Information** über Umweltfragen, in der **Beteiligung an Verwaltungsverfahren** zu Projekten mit Umweltauswirkungen sowie in der Möglichkeit, Klage gegen Umweltbeeinträchtigungen zu führen. Abb. 24-1 zeigt, welche Kriterien für die EG-WRRL maßgebend sind.

Mit der Verabschiedung der Wasserrahmenrichtlinie im Jahr 2000 legte die Europäische Union den Rahmen für eine **nachhaltige, integrierte Bewirtschaftung** der Wasserressourcen in den Mitgliedsstaaten fest. Sie ist in der deutschen Rechtsprechung im **Wasserhaushaltsgesetz** verankert worden. Der integrierte Bewirtschaftungsansatz erfordert eine Einbeziehung ökologischer, ökonomischer, sozialer und technischer Aspekte und stellt damit eine Neuorientierung der **Wasserpolitik** mit großen Auswirkungen auf die wasserwirtschaftliche Planung dar. Obwohl die Ökologie einen sehr hohen Stellenwert einnimmt, sind wirtschaftliche Erwägungen gleichwertig berücksichtigt. Als Beispiel seien die **künstlich und erheblich veränderten Wasserkörper** (→ Abb. 24-1) angeführt, für die nur das gute ökologische Potenzial maßgebend ist. Das bedeutet, dass für natürliche Oberflächengewässer ein ökologisches Leitbild erreicht werden soll, während beispielsweise an ausgebauten Wasserstraßen sich die aquatische Flora und Fauna nur innerhalb der vorgegebenen Randbedingungen verbessern müssen.

Ziele der EG-Wasserrahmenrichtlinie für den Gewässerzustand (Flussgebietsgemeinschaft Elbe 2013). **Abb. 24-1**

Umsetzungsstand der einzelnen Schlüsselmaßnahmen in Deutschland (Anzahl der Schlüsselmaßnahmen) (Bundesumweltministerium für Umwelt, Naturschutz und Reaktorsicherheit und Umweltbundesamt 2013) (Daten: Berichtsportal WasserBLIcK/BfG (Stand: 31.10.2012)). **Abb. 24-2**

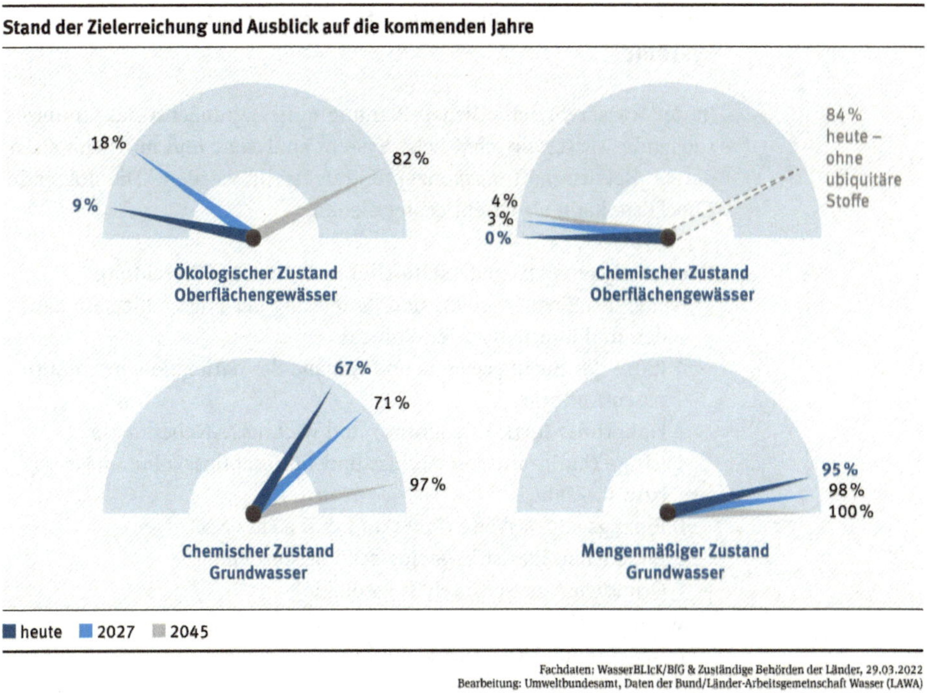

Durch eine Evaluation der Ziele der EG-WRRL durch die Brüsseler Kommission ist gewährleistet, dass alle Mitgliedstaaten der EU vergleichbare Kriterien für die Beurteilung der Gewässergüteziele zugrunde legen. Da ökologische Ziele den Bewertungsrahmen darstellen, beeinflusst die EG-WRRL auch andere europäische Richtlinien, wie z.B. die EG-Hochwasserrisikomanagementrichtlinie (EG-HWRM-RL) hinsichtlich eines naturverträglichen Hochwasserschutzes. Einen Überblick über mögliche Synergien zwischen EG-WRRL und EG-HWRM-RL geben BfN (2014) und Evers et al. (2006). Eine Zwischenbilanz für das Jahr 2012 zur Umsetzung der EG-WRRL-Maßnahmenprogramme in Deutschland ist in Abb. 24-2 zusammengefasst (Bundesministerium für Umwelt, Naturschutz, Bau und Reaktorsicherheit 2013). Hieraus ist ersichtlich, dass auch in wirtschaftlich starken Ländern wie Deutschland großer Handlungsbedarf besteht. Dies betrifft vor allem die Bereiche diffuser Nährstoffeinträge (wie z.B. Nitrat, Phosphat), aquatische Durchgängigkeit für Fische und Makroinvertebraten sowie die Hydromorphologie, z.B. bezüglich der Möglichkeiten für geeignete Laichplätze.

24.3 | Beschreibung der Komponenten wasserwirtschaftlicher Systeme

In der wasserwirtschaftlichen Planung müssen zunächst das zu untersuchende wasserwirtschaftliche System analysiert und mögliche alternative Bewirtschaftungskonzepte aufgestellt werden. Die folgende Checkliste kann als Orientierung dienen.

Grobanalyse wasserwirtschaftlicher Systeme (Checkliste)

- Name des Einzugsgebiets und Bedeutung des Flussgebiets im nationalen und internationalen Kontext
  - **A** Karte des Einzugsgebiets und Angabe der nationalen/internationalen Anlieger
  - **B** Hauptfluss (evtl. Gliederung) und wichtigste Nebenflüsse
  - **C** Länge (km), mittlerer Abfluss und Jahresabflussvolumen (m^3/s bzw. m^3/Jahr)
  - **D** Einzugsgebietsgröße (km^2) und -höhe (m+NN)
  - **E** Bodencharakteristik, geologische Beschreibung
  - **F** Grundwassersystem (Hydrogeologie)
  - **G** Klimaverhältnisse
  - **H** Bedeutende Hochwasser- und Dürreereignisse

I Wasserqualität der Oberflächengewässer und des Grundwassers
J Ökosystembeschreibung

- Sozioökonomie
  A Bevölkerung
  B Beschäftigungsstruktur (Industrie, Gewerbe, Landwirtschaft, Dienstleistung)
  C Landnutzung
  D Menschliche Einflüsse auf Wassermenge und -qualität
    1. Wasserverbrauch der größten Wassernutzer (Landwirtschaft, Industrie, Haushalt), Stadtentwicklung, Abwasserbehandlung und Trinkwasserversorgung, Wasserkraftanlagen, flussbauliche Maßnahmen, (Unter-)Tagebau, Tourismus
    2. Einfluss der oben genannten Aktivitäten auf Wassermenge und -qualität
- Administratives System, bedeutende Institutionen
  A Legislative Rahmenbedingungen (z.B. EG-WRRL)
  B Wasseraufsichtsbehörden und Struktur der Wasserwirtschaftsverwaltung (z.B. Aufteilung in administrative Einheiten)
  C Bewertung der Wasserwirtschaftsstruktur (z.B. flächendeckend, flexibel, strukturiert, hierarchisch, fragmentiert etc.)
- Probleme
  Beschreibung und Priorisierung der wasserwirtschaftlichen Probleme in tabellarischer Form (ohne Wertung und Maßnahmen)
- Maßnahmen
  Identifizierung von möglichen Verbesserungsmaßnahmen, für jedes Problemfeld getrennt in tabellarischer Form

24.4 Optimierung und Beurteilung von integrierten wasserwirtschaftlichen Maßnahmen

Integriertes Wasserressourcenmanagement muss zwischen **divergierenden Interessen** vermitteln, z.B. zwischen den Belangen der Schifffahrt, der Wasserkraft, des Naturschutzes, der Landwirtschaft, der Fischerei, der Industrie und der Naherholung. Daher sind wasserwirtschaftliche Modelle notwendig, die auf der Basis von Kriterien bzw. Indikatoren die Entscheidungsfindung objektivierbar machen. Dabei werden alle wasserwirtschaftlichen Entscheidungen auf Kompromisse hinauslaufen, die aufgrund unterschiedlicher Gewichtungen der Indikatoren stets ein bestimmtes Maß an Subjektivität beinhalten.

Werden für die Entscheidungsfindung Modelle eingesetzt, ist zunächst zwischen Simulations- und Optimierungsmodellen zu unterscheiden. In der **Optimierung** sind immer eine oder mehrere **Zielfunktionen** notwendig, die verschiedene Zustände des Systems unter gegebenen Randbedingungen und Restriktionen bewerten und gewichten. Die Systemzustände werden hinsichtlich Kosten und Gewinnen beurteilt mit dem Zweck, aus den divergierenden Teilzielen einen insgesamt **optimalen Wert** zu erhalten. Da die Optimierungsmodelle das wasserwirtschaftliche System aufgrund der Vielzahl von Handlungsoptionen nicht exakt erfassen können, werden sie in der Regel dazu verwendet, eine Vorauswahl von möglichen **Bewirtschaftungsalternativen** zu treffen. Anschließend sollte ein genaueres Simulationsmodell erstellt werden, mit dem gezielte **Wenn-Dann-Szenarien** berechnet und quantifiziert werden. Aus diesen Simulationsrechnungen können dann konkrete Handlungs- und Steuerungsstrategien abgeleitet werden. Bei den Simulationsmodellen unterscheidet man zwischen prozessorientierten und statistischen Modellen (→ Kap. 15).

Das skizzierte Vorgehen, zunächst Optimierungstechniken zu verwenden, um eine begrenzte Anzahl von Alternativen in einem zweiten Schritt detaillierter simulieren und evaluieren zu können, wird häufig «preliminary screening» genannt. Bekannte Optimierungsmethoden sind beispielsweise die Differenzialrechnung mit Lagrange-Faktoren, dynamisches und lineares Programmieren, Fuzzy-Optimierung, künstliche neuronale Netze und genetische Algorithmen. Kann man das wasserwirtschaftliche System ausschließlich monetär beurteilen, werden mathematische Verfahren der Kosten-Nutzen-Rechnung angewendet. Eine besondere Schwierigkeit bei dieser Methode besteht darin, die ökologischen und sozial-kulturellen Kosten bzw. Nutzen monetär zu erfassen. Daher werden häufig nicht monetäre Werte mithilfe von Indikatoren und wasserwirtschaftliche Maßnahmen anhand der Veränderung der Indikatoren bewertet. Beispiele zur Kosten-Nutzen-Rechnung in IWRM und zu Optimierungstechniken finden sich in Loucks und van Beck (2005) und Arora (2015).

24.5 Multikriterielle Entscheidungsanalyse

Wasserwirtschaftliche Systeme stellen typischerweise eine Vielzahl von ökonomischen, ökologischen und sozialen Leistungen bereit. Für die **Entscheidungsfindung** wasserwirtschaftlicher Maßnahmen werden **Güte- bzw. Beurteilungskriterien** benötigt, die eine Aussage über die Verbesserung des Status quo mithilfe der Zielerreichung eines angestrebten Zustands erlauben. Werden nun **divergierende Ziele** verfolgt, wie z.B. biologische Vielfalt versus Wasserkraftnutzung, müssen unterschied-

Übersicht über multikriterielle Bewertungsverfahren | **Tab. 24-2**

Bewertungsverfahren	**Erfassung, Quantifizierung und Bewertung**	**Vergleich von Alternativen**	**Voraussetzungen**
Kostenvergleich	Monetäre Kosten	Kostenminimum	Nicht-monetäre Effekte irrelevant
Kosten-Nutzen-Analyse	Monetäre Kosten und Nutzen	Maximaler Nutzenüberschuss	Nicht-monetäre Effekte irrelevant
Kosten-Wirksamkeits-Analyse	Monetäre Kosten, Wirkungen in physikalischen Einheiten	Minimales Kosten-Wirksamkeits-Verhältnis	Wirksamkeitsmaße vorhanden
Nutzentheorie	Erreichungsgrad	Maximaler Nutzen	Wirkungen als Nutzen ausdrückbar
Multiobjektive Optimierung	Abhängig von den Wirkungen	Darstellung der Wirkungen	Keine

liche Gütekriterien verwendet werden, die gegenläufig sein können. Die Zielkonflikte können berücksichtigt werden, indem die einzelnen Werte der Gütekriterien tabellarisch für jede Alternative aufgezählt werden. Ein Beispiel dazu liefert Tab. 24-2. Zu einem zusammengefassten Gütewert gelangt man durch gewichtete Addition der Einzelwerte. Die Wahl der Gewichte ist dabei offen zu kommunizieren. Außerdem müssen in der Regel Restriktionen festgelegt werden, um Mindeststandards einzuhalten. Eine andere Möglichkeit, nicht übereinstimmende Kriterien offenzulegen, stellt beispielsweise die Berechnung von Paretofronten dar, wobei die Kompromisslösungen graphisch dargestellt werden können (Subagadis et al. 2014).

Merksatz: Divergierende Interessen in der Wasserwirtschaft erfordern Kompromisslösungen, die mit multikriteriellen Methoden erarbeitet werden können.

Das Management von Wasserressourcen erfordert ein abgestimmtes, gemeinsames Vorgehen zwischen allen **Akteuren** und **Entscheidungsträgern**. Die **transparente Offenlegung** der Gütekriterien und der verwendeten Optimierungsalgorithmen kann dazu beitragen, die **Akzeptanz** von Entscheidungen zu erhöhen. Weiterhin ist zu beachten, dass sich politische Entscheidungen häufig den bewertbaren Maßstäben entziehen, weil z.B. ein öffentliches allgemeines Bedürfnis befriedigt werden soll. Dennoch ist es für die Planung unverzichtbar, Alternativen offen zu diskutieren und den Entscheidungsträgern quantifizierbare Gütekriterien und Zielkonflikte vorzulegen.

Weiterführende Literatur

Arora, R. K. (2015): Optimization: Algorithms and applications. Iowa City, IA.
Grambow, M. (Hrsg.) (2013): Nachhaltige Wasserbewirtschaftung. Konzept und Umsetzung eines vernünftigen Umgangs mit dem Gemeingut Wasser. Wiesbaden.
Hüttl, R. und O. Bens (Hrsg.) (2012): Georessource Wasser. Herausforderung Globaler Wandel. Beiträge zu einer nachhaltigen Wasserressourcenbewirtschaftung (acatech STUDIE). Berlin/Heidelberg.
Stolpe, H. (Hrsg.) (2013): Methodenhandbuch für das IWRM in Vietnam auf Flusseinzugsgebietsebene. FuE-Verbundprojekt IWRM-Vietnam. Bochum.
Umweltbundesamt (Hrsg.) (2021): Die Wasserrahmenrichtlinie. Gewässer in Deutschland 2021–Fortschritte und Herausforderungen.
UNEP (2024): Progress on implementation of Integrated Water Resources Management – Mid term status of SDG Indicator 6.5.1 and acceleration needs, with a special focus on Climate Change.

Partizipation im Wassermanagement | 25

Mariele Evers

Inhalt

25.1 Einführung

25.2 Definitionen und Differenzierung des Begriffs «Partizipation»

25.3 Partizipation im Wassermanagement

25.4 Methoden und Forschungsansätze

Partizipation im Wassermanagement spielt eine immer größere Rolle. Anforderungen an Partizipation von Gesellschaft und Politik, aber auch von Fachbehörden spiegeln sich in rechtlichen Grundlagen wie Konventionen oder EU-Richtlinien wider. Partizipation kann auf unterschiedlichen Ebenen stattfinden. Es wird unterschieden in: (1) Informationsvermittlung, (2) Anhörung/Konsultation, (3) Aktive Beteiligung und (4) Gemeinsame Entscheidungsfindung. Dabei werden formelle und informelle Beteiligungsverfahren unterschieden. Methoden wie z.B. die Stakeholderanalyse sind notwendig, um Beteiligungsprozesse durchzuführen. Partizipationsprozesse sind komplex und bergen Vor- und Nachteile, die abgewogen werden müssen.

Einführung | 25.1

Hydrologische Prozesse werden von anthropogenen Faktoren beeinflusst, und das hydrologische System wiederum beeinflusst die Gesellschaft. Diese Interaktion und Kopplung von sozialem und hydrologischem System ist von zentraler Bedeutung im Wassermanagement.

Wesentliches Element für ein **nachhaltiges Wassermanagement** ist das Handlungsprinzip **Kooperation und Partizipation**, das heißt, Betroffene sind in Entscheidungen mit einzubeziehen und Möglichkeiten zur Selbstorganisation sind zu fördern (Kahlenborn und Kraemer 1999). Aktuelle Konzepte im Wassermanagement wie das Integrierte Wasserressourcenmanagement (IWRM) (→ Kap. 24) oder das adaptive Wassermanagement betonen die Bedeutung partizipativer Ansätze.

Merksatz:
Für Partizipation gibt es ethische, politische, gesellschaftliche und rechtliche Gründe und Vorgaben.

Zum nachhaltigen Wassermanagement gehört die Integration verschiedener **Daten- und Wissensbestände**, die bei unterschiedlichen Akteuren und Institutionen angesiedelt sind, genauso wie die Entwicklung und das Aushandeln von Entwicklungszielen und Maßnahmen aus Sicht verschiedener Nutzungsinteressen, wie beispielsweise zwischen Wasserwirtschaft, Landwirtschaft und Naturschutz. **Beteiligungs- und Partizipationsprozesse** werden genutzt, um verschiedene Informationen zu integrieren und unterschiedliche Perspektiven und Interessen abzustimmen sowie durch Dialog und Zusammenarbeit kreativere Lösungen hervorzubringen.

Partizipation ist in verschiedenen Ansätzen des Wassermanagements zentral gefordert.

Zusätzlich zu den fachlichen Gründen gibt es auch **ethische, politische und rechtliche Notwendigkeiten** und Vorgaben zur Partizipation im Wassermanagement. Ein Beispiel ist die von Deutschland 2007 ratifizierte **Aarhus-Konvention** (→ Kap. 24), ein Übereinkommen über den Zugang zu Informationen, die Öffentlichkeitsbeteiligung an Entscheidungsverfahren und den Zugang zu Gerichten in Umweltangelegenheiten (United Nations Secretary-General 2001). Sie zielt auf eine aktive Rolle der Bevölkerung bei Entscheidungen und der Umsetzung von Gesetzen ab. Partizipation hat eine wichtige Bedeutung in demokratischen Ländern, in denen politische Themen in einem öffentlichen Diskurs behandelt werden (Habermas 1992). Weitere Begründungen sind Aspekte wie **soziale Gerechtigkeit** (z.B. beim Zugang zu Trinkwasser oder beim Hochwasserrisikomanagement) sowie die Bedeutung von Partizipation für die Qualität von Entscheidungen im Wassermanagement durch die **Wissensintegration** verschiedenster Stellen, Institutionen und Personen sowie eine höhere Akzeptanz von Maßnahmen. Ganz konkret fordern **aktuelle rechtliche Regelungen** der Europäischen Union (z.B. in der EG-Wasserrahmenrichtlinie (EG-WRRL) und in der EG-Hochwasserrisikomanagement-Richtlinie (HWRM-RL)) die Beteiligung interessierter Stellen in der Umsetzung und Zielerreichung dieser Richtlinien (→ Kap. 24). Die **Beteiligung der Öffentlichkeit** wird in Artikel 14 der WRRL und in Artikel 10 der HWRM-RL gefordert. Zum Beispiel heißt es in der WRRL, Artikel 14, § 1: «Die Mitgliedstaaten fördern die aktive Beteiligung aller interessierten Stellen an der Umsetzung dieser Richtlinie, insbesondere an der Aufstellung, Überprüfung und Aktualisierung der Bewirtschaftungspläne für die Einzugsgebiete.»

Definitionen und Differenzierung des Begriffs «Partizipation» 25.2

Der Duden definiert Partizipation als **Teilhaben, Teilnehmen, Beteiligtsein.** Der Begriff leitet sich vom lateinischen **participatio** ab (Duden 2014) und kann synonym zum Begriff **Beteiligung** verwendet werden. Partizipation in Bezug auf politische Prozesse kann als die aktive Teilhabe der Bürgerinnen und Bürger im Umgang mit gemeinsamen bzw. politischen Angelegenheiten bzw. die Teilhabe der Mitglieder einer Organisation, einer Gruppe, eines Vereins usw. an den gemeinsamen Angelegenheiten bezeichnet werden (Schubert und Klein 2001). Diese Definitionen beschränken sich nicht nur auf rechtlich formale Verfahren wie die Umsetzung eines Gesetzes oder einer Verordnung, sondern schließen auch jedwede informelle Partizipation ein.

Partizipation kann auf unterschiedlichen Ebenen mit differierender Intensität der Interaktivität und geteilter Verantwortung umgesetzt werden. Vier Ebenen sind hierbei zu unterscheiden:
(1) Informationsvermittlung,
(2) Anhörung/Konsultation,
(3) aktive Beteiligung und
(4) die gemeinsame Entscheidungsfindung (→ Abb. 25-1).

Beschreibung der Partizipationsebenen

Informationsvermittlung

Die **Bereitstellung von Informationen** im Rahmen eines Partizipationsprozesses ist die Grundlage für jegliche Beteiligung. Es können verschiedene Arten von Informationen unterschieden werden, die im Wassermanagement relevant sind:

- **Wissenschaftliche** Informationen: z.B. Gewässerbelastungen, Zustand des Wasserkörpers, geplante Maßnahmen und deren Auswirkungen.
- **Managementbezogene** Informationen: z.B. rechtliche Vorgaben, Ziele, Methoden, mögliche Maßnahmen, Kosten.
- **Organisatorische** Informationen: z.B. Zeitpläne, beteiligte Verantwortlichkeiten.

Anhörung/Konsultation

Anhörung bedeutet, dass die beteiligten Stellen und Personen durch Verwaltung und Entscheidungsträger angehört werden, um ihre Interessen sowie ihr Wissen und ihre Wahrnehmungen, Erfahrungen und Ideen zu berücksichtigen. Die Anhörung dient dazu, **Informationen** und **Meinungen** von den Betroffenen zu **sammeln** und auf der Grundlage dieses Wissens Lösungen zu entwickeln. Mit diesem Verfahren wird keine Mitwirkung an Entscheidungen eingeräumt. Auch unterliegen die Fachleute keiner formellen Verpflichtung, sich die Ansichten der Öffentlichkeit zu eigen zu machen; jedoch ist die Berücksichtigung der Stellungnahmen zu dokumentieren.

Aktive Beteiligung

Eine aktive Beteiligung im Wassermanagement impliziert, dass Institutionen und/oder Personen eingeladen sind, sich aktiv an dem Verfahren zu beteiligen und dadurch eine aktive Rolle bei der Beratung der betreffenden Behörden bzw. beim **Aushandeln von Zielen** zu spielen und damit die Ergebnisse beeinflussen zu können.

Gemeinsame/kollaborative Entscheidungsfindung

Dieser Begriff steht für einen Prozess, in dem alle beteiligten Personen oder Stellen **gleiche Rechte** haben. Die Verhandlung findet auf der **gleichen Kompetenzebene** statt. In der gemeinsamen Entscheidungsfindung nehmen interessierte Stellen und Personen nicht nur aktiv am Planungsprozess teil, sondern beeinflussen die Entscheidung und übernehmen auch teilweise Verantwortung für das Ergebnis. Dies bedeutet, dass lokales Wissen einbezogen wird, mehrere Alternativen diskutiert, Maßnahmen angepasst und gemeinsame Entscheidungen getroffen werden. Ein mögliches Format für kollaborative Entscheidungsfindung ist die kollaborative Modellierung (Box 25.1).

Formelle und informelle Partizipation

Abb. 25-1 zeigt die vier verschiedenen Ebenen der Partizipation, die sich im Hinblick auf die **Interaktion** und die geteilten **Verantwortlichkeiten** der Stakeholder unterscheiden. In Beteiligungsverfahren gilt es, formelle und informelle Verfahren zu unterscheiden. **Formelle** Verfahren sind Verfahren, die **rechtlich konkret vorgeschrieben** sind, wie beispielsweise bei **Umweltverträglichkeitsprüfungen** oder die Beteiligungsprozesse der **WRRL und HWRM-RL**. Zum Beispiel gibt die WRRL detaillierte Vorgaben zum Zeitplan der Umsetzung. In einem dreistufigen Verfahren müssen unter Beteiligung der Öffentlichkeit die Maßnahmenprogramme sowie Bewirtschaftungspläne für jede Flussgebietseinheit verbindlich aufgestellt und veröffentlicht werden.

Daneben gibt es die Möglichkeit der **informellen** Beteiligung, die Anhörungs- und Partizipationsprozesse betrifft, in denen Beteiligung nach bestimmten Verfahrensschritten nicht vorgeschrieben ist. Die Beteiligung im Falle der WRRL und der HWRM-RL ist rechtlich vorge-

Abb. 25-1 Intensität der Interaktivität und geteilter Verantwortung durch unterschiedliche Formen der Partizipation.

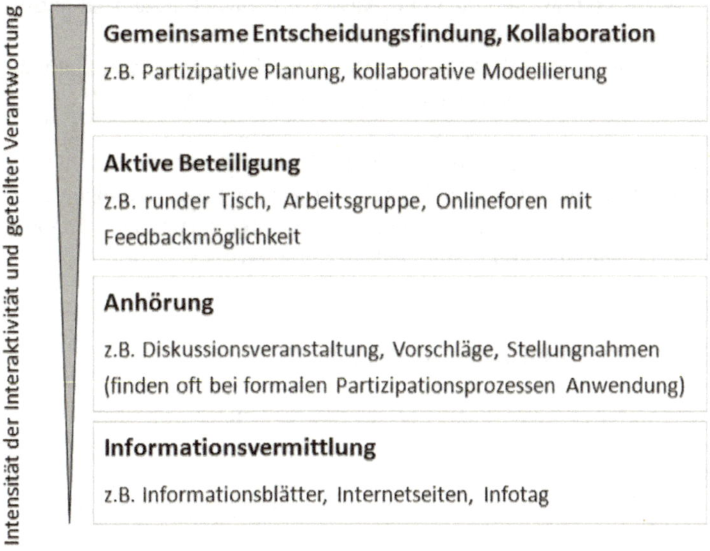

schrieben und gehört damit zu den formellen Beteiligungsprozessen. Die Intensität des Durchführungsprozesses selbst, d.h. wer wie oft und wie intensiv beteiligt wird, ist nicht festgelegt und variiert je nach Mitgliedsland bzw. Bundesland in Deutschland erheblich. Sie geht oftmals über das geforderte Maß hinaus. Beispiele dafür sind Arbeitsgruppen zu Bearbeitungsgebieten oder sogenannte Gebietskooperationen.

Wer partizipiert?

Allgemein wird im Falle von zu beteiligenden **Akteuren** auch von **Stakeholdern** gesprochen; diese Benennung dient als Oberbegriff für **behördliche Vertreterinnen und Vertreter, private Organisationen** oder **Privatpersonen**. Als Stakeholder gilt jede Person, Gruppe oder Organisation, die ein Interesse an einer Sache hat, sei es, weil sie direkt betroffen ist, oder sei es, weil sie irgendeinen Einfluss auf das Ergebnis hat.

In jeder Diskussion über Partizipation im Wassermanagement muss geklärt werden, welche Teilnehmerinnen und Teilnehmer zu beteiligen sind. Dabei können verschiedene Gruppen differenziert werden:

1. Vertreterinnen und Vertreter von **Behörden** aus Wasserwirtschaft oder verwandten Bereichen, wie z.B. Regionalplanung oder Naturschutz.

2. Stakeholder wie **Nichtregierungsorganisationen** (NGOs) und/oder Personen oder Institutionen, die von Bewirtschaftungs- und Planungsfragen betroffen sein könnten (z.B. Naturschutzorganisationen, Wasserverbraucherinnen und Wasserverbraucher, potenziell betroffene Bürgerinnen und Bürger).
3. Die breite Öffentlichkeit, die mehr oder minder direkt von Maßnahmen des Wassermanagements betroffen sein kann.

Die Ebene, auf der die Öffentlichkeit mittels Informationen, Anhörung oder aktiver Beteiligung einbezogen wird, hängt vom jeweiligen Interesse/der Betroffenheit bzw. vom Interesse der zuständigen Behörde bzw. der Planungs- und Entscheidungssituation ab.

25.3 | Partizipation im Wassermanagement

Auch wenn in vielen Kontexten des Wassermanagements eine Beteiligung rechtlich verbindlich ist, d.h., eine formelle Beteiligung gefordert ist, stellt sich immer die Frage, wie und in welcher Intensität diese durchgeführt werden soll. Das Gleiche gilt für informelle Beteiligungsverfahren, die freiwillig erfolgen. Auch wenn die Gründe für Partizipationsprozesse deutlich auf der Hand liegen, gibt es vielfältige Gesichtspunkte, die bei der Konzipierung und Durchführung berücksichtigt werden müssen. Neben Aspekten wie der Verfügbarkeit von **personellen** und **finanziellen** Ressourcen sowie des **Zeitbedarfs**, der für Partizipationsprozesse notwendig ist, müssen auch **potenzielle negative Entwicklungen** wie Dominanz durch einzelne Personen oder Institutionen und anderes in Betracht gezogen werden. In Tab. 25-1 werden Beispiele für potenzielle **Vor- und Nachteile** bzw. Risiken skizziert, die sich aus Beteiligungsprozessen bzw. verschiedenen Ebenen der Beteiligung ergeben können. Für eine detaillierte Darstellung siehe Evers (2008) und Evers (2012).

Gründe für und wider Partizipation

Es gibt keine Musterlösung für erfolgreiche Partizipation. Vor- und Nachteile müssen abgewogen werden.

Unter den potenziellen Vorteilen von Partizipationsprozessen lassen sich grundsätzlich zwei unterschiedliche Perspektiven unterscheiden: Die erste bezieht sich auf die **Prozesse** oder die Ergebnisse im Allgemeinen, die zweite betrifft eher die im Prozess eingebundenen **Personen** bzw. **Individuen.**

Es gibt keine Musterlösung für erfolgreiche Partizipation, jedoch gibt es einige Kriterien, die in Partizipationsprozessen berücksichtigt werden sollten. Für eine ausführliche Darstellung vgl. Evers (2012).

Beispiele für Vor- und Nachteile der Partizipation im Wassermanagement. | Tab. 25-1

Vorteile für Prozess	Vorteile für einzelne TeilnehmerInnen	Risiken und potenzielle Nachteile
Aktionsraum der Stakeholder und der BürgerInnen wird durch Lernprozesse, Reflektieren und Berücksichtigung breiterer Zusammenhänge erweitert	Der Entscheidungsprozess wird transparenter und grundlegender	Die Kosten für Planungs- und Entscheidungsprozess sind ggf. (kurzfristig) höher; dies hängt aber auch vom Akzeptanzniveau ab
Unterstützung eines gemeinsamen Diskurses als Basis für langfristige Perspektiven und Zusammenarbeit	Bessere Möglichkeit, Angelegenheiten und Zusammenhänge im Wassermanagement zu beurteilen	Der Zeit- und Ressourcenaufwand ist potenziell höher
Möglichkeit für soziales Lernen, d.h. gemeinsames Lernen für konstruktiven Dialog mit allen betroffenen Stellen	Verbesserte Kontrolle über Entscheidungen und ihre Umsetzung	Verwaltung/zuständige Stellen können u.U. Kontrolle über den Planungsprozess verlieren
Weniger Rechtsstreite, Missverständnisse und Verzögerungen und effektivere Umsetzung und Überwachung, z.B. ein Netzwerk aus Delegierten und/oder Fachleuten, können zu kosteneffizienteren Lösungen führen	Möglichkeit, sich aktiv an Problemlösungen und Maßnahmen zu beteiligen	Bestimmte Personen oder Institutionen können dominieren und den Entscheidungsprozess nachhaltig beeinflussen
Steigende öffentliche Sensibilisierung für umweltbezogene Problemstellungen sowie für die Umweltsituation im betreffenden Flusseinzugsgebiet	Der Aktionsraum wird durch Reflektieren und Berücksichtigung größerer Zusammenhänge erweitert	Geringere Flexibilität seitens der Verwaltung, während laufender Beteiligungsprozesse auf externe Anforderungen, z.B. von übergeordneten Stellen, zu reagieren
Unterschiedliche Wissensformen: Regionales, Lokales, Historisches und Erfahrungen verschiedener Stakeholder können genutzt werden, um die Qualität von Plänen, Maßnahmen etc. zu verbessern	Reduzierung des Medienmonopols in Bezug auf Überzeugung und Einflussnahme	Ausschließlichkeit der Prozesse, d.h. wichtige Stakeholder werden ausgeschlossen und haben keine Möglichkeit, sich einzubringen
Legitimierung von Entscheidungen, öffentliche Akzeptanz, Engagement und Unterstützung in Hinblick auf die Entscheidungsfindungsprozesse	Unterstützung für EntscheidungsträgerInnen	Die im Beteiligungsprozess erarbeiteten Lösungen/Ergebnisse sind nicht durchführbar
Übernahme der Verantwortung nicht nur für Entscheidungen, sondern auch für die Umsetzung und Realisierung von Maßnahmen	Unterstützung für EntscheidungsträgerInnen	Potenzielle Konflikte, die in Sackgassen führen können, sodass der Prozess ins Stocken gerät

25.4 Methoden und Forschungsansätze

Stakeholderanalyse

Ein zentraler Schritt in allen Partizipationsprozessen ist die **Stakeholderanalyse (SHA).** Über diese werden die zu beteiligenden Institutionen und Personen **identifiziert** und **klassifiziert**, das heißt, von der SHA hängen alle weiteren Schritte und Phasen der Beteiligung ab. Daher ist eine sorgfältige Vorgehensweise hierbei unerlässlich.

Was wird unter einer SHA verstanden? Im Zusammenhang mit Wassermanagement ist folgende Definition nach Grimbel und Chan (1995) sinnvoll: «Ein Ansatz für das Verständnis eines Systems durch die Ermittlung der wichtigsten Akteure oder Beteiligten im System und Adressierung der jeweiligen Interessen in diesem System». Dieser Prozess umfasst:

1. **Beschreibung und Definition** der Aspekte eines Phänomens oder Problems, das durch Entscheidungen oder Maßnahmen beeinflusst wird,
2. **Identifikation** von Einzelpersonen, Gruppen oder Organisationen/Institutionen, die von dem Phänomen oder Problem betroffen sind oder betroffen sein könnten,
3. **Priorisierung** dieser Personen und Gruppen für die Einbeziehung und Beteiligung am Entscheidungsprozess.

Grundsätzlich können verschiedene Ansätze der SHA unterschieden werden, die Reed et al. (2009) folgendermaßen strukturieren: deskriptiv, normativ oder instrumentell (→ Abb. 25-2).

Der **deskriptive**, also beschreibende **Ansatz** ist eine Grundlage für alle SHA und von der Zielsetzung als neutral zu verstehen. Diese Beschreibung wird für das Verständnis der aktuellen Situation benötigt, die als Basis für weitere Analyseschritte genutzt wird.

Normative Ansätze betonen die Legitimität der Beteiligung und Stärkung der Stakeholder in Entscheidungsprozessen. In diesem Zusammenhang werden Stakeholderanalysen durchgeführt, um die Entscheidungen, die getroffen werden, durch wichtige Personen/Institutionen oder Anzahl der Beteiligten zu legitimieren. Gleichzeitig kann über diesen Ansatz die Übertragung von Eigenverantwortung an die Stakeholder für den jeweiligen Prozess gewünscht sein.

Die **instrumentelle** SHA ist pragmatischer und weitgehend so zu verstehen, dass die Entscheidungsträger die Interessengruppen identifizieren, um Hindernisse für anvisierte Ziele zu beseitigen bzw. Unterstützung für geplante Maßnahmen zu erzielen. Dies kann besonders relevant sein, wenn einvernehmlich vereinbarte Ziele erreicht werden müssen. Ein weiteres Ziel kann sein, bestehende Konflikte zwischen

Schematische Darstellung der Zielsetzung, Typologie und Methoden für Stakeholderanalysen (nach Reed et al. 2009). | **Abb. 25-2**

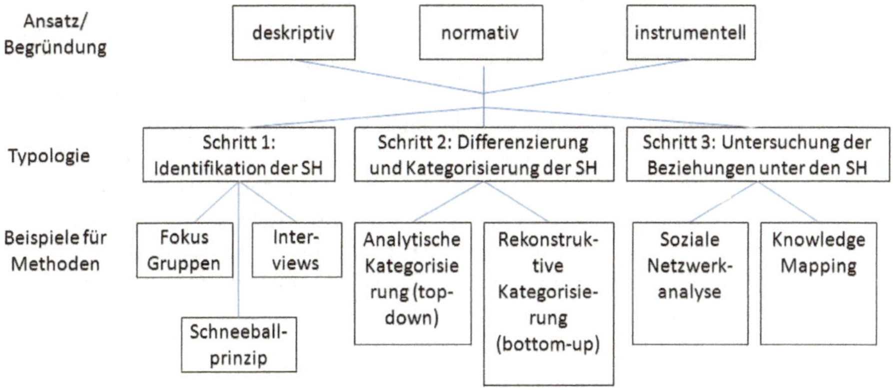

den Beteiligten zu identifizieren, um sicherzustellen, dass diese die Entscheidungsprozesse nicht erschweren.

Alle Ansätze sind dreistufig aufgebaut: (1) die **Identifikation** der SH, (2) die **Differenzierung** und **Kategorisierung** von SH und (3) die **Untersuchung der Beziehungen** zwischen den SH. Entsprechend den Arbeitsschritten und Phasen werden unterschiedliche Methoden angewendet. Die Identifikation der SH kann beispielsweise über Interviews, Fokusgruppen oder nach dem Schneeballprinzip durchgeführt werden. Bei der Differenzierung und Kategorisierung der SH kann einerseits analytisch im Top-down-Verfahren, d.h. durch die Behörde oder durch Wissenschaftlerinnen und Wissenschaftler, oder aber durch die SH selbst rekonstruktiv vorgegangen werden. Wichtig ist auch die Identifikation der Beziehungen zwischen den SH, wozu Methoden wie die soziale Netzwerkanalyse oder Knowledge Mapping angewendet werden können. Weitere Methoden beschreiben u.a. Reed et al. (2009).

Eine Herausforderung im Wassermanagement stellen die Umsetzungshemmnisse von Forschungsergebnissen in die Praxis dar. Als einen wichtigen Ansatz zur Überwindung dieser Herausforderungen wird die Transdisziplinäre Forschung (TD) angesehen. Unter TD wird die gleichberechtigte Zusammenarbeit zwischen Wissenschaft und Gesellschaft durch die Einbeziehung von PraktikerInnen und nichtwissenschaftlichen AkteurInnen in das Forschungsprojekt verstanden (Jahn et al. 2012). Zentrales Element ist dabei die Koproduktion von Wissen. Mechanismen für eine erfolgreiche Umsetzung von TD haben Schneider et al. (2019) beschrieben.

Kollaborative Modellierung

Zentraler Ansatz der kollaborativen Modellierung ist die gemeinsame Modellierung von Szenarien und Maßnahmen zusammen mit SH in einem **iterativen** und **interaktiven** Prozess. Die kollaborative Modellierung folgt einer klar strukturierten Vorgehensweise mit aufeinander aufbauenden Arbeitsschritten. Die verschiedenen Arbeitsphasen werden von Workshops begleitet, in denen die SH gemeinsam mit den Entscheidungsträgern oder auch beteiligten Wissenschaftlerinnen und Wissenschaftlern den Status quo definieren und ggf. weitere Informationen und Daten zusammengetragen werden. Dort werden Ziele für die zu untersuchenden Sachverhalte sowie **Szenarien** und **Maßnahmen** festgelegt. In der Zeit zwischen den Workshops werden diese Szenarien und Maßnahmen mit Modellen simuliert und die Zwischenergebnisse vorgestellt und diskutiert. Über solch einen Prozess kann ein interaktiver Lernprozess erfolgen. Im Anschluss können Ziele und mögliche Maßnahmen intensiv abgestimmt und ein hoher Akzeptanzgrad erreicht werden. Um eine möglichst hohe Transparenz zu erzielen, sollten alle Informationen und Simulationen über eine Web-Plattform zur Verfügung gestellt werden.

Box 25.1

Fallbeispiel 1: Kollaborative Modellierung am Beispiel Hochwasserrisikomanagement

Für zwei Einzugsgebiete (Alster in Deutschland, Cranbrook in Großbritannien) wurde im Rahmen des ERANET-CRUE-Projekts «Decentralised Integrated Analysis and Enhancement of Awareness through Collaborative Modelling and Management of Flood Risk [DIANE-CM]» die Methode als Partizipationsmethode angewendet (Evers et al. 2012). Hauptinstrument zur Kommunikation und Visualisierung mit und für SH ist eine interaktive, web-basierte Plattform.

Über diese Plattform werden Informationen, interaktive Karten und Dialog- und Abstimmungsfunktionen angeboten. Für die Beschreibung der Ist-Situation sowie für die Simulation von Maßnahmen wurden Niederschlagsabflussmodelle verwendet sowie ein hydraulisches 1D-Modell aufgestellt. Außerdem wurden Extremszenarien modelliert. Auch diese wurden mit den Stakeholdern diskutiert und Schlussfolgerungen erörtert. Zur Identifikation der relevanten Akteure im Gebiet wurde eine ausführliche Stakeholderanalyse durchgeführt. Mit relevanten Stakeholdern wurden Ziele identifiziert, potenzielle Maßnahmen diskutiert, neuralgische Hochwassergefahrenpunkte und -gebiete identifiziert und weitere Informationen zusammengestellt. Eine abgestimmte Matrix mit vier verschiedenen Handlungsalternativen wurde erarbeitet und abgestimmt. Zu den verschiedenen Alternativen wurden

Screenshot einer Simulation von verschiedenen Hochwasserschutzmaßnahmen und deren Vergleich am Beispiel des Alster-Einzugsgebiets in GoogleEarth (Evers et al. 2012). **Abb. 25-3**

mögliche Maßnahmen identifiziert und mithilfe hydroinformatorischer Software simuliert. Über die Methode der kollaborativen Modellierung konnte ein interaktiver Beteiligungsprozess in einem konstruktiven Dialog unterstützt werden.

▲

Weiterführende Literatur

Almoradie, A. D. S., Houngue, N. R., Komi, K., Adounkpe, J. und M. Evers (2023): Transboundary Collaborative Modeling: Consensual Identification and Ranking of Flood Adaptation Measures—A Case Study in the Mono River Basin, Benin, and Togo. Sustainability 15 (11728). DOI: 10.3390/su151511728.

EU Water Directors (2003): Guidance document on Public Participation. Final version after the Water Directors' meeting. December 2002. URL: www.eau2015-rhin-meuse.fr/fr/ressources/documents/guide_participation-public.pdf (Stand: 29.06.2015).

Evers, M. (2012): Participation in Flood Risk Management. An introduction and recommendations for implementation. Rapportserie Klimat och säkerhet 2012:1. URL: http://www.kau.se/sites/default/files/Dokument/subpage/2009/08/evers_m_participation_in_flood_risk_management_pdf_19213.pdf (Stand: 29.06.2015).

Reed, M. S., Graves, A., Dandy, N., Posthumus, H., Hubacek, K., Morris, J., Prell, C., Quinn, C. H. und L. C. Stringer (2009): Who's in and why? A typology of stakeholder analysis methods for natural resource management. In: Journal of Environmental Management 90, S. 1933–1949.

Schneider, F., Giger, M., Harari, N., Moser, S., Oberlack, C., Providoli, I., Schmid, L., Tribaldos, T. und A. Zimmermann (2019): Transdisciplinary co-production of knowledge and sustainability transformations: Three generic mechanisms of impact generation. In: Environmental Science & Policy (102), S. 26–35.

Anhang

Symbolliste

Symbol	Bedeutung	Einheit	Kapitel
A	Fläche	m^2, km^2	2, 6, 8, 10
A_{EZG}	Einzugsgebietsfläche	km^2	8, 9, 10, 14
A_{EZGsat}	Wassergesättigte Oberflächen	km^2	9
A_{EZGuv}	Unversiegelte Fläche	km^2	9
A_{EZGv}	Wirksame Versiegelungsfläche	km^2	9
AG	Anschlussgrad	%	9
AI	Ariditäts-Index	-	21
A_{int}	Interaktionsfläche zwischen Grundwasser und Flussbett	m^2	9
B	Bodenwärmestrom	W/m^2	7, 9
C	Abflussbeiwert	-	9, 14
c	Konzentration	g/l	16
c	Lichtgeschwindigkeit	$3\ 10^8$ m/s	17
$c_{i,w}$	Konzentration von Stoff i im Wasser	mol/l	2
c_p	Spezifische Wärme der Luft	$J/(kg \cdot K)$	7
C_{uv}	Abflussbeiwert für unversiegelte Flächen	-	9
d	Rohrdurchmesser	cm	2
$\frac{dh}{ds}$	Hydraulischer Gradient zwischen Grundwasser und Oberflächengewässer	-	9
$\frac{d\Psi}{dz}$	Hydraulischer Gradient	-	5, 6, 9
E	Evaporation	mm	7, 10
E_C	Energiespeicherung bei Wärmezunahme des Schnees	W/m^2	9
E_{Ges}	Gesamtenergie	J	6
EM	Endmember	-	16
EN	Elektronegativität	-	2
Ep	Potenzielle Evaporation	mm/d	7
ET	Evapotranspiration	mm	3, 5, 7, 15, 20
ETa	Reale Evapotranspiration	mm	3, 5, 7, 22
ETp	Potenzielle Evapotranspiration	mm	3, 5, 7, 12, 22
ETp_{Jahr}	Jährliche potenzielle Evapotranspiration	mm	21
ETp_C	Maximal mögliche Verdunstung des betrachteten Bestandes	mm	7
ET_0	Grasreferenzverdunstung	mm	7
e	Dampfdruck	hPa	7
e_a	Aktueller Wasserdampfdruck	hPa	7, 12
e_s	Sättigungsdampfdruck	hPa	7, 12
F	Kraft	N (Newton)	2
FK	Feldkapazität	mm/dm, Vol.-%	5, 7

F(x)	Verteilungsfunktion	-	4
G	Geschwindigkeitsgradient	1/s	2
GPV	Gesamtporenvolumen	%	5
GW_{neu}	Grundwasserneubildung	mm	6
g	Erdbeschleunigung	m/s²	5, 6
H	Fühlbarer Wärmestrom	W/m²	7, 9
H_N	Wärmezufuhr durch Niederschlag	W/m²	9
HQ	Hochwasserscheitelabfluss	m³/s	8, 14
H_W	Hauptwurzelraum	dm	5
H_z	Tiefe der makroporenführenden Schicht	mm	9
h	Höhe	cm, m	5, 6, 7
h_E	Energiehöhe	m	6
h_{GW}	Grundwassermächtigkeit	m	6
h_K	Steighöhe	m	5
h_Q	Abflusshöhe	mm	8, 14
I	Interzeptionsverdunstung	mm	7
I_F	Feldwasserbedarf	l	22
I_G	Gesamtwasserbedarf	l	22
I_{mak}	Anteil der Infiltration, der bei Überlastung der Matrix in Makroporen eindringt	mm/h	9
I_{mik}	Infiltration ins Mikroporensystem	mm/h	9
Inf	Infiltrationsrate	mm/h	5, 9
I_{pfl}	Pflanzenwasserbedarf	l	22
Irr	Bewässerung	mm	15, 22
Irr_M	Mindestwassergabe	mm	22
J	Joule	kg · m²/s²	2
J	Längsgefälle	mm	8
j	Rasterpunkt	-	4
K	Kelvin (absolute Temperatur)	-	2
$K_{H,i}$	Henry-Konstante	mol/(l · hPa)	2
k	Hydraulische Wasserleitfähigkeit	m/s	5
k_f	Gesättigte hydraulische Wasserleitfähigkeit	m/s	5, 6, 9
k_{St}	Rauheitsbeiwert	$m^{1/3}/s$	8
k_u	Ungesättigte hydraulische Wasserleitfähigkeit	cm/d	5
$k(\theta_1)$	Aktuelle hydraulische Wasserleitfähigkeit an der Oberfläche	mm/h	9
$k(\Psi_m)$	Hydraulische Wasserleitfähigkeit, abhängig vom Matrixpotenzial	cm/d	5
L	Latenter Wärmestrom	W/m²	7, 9
L^*	Übergangswärme in Form von Schmelzen oder Verdunsten	J/kg	7, 12
LK	Luftkapazität	Vol.-%	5
l	Fließstrecke	m	5

m	Masse	g, kg	5, 6
N	Niederschlag	mm	3, 4, 6, 7, 9, 12, 15, 21, 22
N_B	Bestandsniederschlag	mm	9
N_D	Niederschlagsdauer	t	4
N_{Geb}	Gebietsniederschlag	mm	4
N_{int}	Niederschlagsintensität	mm/Δt	4
N_j	Niederschlagshöhe	mm/Δt	4
N_{korr}	Korrigierter Niederschlag	mm	4
n	Rauheit des Gerinnes	$s/m^{1/3}$	8
nFK	Nutzbare Feldkapazität	mm	5, 7
nFK_{We}	Nutzbare Feldkapazität im effektiven Wurzelraum	mm	5
n_M	Anzahl der Monatstage bei Berechnung von Monatswerten	-	7
PK	Pardé-Koeffizient	-	12
$P_u(x)$	Unterschreitungswahrscheinlichkeit	-	4
$P_ü$	Überschreitungswahrscheinlichkeit	a	4, 14, 23
p	Druck	$hPa, 100\ N \cdot m^{-2}$	2, 6
Q	Abfluss	m^3/s, m^3/d	3, 6, 8, 10, 12, 14, 16, 20, 23
Q_B	Basisabfluss	mm	6
Q_D	Direktabfluss	mm	6, 14
$Q_{drän}$	Lateraler Abfluss	mm	22
Q_{DSQ}	Direktabflussfülle	m^3	14
Q_{Gw}	Grundwasserabfluss	m^3/s	6, 9
Q_I	Interflow	m^3/s	6
Q_{in}	Zufluss	m^3/s	3, 10, 23, 6
Q_{kap}	Kapillarer Aufstieg	mm	15, 22
Q_{mes}	Gemessener Abfluss	mm	15
Q_o	Oberflächenabfluss	mm/h in 10	6, 9, 22
Q_{out}	Ausfluss	mm in 4, in 7 und 11 keine Einheit	3, 6, 10
Q_{seep}	Sickerwasser	mm	5, 6, 7, 22
Q_{sim}	Simulierter Abfluss	mm	15
q	Volumenfluss	m^3/s	5
q	Abflussspende	$l/s/km^2$	8
q_w	Wassermenge, die je Zeiteinheit durch den Fließquerschnitt der Pore strömt	m^3/s	5
R_A	Langwellige Ausstrahlung der Erdoberfläche	W/m^2	3
Re	Reynolds-Zahl	-	2, 8
R_G	Globalstrahlung	W/m^2, $J/(cm^2 \cdot d)$	3, 7
R_{Gg}	Langwellige atmosphärische Gegenstrahlung	W/m^2	3
R_H	Diffuse, kurzwellige Himmelstrahlung	W/m^2	3

R_{kw}	Kurzwelliger reflektierter Anteil der Globalstrahlung	W/m²	3
R_{lw}	Langwelliger reflektierter Anteil der Gegenstrahlung	W/m²	3
R_n	Nettostrahlung oder Strahlungsbilanz	W/m², mm/d (als Verdunstungsäquivalent umgerechnet)	3, 7, 9, 12
R_S	Direkte, kurzwellige Sonnenstrahlung	W/m²	3
r	Radius	µm, m	5
r_a	Aerodynamischer Widerstand	s/m	7
r_h	Hydraulischer Radius	m	8
r_N	Niederschlagsspende	l/(s·ha) oder l/(s·km²)	4
r_c	Bestandeswiderstand	s/m	7
S	Gespeicherte Wassermenge	mm	8
S	Senkenterm	1/d	5, 7
SH	Schneehöhe	cm	4
SM	Tägliche Schneeschmelze	mm/d	4, 9
SWD	Bodenwasserdefizit	mm	22
SWE	Schneewasseräquivalent	mm	4
SWE_s	Spezifisches Schneewasseräquivalent	mm/cm	4
s	Steigung der Sättigungsdampfdruckkurve	hPa/K	7, 12
T	Lufttemperatur/Mittlere Lufttemperatur für frostfreie Zeiten	°C	2, 3, 4, 7, 9
T	Transpiration	mm	7
T_B	Basislufttemperatur, ab welcher Schneeschmelze eintritt	°C	4, 9
T_{Gw}	Transmissivität	m²/s	6
T_h	Stundenwerte der Lufttemperatur	°C	9
T_{Hw}	Statistisches Wiederkehrintervall für Hochwasser (Jährlichkeit)	a	14
T_k	Kritische Temperatur des Wassers	°C	2
T_n	Statistisches Wiederkehrintervall	a	4
t	Zeit	s, s, h	5, 8, 14
t_s	Schneedeckendauer	d	4
$\bar{t}$	Mittlere Verweilzeit	d	3
V	Volumen	cm³, m³	5, 6, 8
V_f	Volumen der Festphase	Vol.-%	5
VG	Versiegelungsgrad	%	9
V_g	Gesamtvolumen des Bodens	Vol.-%	5
V_l	Luftgefüllter Porenraum	Vol.-%	5
$Vmak_{leer}$	Freier Makroporenraum	-	9
V_p	Volumen des Porenraums	Vol.-%	5
V_S	Speichervolumen	m³	3
V_W	Wassergefüllter Porenraum	Vol.-%	5

v	Geschwindigkeit	m/s, m/h	2, 6, 7, 8, 12, 18
$\bar{v}$	Mittlere Geschwindigkeit	m/s	2, 8
v_f	Filtergeschwindigkeit	m/s	6
v_{kap}	Kapillarer Aufstieg in der Vegetationsperiode	mm	5
W	Wasserstand	cm	8
We	Effektiver Wurzelraum	dm	5
W_{max}	Maximaler Wurzeltiefgang	dm	5
WP	Wasserproduktivität	kg/m^3	22
W_{pfl}	Pflanzenverfügbares Bodenwasser	mm	5
Z	Radarreflektivität	mm^6/m^3	4
z	Tiefe	mm, cm, m	5, 10
α	Einfallswinkel	°	3
α	Kontaktwinkel	°	5
α_d	Gradtagfaktor	mm/(d · °C)	4, 9
ΔH_v	Molare Verdampfungsenthalpie	kJ/mol	2
ΔS	Speicheränderung	mm	3, 5, 7, 12, 15
Δt	Zeitraum/Zeiteinheit/Zeitintervall	s, h, d, a	4, 5, 7, 9, 16
$\Delta\theta$	Wassergehaltsänderung	mm	5
$\Delta\Psi_H$	Hydraulische Potenzialdifferenz	Pa	5
η	Viskosität	Pa · s	5
η_d	Dynamische Viskosität	$N \cdot s/m^2$ oder $kg/(m \cdot s)$	2
η_F	Bewässerungswirkungsgrad	-	22
η_k	Kinematische Viskosität	m^2/s, Pa · s	2, 8
η_V	Verteilungswirkungsgrad	-	22
θ	Bodenwassergehalt	Vol.-%	5, 9
θ_{FK}	Bodenwassergehalt bei Feldkapazität	Vol.-%	7
θ_{PWP}	Bodenwassergehalt des permanenten Welkepunkts	Vol.-%	7
λ	Geographische Länge	°	7
λ	Wellenlänge	nm, µm, cm	17
υ	Frequenz	Hz	17
ρ	Dichte	kg/m^3	5
ρ_L	Luftdichte	kg/m^3	7
ρ_s	Schneedichte	g/cm^3	4
ρ_{TD}	Trockenrohdichte des Bodens	g/cm^3	5
ρ_W	Dichte des Wassers	g/cm^3	2, 6
σ	Oberflächenspannung	kg/s^2, N/m	5
γ	Psychrometerkonstante	0,65 hPa/K	7, 12
γ^*	Normierter Ertrag		22
Φ	Geographische Breite	°	7
Ψ	Wasserspannung	hPa	5

Ψ_H	Gesamtpotenzial	hPa oder cmWS	5
Ψ_m	Matrixpotenzial	hPa oder cmWS	5
Ψ_o	Osmotisches Potenzial	hPa oder cmWS	5
Ψ_z	Gravitationspotenzial	hPa oder cmWS	5

Literatur

Abbott, M., Bathurst, J., Cunge, J., Oconnell, P. und J. Rasmussen (1986): An introduction to the European Hydrological System – Systeme Hydrologique Europeen, SHE, 1. History and philosophy of a physically-based, distributed modeling system. In: Journal of Hydrology 87 (1–2), S. 45–59.

Ad-hoc-AG Hydrogeologie (1997): Hydrogeologische Kartieranleitung. Hannover (Geologisches Jahrbuch Reihe G, Heft 2).

Ad-hoc-AG Hydrogeologie (2011): Fachinformationssystem Hydrogeologie. Standards für ein digitales Kartenwerk. Ergänzung zur Hydrogeologischen Kartieranleitung. Hannover (Geologisches Jahrbuch Reihe G, Heft 13).

AG Boden (2005): Bodenkundliche Kartieranleitung KA 5. 5. Auflage. Stuttgart.

Albert, A. und J. P. Heisel (2014): Schneider Bautabellen für Ingenieure. 21. Auflage. Köln.

Alexandratos, N. und J. Bruinsma (2012): World agriculture towards 2030/2050. Rom (ESA Working Paper No. 12-03 FAO).

Allen, R. G., Smith, M., Perrier, A. und L. S. Pereira (1994): An update for definition of reference evapotranspiration. In: ICID Bulletin 43 (2), S. 1–34.

Allen, R. G., Pereira, L. S., Raes, D. und M. Smith (1998): Crop Evapotranspiration. Guidelines for computing crop water requirements. Rom (FAO Irrigation and Drainage Paper 56).

Allison, G. B. und M. W. Hughes (1978): The use of environmental chloride and tritium to estimate total recharge to an unconfined aquifer. In: Australian Journal of Soil Research 16 (2), S. 181–195.

Ambrose, R. B., Wool, T. A. und J. L. Martin (1993): The Water Quality Analysis Simulation Program, WASP5, Part A: Model Documentation. U.S. Environmental Protection Agency, Center for Exposure Assessment Modeling. Athens, GA.

American Society of Civil Engineers (1999): Sustainability criteria for water resource systems. Reston, VA.

Amit, R. und R. Gerson (1986): The evolution of Holocene Reg (grfReduktionfavelly) soils in deserts. An example from the Dead Sea region. In: Catena 13 (1), S. 59–79.

Amtsblatt der Europäischen Union (2000): EG-Wasserrahmenrichtlinie. Richtlinie 2000/60/EG des Europäischen Parlamentes und des Rates vom 23. Oktober 2000 zur Schaffung eines Ordnungsrahmens für Maßnahmen der Gemeinschaft im Bereich der Wasserpolitik. ABl. EG Nr. L 327/1.

Anderson, A., Weiler, M., Alila, Y. und R. Hudson (2009): Subsurface flow velocities in a hillslope with lateral preferential flow. In: Water Resources Research 45. DOI: 10.1029/2008WR007121.

Arbel, Y., Greenbaum, N., Lange, J. und M. Inbar (2010): Infiltration processes and flow rates in developed karst vadose zone using tracers in cave drips, Earth Surface Processes and Landforms 35 (14), 1682–1693.

Arnold, J. G., Srinivasan, R., Muttiah, R. S. und J. R. Williams (1998): Large area hydrologic modelling and assessment part I. Model development. In: Journal of the American Water Resources Association 34 (1), S. 73–89.

Arnold, J. G. und N. Fohrer (2005): SWAT2000. Current capabilities and research opportunities in applied watershed modelling. In: Hydrological Processes 19 (3), S. 563–572.

Arora, R. K. (2015): Optimization: Algorithms and applications. CRC Press.

Asbjornsen, H., Goldsmith, G. R., Alvarado-Barrientos, M. S., Rebel, K., van Osch, F. P., Rietkerk, M., Chen, J. Q., Gotsch, S., Tobon, C., Geissert, D. R., Gomez-Tagle, A., Vache, K. und T. E. Dawson (2011): Ecohydrological advances and applications in plant-water relations research. A review. In: Journal of Plant Ecology UK 4, S. 3–22.

Aschwanden, H. und C. Kan (1999): Die Abflussmenge Q347. Eine Standortbestimmung. In: Eidgenössisches Departement des Innern. Landeshydrologie und -geologie (Hrsg.): Hydrologische Mitteilungen 27. Bern.

Balke, K.-D. und C. Griebler (2003): Grundwassernutzung und Grundwasserschutz. In: Griebler, C. und F. Mösslacher (Hrsg.) (2003): Grundwasser-Ökologie. Wien, S. 311–366.

Bartels, H., Malitz, G., Asmus, S., Albrecht, F.M., Dietzer, B., Günther, T. und H. Ertel (1997): Deutscher Wetterdienst. Starkniederschlagshöhen für Deutschland – KOSTRA. Offenbach am Main.

Bartels, H., Dietzer, B., Malitz, G., Albrecht, F. M. und J. Guttenberger (2005): Deutscher Wetterdienst Abteilung Hydrometeorologie. Fortschreibungsbericht KOSTRA-DWD-2000 – Starkniederschlagshöhen für Deutschland (1951–2000). Offenbach am Main.

Baumgartner, A. und H.-J. Liebscher (Hrsg.) (1996): Allgemeine Hydrologie. Quantitative Hydrologie. In:

Lehrbuch der Hydrologie Band 1. 2. Auflage. Berlin/ Stuttgart.
Bayerisches Landesamt für Umwelt (Hrsg.) (2009): Deutsches gewässerkundliches Jahrbuch. Donaugebiet, Pegel Marienthal (Regen) Nr. 15207507. Augsburg.
Beaumont, P., Bonine, M. und K. McLachlan (Hrsg.) (1989): Qanat, kariz and khattara. Traditional water systems in the Middle East and North Africa. London.
Bergström, S. (1995): The HBV model. In: Singh, V.P. (Hrsg.): Computer Models of Watershed Hydrology. Highlands Ranch, CO, S. 443–476.
Beven, K. J. (2004): Robert E. Horton's perceptual model of infiltration processes. In: Hydrological Processes 18 (17), S. 3447–3460.
Beven, K. J. (2006): A manifesto for the equifinality thesis. In: Journal of Hydrology 320 (1–2), S. 18–36.
Beven, K. J. (2012): Rainfall-Runoff Modelling. The Primer. 2. Auflage. Chichester.
Beven, K. J. und M. J. Kirkby (1979): A physically-based variable contribution area model of basin hydrology. In: Hydrological Sciences Bulletin 24, S. 43–69.
Beven, K. J. und J. Freer (2001): Equifinality, data assimilation, and uncertainty estimation in mechanistic modelling of complex environmental systems using the GLUE methodology. In: Journal of Hydrology 249 (1–4), S. 11–29.
Beven, K. J. und P. Young (2013): A guide to good practice in modeling semantics for authors and referees. In: Water Resources Research 49 (8), S. 5092–5098.
Bicknell, B. R., Imhoff, J. C., Kittle, J. L., Donigian, A. S. und R. C. Johanson (1997): Hydrological Simulation Program-Fortran, User's manual for version 11. U.S. Environmental Protection Agency, National Exposure Research Laboratory. Athens, GA.
Bischofsberger, W. (1998): Wassergütewirtschaft und Gesundheitsingenieurwesen. Loseblattsammlung. Lehrstuhl für Wassergütewirtschaft und Gesundheitsingenieurwesen der TU München.
Biswas, A. K. (1970): History of Hydrology. Amsterdam/ New York.
Blüthgen, J. und W. Weischet (1980): Allgemeine Klimageographie. 3. Auflage. Berlin.
Boano, F., Harvey, J. W., Marion, A., Packman, A. I., Revelli, R., Ridolfi, L. und A. Wörman (2014): Hyporheic flow and transport processes. Mechanisms, models, and biogeochemical implications. In: Reviews of Geophysics. DOI: 10.1002/2012RG000417.
Bohne, K. (2005): An Introduction into Applied Soil Hydrology. Catena Verlag, 224 Seiten.
Borchardt, D. (1982): Untersuchungen zur Variabilität von Abflußbildungsprozessen in Hochwasserentstehungsgebieten des unteren Mittelgebirges. In: Wasserwirtschaft-Wassertechnik 11, S. 382–385.
Bormann, H. (2010): Runoff regime changes in German rivers due to climate change. In: Erdkunde 64 (3), S. 257–279.
Bormann, H. (2011): Sensitivity analysis of 18 different potential evapotranspiration models to observed climatic change at German climate stations. In: Climatic Change 104, S. 729–753.
Bormann, H., Breuer, L., Giertz, S., Huisman, J. A. und N. R. Viney (2009): Spatially explicit versus lumped models in catchment hydrology. Experiences from two case studies. In: Baveye, P. C., Mysiak, J. und M. Laba (Hrsg.): Uncertainties in Environmental Modelling and Consequences for Policy Making. Berlin, S. 3–26.
Bos, M. G., Kselik, R. A. L., Allen, R. G. und D. Molden (2008): Water Requirements for Irrigation and the Environment. New York.
Bremicker, M. (2000): Das Wasserhaushaltsmodell LARSIM. Modellgrundlagen und Anwendungsbeispiele. Freiburg (Freiburger Schriften zur Hydrologie 11).
Breuer, L., Huisman, J. A., Willems, P., Bormann, H., Bronstert, A., Croke, B. F. W., Frede, H-G., Gräff, T., Hubrechts, L., Jakeman, A. J., Kite, G., Leavesley, G., Lanini, J., Lettenmaier, D. P., Lindström, G., Seibert, J., Sivapalan, M. G. und N. R. Viney (2009): Assessing the impact of land use change on hydrology by ensemble modeling (LUCHEM) I. Model intercomparison of current land use. In: Advances in Water Resources 32, S. 129–146.
Bronstert, A. (1994): Modellierung der Abflußbildung und der Bodenwasserdynamik von Hängen. Karlsruhe (Mitteilungen des IHW 46).
Bronstert, A., Niehoff, D., Schiffler, G.R. (2023): Modelling infiltration and infiltration excess: The importance of fast and local processes. Hydrological Processes, 37(4), e14875. DOI: 10.1002/hyp.14875.
Brooks, R. H. und A. T. Corey (1964): Hydraulic properties of porous media. In: Hydrology Papers 3, S. 1–27.
Brouwer, C., Prins, K. und M. Heibloem (1989): Irrigation water management. Irrigation scheduling. Rom (FAO Land and Water Development Division Training manual No. 4).
Brown, A. E., Zhang, L., McMahonc, T. A., Western, A. W. und R. A. Vertessy (2005): A review of paired catchment studies for determining changes in water yield resulting from alterations in vegetation. In: Journal of Hydrology 310, S. 28–61.

Brunotte, E., Gebhardt, H., Meurer, M., Meusburger, P. und J. Nipper (Hrsg.) (2002): Lexikon der Geographie. Band 2. Heidelberg.
Budyko, M. I. (1974): Climate and Life. New York.
Bundesanstalt für Landeskunde (1953–1962): Handbuch der naturräumlichen Gliederung Deutschlands. Remagen/Bad Godesberg.
Bundesamt für Naturschutz (2014): Naturschutz und Wasserrahmenrichtlinie in der Praxis. Bonn (BfN-Skripten 381).
Bundesamt für Umwelt (Hrsg.) (2012): Auswirkungen der Klimaänderung auf Wasserressourcen und Gewässer. Synthesebericht zum Projekt «Klimaänderung und Hydrologie in der Schweiz» (CCHydro). Bern (Umwelt-Wissen Nr. 1217).
Bundesministerium für Umwelt, Naturschutz und Reaktorsicherheit (Hrsg.) (2003): Hydrologischer Atlas von Deutschland. Lieferung 1–3 mit 51 Kartentafeln. Bonn/Berlin.
Bundesministerium für Umwelt, Naturschutz und Reaktorsicherheit (Hrsg.) (2009): Auenzustandsbericht. Flussauen in Deutschland. Berlin.
Bundesministerium für Umwelt, Naturschutz und Reaktorsicherheit und Umweltbundesamt (Hrsg.) (2013): Die Wasserrahmenrichtlinie. Eine Zwischenbilanz zur Umsetzung der Maßnahmenprogramme 2012. Berlin.
Burns, D. A., McDonnell, J. J., Hooper, R. P., Peters, N. E., Freer, J. E., Kendall, C. und K. J. Beven (2001): Quantifying contributions to storm runoff through end member mixing analysis and hydrologic measurements at the Panola Mountain Research Watershed (Georgia, USA). In: Hydrological Processes 15 (10), S. 1903–1924.
Butler, D. und M. Fayyaz (Hrsg.) (2006): Water Demand Management. London.
Buttle, J. M. (1994): Isotope hydrograph separations and rapid delivery of pre-event water from drainage basins. In: Progress in Physical Geography 18 (1), S. 16–41.
Carvajal, D., Mora-Carreño, M., Sandoval, C., & Espinoza, S. (2022): Assessing fog water collection in the coastal mountain range of Antofagasta, Chile. In: Journal of Arid Environments 198, S. 104679-104689.
Casenave, A. und C. Valentin (1992): A runoff capability classification system based on surface features criteria in semi-arid areas of West Africa. In: Journal of Hydrology 130, S. 231–249.
Chapra, S. C., Pelletier, G. J. und H. Tao (2008): QUAL2K: A Modeling Framework for Simulating River and Stream Water Quality, Version 2.11. Documentation and Users Manual. Medford, MA.
Chevalier, J. M. und D. J. Buckles (2008): SAS2. A Guide to Collaborative Inquiry and Social Engagement. Sage Publications. Thousand Oaks, CA.
Chicharo, L., Müller, F., Fohrer, Nicola (Eds.), (2015): Ecosystem Services and River Basin Ecohydrology. Springer, Dordrecht, Heidelberg, London, New York. 341 pp.
Chifflard, P. (2006): Der Einfluss des Reliefs, der Hangsedimente und der Bodenvorfeuchte auf die Abflussbildung im Mittelgebirge. Experimentelle Prozess-Studien im Sauerland. Dissertation Ruhr-Universität Bochum. Bochum (Bochumer Geographische Arbeiten 76).
Chifflard, P., Didszun, J. und H. Zepp (2008): Skalenübergreifende Prozess-Studien zur Abflussbildung in Gebieten mit periglazialen Deckschichten (Sauerland, Deutschland). In: Grundwasser 13 (1), S. 27–41.
Chorley, R. und B. Kennedy (1971): Physical Geography. A Systems Approach. London.
Coldewey, W.G. und L. Krahn (1991): Leitfaden zur Grundwasseruntersuchung in Festgesteinen bei Altablagerungen und Altstandorten. Ministerium für Umwelt, Raumordnung und Landwirtschaft des Landes Nordrhein-Westfalen.
Coldewey, W. G. und P. Göbel (2014): Hydrogeologische Gelände- und Kartiermethoden. Berlin/Heidelberg.
Corrandin, C., Morbidelli, R. und F. Melone (1998): On the interaction between infiltration and Hortonian runoff. In: Journal of Hydrology 204, S. 52–67.
Costa, A. C., Förster, S., de Araújo, J. C. und A. Bronstert (2013): Analysis of channel transmission losses in a dryland river reach in northeastern Brazil using streamflow series, groundwater level series and multi-temporal satellite data. In: Hydrological Processes 27, S. 1046–1060.
Crawford, N.H.und S.J. Burges (2004): History of the Stanford watershed model. In: Water Resources Impact 6 (2), S. 1959–1961.
Crem, U. E. (2009): Guidance on the Development, Evaluation and Application of Environmental Models. United States Environmental protection agency. Washington, D. C.
Cummins, K. W. (1974): The importance of different energy sources in freshwater ecosystems. In: Reichle, D.E., Franklin, J.F. und D.W. Goodall (Hrsg.): Productivity of world ecosystems. Washington, D.C, S. 50–54.
Dahan, O., Tatarsky, B., Enzel, Y., Külls, C., Seely, M. und G. Benito (2008): Dynamics of Flood Water Infiltration and Ground Water Recharge in Hyperarid Desert. In: Groundwater 46 (3), S. 450–461.
Dai, A., Trenberth, K. E. und T. Qian (2004): A global data set of Palmer Drought Severity Index for

1870–2002. Relationship with soil moisture and effects of surface warming. In: Journal Hydrometeorology 5, S. 1117–1130.
Dalton, J. (1801): On Evaporation. In: Experimental Essays 3, S. 574–594.
Daly, C. (2006) Guidelines for assessing the suitability of spatial clima data sets. Int. J. Climatol. 26: 707–721. DOI: 10.1002/joc.1322
Davila, P. F., Külls, C. und M. Weiler (2013): A toolkit for groundwater mean residence time interpretation with gaseous tracers. In: Computers & Geosciences 61, S. 116–125.
Decker, L. W. und P. D. Jungerius (1990): Water repellency in the dunes with special reference to the Netherlands. In: Catena Supplement 18, S. 173–183.
Deutsche Vereinigung für Wasserwirtschaft, Abwasser und Abfall e. V. (2012): Ermittlung von Hochwasserwahrscheinlichkeiten. Merkblatt M-552. Hennef.
Deutscher Wetterdienst (2002): Klimastatusbericht. Offenbach am Main.
Deutscher Wetterdienst (2014): Wetterrekorde. URL: www.dwd.de/bvbw/appmanager/bvbw/dwdwww Desktop?_nfpb=true&_pageLabel=dwdwww_klima_umwelt&_state=maximized&_windowLabel =T34200640811665205136718T342006408116652051367 1gsbDocumentPath=Navigation%252F0effentlich keit%252FKlima__Umwelt%252FWetterrekorde%252 Fnebel__node.html%253F__nnn%253Dtrue (Stand: 30.11.2014).
Deutsche Vereinigung fur Wasserwirtschaft, Abwasser und Abfall e.V. (2013): Wechselwirkungen zwischen Grund- und Oberflächenwasser. In: DWA-Themen T2/2013, S. 1–157.
DIN (1996): DIN-Taschenbuch 211. Berlin.
DIN 1185 (2015): Dränung. Regelung des Bodenwasser-Haushaltes durch Rohrdränung und Unterbodenmelioration. 3 Teile. Berlin.
DIN 19655 (2008): Bewässerung. Aufgaben, Grundlagen, Planung und Verfahren. Berlin.
DIN 4047-6 (1989): Landwirtschaftlicher Wasserbau. Begriffe. Teil 6 Bewässerung. Berlin.
DIN 4049-1 (1992): Hydrologie-Grundbegriffe mit den Abschnitten Allgemeines, Messwesen/Modelle, Statistik. Berlin.
DIN 4049-2 (1990): Hydrologie-Begriffe der Grundwasserbeschaffenheit mit den Abschnitten allgemeine Begriffe, physikalische und chemische Begriffe, ökologische Begriffe, limnologische Begriffe, Begriffe für Probenahme und Auswertung. Berlin.
DIN 4049-3 (1994): Begriffe zur quantitativen Hydrologie mit den Abschnitten Niederschlag/Wasserbilanz, Oberirdische Gewässer, Unterirdische Gewässer. Berlin.
DIN/ISO 11274 (2012): Physikalische Laboruntersuchungen. Bestimmung des Wasserrückhaltevermögens. Berlin.
DIN/ISO 19682-7 (2014): Bestimmung der Infiltrationsrate mit dem Doppelring-Infiltrometer. Berlin.
Döll, P., Kaspar, F. und B. Lehner (2003): A global hydrological model for deriving water availability indicators: model tuning and validation. In: Journal of Hydrology 270 (1–2), S. 105–134.
Dozier, J. (1989): Spectral signature of Alpine snow cover from the Landsat Thematic Mapper. In: Remote Sensing of Environment 28, S. 9–22.
Dracos, T. (1980): Hydrogeologie. Eine Einführung für Ingenieure. Wien/New York.
Dunne, T. (1978): Field studies of hillslope flow processes. In: Kirkby, M. J. (Hrsg.): Hillslope Hydrology. London, S. 227–293.
Dunne, T. und R. D. Black (1970): An experimental investigation of runoff production in permeable soils. In: Water Resources Research 6, S. 478–490.
Dunne, T., Moore, T. R. und C. H. Taylor (1975): Recognition and prediction of runoff-producing zones in humid regions. In: Hydrological Sciences Bulletin 20, S. 305–327.
Durner, W. (1994), Hydraulic conductivity estimation for soils with heterogeneous pore structure, Water Resour. Res., 30, 211–223.
Durst, R., Imfeld, G. und J. Lange (2013): Transport of pesticides and artificial tracers in vertical-flow lab-scale wetlands. In: Water Resources Research 49 (1), S. 554–564.
DWA-A-118 (2006): Arbeitsblatt Hydraulische Bemessung und Nachweis von Entwässerungssystemen. Hennef.
DWA-M-531 (2012): Merkblatt Starkregen in Abhängigkeit von Wiederkehrzeit und Dauer. Hennef.
DWA-M-641 (2025): Methoden zur Charakterisierung von Grundwasser-See-Interaktionen. Merkblatt.
Dyck, S. (1980): Angewandte Hydrologie Teil 1. Berechnung und Regelung des Durchflusses der Flüsse. Berlin.
Dyck, S. und G. Peschke (1989): Grundlagen der Hydrologie. 2. Auflage. Berlin.
Dyck, S. und G. Peschke (1995): Grundlagen der Hydrologie. 3. Auflage. Berlin.
EEA (European Environment Agency) (1995): Surface water quality monitoring. Topic Report 2, Inland Waters. Kopenhagen.
EEA (European Environment Agency) (1996): Design of a freshwater monitoring network for the EEA area. Topic Report 10, Inland Waters. Kopenhagen.

Efstratiadis, A. und D. Koutsoyiannis (2010): One decade of multi-objective calibration approaches in hydrological modelling: a review. In: Hydrological Sciences Journal 55 (1), S. 58–78.

Ehlers, W. (1996): Wasser in Boden und Pflanze. Stuttgart.

Eisbacher, G. H. und J. Kley (2001): Grundlagen der Umwelt- und Rohstoffgeologie. Stuttgart.

Environment Agency (2009): The Hyporheic Handbook. A handbook on the groundwater-surface water interface and hyporheic zone for environmental managers. Bristol (Science Report SC050070).

Europäische Kommission (2000): Richtlinie 2000/60/EG des Europäischen Parlamentes und des Rates vom 23. Oktober 2000 zur Schaffung eines Ordnungsrahmens für Maßnahmen der Gemeinschaft im Bereich der Wasserpolitik. URL: http://www.umweltbundesamt.at/fileadmin/site/umweltthemen/naturschutz/Amtsblatt_WRRL.pdf (Stand: 20.05.2015).

Europäische Kommission (2007): Richtlinie 2007/60/EG des Europäischen Parlamentes und des Rates vom 23. Oktober 2007 über die Bewertung und das Management von Hochwasserrisiken. URL: http://www.bmub.bund.de/fileadmin/bmu-import/files/pdfs/allgemein/application/pdf/hwrm_rl.pdf (Stand: 20.05.2015).

Europäische Kommission (2007): The EU Floods Directive 2007/60/EC. URL: http://ec.europa.eu/environment/water/flood_risk (Stand: 07.01.2015).

Evers, M. (2008): Decision Support Systems in Integrated River Basin Management. Requirements for appropriate tools and structures for a comprehensive planning approach. Dissertation. Aachen.

Evers, M. (2012): Participation in Flood Risk Management. An introduction and recommendations for implementation. Rapportserie Klimat och säkerhet 2012:1. URL: http://www.kau.se/sites/default/files/Dokument/subpage/2009/08/evers_m_participation_in_flood_risk_management_pdf_19213.pdf (Stand: 20.05.2015).

Evers, M., Krause, K.-U., Rubach, H., Simon, O. und S. Tressl (2006): Innovative Instrumente für Hochwasserbezogene räumliche Planung und Integration eines DSS. Endbericht des FLOWS Teilprojektes 3Bvi. Lüneburg.

Evers, M., Jonoski, A., Maksimovic, C., Lange, L., Ochoa, S., Cortés, J., Almoradie, A. und A. Dinkneh (2012): Enhancing stakeholders` role by collaborative modelling for urban flood risk reduction. In: Natural Hazards and Earth System Sciences 12, S. 2821–2842.

Falkner, F. R. (1938): Die Trockengrenze des Regenfeldbaus in Afrika. In: Petermanns Geographische Mitteilungen 7/8, S. 518–523.

Fayer, M. J. und C. S. Simmons (1995): Modified soil water retention functions for all matric suctions. Water Resources Research 31, S. 1233–1238.

Feddes, R. A., Kowalik, P. J., und H. Zaradny (1978): Simulation of field water use and crop yield. Centre for Agricultural Publishing and Documentation. Wageningen.

Fekete, B. M., Vörösmarty, Ch. J. und W. Grabs (2000): Global Composite Runoff Fields Based on Observed River Discharge and Simulated Water Balances. In: Global Runoff Data Center and Federal Institute of Hydrology (BfG) (Hrsg.): Report No. 22. Koblenz.

Fleckenstein, J. H., Krause, S., Hannah, D. M. und F. Boano, F. (2010): Groundwater-surface water interactions. New methods and models to improve understanding of processes and dynamics. In: Advances in Water Resources 33, S. 1291–1295.

Flussgebietsgemeinschaft Elbe (FGG Elbe) (2013): Ziele der EG-Wasserrahmenrichtlinie. URL: http://www.fgg-elbe.de/egwrrl-ziele.html (Stand: 12.07.2015).

Fohrer, N., Berkenhagen, J, Hecker, J.-M und A. Rudolph (1999): Changing Soil and Surface Conditions During Rainfall -Single Rainstorm /Subsequent Rainstorms. Catena, 37(3-4): 355–375.

Fohrer, N., Schmalz, B., Tavares, F. und J. Golon (2007): Ansätze zur Integration von landwirtschaftlichen Drainagen in die Modellierung des Landschaftswasserhaushalts von mesoskaligen Tieflandeinzugsgebieten. In: Hydrologie und Wasserbewirtschaftung 51 (4), S. 164–169.

Fohrer, N. und B. Schmalz (2012): Das UNESCO Ökohydrologie-Referenzprojekt Kielstau-Einzugsgebiet. Nachhaltiges Wasserressourcenmanagement und Ausbildung im ländlichen Raum. In: Hydrologie und Wasserbewirtschaftung 56 (4), S. 160–168.

Fohrer, N. und L. Chicharo (2012): Interaction of River Basins and Coastal Waters. An Integrated Ecohydrological View. In: Wolanski, E und D. S. McLusky (Hrsg.): Treatise on Estuarine and Coastal Science. Waltham, MA, S. 109–150.

Food and Agriculture Organization of the United Nations und Allen, R. (1998): Crop evapotranspiration. Guidelines for computing crop water requirements. Rom.

Forel, F. A. (1901): Handbuch der Seenkunde. Stuttgart.

Förster, H. (1988): Bodenkundliche und hydrologisch-hydrochemische Untersuchungen in ausgewählten Hochlagengebieten des Inneren Bayerischen Waldes. Dissertation Ludwig-Maximilians-Universität München. München.

Freeman, R. E. (1984): Strategic Management. A Stakeholder Approach. New York.

Frei, C. und J. Schmidli (2006): Das Niederschlagsklima der Alpen. In: Promet 32, (1/2), S. 61–67.
Gallart, F., Llorens, P., Latron, J. und D. Regüés (2002): Hydrological processes and their seasonal controls in a small Mediterranean mountain catchment in the Pyrenees. In: Hydrology and Earth System Sciences 6, S. 527–537.
Garbrecht, G. (1996): Geschichte der Hydrologie. In: Baumgartner, A. und H.-J. Liebscher (Hrsg.): Lehrbuch der Hydrologie. 1. Band. Allgemeine Hydrologie. Quantitative Hydrologie. Stuttgart, S. 11–70.
Gee, G. W. und D. Hillel (1988): Groundwater recharge in arid regions. Review and critique of estimation methods. In: Hydrological Processes 2 (3), S. 255–266.
Gerke, H. H., Koszinski, S., Kalettka, T. und M. Sommer (2010): Structures and hydrologic function of soil landscapes with kettle holes using an integrated hydropedological approach. In: Journal of Hydrology 393, S. 123–132.
Global Water Partnership (2000), Integrated Water Resources Management, Stockholm: Technical Advisory Committee, Background Paper no. 4
Goodrich, D.C., Lane, L.J., Shillito, R.M., Miller, S.N., Syed, K.H., Woolhiser, D.A. (1997): Linearity of basin response as a function of scale in a semiarid watershed, Water Resources Research 33 (12), 2951–2965.
Goovaerts, P., (1997): Geostatistics for natural resources evaluation. Oxford University Press, New York, Oxford, 483 pp.
GPCC (2014): Global Precipitation Climatology Center. URL: http://gpcc.dwd.de (Stand: 18.11.2014).
Grahmann, R. (1958): Wasserversorgung und Grundwasser in der Deutschen Bundesrepublik. Leipzig (Forschungen zur Deutschen Landeskunde 104).
Grimble, R. und M. K. Chan (1995): Stakeholder analysis for natural resource management in developing countries. Some practical guidelines for making management more participatory and effective. In: Natural Resources Forum 19, S. 113–124.
Grohmann, A. N., Jekel, M., Grohmann, A., Szewzyk, U. und R. Szewzyk (2011): Wasser. Chemie, Mikrobiologie und nachhaltige Nutzung. Berlin.
Grüneberg, B., Ostendorp, W., Leßmann, D., Wauer, G. und B. Nixdorf (2009): Restaurierung von Seen und Renaturierung von Seeufern. In: Zerbe, S. und G. Wiegleb (Hrsg.): Renaturierung von Ökosystemen in Mitteleuropa. Heidelberg, S. 125–151.
Gurtz, J., Baltensweiler, A., und H. Lang (1999): Spatially distributed hydrotope-based modelling of evapotranspiration and runoff in mountainous basins. In: Hydrolocial Processes 13 (17), S. 2751–2768.
Guse, B., Reusser, D. E. und N. Fohrer (2014): How to improve the representation of hydrological processes in SWAT for a lowland catchment. Temporal analysis of parameter sensitivity and model performance. In: Hydrological Processes 28 (4), S. 2651–2670.
Guy P. Brasseur, Daniela Jacob, Susanne Schuck-Zöller (Hrsg.) Klimawandel in Deutschland. Entwicklung, Folgen, Risiken und Perspektiven. 2. überarbeitete und erweiterte Auflage, Springer/Spektrum, Heidelberg 2023
Haberlandt, U., Hundecha, Y., Pahlow, M. und A. Schumann (2011): Rainfall generators for application in flood studies. In: Schumann, A. (Hrsg.): Flood Risk Assessment and Management. Berlin, S. 117–147.
Haberlandt, U., Shehu, B., Thiele, L., Willems, W., Stockel, H., Deutschländer, T., Junghänel, T., Ostermöller, J., 2023. Methodische Untersuchungen für eine Neufassung der regionalisierten Starkregenstatistik KOSTRA-DWD. Hydrologie & Wasserbewirtschaftung, 67(3): 138-150.
Habermas, J. (1992): Faktizität und Geltung. Beiträge zur Diskurstheorie des Rechts und des demokratischen Rechtsstaates. Frankfurt am Main.
Haraguchi, M. und U. Lall (2015): Flood risks and impacts. A case study of Thailand's floods in 2011 and research questions for supply chain decision making. In: International Journal of Disaster Risk Reduction. Im Druck.
Hartmann, A., Weiler, M., Wagener, T., Lange, J., Kralik, M., Humer, F., Mizyed, N., Rimmer, A., Barberá, J. A., Andreo, B., Butscher, C. und P. Huggenberger (2013): Process-based karst modelling to relate hydrodynamic and hydrochemical characteristics to system properties. In: Hydrology and Earth System Sciences 17 (8), S. 3305–3321.
Hattermann, F. F., Krysanova, V., Habeck, A. und A. Bronstert (2006) Integrating wetlands and riparian zones in river basin modelling. In: Ecological Modelling 199 (4), S. 379–392.
Hawkins, R. und T. Cundy (1987): Steady-state analysis of infiltration and overland-flow for spatially-varied hillslopes. In: Water Resources Bulletin 23 (2), S. 251–256.
Hayashi, M. und G. van der Kamp (2000): Simple equations to represent the volume-area-depth relations of shallow wetlands in small topographic depressions. In: Journal of Hydrology 237, S. 74–85.
Heinl, M. und P. J. Brinkmann (1989): A Ground Water Model for the Nubian Aquifer System. In: Hydrological Sciences Journal 34 (4), S. 425–447.
Heller, K. (2012): Einfluss periglazialer Deckschichten auf die oberflächennahen Fließwege am Hang. Eine

Prozessstudie im Osterzgebirge, Sachsen. PhD-Thesis TU Dresden. URL: http://www.qucosa.de/fileadmin/data/qucosa/documents/9843/Dissertation_Heller_2012.pdf (Stand: 16.05.2015).
Hock, R., Jansson, P. und L. Braun (2005): Modelling the response of mountain glacier discharge to climate warming. In: Huber, U. M., Reasoner, M. A. und H. Bugmann (Hrsg.): Global Change and Mountain Regions. A State of Knowledge Overview. Dordrecht, S. 243–252.
Holden, J., Chapman, P. J. und J. C. Labadz (2004): Artificial drainage of peatlands. Hydrological and hydrochemical process and wetland restoration. In: Progress in Physical Geography 28 (1), S. 95–123.
Holländer, H. M., Bormann, H., Blume, T., Buytaert, W., Chirico, G. B., Exbrayat, J.-F., Gustafsson, D., Hölzel, H., Krauße, T., Kraft, P., Stoll, S., Blöschl, G. und H. Flühler (2014): Impact of modellers' decisions on hydrological a priori predictions. In: Hydrology and Earth System Sciences 18 (6), S. 2065–2085.
Holsten, A., Vetter, T., Vohland, K. und V. Krysanova (2009): Impact of climate change on soil water dynamics in Brandenburg with focus on nature conservation areas. In: Ecological Modelling 220, S. 2076–2087.
Hölting, B., Coldewey, W. G. (2013): Hydrogeologie. Einführung in die allgemeine und angewandte Hydrogeologie. Berlin/Heidelberg.
Hooper, R. P., Christopherson, N. und N. E. Peters (1990): Modelling streamwater chemistry as a mixture of soilwater end-members. An application to the Panola Mountain catchment, Georgia, U.S.A. In: Journal of Hydrology 116, S. 321–343.
Hörmann, G. (1997): SIMPEL. Ein einfaches, benutzerfreundliches Bodenwassermodell zum Einsatz in der Ausbildung. In: Deutsche gewässerkundliche Mitteilungen 41 (2), S. 67–72.
Horn, R., Brümmer, G. W., Kandeler, E., Kögel-Knabner, I., Kretzschmar, R., Stahr, K. und B. M. Wilke (2010). Scheffer/Schachtschabel. Lehrbuch der Bodenkunde. 16. Auflage. Heidelberg.
Horton, R. E. (1933): The role of infiltration in the hydrologic cycle. Eos, Transactions American Geophysical Union 14, S. 460–466.
Hübl, J., Hochschwarzer, M., Sereinig N. und M. Wöhrer Alge (Hrsg.) (2011): Alpine Naturgefahren. Ein Handbuch für Praktiker. Wildbach und Lawinenverbauung Sektion Vorarlberg. Bregenz.
Huffman, G.J., (2005): Satellite-based estimation of precipitation using microwave sensors. In: Anderson, M.G. (Ed.), Encyclopedia of Hydrological Sciences. Wiley & Sons Ltd, Chichester, pp. 965–980.
Hupfer, M. und B. Nixdorf (2011): Zustand und Entwicklung von Seen in Berlin und Brandenburg. Diskussionspapier 11, Berlin-Brandenburgische Akademie der Wissenschaften. Berlin.
Hutchinson, G. E. (1975): A treatise on limnology III. Limnological Botany. New York.
Hynes, H. B. N. (1975): The stream and its valley. Verhandlungen der internationalen Vereinigung für theoretische und angewandte Limnologie 19, S. 1–15.
Iital, A. und S. Tattari (2012): Guidelines for surface and drainage water quality monitoring in agriculture dominated areas. In: The Finnish Environment 6/2012, S. 1–34.
Illies, J. (Hrsg.) (1978): Limnofauna Europeae. 2. Auflage. Stuttgart/New York.
Institut für Länderkunde (Hrsg.) (2003): Nationalatlas Bundesrepublik Deutschland. Relief, Boden und Wasser. Leipzig.
Internationale Kommission zum Schutz der Elbe (2004): Dokumentation Hochwasser 2002. URL: http://www.ikse-mkol.org/index.php?id=81&L=0 (Stand: 27.05.2015).
IPCC (2021): Climate Change 2021: The Physical Science Basis. Contribution of Working Group I to the Sixth Assessment Report of the Intergovernmental Panel on Climate Change. Cambridge/New York.
IPCC (2022): Impacts, Adaptation, and Vulnerability. Contribution of Working Group II to the Sixth Assessment Report of the Intergovernmental Panel on Climate Change. Climate Change 2022. Cambridge/New York.
Isotta, F. A., Frei, C., Weilguni, V., Perčec Tadić, M., Lassegues, P., Rudolf, B., ... und M. Munari (2014). The climate of daily precipitation in the Alps: development and analysis of a high-resolution grid dataset from pan-Alpine rain-gauge data. International Journal of Climatology, 34 (5), 1657–1675.
ITWH (2009): KOSTRA-DWD 2000. Koordinierte Starkniederschlags-Regionalisierungs-Auswertung. Software Version 2.2.1.
Jackson, I. J. (1974): Inter-station rainfall correlation under tropical condition. In: Catena 1, S. 235–256.
Jackisch, N., Brendt, T., Weiler, M. und J. Lange (2013) Evaluierung der Regenwasserbewirtschaftung im Vaubangelände - unter besonderer Berücksichtigung von Gründächern und Vegetation. Endbericht des Instituts für Geo- und Umweltwissenschaften / Professur für Hydrologie der Universität Freiburg (Projektnummer: 2009-09). 96 S.

Jahn, T., Bergmann, M., and Keil, F. (2012): Transdisciplinarity: Between mainstreaming and marginalization, Ecol. Econ., 79, S. 1–10.

Jong, P. und M. van den Brink (2013): Between tradition and innovation. Developing Flood Risk Management Plans in the Netherlands. In: Journal of Flood Risk Management. DOI: 10.1111/jfr3.12070.

Jung, G. (1994): Seengeschichte. Entstehung, Geologie, Geomorphologie. Landsberg am Lech.

Jurgens, B. C., Böhlke, J. K. und S. M. Eberts (2012): TracerLPM (Version 1). An Excel® workbook for interpreting groundwater age distributions from environmental tracer data. U.S. Geological Survey Techniques and Methods Report 4-F3. Reston, VA.

Kadlec, R. (1994): Detention and mixing in free water wetlands. In: Ecological Engineering 3, S. 345–380.

Kahlenborn, W. und R. A. Kraemer (1999): Nachhaltige Wasserwirtschaft in Deutschland. Berlin.

Karger, R., Cord-Landwehr, K. und F. Hoffmann (2008): Wasserversorgung. 13. Auflage. Wiesbaden.

Karssenberg, D., Burrough, P. A., Sluiter, R. und K. D. Jong (2001): The PCRaster Software and Course Materials for Teaching Numerical Modelling in the Environmental Sciences. In: Transactions in Gis 5, S. 99–110.

Käss, W. (2004): Lehrbuch der Hydrogeologie. Band 9, Geohydrologische Markierungstechnik. Stuttgart.

Kiesel, J., Hering, D., Schmalz, B. und N. Fohrer (2009): A transdisciplinary approach for modelling macroinvertebrate habitats in lowland streams. International Association of Hydrological Sciences Publication 328, S. 24–33.

Kiesel, J., Fohrer, N., Schmalz, B. und M. J. White (2010): Incorporating landscape depressions and tile drainages of lowland catchments into spatially distributed hydrologic modelling. In: Hydrological Processes 24, S. 1472–1486.

Kiesel, J., Schmalz, B., Brown, G. L. und N. Fohrer (2013): Application of a hydrological-hydraulic modelling cascade in lowlands for investigating water and sediment fluxes in catchment, channel and reach. In: Journal of Hydrology und hydromechanics 61 (4), S. 334–346.

Kinzelbach, W. und R. Rausch (1995): Grundwassermodellierung. Eine Einführung mit Übungen. Berlin/Stuttgart.

Kinzelbach, W. und H. Kunstmann (1998): Nachhaltige Grundwassernutzung. Kriterien und Strategien. In: Spektrum der Wissenschaft 4, S. 94.

Kircher, A. (1665): Mundus Subterraneus (1665 edn.). Amsterdam.

Kirkby, M. und R. Chorley (1967): Throughflow, overland flow and erosion. In: IAHS Bulletin 12 (3), S. 5–21.

Kirnbauer, R., Pirkl, H., Haas, P. und R. Steidl (1996): Abflussmechanismen – Beobachtung und Modellierung. In: Österreichische Wasserwirtschaft 48 (1/2), S. 15–26.

Kirwald, R. E. (1969): Wasserhaushalt und Einzugsgebiet. Band I und II. Essen.

Kleber, A. und A. Schellenberger (1998): Slope hydrology triggered by cover-beds. With an example from the Frankenwald Mountains, Northeastern Bavaria. In: Zeitschrift für Geomorphologie 42, S. 469–482.

Kleber, A. und B. Terhorst (Hrsg.) (2024): Mid-Latitude Slope Deposits (Cover Beds). 2. Auflage. Oxford.

Klebinder, K., Sotier, B., Eder, A., Strauss, P., Markart, G., Aigner, H., Holzinger, G. und Ch. Krammer (2012): Hydrologische Bodenkennwerte und Abflussreaktionstypen für Niederösterreich. In: Wildbach- und Lawinenverbau 76 (169), S. 114–123.

Klemm, O. und T. Wrzesinsky (2007): Fog deposition fluxes of water and ions to a mountainous site in Central Europe. In: Tellus 59, S. 705–714.

Koch, S., Bauwe, A. und B. Lennartz (2013): Application of the SWAT Model for a Tile-Drained Lowland Catchment in North-Eastern Germany on Subbasin Scale. In: Water Resources Management 27, S. 791–805.

Kochel, R. C. und V. R. Baker (1988): Paleoflood analysis using slackwater deposits. In: Baker, V. R., Kochel, R. C. und P. C. Patton (Hrsg.): Flood Geomorphology. New York, S. 357–376.

Kohl, B. (2011): Das Niederschlags-/Abflussmodell Zemokost. Entwicklung eines praktikablen Modells zur Ermittlung von Hochwasserabflüssen in Wildbacheinzugsgebieten unter Einbeziehung verbesserter Felddaten. Dissertation an der Fakultät für Geo- und Atmosphärenwissenschaften der Universität Innsbruck. Innsbruck.

Kohl, B., Stepanek, L., Pirkl, H., Kirnbauer, R., Meyer, V. und G. Markart (2013): Verbesserungspotenziale bei der prozessorientierten Ereignismodellierung. Simulation hydrologischer Systeme – wie nah kommen wir der Realität?. Hennef (Forum Hydrologie und Wasserbewirtschaftung 30).

Köhler, L., Leuschner, C., Hauck, M. und D. Hertel (2014): Cloud water interception and element deposition differ largely between Norway spruce stands along an elevation transect in Harz Mountains, Germany. In: Ecohydrology. DOI: 10.1002/eco.1563.

Kohn, I., Rosin, K., Freudiger, D., Belz, J. U., Stahl, K. und M. Weiler (2014): Niedrigwasser in Deutschland 2011. In: Hydrologie und Wasserbewirtschaftung 58 (1), S. 4–17.

Kölla, E. (1987): Estimating flood peaks from small rural catchments in Switzerland. In: Journal of Hydrology 95, S. 2013–223.
Köppen, W. und R. Geiger (Hrsg.) (1930–1939): Handbuch der Klimatologie. 5 Bände. Berlin.
Körner, J. (1996): Abflussbildung, Interflow und Stoffbilanz im Schönbuch Waldgebiet. Tübingen (Tübinger Geowissenschaftliche Arbeiten Reihe C, Band 27).
Korzun, V. I. (1978): World water balance and water resources of the earth. In: UNESCO IHP (Hrsg.): Studies and Reports in Hydrology 25.
Krause, S. (2005): Untersuchung und Modellierung von Wasserhaushalt und Stofftransport in grundwassergeprägten Landschaften am Beispiel des Einzugsgebiets der Unteren Havel. Dissertation Universität Potsdam. Potsdam.
Krause, S. und A. Bronstert (2003): Modellierung des Wasserhaushaltes im Gebiet der Unteren Havel. Möglichkeiten der Darstellung der Grundwasser-/Oberflächenwasser-Interaktionen mittels Modellkopplung. In: Hennrichs, K., Rohde, M. und A. Bronstert (Hrsg.): Großskalige Modellierung in der Hydrologie, Schwerpunkt Flussgebietsmanagement. Kassel, S. 33–43.
Krause, P., Boyle, D. P. und F. Bäse (2005): Comparison of different efficiency criteria for hydrological model assessment. In: Advances in Geosciences 5, S. 89–97.
Krause, S. und A. Bronstert (2007): The impact of groundwater – surface water interactions on the water balance of a mesoscale lowland river catchment in northeastern Germany. In: Hydrological Processes 21, S. 169–184.
Krause, S., Bronstert, A. und E. Zehe (2007): Groundwater – surface water interactions in a North German lowland floodplain. Implications for the river discharge dynamics and riparian water balance. In: Journal of Hydrology 347, S. 404–417.
Krause, S., Hannah, D. M., Fleckenstein, J. H., Heppell, C. M., Pickup, R., Pinay, G., Robertson, A. L. und P. J. Wood (2011): Inter-disciplinary perspectives on processes in the hyporheic zone. In: Ecohydrology Journal 4 (4), S. 481–499.
Krause, S., Blume, T. und N. J. Cassidy (2012): Application of Fibre-optic DTS to identify streambed controls on aquifer-river exchange fluxes in lowland rivers. In: Hydrology and Earth System Sciences 16 (6), S. 1775–1792.
Krause, S., Tecklenburg, C., Munz, M. & Naden, E. (2013): Streambed nitrogen cycling beyond the hyporheic zone. Flow controls on horizontal patterns and depth distribution of nitrate and dissolved oxygen in the upwelling groundwater of a lowland river. In: Journal of Geophysical Research. Biogeosciences 118, S. 54–67.
Krause, S., Boano, F., Cuthbert, M. O., Fleckenstein, J. H. und J. Lewandowski (2014): Understanding process dynamics at aquifer-surface water interfaces. An introduction to the special section on new modeling approaches and novel experimental technologies. In: Water Resources Research 50, S. 1847–1855.
Kuenzer, C. und S. Dech (Hrsg.) (2013): Thermal Infrared Remote Sensing. Berlin.
Lakshmi, V. (2013): Remote Sensing of Soil Moisture. In: ISRN Soil Science. URL: http://dx.doi.org/10.1155/2013/424178 (Stand: 15.05.2015).
Lam, Q. D., Schmalz, B. und N. Fohrer (2010): Modelling point and diffuse source pollution of nitrate in a rural lowland catchment using the SWAT model. In: Agricultural Water Management 97 (2), S. 317–325.
Länderarbeitsgemeinschaft Wasser (Hrsg.) (1995): Grundwasser. Richtlinien für Beobachtung und Auswertung. Teil 4 – Quellen. Berlin.
Länderarbeitsgemeinschaft Wasser (1998): Gewässerbewertung – Stehende Gewässer. Vorläufige Richtlinie für eine Erstbewertung von natürlich entstandenen Seen nach trophischen Kriterien. Berlin.
Landesamt für Natur, Umwelt u. Verbraucherschutz Nordrhein-Westfalen (Hrsg.) (2013): Deutsches Gewässerkundliches Jahrbuch. Rheingebiet Teil III, Pegel Hüppcherhammer (Bigge) Nr. 2766449000100. Recklinghausen.
Landesamt für Natur und Umwelt des Landes Schleswig-Holstein (2001): Leitbilder für die Fließgewässer in Schleswig-Holstein. Flintbek.
Landesamt für Wasserwirtschaft Rheinland-Pfalz (LfW) (2004): Sommer 2003. Ein wasserwirtschaftlicher Bericht zur Hitzeperiode im Jahre 2003. Mainz.
Landesanstalt für Umwelt, Messungen und Naturschutz Baden-Württemberg (Hrsg.) (2009): Deutsches Gewässerkundliches Jahrbuch. Rheingebiet Teil I, Pegel Ebnet (Dreisam) Nr. 0061139. Karlsruhe.
Landesanstalt für Umweltschutz Baden-Württemberg (2004): Das Niedrigwasserjahr 2003. Karlsruhe.
Landesbetrieb für Hochwasserschutz und Wasserwirtschaft Sachsen-Anhalt (Hrsg.) (2012): Deutsches Gewässerkundliches Jahrbuch. Elbegebiet Teil I, Pegel Nordhausen (Zorge) Nr. 575500. Magdeburg.
Landesvermessungsamt Schleswig-Holstein (2006): Digitales Geländemodell 5 (DGM5). Kiel.
Lange, J. (2005): Dynamics of transmission losses in a large arid stream channel. In: Journal of Hydrology 306, S. 112–126.
Lange, J., Greenbaum, N., Husary, S., Ghanem, M., Leibundgut, C. und A. P. Schick (2003): Runoff generation from successive simulated rainfalls on a rocky,

semi-arid, Mediterranean hillslope. In: Hydrological Processes 17 (2), S. 279–296.
Lange, J., Schuetz, T., Gregoire, C., Elsässer, D., Schulz, R., Passeport, E. und J. Tournebize (2011): Multi-tracer experiments to characterise contaminant mitigation capacities for different types of artificial wetlands. In: International Journal of Environmental Analytical Chemistry 91 (7–8), S. 768–785.
Lange, J., Kopp, B. J., Bents, M. und L. Menzel (2015): Tracing variability of runoff generation in mountainous permafrost of semi-arid northeastern Mongolia. In: Hydrological Processes 29 (6), S. 1046–1055.
Lavee, H., Imeson, A. C., Pariente, S. und Y. Benyamini (1991): The response of soils to simulated rainfall along a climatological gradient in an arid and semi-arid region. In: Catena Supplement 19, S. 19–37.
Lebeau, M. und J.-M. Konrad (2010): A new capillary and thin film flow model for predicting the hydraulic conductivity of unsaturated porous media. In: Water Resources Research 46, S. 513–522.
Leibundgut, C., Maloszewski, P. und C. Külls (2009): Tracers in Hydrology. Chichester.
Leonard, J. und P. Crouzet (1998): Lakes and reservoirs in the EEA area. In: Office for Official Publications of the European Communities Topic report no. 1/1999. Luxemburg.
Leßmann, B., Scharpff, H.-J., Wedel, A. und K. Wiegand (2000): Grundwasser im Vogelsberg. Broschüre des Hessischen Ministeriums für Umwelt, Landwirtschaft und Forsten und des Hessischen Landesamtes für Umwelt und Geologie. Wiesbaden.
Lewandowski, J., Lischeid, G. und G. Nützmann (2009): Drivers of water level fluctuations and hydrological exchange between groundwater and surface water at the lowland River Spree (Germany). Field study and statistical analyses. In: Hydrological Processes 23, S. 2117–2128.
Ley, R., Casper, M. C., Hellebrand, H., und R. Merz (2011): Catchment classification by runoff behaviour with self-organizing maps (SOM). In: Hydrology and Earth System Sciences 15, S. 2947–2962.
Liedtke, H. und J. Marcinek (1995): Physische Geographie Deutschlands. Gotha u.a.
Liu, G. (2001): Hydrologie dans l'ancien temps de la Chine. Presented at the International Symposium OH2 'Origins and History of Hydrology'. Dijon.
Loague, K. M. und G. A. Gander (1990): R-5 revisited. 1. Spatial variability of infiltration on a small rangeland catchment. In: Water Resources Research 26, S. 957–971.
Loritz, R.; Dolich, A.; Acuna Espinoza, E.; Ebeling, P.; Guse, B.; Götte, J.; Hauffe, C.; Heidbüchel, I.; Hassler, S.; Kiesel, J.; Maelicke, M.; Müller-Thomy, H.; Stoelzle, M.; Tarasova, L. (2024): CAMELS-DE: hydro-meteorological time series and attributes for 1555 catchments in Germany, Earth System Science Data 16, 5625-5642, doi:10.5194/essd-16-5625-2024
Loucks, D. P. und E. van Beek (2005): Water Resources System Planning and Management. An Introduction to Methods, Models and Applications. UNESCO Publishing. URL: Http://ecommons.library.cornell.edu/handle/1813/2804 (Stand: 20.05.2015).
Ludwig, K. und M. Bremicker (Hrsg.) (2006): The Water Balance Model LARSIM. Freiburg (Freiburger Schriften zur Hydrologie 22).
LUNG (2010): Ermittlung von Art und Intensität künstlicher Entwässerung von landwirtschaftlichen Nutzflächen in Mecklenburg-Vorpommern. Landesamt für Umwelt, Naturschutz und Geologie Mecklenburg-Vorpommern (Hrsg.), Institut biota. 102 Seiten.
Lvovich (1979) World water resources and their future, American Geophysical Union, Translation from Russian Edition 1974, 414 Seiten
Mai, J., Shen, H., Tolson, B.A., Gaborit, E., Arsenault, R., Craig, J.R. et al. (2022): The Great Lakes Runoff Intercomparison Project Phase 4: the Great Lakes (GRIP-GL). Hydrol. Earth Syst. Sci. 26, 3537–3572, doi:10.5194/hess-26-3537-2022.
Maloszweski P. & Zuber, A. (1982): Determining the turnover time of groundwater systems with the aid of environmental tracers: 1. Models and their applicability, Journal of Hydrology 57 (3–4), 207–231.
Maniak, U. (2010): Hydrologie und Wasserwirtschaft. Eine Einführung für Ingenieure. 6. Auflage. Berlin u.a.
Manivanan, R. (2008): Water quality modeling. Rivers, streams, and estuaries. New Delhi.
Margaleff, R. (1975): Typology of reservoirs. In: Verhandlungen des internationalen Verein Limnologie 19, S. 1841–1848.
Markart, G., Kohl, B., Sotier, B., Schauer, T., Bunza, G. und R. Stern (2004): Provisorische Geländeanleitung zur Abschätzung des Oberflächenabflussbeiwertes auf alpinen Boden-/ Vegetationseinheiten bei konvektiven Starkregen. Wien (Schriftenreihe des Bundesforschungszentrums für Wald 3).
Matheswaran, K., Blemmer, M., Rosbjerg, D. und E. Boegh (2014): Seasonal variations in groundwater upwelling zones in a Danish lowland stream analyzed using Distributed Temperature Sensing (DTS). In: Hydrological Processes 28, S. 1422–1435.
Matondo, J. I. (2002): A comparison between conventional and integrated water resources planning and

management. In: Physics and Chemistry of the Earth 27, S. 831–838.

Mazor, E. (2004): Chemical and isotopic groundwater hydrology. 3. Auflage. New York.

McClain, M. E., Chícharo, L., Fohrer, N., Gaviño Novillo, M., Windhorst, W. und M. Zalewski (2012): Training hydrologists to be ecohydrologists and play a leading role in environmental problem solving. In: Hydrology and Earth System Sciences 16, S. 1685–1696.

McKee, T., Nolan, J. und J. Kleist (1993): The relationship of drought frequency and duration to time scales. In: Proceedings of the 8th Conference of Applied Climatology, 17–22 January, Anaheim, CA, American Meteorological Society, S. 179–184.

Menzel, L. (2011): Globaler Wandel, extreme hydrologische Ereignisse und Strategien zum Umgang mit Hochwasser und Dürre. In: Lozán, J., Graßl, H., Hupfer, P., Karbe, L. und C. D. Schönwiese (Hrsg.): Warnsignal Klima. Genug Wasser für alle?. 3. Auflage. URL: http://www.climate-service-center.de/012389/index_0012389.html.de (Stand: 13.05.2015).

Merz, B. (2006): Hochwasserrisiken. Grenzen und Möglichkeiten der Risikoabschätzung. Stuttgart (Schweizerbart'sche Verlagsbuchhandlung, www.schweizerbart.de).

Merz, B. und A. Bardossy (1998): Effects of Spatial Variability on the Rainfall Runoff Process in a small Loess Catchment. In: Journal of Hydrology 212–213, S. 303–317.

Merz, B., Elmer, F. und A. H. Thieken (2009): Significance of «high probability/low damage» versus «low probability/high damage» flood events. In: Natural Hazards and Earth System Sciences 9, S. 1033–1046.

Messerli, B., Viviroli, D. und R. Weingartner (2009): Mountains of the World. Water Towers for the 21st Century. In: Garrido, A. und A. Dinar (Hrsg.): Managing Water Resources in a Time of Global Change. Contributions from the Rosenberg International Forum on Water Policy. London, S. 11–31.

Meuser, A. (1989): Einfluss von Brachlandvegetation auf das Abflussverhalten in Mittelgebirgslagen. Kirchzarten.

Michaud, J. D. und S. Sorooshian (1994): Effect of rainfall sampling errors on simulations of desert flash floods. In: Water Resources Research 30 (10), S. 2765–2775.

Miegel, K. (2015): Grundlagen der Hydrologie. Lehrmaterial Universität Rostock, Agrar- und Umweltwissenschaftliche Fakultät. Rostock.

Ministerium fur Energiewende, Landwirtschaft, Umwelt und ländliche Räume Schleswig-Holstein (2025): Pegel Soltfeld, Kielstau. Landwirtschafts- und Umweltatlas des Landes Schleswig-Holstein. URL: http://www.umweltdaten.landsh.de/pegel/jsp/pegel.jsp?mstnr=114261 (Stand: 11.05.2025).

Ministerium für Landwirtschaft, Umwelt und ländliche Räume des Landes Schleswig-Holstein (2009a): Festlegung der Bewirtschaftungsziele zur Reduzierung der Nährstoffbelastung in den Küstenwasserkörpern. Erstellt von LLUR (Landesamt für Landwirtschaft, Umwelt und ländliche Räume des Landes Schleswig-Holstein). Flintbek.

Ministerium für Landwirtschaft, Umwelt und ländliche Räume des Landes Schleswig-Holstein (2009b): Bewirtschaftungsplan nach Artikel 13 der Richtlinie 2000/60/EG für die Flussgebietseinheit Eider. Kiel.

Moldenhauer, K.-M., Heller, K., Chifflard, P., Hübner, R. und A. Kleber (2013): Influence of Cover Beds on Slope Hydrology. In: Kleber, A. und B. Terhorst, B. (Hrsg.): Mid-Latitude Slope Deposits (Cover Beds). Amsterdam, S. 127–152.

Monteith, J. L. (1965): Evaporation and environment. In: Fogy, G.T. (Hrsg.): The state and movement of water in living organism. Symposia of the society for experimental biology. Cambridge, S. 205–234.

Morais, P. (2008): Review on the major ecosystem impacts caused by damming and watershed development in an Iberian basin (SW-Europe). Focus on the Guadiana estuary. In: Anneles de Limnologie – International journal of limnology 44 (2), S. 105–117.

Moriasi, D. N., Arnold, J. G., van Liew, M. W., Bingner, R. L., Harmel, R. D. und T. L. Veith (2007): Model evaluation guidelines for systematic quantification of accuracy in watershed simulations. In: Transactions of the ASABE 50 (3), S. 885–900.

Mualem, Y. (1976): A new model for predicting the hydraulic conductivity of unsaturated porous media. In: Water Resources Research 12, S. 513–522.

Mudarra, M. und B. Andreo (2011): Relative importance of the saturated and the unsaturated zones in the hydrogeological functioning of karst aquifers. The case of Alta Cadena (Southern Spain). In: Journal of Hydrology 397, S. 263–280.

Müller, E. N., van Schaik, L., Blume, T., Fleckenstein, J., Fohrer, N., Geißler, K., Gerke, H. H., Carus, J., Gräff, T., Hesse, C., Hildebrandt, A., Hölker, F., Hunke, P., Körner, K., Lewandowski, J., Lohmann, D., Meinikmann, K., Schibalski, A., Schmalz, B., Schröder, B. und B. Tietjen (2014): Skalen, Sphären, Rückkopplungen und Herausforderungen der ökohydrologischen Forschung in Deutschland. In: Hydrologie und Wasserbewirtschaftung 58 (4), S. 221–224.

Müller, E. N., Wainwright, J., Parsons, T. und L. Turnbull (Hrsg.) (2014): Patterns of land degradation in dry-

lands. Understanding self-organized ecogeomorphic systems. Dordrecht.
Müller, J. (2009): Forestry and water budget of the lowlands in northeast Germany. Consequences for the choice of tree species and for forest management. In: Journal of Water and Land Development 13a, S. 133–148.
Müller-Westermeier, G., Walter, A., Dittmann, E., 2005. Klimaatlas Bundesrepublik Deutschland, Teil 1–4. Selbstverlag des Deutschen Wetterdienstes, Offenbach am Main.
Münchener Rück (2004): Topics geo. Jahresrückblick Naturkatastrophen 2003. München.
Naef, F., Scherrer, S. und M. Weiler (2002): A process based assessment of the potential to reduce flood runoff by land use change. In: Journal of Hydrology 267, S. 1–2.
New, M. G., Hulme M. und P. D. Jones (1999): Representing 20th century space-time climate variability. Part I. Development of a 1961–1990 mean monthly terrestrial climatology. In: Journal of Climate 12 (3), S. 829–856.
Niedersächsischer Landesbetrieb für Wasserwirtschaft, Küsten- und Naturschutz (Hrsg.) (1980–2011): Deutsche gewässerkundliche Jahrbücher. Weser-Ems-Gebiet, 1980–2011. Norden.
Niehoff, D. (2002): Modellierung des Einflusses der Landnutzung auf die Hochwasserentstehung in der Mesoskala. Potsdam (Brandenburgische Umweltberichte 11).
Nießner, R. (Hrsg.) (2010): Höll Wasser. Nutzung im Kreislauf. Hygiene, Analyse und Bewertung. 9. Auflage. Berlin/New York.
NOAA (2015): World record point precipitation measurements. URL: http://www.nws.noaa.gov/oh/hdsc/record_precip/record_precip_world.html (Stand: 09.05.2015).
Nützmann, G. und S. Mey (2007): Model-based estimation of runoff changes in a small lowland watershed of north-eastern Germany. In: Journal of Hydrology 334, S. 467–476.
Nützmann, G. und J. Lewandowski (2009): Wechselwirkungen zwischen Grundwasser und Oberflächenwasser an einem Tieflandfluss (Spree). In: Grundwasser 14, S. 195–205.
Ohlig, C. (Hrsg.) (2012): DWhG – Zehn Jahre wasserhistorische Forschungen und Berichte. Siegburg.
Oki, T., Hanasaki, N., Shen, Y., Kanae, S., Masuda, K. und P. A. Dirmeyer (2005): Global water balance estimated by landsurface models participated in the GSWP2. In: American Meteorological Society (Hrsg.): Proceedings of the 19th Conference on Hydrology. San Diego.
O'Loughlin, E. (1990): Modeling soil-water status in complex terrain. In: Agricultural and forest meteorology 50 (1–2), S. 23–38.
Ostendorp, W., Schmieder, K. und K. Jöhnk (2004): Assessment of human pressures and their hydromorphological impacts on lakeshores in Europe. In: Ecohydrology and Hydrobiology 4, S. 379–395.
Pardé, M. (1933): Fleuves et Rivières. Paris.
Pearce, A. J., Stewart, M. K. und M. G. Sklash (1986): Storm runoff generation in humid headwater catchments 1. Where does the water come from? In: Water Resources Research 22 (8), S. 1263–1273.
Penck, A., (1910) Versuch einer Klimaklassifikation auf physio-geographischer Grundlage, Sitz.-ber. der Kgl. Preuß. Akad. d. Wiss. Phys.- Math. Klasse XII. Berlin.
Pender, G., Wright, N. G. und S. Néelz (2010): Benchmarking of 2D Hydraulic Modelling Packages. Environment Agency. Bristol.
Penman, H. C. (1948): Natural evaporation from open water, bare soil and grass. In: Proceedings of the royal society of London 193 S. 120–145.
Penman, H. L. (1956): Estimating evaporation. In: Eos, Transactions American Geophysical Union 37 (1), S. 43–46.
Penman, H.L., (1963): Vegetation and Hydrology. Tech. Comm. No. 53, Commonwealth Bureau of Soils, Harpenden, England. 125 pp.
Peschke, G, Etzberg, C., Müller, G., Töpfer, J. und S. Zimmermann (1999): Das wissensbasierte System Flab – ein Instrument zur rechnergestützten Bestimmung von Landschaftseinheiten mit gleicher Abflussbildung. Zittau (IHI- Schriften 10).
Peters, A. (2013): Simple consistent models for water retention and hydraulic conductivity in the complete moisture range. In: Water Resources Research 49, S. 6765–6780.
Petrow, T. und B. Merz (2009): Trends in flood magnitude, frequency and seasonality in Germany in the period 1951–2002. In: Journal of Hydrology 371 (1–4), S. 129–141.
Pfannerstill, M., Guse, B. und N. Fohrer (2014): A multistorage groundwater concept for the SWAT model to emphasize nonlinear groundwater dynamics in lowland catchments. In: Hydrological Processes 28, S. 5599–5612.
Philipp, E., Starke, A., Verbeek, B. und R. Wellinghorst (2005): Ökologie. Braunschweig (Grüne Reihe Materialien SII).

Pitman, A. J. und A. Henderson-Sellers (1998): Recent progress and results from the project for the intercomparison of landsurface parameterization schemes. In: Journal of Hydrology 213 (1–4), 128–135.

Poff, N. L. und J. K. H. Zimmerman (2010): Ecological responses to altered flow regimes. A literature review to inform the science and management of environmental flows. In: Freshwater Biology 55, S. 194–205.

Pottgiesser, T. und M. Sommerhäuser (2008): Begleittext. Aktualisierung der Steckbriefe der bundesdeutschen Fließgewässertypen (Teil A) und Ergänzung der Steckbriefe der deutschen Fließgewässertypen um typspezifische Referenzbedingungen und Bewertungsverfahren aller Qualitätselemente (Teil B). Essen.

Pourriot, R. und M. Meybeck (1995): Zonation physique, chimique et écologique dans les lacs. In: Pourriot, R. und M. Meybeck (Hrsg.): Limnologie générale. Paris, S. 404–411.

Press, F. und R. Siever (1995): Allgemeine Geologie. Heidelberg.

Press, F. und R. Siever (2003): Allgemeine Geologie. 3. Auflage. Heidelberg.

Radcliffe, D. E. und J. Šimůnek (2010): Soil Physics with Hydrus. Modeling and Applications. Boca Raton, FL.

Reed, M. S., Graves, A., Dandy, N., Posthumus, H., Hubacek, K., Morris, J., Prell, C., Quinn C. H. und L. C. Stringer (2009): Who's in and why? A typology of stakeholder analysis methods for natural resource management. In: Journal of Environmental Management 90, S. 1933–1949.

Rees, W. G. (2006): Remote Sensing of Snow and Ice. Boca Raton, FL.

Refsgaard, J. C., Storm, B. und T. Clausen (2010): Systeme Hydrologique Europeen (SHE). Review and perspectives after 30 years development in distributed physically-based hydrological modelling. In: Hydrology Research 41 (5), S. 355–377.

Renger, M. und O. Strebel (1982): Transport von Wasser und Nährstoffen an die Pflanzenwurzel als Funktion der Tiefe und der Zeit. In: Mitteilungen der Deutschen Bodenkundlichen Gesellschaft 23, S. 77–88.

Renger, M., Strebel, O., Sponagel, H. und G. Wessolek (1984): Einfluss einer Grundwassersenkung auf den Pflanzenertrag landwirtschaftlich genutzter Flächen. In: Wasser und Boden 36, S. 449–502.

Renger, M. und G. Wessolek (1996): Berechnung der Verdunstungsjahresnummern einzelner Jahre. Bonn (DVWK-Merkblatt 238).

Renger, M., Bohne, K., Facklam, M., Harrach, T., Riek, W., Schäfer, W., Wessolek, G. und S. Zacharias (2009): Ergebnisse und Vorschläge der DBG-Arbeitsgruppe «Kennwerte des Bodengefüges» zur Schätzung bodenphysikalischer Kennwerte. In: Bodenphysikalische Kennwerte und Berechnungsverfahren für die Praxis 40, S. 4–51.

Renger, M., Bohne, K. und G. Wessolek (2014): Bodenphysikalische Kennwerte und Berechnungsverfahren für die Praxis Teil II. Heft 43. Berlin.

Richards, G. und R. D. Moore (2003): Suspended sediment dynamics in a steep, glacier fed mountain stream, Place Creek, Canada. In: Hydrological Processes 17, S. 1733–1753.

Richter, D., (1995): Ergebnisse methodischer Untersuchungen zur Korrektur des systematischen Messfehlers des Hellmann-Niederschlagsmessers. 194, Berichte des Deutschen Wetterdienstes, Offenbach am Main.

Roeckner, E., Bäuml, G., Bonaventura, L., Brokopf, R., Esch, M., Giorgetta, M., Hagemann, S., Kirchner, I., Kornblueh, L., Manzini, E., Rhodin, A., Schlese, U., Schulzweida, U. und A. Tompkins 2003) The atmospheric general circulation model ECHAM 5. PART I: Model description. Hamburg (Max-Planck-Institut für Meteorologie Report No. 349).

Ross, C.N., 1921. The calculation of flood discharge by the use of time contour plan isochrones. Transactions of the Institute of Engineers, Australia, 2, 85–92.

Roth, C. (2004): A framework relating soil surface condition to infiltration and sediment and nutrient mobilization in grazed rangelands of north-eastern Queensland, Australia. In: Earth Surface Processes and Landforms 29, S. 1093–1104.

Rothe, P. (2000): Erdgeschichte. Spurensuche im Gestein. Darmstadt.

Rozemeijer, J. C., van der Velde, Y., van Geer, F. C., Bierkens, M. F. P. und H. P. Broers (2010): Direct measurements of the tile drain and groundwater flow route contributions to surface water contamination. From field-scale concentration patterns in groundwater to catchment-scale surface water quality. In: Environmental Pollution 158, S. 3571–3579.

Rudolf, B. (2004): Hydroklimatologische Einordnung der in Europa extremen Jahre 2002 und 2003. In: Deutscher Wetterdienst (Hrsg.): Klimastatusbericht 2003. Offenbach.

Runkel, R. L. (1998): One-Dimensional Transport with Inflow and Storage (OTIS). A Solute Transport Model for Streams and Rivers. U.S. Geological Survey Water Resources Investigations Report No. 98-4018. Denver.

Rushton, K. (2003): Groundwater hydrology. Conceptual and computational models. Hoboken, NJ.

Ruttner, F. (1962): Grundriss der Limnologie. Hydrobiologie des Süßwassers. 3. Auflage. Berlin.

Ryding, S. O. und W. Rast (Hrsg.) (1989): The control of eutrophication of lakes and reservoirs. Man and the biosphere series. Paris.

Scherrer, S. (2006): Bestimmungsschlüssel zur Identifikation von hochwasserrelevanten Flächen. Mainz (Berichte des Landesamts für Umwelt, Wasserwirtschaft und Gewerbeaufsicht Rheinland-Pfalz 18/2006).

Schiffler, G. R. (1992): Experimentelle Erfassung und Modellierung der Infiltration stärkerer Niederschläge unter realen Feldbedingungen. Karlsruhe (Mitteilungen des IHW 40).

Schilling, K. E., Jha, M. K., Zhang, Y.-K., Gassman, P. W. und C. F. Wolter (2008): Impact of land use and land cover change on the water balance of a large agricultural watershed. Historical effects and future directions. In: Water Resources Research 44. DOI:10.1029/2007WR006644.

Schmalz, B., Springer, P. und N. Fohrer (2008): Interactions between near-surface groundwater and surface water in a drained riparian wetland. In: International Association of Hydrological Sciences Publication 321, S. 21–29.

Schmalz, B. und N. Fohrer (2009): Comparing model sensitivities of different landscapes using the ecohydrological SWAT model. Advances in Geosciences 21, S. 91–98. DOI: 10.5194/adgeo-21-91-2009

Schmalz, B. und N. Fohrer (2010): Ecohydrological research in the German lowland catchment Kielstau. In: International Assocation of Hydrological Sciences Publication 336, S. 115–120.

Schmalz, B, Kuemmerlen, M., Strehmel, A., Song, S., Cai, Q. H., Jähnig, S. und N. Fohrer (2012): Integrated modelling of aquatic ecosystems in China. Ecohydrology and hydraulics. In: Hydrologie und Wasserbewirtschaftung 56 (4), S. 169–184.

Schmalz, B., Kuemmerlen, M., Kiesel, J., Cai, Q., Jähnig, S. C. und N. Fohrer (2014): Impacts of land use changes on hydrological components and macroinvertebrate distributions in the Poyang lake area. In: Ecohydrology. DOI: 10.1002/eco.1569.

Schmugge, T. J., Kustas, W. P., Ritchie, J. C., Jackson, T. J. und A. Rango (2002): Remote sensing in hydrology. In: Advances in Water Resources 25, S. 1367–1385.

Schöniger, M. (1996): Regionale Studien zum Abflussverhalten im Untergrund unter Verwendung der Finiten Element Methode. Habilitationsschrift Naturwissenschaftliche Fakultät der TU Braunschweig.

Schönwiese, C. (1999): Das Klima der jüngeren Vergangenheit. In: Physik in unserer Zeit 30 (3), S. 94–101.

Schönwiese, C. (2013): Klimatologie. 4. Auflage. Stuttgart.

Schoups, G., van de Giesen, N. C. und H. H. G. Savenije (2008): Model complexity control for hydrologic prediction. In: Water Resources Research 44 (12). DOI: 10.1029/2008WR006836.

Schubert, K. und M. Klein (2001): Das Politiklexikon. Bonn.

Schuetz, T. und M. Weiler (2011): Quantification of localized groundwater inflow into streams using ground-based infrared thermography. Geophysical Research Letters 38 (3). DOI: 10.1029/2010GL046198.

Schulla, J. (1997): Hydrologische Modellierung von Flussgebieten zur Abschätzung der Folgen von Klimaänderungen. Dissertation Eidgenössische technische Hochschule Zürich. Zürich.

Schwarb, M., C. Daly, C. Frei und C. Schär, (2001): Mittlere jährliche und saisonale Niederschlagshöhen im europäischen Alpenraum 1971–1990. Hydrologischer Atlas der Schweiz, Bundesamt für Wasser und Geologie, Bern, Blätter 2.6 und 2.7.

Seibert, J. und M. Vis (2012): Teaching hydrological modeling with a user-friendly catchment-runoff-model software package. In: Hydrology and Earth System Sciences 16, S. 3315–3325.

Seidler, Chr., Merta, M., Fjodorova, T. und F. Hellie (2005): Prozessbezogene Verdunstungsuntersuchungen und ihre Nutzung für die Qualifikation hydrologischer Modelle. Zittau.

Sejna, M., Šimůnek, L. und M. T. van Genuchten (2014): The HYDRUS Software Package for Simulating the Two and Three Dimensional Movement of Water, Heat, and Multiple Solutes in Variably Saturated Porous Media. Version 2.04.

Selaolo, E. T. (1988): Tracer Studies and Groundwater Recharge Assessment in the Eastern Fringe of the Botswana Kalahari. The Letlhakeng-Bothlhapatlou Area. PhD-Thesis Vrije Universiteit Amsterdam. Amsterdam.

Semmel, A. (1991): Schuttdecken und ihre Bedeutung für den Landschaftshaushalt in hessischen Mittelgebirgen. In: Geographische Rundschau 43 (5), S. 299–302.

Sherman, L. K. (1932): Stream-flow from Rainfall by the Unit-Graph Method. In: Engineering News-Record (108), S. 501–505.

Shukla, S. und A. W. Wood (2008): Use of a standardized runoff index for characterizing hydrologic drought. In: Geophysical Research Letters 35 (2). DOI: 10.1029/2007GL032487.

Sieber, H.-U. (2005): Was bringt die neue DIN 19.700 für die Sicherheitsbewertung von Stauanlagen. In: Wasserwirtschaft Wasserbau 1–2, S. 18–23.

Siebert, S., Henrich, V., Frenken, K. und J. Burke (2013): Global Map of Irrigation Areas. Version 5, FAO. Bonn.

Sieker, F., Bandermann, S., Holz, E., Lilienthal, A., Sieker, H., Stauss, M. und U. Zimmermann (1999): Innovative Hochwasserreduzierung durch dezentrale Maßnahmen am Beispiel der Saar. Zwischenbericht. Osnabrück (Deutsche Bundesstiftung Umwelt Projekt AZ 07147).

Sigg, L. und W. Stumm (2011): Aquatische Chemie. Zürich.

Šimůnek, J., Sejna, M., Saito, H., Sakai, M. und M. T. van Genuchten (2008): The HYDRUS-1d software package for simulating the one-dimensional movement of water, heat, and multiple solutes in variably-saturated media. Version 4.0. University of California Riverside, CA.

Šimůnek, J., Šejna, M., Saito, H., Sakai, M. und M. T. van Genuchten (2013): The HYDRUS-1D software package for simulating the movement of water, heat, and multiple solutes in variably-saturated media. Version 4.16. University of California Riverside, CA.

Singh, V. P. und D. K. Frevert (2002a): Mathematical models of small watershed hydrology and applications. Highlands Range, CO.

Singh, V.P. und D. K. Frevert (Hrsg.) (2002b): Mathematical models of large watershed hydrology. Highlands Range, CO.

Sklash, M. G. und R. N. Farvolden (1979): The role of groundwater in storm runoff. In: Journal of Hydrology 43, S. 45–65.

Soballe, D. M. und B. L. Kimmel (1987): A large-scale comparison of factors influencing phytoplankton abundance in rivers, lakes and impoundments. In: Ecology 68, S. 1943–1954.

Sontheimer, H., Spindler, P. und U. Rohmann (1980): Wasserchemie für Ingenieure. Karlsruhe.

Sophocleous, M. A. (2002): Interactions between groundwater and surface water. The state of the science. In: Hydrogeological Journal 10 (1), 52–67.

Statistisches Bundesamt (Hrsg.) (2006): Umweltnutzung und Wirtschaft. Bericht zu den Umweltökonomischen Gesamtrechnungen 2006. Wiesbaden.

Stein, T. M. (1994): Grundlagen und Technik der Gefäßbewässerung. In: Zeitschrift für Bewässerungswirtschaft 29 (1), S. 62–94.

Straskraba, M., Tundisi, J. G. und A. Duncan (Hrsg.) (1993): Comparative Reservoir Limnology and Water Quality Management. Dordrecht (Developments in Hydrobiology 77).

Stumpp, C., Stichler, W., Kandolf, M. und J. Šimůnek (2012): Effects of Land Cover and Fertilization Method on Water Flow and Solute Transport in Five Lysimeters. A Long-Term Study Using Stable Water Isotopes. In: Vadose Zone Journal 11 (1). DOI:10.2136/vzj2011.0075.

Subagadis, Y. H., Grundmann, J., Schütze, N. und G. H. Schmitz (2014): An integrated approach to conceptualise hydrological and socio-economic interaction for supporting management decisions of coupled groundwater – agricultural systems. In: Environmental Earth Sciences 72 (12), S. 4917–4933.

Succow, M. und L. Jeschke (1990): Moore in der Landschaft. Entstehung, Haushalt, Lebewelt, Verbreitung, Nutzung und Erhaltung der Moore. 2. Auflage. Frankfurt am Main.

Succow, M. und H. Joosten (Hrsg.) (2001): Landschaftsökologische Moorkunde. 2. Auflage. Stuttgart.

Tanaka, A., Yasuhara, M., Sakai, H. und A. Marui (1988): The Hachioji experimental basin study. Storm runoff processes and the mechanism of its generation. Journal of Hydrology 102, S. 139–164.

Tang, Q., Gao, H., Lu, H. Und D. P. Lettenmaier (2009): Remote sensing. Hydrology. In: Progress in Physical geography 33 (4), S. 490–509.

Tarbuck, E., Lutgens, F., und D. Tasa (2013): Earth. An Introduction to Physical Geology. 11. Auflage. Upper Saddle River, NJ.

Tayefi, V., Lane, S. N., Hardy, R. J. und D. Yu (2007): A comparison of one- and two-dimensional approaches to modelling flood inundation over complex upland floodplains. In: Hydrological Processes 21 (23), S. 3190–3202.

Tetzlaff, B., Kuhr, P. und Wendland, F. (2008): Ein neues Verfahren zur differenzierten Ableitung von Dränflächenkarten für den mittleren Maßstabsbereich auf Basis von Luftbildern und Geodaten. Hydrologie und Wasserbewirtschaftung 52(1): 9-18.

Tetzlaff, B. und P. Kuhr (2011): Kartographische Erfassung potenziell gedränter Flächen in Schleswig-Holstein. Abschlussbericht des Forschungszentrums Jülich im Auftrag des LLUR. Flintbek.

Thornton, K. W. (1990): Perspectives on reservoir limnology. In: Thornton, K. W., Kimmel, B. L. und F. E. Payne (Hrsg.): Reservoir Limnology – ecological perspectives. New York, S. 1–13.

Thornton K. W., Kennedy, R. H., Magoun, A. D. und G. E. Saul (1982): Reservoir water quality sampling design. In: Water Resources Bulletin 18, S. 471–80.

Thuiller, W., Lafourcade, B., Engler, R. und M. B. Araujo (2009): BIOMOD. A platform for ensemble fore-

casting of species distributions. In: Ecography 32, S. 369–373.
Thüringer Landesanstalt für Landwirtschaft (Hrsg.) (2005): Wasserhaushaltsgrößen von Kulturpflanzen unter Feldbedingungen – Ergebnisse der TLL-Lysimeterstation. Naumburg (Landwirtschaft und Landschaftspflege in Thüringen 1/2005).
Todd, D. K. und L. W. Mays (2005): Groundwater Hydrology. 3. Auflage. Hoboken, NJ.
Toride, N., Leij, F. J. und M. T. van Genuchten (1995): The CXTFIT Code for Estimating Transport Parameters from Laboratory or Field Tracer Experiments. Version 2.0. U.S. Salinity Laboratory Research Report No. 137. Riverside, CA.
Törnros, T. und L. Menzel (2014): Addressing drought conditions under current and future climates in the Jordan River region. In: Hydrology and Earth System Sciences 18, S. 305–318.
Tuller, M. und D. Or (2001): Hydraulic conductivity of variably saturated porous media. Film and corner flow in angular pore space. In: Water Resources Research 31 (5), S. 1257–1276.
Uhlmann, D. und W. Horn (2001): Hydrobiologie der Binnengewässer. Stuttgart.
UNEP (1992): World Atlas of Desertification. London.
UNEP (2012): The UN-Water Status Report on the Application of Integrated Approaches to Water Resources Management. Nairobi.
UNESCO (2011): Ecohydrology for sustainability. URL: http://unesdoc.unesco.org/images/0021/002108/210826e.pdf (Stand: 14.10.2014).
United Nations Secretary-General (2001): Aarhus Convention in force 30 October 2001. What people say about the Aarhus Convention. URL: http://www.unece.org/env/pp/30.october/all.statements.pdf (Stand: 20.05.2015).
United Nations – Population Division of the Department of Economic and Social Affairs of the United Nations Secretariat (2013): World Population Prospects.
van Dam, J. C., Huygen, J., Wesseling, J. G., Feddes, R. A., Kabat, P., van Valsum, P. E. V., Groenendijk, P. und C. A. van Diepen (1997): Theory of SWAP, Version 2.0. Simulation of Water Flow, Solute Transport and Plant Growth in the Soil–Water–Atmosphere-Plant Environment. Wageningen.
van der Ent, R. J., Savenije, H. H. G., Schaefli, B. und S. C. Steele-Dunne (2010): Origin and fate of atmospheric moisture over continents. In: Water Resources Research 46 (9), S. 1–12.
Van der Ent, R. J. (2014): A new view on the hydrological cycle over continents, PhD thesis, Delft University of Technology, Delft, 96 pp.
van der Ent, R. J. und H. H. G. Savenije (2013): Oceanic sources of continental precipitation and the correlation with sea surface temperature. In: Water Resources Research 49 (7), S. 3993–4004.
van der Velde, Y., Rozemeijer, J. C., de Rooij, G. H., van Geer, F. C. und H. P. Broers (2010): Field scale measurements for separation of catchment discharge into flow route contributions. In: Vadose Zone Journal 9, S. 25–35.
van Eimern, J. und H. Häckel (1984): Wetter- und Klimakunde. 4. Auflage. Stuttgart.
van Genuchten, M.T. (1980): A closed-form equation for predicting the hydraulic conductivity of unsaturated soils. In: Soil scientific society of America journal 44, S. 892–898.
van Tiel, M. Kohn, I., van Loon, A. F., and Stahl, K. (2020):The compensating effect of glaciers: Characterizing the relation between interannual streamflow variability and glacier cover, In: Hydrol. Process., 34, S. 553-568.
Versuchsanstalt für Wasserbau, Hydrologie und Glaziologie der Eidgenössischen Technischen Hochschule Zürich (VAW) (2011): Gletscher- und Abflussveränderungen im Zeitraum 1900–2100 in sieben Einzugsgebieten der Schweiz. VAW-Teilprojekt von CCHydro. Schlussbericht.
Verworn, H.-R. (2008): Flächenabhängige Abminderung statistischer Regenwerte. In: Korrespondenz Wasserwirtschaft 1 (9), S. 493–498.
Völkel, J., Zepp, H. und A. Kleber (2002): Periglaziale Deckschichten in Mittelgebirgen. Ein offenes Forschungsfeld. In: Berichte zur deutschen Landeskunde 76 (2 /3), S. 101–114.
Wagner, P.D., Hörmann, G., Schmalz, B. und Fohrer, N. (2018): Charakterisierung des Wasser- und Nährstoffhaushalts im ländlichen Tieflandeinzugsgebiet der Kielstau. Hydrologie und Wasserbewirtschaftung 62(3): 145-158. DOI: 10.5675/HyWa_2018,3_2.
Wagner, P.D., Bieger, K., Arnold, J. und Fohrer, N. (2022): Representation of hydrological processes in a rural lowland catchment in Northern Germany using SWAT and SWAT+. Hydrological Processes 36(5): e14589. DOI: 10.1002/hyp.14589.
Wagner, P.; Duethmann, D.; Kiesel, J.; Pool, S.; Hrachowitz, M.; Ceola, S.; Herzog, A.; Houska, T.; Loritz, R.; Spieler, D.; Staudinger, M.; Tarasova, L.; Thober, S.; Fohrer, N.; Tetzlaff, D.; Wagener, T.; Guse, B. (2025): The unexploited treasures of hydrological observations beyond streamflow in hydrological modelling. Wires Water 12(2), e70018, HYPERLINK "https://wires.onlinelibrary.wiley.com/doi/10.1002/wat2.70018" doi:10.1002/wat2.70018.

Wald, J., Kron, W., Buck, W. und E. J. Plate (1986): Generation of storm runoff in an area with a high groundwater table. In: Gorelick, S. M. (Hrsg.): Conjunctive Water Use. Understanding and managing surfacewater-groundwater interactions. ORT (IAHS Publication 156).
Walker, W. R. und G. V. Skogerboe: Surface Irrigation. Theory and Practice. 1987.
Ward, A. S., Gooseff, M. N. und K. Singha (2010): Imaging hyporheic zone solute transport using electrical resistivity. In: Hydrological Processes 24, S. 948–953.
Warrick, A. W. und D. R. Nielsen (1980): Spatial variability of soil physical properties in the field. In: Hillel, D. (Hrsg.): Applications of soil physics. New York, S. 319–344.
WCD (World Commission on Dams) (2000): Dams and development. A new framework for decision-making. London.
Weiler, M. und F. Naef (2003): An experimental tracer study of the role of macropores in infiltration in grassland soils. In: Hydrological Processes 17 (2), S. 477–493.
Weiler, M., Scheffler C., Tautz A. und Rosin K. (2009): Development of a Hydrologic Process Model for Mountain Pine Beetle affected Areas in British Columbia. Report to the Fraser Salmon and Watersheds Program, Pacific Salmon Foundation. Vancouver, Canada.
Wendling, U. (1995): Modifizierung der einheitlich berechneten Gras-Referenzverdunstung mit der FAO Penman-Monteith-Beziehung durch unterschiedliche Landnutzung. Annalen der Meteorologie 37, S. 253–254.
Wessolek, G., Roth C., König, R. und M. Renger (1994): Influence of slope and exposition on water balance of loess soils. In: Journal of plant nutrition and soil science 157 (3), S. 165–173.
Wessolek, G., Kaupenjohann, M und M. Renger ed. (2009): Bodenphysikalische Kennwerte und Berechnungsverfahren für die Praxis. Bodenökologie und Bodengenese, Heft 40, 80pp, Technische Universität Berlin, Institut für Ökologie.
Wessolek, G., Duijnisveld, W. und S. Trinks (2009): Hydro-pedotransfer functions (HPTFs) for predicting annual percolation rate on regional scale. In: Journal of Hydrology 356, S. 17–27.
Wetzel, R. G. (1983): Limnology. 2. Auflage. Philadelphia.
WHG (2009): Wasserhaushaltsgesetz vom 31. Juli 2009 (BGBl. I S. 2585). URL: http://www.gesetze-im-internet.de/bundesrecht/whg_2009/gesamt.pdf (Stand: 14.01.2015).
White, S. (Hrsg.) (1998): Wise Water Management. A Demand Management Manual for Water Utilities. Melbourne (Water Services Association of Australia Research Report No. 86).
Whittaker, G., R. Confesor, R. Jr., Di Luzio, M. und J. G. Arnold (2010): Detection of Overparameterization and Overfitting in an Automatic Calibration of SWAT. In: Transactions of the ASABE 53 (5), S. 1487–1499.
Williams, P. W. (1983): The role of the Subcutaneous zone in karst hydrology. In: Journal of Hydrology 61, S. 45–67.
Willmott, Cort J., und Matsuura Kenji (2001): Terrestrial Water Budget Data Archive: Monthly Time Series (1950–1999). Available: http://climate.geog.udel.edu/~climate/html_pages/README.wb_ts2.html.
Willmott, C. J. und M. Kenji (2001): Terrestrial Water Budget Data Archive: Monthly Time Series (1950–1999). Newark (DE).
Winter, T. C., Harvey, J. W., Franke, O. L. und W. M. Alley (1998): Ground Water and Surface Water. A Single Resource. Denver (U.S. Geological Survey Circular 1139).
Wittenberg, H. (1974): Der Einfluss zunehmender Bebauung auf den Hochwasserabfluss. Karlsruhe (Mitteilungen Institut Wasserbau III Heft 4).
Wittenberg, H. (1976): Ein Prognoseverfahren für den Hochwasserabfluss bei zunehmender Bebauung des Einzugsgebiets. In: Wasserwirtschaft 66 (1–2), S. 64–69.
Wittenberg, H. und M. Sivapalan (1999): Watershed groundwater balance estimation using streamflow recession analysis and baseflow separation. In: Journal of Hydrology 219 (1–2), S. 20–33.
Wittenberg, H., Aksoy, H., Miegel, K. (2019): Fast response of groundwater to heavy rainfall; Journal of Hydrology, 571, 2019, 837-842, https://doi.org/10.1016/j.jhydrol.2019.02.037.
WMO (2009): Guide to Hydrological Practises, Volume II: Management of Water Resources and Application of Hydrological Practices. 6. Auflage. Genf.
Wohlrab, B., Ernstberger H., Meuser, A. Und V. Sokollek (1992): Landschaftswasserhaushalt: Wasserkreislauf und Gewässer im ländlichen Raum. Veränderungen durch Bodennutzung, Wasserbau und Kulturtechnik. Hamburg.
Wolanski, E. (2007): Estuarine Ecohydrology. Amsterdam.
Worch, E (2000): Wasser und Wasserinhaltsstoffe. Stuttgart.
Yair, A. (1990): Runoff generation in a sandy area. The Nizzana sands, western Negev, Israel. In: Earth Surface Processes and Landforms 15, S. 597–609.

Zalewski, M., Janauer, G. A. und G. Jolánkai (1997): Ecohydrology. A new paradigm for the sustainable use of aquatic resources. UNESCO IHP Technical Documents in Hydrology 7. Paris.

Zanzi, G. P. (2025). Atmospheric moisture dynamics: a precipitationshed and evaporationshed analysis across Italy. Doctoral dissertation, Politecnico di Torino.

Zepp, H. (2011): Geomorphologie. Eine Einführung. 5. Auflage. Paderborn.

Zhang, X., Hörmann, G., Gao, J. F und N. Fohrer (2011): Structural uncertainty assessment in a discharge simulation model. In: Hydrological Sciences Journal 56 (5), S. 1–16.

Zhang, X., Hörmann, G. und N. Fohrer (2007): The Effects of Different Model Complexity on the Quality of discharge simulation for a lowland catchment in Northern Germany. In: Miegel, K., Trübger, E. R. und H. B. Kleeberg (Hrsg.): Einfluss von Bewirtschaftung und Klima auf Wasser- und Stoffhaushalt von Gewässern. Beiträge zum Tag der Hydrologe am 22./23. März 2007 in Rostock. Hennef, S. 111–114.

Zhang, Y., Ryu, D., Zheng, D. (2021): Using Remote Sensing Techniques to Improve Hydrological Predictions in a Rapidly Changing World. Remote Sens. 2021, 13, 3865, doi: 10.3390/rs13193865.

Zreda, M., Desilts, D., Ferre, T.P.A., Scott & R.L. Scott (2008): Measuring soil moisture content noninvasively at intermediate spatial scale using cosmic-ray neutrons. Geophysical Research Letters, Vol. 35, Issue 21, https://doi.org/10.1029/2008GL035655.

Zuidema, P. K. (1985): Hydraulik der Abflußbildung während Starkniederschlägen. Zürich (Mitteilungen der Versuchsanstalt für Wasserbau, Hydrologie und Glaziologie 79).

Die Herausgeber und Autoren

Herausgeber

Fohrer, Nicola, Prof. Dr., geb. 1962 in Amberg, 1995 Promotion im Fach Bodenphysik an der TU Berlin, 2002 Habilitation an der JLU Gießen, seit 2003 Professorin für Hydrologie und Wasserwirtschaft an der CAU Kiel. Präsidentin der DGH von 2014-2017 Deutscher Hydrologiepreis 2021, Lehr- und Forschungsgebiete: Hydrologie und Wasserwirtschaft im ländlichen Raum, Ökohydrologie

Bormann, Helge, apl.-Prof. Dr., geb. 1967 in Hamburg, Studium der Geoökologie an der TU Braunschweig, 1999 Promotion an der Universität Bonn. 2003–2009 Juniorprofessor für Hydrologie an der Universität Oldenburg. Seit 2019 Leiter des Forschungsmanagements der Jade Hochschule (Wilhelmshaven/Oldenburg/Elsfleth), Mitglied des Strategierats Wasser Weser/Ems. Lehr- und Forschungsgebiete: Hydrologische Modellierung, Wirkung von Umweltveränderungen, Klimaanpassung.

Miegel, Konrad, Prof. Dr., geb.1959 in Genthin, Studium der Hydrologie an der TU Dresden. Dort 1985 Diplom und 1988 Promotion zum Dr. rer. nat. 1988 bis 1998 wiss. Mitarbeiter am Lehrstuhl Meteorologie der TU Dresden in Tharandt. Seit 1996 Professor für Hydrologie und Angewandte Meteorologie an der Universität Rostock.

Casper, Markus, Prof. Dr.-Ing., geb. 1967 in Schorndorf/Württ. 1995 Dipl.-Geoökologe. 2002 Promotion im Fach Hydrologie und Wasserwirtschaft an der Universität Karlsruhe (TH). Seit 2003 Professor für Physische Geographie an der Universität Trier. Forschungsschwerpunkte: Hydrologische Prozessforschung, hydrologische Modellierung, Wirkung des Klimawandels auf hydrologische Systeme, Anpassung hydrologischer Systeme an den Klimawandel.

Bronstert, Axel, Prof. Dr., geb. 1959 in Ludwigshafen, 1993 Promotion in Bauingenieurwesen/Hydrologie an der Universität Karlsruhe (TH), seit 2000 Professor für Hydrologie und Klimatologie an der Universität Potsdam, Präsident der DHG von 2011 bis 2014. Forschungsgebiete: Hydrologische Modellierung und Prozesse, integrierte Untersuchungen zu wasserwirtschaftlichen Fragen im Einzugsgebietsmaßstab in verschiedenen hydro-klimatischen Regionen und sich ändernden Umweltbedingungen.

Weiler, Markus, Prof. Dr., geb. 1971, Studium der Hydrologie an der Universität Freiburg, Promotion in Bodenhydrologie an der ETH Zürich, im Anschluss Auslandsaufenthalte an der Oregon State University (USA) und der University of British Columbia (Kanada), seit 2008 Professor für Hydrologie an der Universität Freiburg, Lehr- und Forschungsgebiete: Forsthydrologie, Ökohydrologie, Isotopenhydrologie, Schneehydrologie, Abflussbildungsprozesse, hydrologische Extreme, besonders Sturzfluten.

Autoren

Chifflard, Peter, Jun.-Prof. Dr., geb. 1972, 2006 Promotion im Fach Geographie an der Ruhr-Universität Bochum, Forschungsaufenthalte in China und Österreich, seit 2013 Jun.-Prof. für Soil and Water Ecosystems an der Philipps-Universität Marburg. Lehr- und Forschungsgebiete: Hydrologie, Bodenwasser, Wasserqualität.

Disse, Markus, Prof. Dr., geb. 1963, 1995 Promotion im Fach Hydrologie an der Universität Karlsruhe, Forschungsaufenthalt in den USA, seit Juli 2013 Professor für Hydrologie und Flussgebietsmanagement an der TU München. Lehr- und Forschungsgebiete: Hochwasserrisikomanagement, Integriertes Wasserressourcenmanagement, hydrologische Modellierung.

Evers, Mariele, Prof. Dr., Dipl.-Geographin, geb. 1966, Promotion an der Universität Hannover, Professorin für Geographie/Ökohydrologie und Wasserressourcenmanagement an der Universität Bonn, UNESCO Lehrstuhl Human-Water-Systems. Lehr- und Forschungsgebiete: Ökohydrologie, Nachhaltiges Hochwasser- und Dürremanagement, Forschung in Europa, Südostasien und Afrika.

Grohmann, Andreas, Prof. Dr., geb. 1972, 2006 Promotion an der BTU Cottbus zum Thema «Phosphor in Sedimenten von Tagebauseen», von 2006-2019 wissenschaftlicher Mitarbeiter am Lehrstuhl Gewässerschutz der BTU Cottbus. Lehr- und Forschungsgebiete: Sediment-Wasser-Interaktionen, Tagebauseen, Seenrestaurierung. Seit 2019 Prüfleiter am Landeslabor Berlin-Brandenburg, Fachbereich IV-2 – Boden, Strahlenschutz.

Grüneberg, Björn, Dr., geb. 1972, 2006 Promotion an der BTU Cottbus zum Thema «Phosphor in Sedimenten von Tagebauseen», seit 2006 wissenschaftlicher Mitarbeiter am Lehrstuhl Gewässerschutz der BTU Cottbus. Lehr- und Forschungsgebiete: Sediment-Wasser-Interaktionen, Tagebauseen, Seenrestaurierung.

Guse, Björn, PD Dr., geb. 1979, 2010 Promotion im Fach Hydrologie an der Universität Potsdam, 2021 Habilitation an der CAU Kiel, seit 2023 wissenschaftlicher Mitarbeiter in der Hydrologie und Wasserwirtschaft an der CAU Kiel, Lehr- und Forschungsgebiete: Hydrologische Modellierung, hydrologische Extreme.

Haberlandt, Uwe, Prof. Dr.-Ing., Dipl.-Hydrologe, geb. 1964, 1996 Promotion an der Universität Stuttgart, Forschungsaufenthalt in Kanada, seit 2004 Professor für Wasserwirtschaft an der Universität Hannover. Forschungsgebiete: Hydrologie und Wasserwirtschaft.

Harnischmacher, Stefan, PD Dr., geb. 1969, 2002 Promotion an der Fakultät für Geowissenschaften der Ruhr-Universität Bochum, 2011 Habilitation, seit 2013 Studienrat im Hochschuldienst am Fachbereich Geographie der Philipps-Universität Marburg. Lehr- und Forschungsgebiete: Physische Geographie, Geomorphologie, Geologie, Kartographie.

Hörmann, Georg, Dr., geb. 1957, 1988 Promotion im Fach Wasserwirtschaft an der CAU Kiel, Forschungsaufenthalte in Tunesien, China und Indien, seit 1988 wiss. Mitarbeiter am Ökologiezentrum der CAU Kiel, von 2003 bis zum Abschied aus dem aktiven Dienst im Jahr 2023 an der Fachabteilung Hydrologie und Wasserwirtschaft. Lehr- und Forschungsgebiete: Modellierung, Statistik, GIS.

Jekel, Martin, Prof. Dr. emer., geb. 1951, 1999 Promotion an den Universitäten Freiburg und Jerusalem, 2011 Habilitation an der Universität Freiburg, Forschungsaufenthalte in Namibia und der Mongolei, seit 2008 akad. Rat am Lehrstuhl für Hydrologie der Universität Freiburg. Lehr- und Forschungsgebiete: allgemeine Hydrologie, Tracer- und Trockengebietshydrologie, Mikroschadstoffe.

Lange, Jens, apl. Prof. Dr., geb. 1967, 1999 Promotion an den Universitäten Freiburg und Jerusalem, 2011 Habilitation an der Universität Freiburg, Forschungsaufenthalte in Namibia und der Mongolei, seit 2008 akad. Rat am Lehrstuhl für Hydrologie der Universität Freiburg. Lehr- und Forschungsgebiete: allgemeine Hydrologie, Tracer- und Trockengebietshydrologie.

Menzel, Lucas, Prof. Dr., geb. 1962, 1996 Promotion an der ETH Zürich, seit 2009 Professor für Hydrogeographie und Klimatologie an der Universität Heidelberg. Lehr- und Forschungsgebiete: Hydrologische Modellierung, Evapotranspiration, Trockenheit und Dürre, Permafrost- und Schneehydrologie.

Merz, Bruno, Prof. Dr., geb. 1961, 1996 Promotion im Fach Hydrologie/Bauingenieurwesen an der TU Karlsruhe, 2005 Habilitation an der Universität Potsdam, Professor für Ingenieurhydrologie und Georisikomanagement an der Universität Potsdam. Lehr- und Forschungsgebiete: Hydrologische Modellierung, Hydrologische Extreme.

Nixdorf, Brigitte, Prof. Dr., geb. 1953, 1983 Promotion zur Limnologie von Flachseen, 1994 Habilitation an der TU Dresden, 1993 - 2021 Professorin fur Gewässerschutz an der BTU Cottbus, danach Gastwissenschaftlerin am Fachgebiet Gewässerökologie in verschiedenen Projekten. Lehr- und Forschungsgebiete: Limnologie und Management von Seen, Eutrophierung, Blaualgen, Versauerung von Tagebauseen.

Oppelt, Natascha, Prof. Dr., geb. 1970, 2002 Promotion im Fach Physische Geographie an der LMU München, 2008 Habilitation, Forschungsaufenthalte in Neuseeland und Tunesien, seit 2008 Professorin für Geographie an der CAU Kiel. Lehr- und Forschungsgebiete: Hydrogeographie, Klimageographie, Fernerkundung.

Reiss, Martin, Dr., geb. 1968, 2011 Promotion im Fach Geographie an der Philipps-Universität Marburg, seit 2023 Projektleiter im Programm „100 Wilde Bäche für Hessen" im Team Gewässerentwicklung, FB Landwirtschaft und Naturschutz, Hessische Landgesellschaft mbH . Lehr- und Forschungsgebiete: Hydrologie und Gewässerökologie.

Schmalz, Britta, Prof. Dr., geb. 1972, 1998 Diplom (Geologie, Univ. Hamburg), 2002 Promotion (Bodenkunde, Univ. Rostock), 2015 Habilitation (Hydrologie und Physische Geographie, CAU Kiel), 2005–2016 Postdoc Abt. Hydrologie und Wasserwirtschaft der CAU Kiel, seit 02/2016 Professorin für Ingenieurhydrologie und Wasserbewirtschaftung an der TU Darmstadt. Forschungsgebiete: Hydrologische Modellierung, Tieflandhydrologie, Ökohydrologie.

Schumann, Andreas, Prof. Dr., geb. 1953 in Zwickau, Studium der Hydrologie an der TU Dresden. 1976 Diplom, 1981 Promotion, 1981–1988 ltd. Funktionen in der Wasserwirtschaftsverwaltung, 1989–2001 Oberingenieur am Lehrstuhl für Hydrologie der Universität Bochum, 1996 Habilitation, seit 2001 Professor für Hydrologie, Wasserwirtschaft und Umwelttechnik der Ruhr-Universität Bochum, pensioniert 2019, bis 2024 Senior-Professor.

Schütze, Niels, Prof. Dr., geb. 1968, 2006 Promotion im Fach Hydrologie an der TU Dresden, 2013 Habilitation, Forschungsaufenthalt in Israel, seit 2014 Professor für Hydrologie an der TU Dresden. Lehr-

und Forschungsgebiete: Hydrosystemmodellierung, Optimierung im Wasserressourcenmanagement, aride Gebiete und Bewässerungssysteme, Hydroinformatik.

Stahl, Kerstin, Prof. Dr., geb. 1971, 2001 Promotion im Fach Hydrologie an der Universität Freiburg, 2015 Habilitation, Forschungsaufenthalte in den USA, Kanada und Norwegen, Professorin für Umwelthydrosysteme an der Universität Freiburg. Lehr- und Forschungsgebiete: Klima und regionale Hydrologie, Gebirgshydrologie, Naturgefahren insbesondere Trockenheit.

Wessolek, Gerd, Prof. Dr., geb. 1953, 1979 Promotion im Fach Bodenkunde an der Universität Göttingen, 1988 Habilitation an der TU Berlin, Forschungsaufenthalte in den USA, Australien, Neuseeland, China und Ägypten, von 1995 bis 2018 Professor für Standortkunde und Bodenschutz an der TU-Berlin. Lehr- und Forschungsgebiete: Bodenphysik und Hydrologie, danach freiberuflich tätig.

Die Deutsche Hydrologische Gesellschaft (DHG e.V.)

DHG Deutsche Hydrologische Gesellschaft

Die Deutsche Hydrologische Gesellschaft (DHG e.V.) wurde 2011 in Koblenz als gemeinnütziger Verein zur Förderung der Hydrologie gegründet. Wir sehen uns als Fachvertretung für den Bereich der Hydrologie und Wasserbewirtschaftung für Studierende, Wissenschaftler-Innen und Berufspraktiker. Unsere Mitglieder kommen vorwiegend aus dem deutschsprachigen Raum. Mit nationalen und internationalen Fachverbänden sind wir über Kooperationen und gemeinsame Veranstaltungen verbunden.

In verschiedenen thematisch orientierten Arbeitskreisen zu aktuellen Themen bieten wir eine Plattform für den wissenschaftlichen Diskurs und praktisch orientierten Austausch. Wir unterstützen die Erforschung hydrologischer Phänomene und die Analyse der Auswirkungen von Mensch und Umwelt auf die Hydrosphäre. Ziel unserer Aktivitäten ist der Erfahrungsaustausch und die Bündelung von Fachwissen zum Verständnis, Schutz und dem nachhaltigen Bewirtschaften aller Kompartimente des Wasserkreislaufs.

Die Ausbildung von Studierenden und die Förderung des wissenschaftlichen Nachwuchses ist uns ein zentrales Anliegen. Die Weiterentwicklung der universitären Lehre, die Aufbereitung von aktuellen wissenschaftlichen Erkenntnissen der Hydrologie in Workshops und Sommerakademien für Studierende, junge Akademiker und Berufseinsteiger sind dabei wichtige Instrumente.

Wir veranstalten jährlich nationale Tagungen und Konferenzen gemeinsam mit befreundeten nationalen und internationalen Gesellschaften zur Förderung der hydrologischen Wissenschaften. Wir informieren unsere Mitglieder regelmäßig durch unseren Newsletter, über die Zeitschrift „Hydrologie und Wasserbewirtschaftung" (HYWA) und über unsere Internetseiten:

http://www.dhydrog.de

Register

50-Tage-Linie 107, 247

Aarhus-Konvention 342, 350
Abdichtung 163
Abfluss 31, 40, 127
    von Grundwasser 92
Abflussbeiwert 144, 218
Abflussbildung 143f, 199, 213, 217
    aus Schneeschmelze 293
Abflussbildungsprozesse 129
Abflussdauerlinie 139
Abflussganglinie 129
Abflusshöhe 128
Abflusskonzentration 144, 216f
Abflusskurve 137
Abflussmessung 245
Abflussregime 129, 196
Abflussspende 128
Abflussvariabilität 294
Abflussverluste 311f
Ablagerung 132
Ablationszone 296
Absorption 253
Abtragung 132
Akkumulationszone 296
Albedo 37
Altschneelinie 290
amiktisch 170
Anfangsfeuchte 214
Anfangswassergehalt 87, 323
Anstiegszeit 218
Aquädukt 15
Aquifer 94
Aridität 225
Artenspektrum 206
Atmosphäre 30, 261
atmosphärischer Wassertransport 31
atmosphärische Zirkulation 37
Aue 133, 205
Aufwuchs 173
Ausgleichsströmung 36
Ausstrahlung 35
Austausch, mikroskopischer 110

Bakterioplankton 173
Basisabfluss 93, 103, 147
Bemessungshochwasser 221
Bemessungsniederschlag 62
Benetzbarkeit 89
Benthal 172
Benthos 173
Beregnung 319
Bernoulli-Gleichung 99, 130
Beschaffenheit der Landoberfläche
    115f, 151
Bestandsniederschlag 120, 181
Bestimmung der Bodenfeuchte 81
    des Matrixpotenzials 79
Bewässerung 315
Bewirtschaftung des Regenwassers
    188
Bewirtschaftung, nachhaltige 33,
    339
Bewölkung 194
Bilanzierung des Wärmehaushalts
    113
Bindungen, kovalente 17
Binnenentwässerungsgebiet 269
Biomoleküle 22
Black-Box-Modelle 247
Bodenbedeckung 185
Bodeneigenschaften 214
Bodenfeuchte 81, 257f
Bodenfeuchtedefizit 223
Bodenparameter 116
Bodenversiegelung 186
Bodenwasser 30
Bodenwasserdefizit 319f
Bodenwassergehalt, Grenzwert
    des 125
Bodenwasserhaushalt 232
Bodenwasserspeicher 316
Bodenwasservorrat 115
Bouguer-Lambert-Beer-Gesetz 34
Brillantblau 241
Brunnenpfeife 97
Budyko-Kurve 42

Canyon 133
Chloridmethode 244
Climate Modelling Grid 261

Damm 174, 328
Dammuferlauf 133
Dampfdruckkurve des Wassers 24
Daten, hydrogeologische 98
Defizitbewässerung 320
Deichrückverlegung 205
Dichtemaximum des Wassers 21
Dieelektrizitätskonstante 81
diffuse Himmelsstrahlung 34
digitale Geländemodelle 261
Dihydrogenoxid 17
dimiktisch 170
Dipolmoment, permanentes 19
Direktabfluss 103, 147
direkte Sonneneinstrahlung 34
Doppelringinfiltrometer 87
Dränage 186, 271, 274
Dreieck, hydrologisches 100
Druck, kritischer 25
Druckaufnehmer 80
Druckhöhe 97, 99
Dublin-Prinzipien 340
Durchfluss 144
durchlässige Flächenbefestigung 186
Dürre 223, 302
    hydrologische 223
    landwirtschaftliche 223
    meteorologische 223

EG-Wasserrahmenrichtlinie 266,
    342, 350
Eimer-Methode 134
Einfallswinkel der Strahlung 36
Einspeisemenge 240
Einstrahlung, solare 34
Einzugsgebiet 42, 44, 144, 206
Einzugsgebietsauslass 129
Einzugsgebietsskala 180
Eis 21, 24, 259
elektrische Leitfähigkeit 240, 242
elektromagnetische Strahlung 251
elektromagnetisches Spektrum 252
Elektronegativität 18
Elektronenkonfiguration 18
Emulsion 27
Energie, mechanische 98
Energiegleichung 130
Energiehöhe 99
Entwässerung 271

Entwässerungsgräben 271
Entwicklungsphase 124
Epilimnion 170
Equifinalität 236
Erholung, hydrologische 183
Erwärmung 290
Evaporation 32, 112
Evaporimeter 119
Evapotranspiration 113, 145, 261, 315
Exfiltration 270
Extinktion 34

FDR 81
Fehlerquellen 236
Feinporen 71
Feldkapazität 73, 316
Feldmessung 262
Fernerkundungsprodukt 257
Feuchteprofil 88
Feuchtgebiete 268ff
Filterfunktion 205
Firn 296
Flächenbefestigung, durchlässige 186
Flächenverbrauch 186
Flags 262
Fließgeschwindigkeit 135
Fließgewässer 127, 176, 271
Fließprozesse 130
Fließwege, präferenzielle 89
Floßverdunstungskessel 119
Fluoreszenz 240
Fluoreszenzsonde 178
Flussbett 133
Flusshochwasser 215
Flussmündung 208
Flussoasen 305
Fluss-See-Hybridsystem 174
Flussseen 168
Fraktionierung 243
freier Grundwasserleiter 95
Freilandniederschlag 120
Froude-Zahl 131

Ganglinienseparation 129, 248
Gebietsverdunstung 113
Gebirgsbach 293
Gebirgsdurchlässigkeit 102
Gebirgsregionen 40
Gefrierpunkt 23
Gegenstrahlung 35
Geländehöhe 97
Geländemodelle, digitale 261
Generalisierung 181
geodätische Höhe 97, 99
Verfahren 61
Gerinne 129
Gerinnekonstanz 137
Gerinneretention 131
Gesamtabfluss 103
Gesamtporenvolumen 73
Gesamtpotenzial 78
Geschwindigkeitshöhe 99
Gesteinsdurchlässigkeit 102
Gewässer 167, 174
Gewässerabfluss 144
Gewässeraue 130
Gewässerbett 217
Gewässerbewirtschaftung 268
Gewässerquerschnitt 217
Gletscher 290, 296
Gradient, hydraulischer 81, 100
Grasreferenzverdunstung 123
Gravitation 31
Gravitationspotenzial 78
Grenzschicht, laminare 110
Grenzwert des Bodenwassergehalts 125
Grobporen 71
Großwetterlage 224
Groundwater Ridging 156
Grundwasser 30
Abfluss von 92
artesisches 96
schwebendes 95
Zufluss von 92
Grundwasserabfluss 102
Grundwasseranstieg, natürlicher 176
Grundwasserbedarf 325
Grundwasserdruckfläche 95
Grundwassereinzugsgebiet 95
Grundwasserfließrichtung 100
Grundwasserflurabstand 95, 114, 270
Grundwasserförderung 312
Grundwassergeringleiter 94
Grundwassergleiche 100
Grundwassergleichenplan 101
Grundwasserleiter 95
Grundwassermächtigkeit 95
Grundwassermessnetz 97
Grundwasserneubildung 92, 102, 310
Grundwassernichtleiter 94
Grundwasserstand 96
Grundwasserstockwerke 94
Grundwasservorkommen 312

Hagen-Poiseuille'sches Gesetz 85
Haubeninfiltrometer 87
Hauptgrundwasserleiter 96
Hauptwurzelraum 75
H-Brücke 19
Henry-Dalton-Gesetz 26
Himmelsstrahlung, diffuse 34
Hintergrundkonzentration 239
Hochmoore 268
Hochwasser 212
Hochwasserabflüsse 138
Hochwasserfülle 218
Hochwasserrisiko 328
Hochwasserscheitelabfluss 218
Hochwasserschutz 15
Höhe, geodätische 97, 99
Höhengradient 290
Höhenunterschied 266
holomiktisch 170
Horizontalbrunnen 106
horizontale Luftmassentransporte 37
Human Development Index 341
Humusbildung 204
Hybridsystem, Fluss-See- 174
Hydraulik 246
hydraulischer Gradient 81f, 100
hydrogeologische Daten 98
Karten 98
hydrographische Methode 119
hydrologische Dürre 223
Erholung 183
Risiken 328
Hydrometeore 48
hydrophil 20
hydrophob 20, 89, 181
Hydrosphäre 29
Hypolimnion 171
hyporheische Zone 159, 270
Hysterese 72

Infiltration 111, 145, 270, 319
Verlauf der 88
Infiltrationsüberschuss 200, 213
Infiltrationsvermögen 148, 213
Infiltrometer 87
Interzeption 32, 145, 181
Interzeptionsverdunstung 112
inverse Schichtung 171
Isotop 20, 242f
Isotopeneffekt 21

Jahreszeitraum 52

jährliche Wasserbilanz 205
Jährlichkeit 221, 328

Kabellichtlote 97
Kapillarwirkung 25
Karsthohlräume 93
Karten, hydrogeologische 98
Kiesbank 133
Kleingewässer 269
Klima 191, 193
Klimaelemente 192, 200
Klimagradienten 195
Klimaregionen 196
Klimaszenarien 201
Klimavariablen 192
Klimawandel 192, 198
Klimazonen 37, 192, 195f
Klufthohlräume 93
Koagulation 48
Koaleszenz 48
Kochsalz 240
Kollision 48
Kombinationsgleichung nach
Penman 122, 200
Kondensation 23
Kontinuitätsgleichung 85, 127
Konvektion 305
konvektive Niederschläge 48
Kooperation 349
KOSTRA-Untersuchung 65
kovalente Bindungen 17
kristalline Gesteine 276
Kristallisationsenthalpie,
molare 23
kritische Temperatur 25
kritischer Druck 25
Punkt 24
Kruste 90

Laborsäule 243
Lambert'sches Gesetz 36
laminare Grenzschicht 110
laminarer Fließprozess 130
Landbedeckung 179, 290
Landnutzung 179
Landnutzungsänderung 189
Landnutzungsszenarien 181
Landoberfläche 113, 261
landwirtschaftliche Dürre 235
Lattenpegel 134
Lee-Effekt 280
Leitfähigkeit, elektrische 240, 242
Lichtsonde 178
Litoral 172
Luftdruck 193
Luftfeuchtigkeit 193
Luftkapazität 73
Luftmassentransporte, horizontale 37
Lufttemperatur 115, 193, 198
Lysimeter 117
Lysimeterstudien 180

Makrophyten 173
Makroporen 87, 150
Makrozoobenthos 173
Mangroven 208
Manning-Strickler-Gleichung 141
Massenbilanz 296
Matrixdurchfluss 155
Matrixpotenzial 78f
mechanische Energie 98
mechanischer Messflügel 135
Meniskus 25
meromiktisch 170
Messgenauigkeit 262
Messgerinne 137
Messnetze 14
Messpunkthöhe 97
Messung 97
Messwehr 137
meteorologische Dürre 223
Methode, hydrographische 119
Mikrobewässerung 319
mikroskopischer Austausch 110
Mikrowellenbereich 255
Mindestrestwassermenge 226
Mindestwassergabe 322f
Mineralisierung 272
Mischkanalisation 186
Mischverhalten 170
Mittellauf 133
Mittelporen 71
Modellansätze 200
Modellierung 206, 234, 358f
Modellkaskade 206
molare Kristallisationsenthalpie 23
Schmelzenthalpie 23
Verdampfungsenthalpie 22
molekularkinetischer Vorgang 109
Molekülgitter 21
Monatszeitraum 52
monomikisch 170
Monsun 38
Moore 268f
Mulchen 186
Mulden-Rigolen-Versickerung 189
Muldenspeicherung 145
Muldenversickerung 189
Multiparametersonden 177
nachhaltig bewirtschaften 33, 106,
339, 349
Nachhaltigkeit 340
Nährstoffe 178
Naturbeobachtung 13
Naturgefahren 293f
natürlicher Grundwasseranstieg 176
Nebellage 280
Nekton 173
Nettostrahlung 35f, 110, 291
Nichtregierungsorganisationen 354
Niedermoore 268
Niederschlag 30f, 48f, 103, 116, 260
Niederschlagsdargebot 115
Niederschlagsdauer 52
Niederschlagsdefizit 223
Niederschlagsereignis 52
Niederschlagshöhe 52, 193
Niederschlagsintensität 52, 193,
200
Niederschlagsmessung 53, 56
Niederschlagsspende 52
Niedrigwasserabflüsse 138
Nullgrad-Grenze 290
nutzbare Feldkapazität 73

Oberflächen, hydrophobe 89
Oberflächenabfluss 89f, 145, 147,
214, 232
Oberflächenbewässerung 319
Oberflächenspannung 25
Oberflächentemperatur 259
oberirdische Wasserscheide 44
oberirdisches Einzugsgebiet 44
Oberlauf 132
orographische Niederschläge 48
osmotisches Potenzial 78
Overfitting 237
Oxidan 17
Oxidationszahl 19

Palmer Drought Severity Index 227
Pardé-Koeffizient 196, 286
Partialladung 19
Partizipation 249
Parzellenskala 180
Pegel 134
Pelagial 172

Penman, Kombinationsgleichung
von 122, 200
Penman-Monteith-Satz 122
Permafrost 290
permanenter Welkepunkt 73
permanentes Dipolmoment 19
Pflanzenart 125
Pflugsohle 186
pF-Meter 79
phreatische Zone 91
Phreatophyten 307
Plankton 173, 178
Planungsinstrumente 188
Polargebiete 38f
Pollution Tracer 241
polymiktisch 170
Porenhohlräume 93
Porenraum 69
Porenvolumen 213
Potenzial, hydraulisches 99
osmotisches 78
potenzielle Verdunstung 306
Evapotranspiration 113
präferenzielle Fließwege 89, 155
Profundal 173
Proxy 140
Punkt, kritischer 24

Qanat 15, 106
Quadrantenmethode 59
Quellfassung 106
Quellgebiet 290

Radarmessung 56
Radar-System 255
Rasterdaten 261
Raumeinheiten 42
Raumskala 144
reale Evapotranspiration 113
reduzierte Waldbedeckung 183
Referenzdatensätze 262
Referenzperiode 191
Referenzzeitraum 180
Reflexion 253f
Regenhochwasser 213
Regenintensität 214
Regenmenge 214
Regenwasser, Bewirtschaftung
des 188
Regionalisierungsmethoden 65
Regulation 209
Reinigungsfunktion 205
Restrisiko 335
Retention 141, 216
return flow 148
Reynolds-Zahl 26, 131
Rhodamine 240
Richards-Gleichung 85
Risiko 329
Abschätzung des 221
Bemessung des 332
Hydrologisches 327
Risikomanagement 335
Rohrdränage 271
Rohwasser 105
Rückgangszeit 218

Sackung 272
Saisonalität 195
Salzgehalt 207
Salzwiesen 208
Sandbank 133
Satellitenmessung 57
Sättigungsflächen 153
Sättigungsflächenabfluss 213, 309
Sauerstoff 17
Saugspannung 316
Schachtbrunnen 106
Schadenserwartungswert 333
Schichtung, inverse 171
Schichtungsverhalten 170
Schiefergebirge 278
Schießen 131
schmelzen 21
Schmelzenthalpie, molare 23
Schmelzpunktkurve 24
Schnee 259, 290
Schneebedeckung 222, 290, 292
Schneedeckendauer 65
Schneedichte 65
Schneefallgrenze 292
Schneehöhe 65
Schneeschmelze 292
Abflussbildung aus 293
Schneeschmelzhochwasser 213
Schneewasseräquivalent 65
Schöpfwerk 272
schwebendes Grundwasser 95
Secchi-Scheibe 177
See 31, 206, 268
Seebeckenmorphometrie 175
Seitenerosion 132
Senke 268, 274
Sicherheit 327, 331
Sickerwasser 117
Siedepunkt 22
Siele 270
solare Einstrahlung 34
Sölle 269
Sommerniederschläge 198
Sonneneinstrahlung 31, 34
Sorption 240
Speicher 118, 176, 269
Speicherkaskade 141f
Speicherkonstante 141
Speicherung 144, 213
Spektrum, elektromagnetisches 252
spezifische Wärmekapazität 20
spezifisches Schneewasseräquivalent 65
Stakeholderanalyse 356
Stammspeicherung 114
Standardized Precipitation
Index 227
Standardized Streamflow
Index 226
Standgewässer 167
Standrohrspiegelhöhe 97, 99f
Starkniederschlag 291
Stefan-Boltzmann-Gesetz 35
Steinpflaster 307
Stillgewässer 167
Stofffluss 256
Stofftransportmodell 243
Stollen 106
Stomata 114
Strahlung 193
Einfallswinkel der 36
elektromagnetische 251
Strahlungsbilanz 35, 110, 114
Strahlungstemperatur 261
Streuung 253
Strömen 131
Sturzflut 215, 309
Sublimation 23
Subpolargebiete 38
Substratwechsel 86
Subtropen 38
Summenformel 18
Suspension 27
Süßwasservorkommen 168

Tagebauseen 175
Tageszeitraum 52
Tal 133
Talsperre 174
TDR 81
Temperatur, kritische 25
Temperaturgradient 290

Tensiometer 79
Tetraeder 18
Thiessen-Polygon-Methode 58
Tiefe des Hauptwurzelraums 75
Totwasser 73
Tracerdurchgangskurve 243, 246
Translation 141, 216
Transmission 253
Transpiration 32, 112, 204
Transpirationskoeffizient 321
Transport 132
Treibhauseffekt 35
Trennfugendurchlässigkeit 102
Trennkanalisation 186
Trinkwasserschutzzone 106
Trockengebiet 39, 302
Trockenheit 223
Trockenrohdichte 70
Trockenwetterabfluss 157
Tropen 38
trophogene Zone 173
tropholytische Zone 173

Überflutung 186
Übergangsenergie 110
Überparametrisierung 237
Überschreitungshäufigkeit 139
Ultraschallverfahren 135
Unterflurbewässerung 320
unterirdisches Einzugsgebiet 44
Unterlauf 133
Unterschreitungshäufigkeit 139
Uranin 240, 247
Ursprung, glazialer 167

Valenzelektronen 18
Variabilität des Klimas, natürliche 194
Vegetationsgrenze 290
Verdampfungsenthalpie, molare 22
Verdünnungsbereich 208
Verdünnungsmessung 136
Verdunstung 22, 30f, 103, 109, 193, 222, 231, 311
  potenzielle 306
Verdunstungskessel 118
Verdunstungsschutz 243
verfügbarer Wasservorrat 205
Vergraupelung 48
Verkrautung 137
Verlauf der Infiltrationsrate 88
Versauerung 175
Verschlämmung 185, 307
Verschmutzung 33
Versickerung 311
Versiegelung 163, 186
Vertikalbrunnen 106
Vertikalfassung 106
Verweildauer 93
Verweilzeit 33
Viskosität 26
Vollbewässerung 320
Vulnerabilität 33, 329

Waldbedeckung, reduzierte 183
Waldbrände 181
Waldlysimeter 182
Wärmehaushalt,
  Bilanzierung des 113
  spezifischer 20
Wärmestrahlung 35
Wasserbilanz 38, 198, 235
  jährliche 205
Wasserbilanzgleichung 169
Wasserdargebot 317
Wasserdatierung 242
Wasserentnahme 317
Wasserhaushaltsansätze 304
Wasserhaushaltsgleichung 38, 231
Wasserhaushaltsmodelle 199
Wasserknappheit 303
Wasserkreislauf 193, 198
Wasserleitfähigkeit 71, 84f
Wassermanagement, nachhaltiges 349
Wassermangel 302
Wasserpolitik 342
Wasserproduktivität 320
Wasserretentionskurve 71
Wasserscheide 44, 290
Wasserschicht, Höhe einer 31
Wasserspannung 78
Wasserspeicherung 65
Wasserstand 128, 134
Wasserstoff 17
Wasserstoffbrückenbindung 19
Wassertemperatur 242, 246
Wassertransport, atmosphärischer 31
Wasserverfügbarkeit 111, 312
Wasservorrat, verfügbarer 205
Water Drop Penetration Time-Test 89
Welkepunkt, permanenter 73
Wellenablauf 217
Wiederkehrintervall 221, 328
Wien'sches Verschiebungsgesetz 35
Wind 194
Windgeschwindigkeit 115, 194
Winterniederschläge 198
Wurzelraum 75

Zeitskala 144
Zirkulation, atmosphärische 37
Zone, gesättigte 91
  hyporheische 159, 270
  phreatische 91
  trophogene 173
  tropholytische 173
Zooplankton 173
Zufluss von Grundwasser 92
Zusatzwasserbedarf 315, 325
Zustandsform 21
Zustandsgröße 256
Zwischenabfluss 154, 214, 286